黄酒酿造技术（第三版）

谢广发　等编著

中国轻工业出版社

图书在版编目（CIP）数据

黄酒酿造技术/谢广发等编著. —3 版 . —北京：
中国轻工业出版社，2024. 1
ISBN 978-7-5184-2756-7

Ⅰ. ①黄…　Ⅱ. ①谢…　Ⅲ. ①黄酒–酿造
Ⅳ. ①TS262. 4

中国版本图书馆 CIP 数据核字（2019）第 255674 号

责任编辑：江　娟　王　韧　贺　娜
策划编辑：江　娟　　责任终审：劳国强　　封面设计：锋尚设计
版式设计：王超男　　责任监印：张　可

出版发行：中国轻工业出版社（北京鲁谷东街 5 号，邮编：100040）
印　　刷：三河市国英印务有限公司
经　　销：各地新华书店
版　　次：2024 年 1 月第 3 版第 2 次印刷
开　　本：720×1000　　1/16　　印张：21
字　　数：410 千字
书　　号：ISBN 978-7-5184-2756-7　定价：68. 00 元
邮购电话：010-85119873
发行电话：010-85119832　010-85119912
网　　址：http：//www. chlip. com. cn
Email：club@ chlip. com. cn

240014K1C302ZBQ

序

黄酒是世界最古老的酿造酒之一，是我国宝贵的文化遗产。近年来，由于科学研究和技术改造投入加大，黄酒酿造的原理得到了更为系统的解析，技术工艺也取得了长足的进步，然而鲜见有反映当前黄酒行业技术最新面貌的专业书籍。

谢广发教授有 25 年在黄酒龙头企业从事生产技术和研发工作的经历，实践经验丰富，是一名既懂实践又懂理论的黄酒专家。我们最初认识于 2002 年，那时他在江南大学深造，师从著名黄酒专家赵光鳌教授。虽然我是任课教师，但交往和了解不多。直至 2012 年开始科研合作，才对他有了较多了解。他勤奋务实，执着于黄酒科研与工艺革新，多项科研成果在行业龙头企业得到推广应用。

谢广发教授熟悉黄酒行业的最新技术进展，他编著的《黄酒酿造技术》（第三版）一书内容丰富，融入了他多年来生产实践和科研的结晶，并结合最新的科技进展和理解，对黄酒酿造实践及原理进行了详细论述。此书很好地整理了近年来的技术和科研成果，是一本具有较高学术水平、理论联系实际的黄酒生产技术书籍。

黄酒酿造技术是前辈留下来的宝贵财富，其多菌种发酵的机制非常复杂。在科技飞速发展的今天，我们必须在前人研究的基础上，将最新的理论和技术成果应用于黄酒酿造工艺中，才能使黄酒酿造技术得到更好传承，使黄酒产业跟上时代发展的步伐。相信此书的出版，将对当前黄酒酿造原理和技术创新起到一定的促进作用。

陈　坚

2019 年 12 月于江南大学

第三版前言

本书第一版和第二版均受到广大从业人员的欢迎，出版后很快销售一空。第三版在第二版基础上进行了修订，补充了黄酒行业最新技术和装备，增加了厦门白曲、清爽型黄酒、封缸酒等内容，并增列了一些生产实例，内容更为丰富，并力求与时俱进地反映黄酒行业的最新技术面貌。

全书由谢广发教授级高级工程师负责编写，参与编写的人员有毛青钟教授级高级工程师、寿虹志高级工程师、周建弟高级工程师、陆健教授、陆胤教授、周景文教授、张波讲师、李国龙高级工程师、张辉高级工程师、边文刚高级酿酒师、戴炯工程师、叶建强技师、王水富技师、王志新高级技师、董建钢高级技师、刘兴泉教授、吴殿辉副研究员、孙军勇博士、钱斌高级工程师、范国光高级酿酒师、金建明工程师。

编写分工如下：谢广发教授级高级工程师负责编写第一、二、三、四、六章和统稿，寿虹志高级工程师负责编写第五章，周建弟高级工程师、钱斌高级工程师负责编写第七章。

中国工程院院士、江南大学校长陈坚先生在百忙中为本书作序，黄酒界前辈许朝中先生、张和笙先生、陈豪锋先生在编写过程中给予了热心帮助，在此表示衷心感谢！

由于编写者学术水平和见识有限，错误和不当之处在所难免，而书中罗列的一些基础研究有待系统深入并形成体系，恳请广大专家和同行不吝赐教，以期今后进一步完善。

谢广发

2019 年 12 月于浙江树人大学

第二版前言

本书自第一版出版以来，受到广大从业人员和高校、科研单位从事黄酒研究人员的欢迎，有的高校将其作为教材使用。第二版在第一版基础上进行了修订，并补充了最近几年黄酒行业采用的新技术、新装备和最新科研成果，增加了黄酒生产分析检验的内容。

全书由谢广发教授级高级工程师担任主编，寿虹志高级工程师编写第五章，周建弟高级工程师、钱斌高级工程师编写第七章，陆健教授、孙军勇博士、刘兴泉教授参与编写。编写人员均具有多年从业经历，在国家黄酒工程技术研究中心、浙江古越龙山绍兴酒股份有限公司、江南大学等单位从事黄酒科研、生产和质检工作。

在本书的编写过程中，得到吴宗文硕士、吴殿辉博士、沈斌工程师的大力帮助，在此表示衷心的感谢！

由于编者水平有限，错误和不当之处在所难免，敬请广大专家、读者批评指正。

谢广发

第一版前言

黄酒是世界上最古老的酿造酒种之一，也是我国的特产，被誉为“中华国粹”。近年来，由于人们消费观念的不断成熟，黄酒特有的绿色、营养、保健优势逐步显现出来，黄酒行业呈现出快速发展的势头。与此同时，由于对科学研究和技术改造投入的加大，黄酒的酿造技术也取得了较大进步。本书收录了黄酒行业的最新技术和成果，对黄酒的酿造技术及原理做了详细介绍和论述，其中许多科研成果属于首次编入书中。

本书可作为从业人员的参考用书、大专院校相关专业教材，以及晋升高级技师的职业技能培训教材。

全书由谢广发教授级高级工程师负责编写，寿虹志高级工程师编写第五章，陆健教授参与了编写工作。

在本书的编写过程中，得到了曹钰、吴春、李旺军、应维茂、孙军勇、管政兵、蔡国林、胡国林、茹水平的大力帮助，在此表示衷心的感谢！

由于编者水平有限，错误和不当之处在所难免，敬请广大专家、读者批评指正。

谢广发

目　　录

第一章 黄酒概况

中国是酿酒历史最悠久的国家之一，以独具风格的黄酒和白酒闻名于世。啤酒和葡萄酒是外来酒种，只有100余年的历史。白酒在元代开始普及，其酿造工艺是在黄酒酿造工艺上发展起来的，在此之前，黄酒一直是中国的主流酒种。黄酒是以谷物为原料，由多种微生物参与酿制而成的一种低酒精度发酵原酒，保留了发酵过程中产生的各种营养成分和活性物质，具有极高的营养价值。随着人们生活水平的提高和保健意识的增强，黄酒以其特有的绿色、营养、保健功效受到越来越多的消费者青睐。

第一节 黄酒的历史沿革

一、黄酒的起源

黄酒是我国历史最悠久的酒种，与啤酒、葡萄酒并称为世界三大古酒。黄酒起源于何时，从古至今众说纷纭。

相传夏禹时期的仪狄发明了酿酒。公元前2世纪史书《吕氏春秋》云："仪狄作酒。"汉代刘向编辑的《战国策》则进一步说明："昔者，帝女令仪狄作酒而美，进之禹，禹饮而甘之，曰：'后世必有以酒亡其国者'，遂疏仪狄，而绝旨酒。"

另一种传说则表明在黄帝时代（公元前2117年—公元前2599年）人们就已开始酿酒。汉代成书的《黄帝内经·素问》中记载了一段黄帝与岐伯讨论酿酒的对话：黄帝问曰："为五谷汤液及醴醪奈何？"岐伯对曰："必以稻米，炊之稻薪，稻米者完，稻薪者坚。"

黄酒酿造的两个先决条件是酿酒原料和酿酒容器。考古发现，裴李岗文化时期（距今7000—8000年）、磁山文化时期（距今7235—7355年）和河姆渡文化时期（距今6000—7000年）都已具备了人工酿酒的条件。因为在这些文化遗址中出土了陶器和谷物遗存物，如河姆渡文化遗址中，出土了大量人工栽培的水稻的谷粒和秆叶，以及大量可用于酿酒和饮酒的陶器。

图 1-1 龙山文化蛋壳黑陶杯

在以上文化遗址之后的大汶口文化墓葬（约 5000 年前）和龙山文化遗址（公元前 2500—公元前 2000 年）中，发掘到大量的酒器。在大汶口文化墓葬中，有发酵用的大陶尊，滤酒用的漏缸，贮酒用的陶瓮，用于煮熟物料的炊具陶鼎，以及 100 多件各种类型的饮酒器具。据考古人员分析，墓主生前可能是一名职业酿酒者。龙山文化遗址中有大量的黑陶酒器，其中蛋壳黑陶（图 1-1）是一种高贵的酒礼器。由此可见，在这两个文化时期，人工酿酒已有了一定规模。酿酒有一个发展的过程，因此酿酒起源应在大汶口文化和龙山文化时期之前。

那么，酒是如何发明的呢？在远古时代，人们可能先接触到某些天然发酵的酒，然后加以仿制。西晋的江统在《酒诰》中写道："酒之所兴，肇自上皇，或云仪狄，一曰杜康。有饭不尽，委之空桑，郁积成味，久蓄气芳，本出于此，不由奇方。"江统在我国历史上首次提出了谷物自然发酵酿酒学说，这一学说是符合科学道理及实际情况的。

二、古代黄酒制曲与酿造技术

中国是最早掌握酿酒技术的国家之一。用酒曲酿酒、双边发酵是中国黄酒的特色，区别于西方用发芽的谷物糖化自身淀粉然后加酵母菌发酵成酒的酿造方式。曲是我国古代劳动人民的伟大发明，于 19 世纪传入西方，奠定了酒精工业和酶制剂工业的基础，并为现代发酵工业的发展做出了巨大的贡献。日本著名微生物学家坂口谨一郎认为：中国发明酒曲，利用霉菌酿酒，可与中国古代的四大发明相媲美。

关于酒曲的最早文字记载可能是周朝的《书经·说命》中记载商王武丁和傅说的对话："若作酒醴，尔惟曲蘖。"中国先人从自发地利用微生物到人为控制微生物，利用自然条件选优限劣而制造酒曲，经历了漫长的岁月。我国最原始的糖化发酵剂曲蘖可能是谷物发霉、发芽共存的混合物。在原始社会时，谷物因保藏不当，受潮后会发霉或发芽，发霉或发芽的谷物就可以发酵成酒，这些发霉或发芽的谷物就是最原始的酒曲和酿酒原料。著名的微生物学家方心芳认为：曲蘖的概念有个发展演变的过程。在上古时代，曲蘖只是指一种东西，就是发霉发芽的谷粒，即酒曲。

随着生产力的发展，酿酒技术的进步，曲蘖分化为曲（发霉谷物）、蘖

(发芽谷物)，用蘖和曲酿制的酒分别称为醴和酒。“若作酒醴，尔惟曲蘖”，从文字对应关系来看，可以理解为曲酿酒，蘖作醴。醴盛行于夏、商、周三代，秦以后逐渐被用曲酿造的酒取代。殷墟卜辞中出现了蘖和醴这两个字，还有蘖粟、蘖黍、蘖来（麦）等的记载，说明用于发芽的谷物种类是较丰富的。《周礼·天官》中有：“浆人掌共王之六饮：水、浆、醴、凉、医、酏。”表明醴是当时一种重要饮料。后人对《周礼·天官》中的“醴”解释为：“如今甜酒矣。”从发酵原理来看，蘖仅起糖化作用，因而醴中乙醇含量很低而糖分较高，而用曲酿酒，则是边糖化边酒化的复式发酵，酒中的乙醇含量较高。因此，醴是一种用蘖经很短时间酿制成的带甜味、酒味较淡的饮料。说明蘖是当时酿酒的主要酒曲和原料。为什么用蘖作醴的方法会被淘汰呢？正如明代宋应星所著《天工开物》所讲：“古来曲造酒，蘖造醴，后世厌醴味薄，遂至失传，则蘖法亦亡。”

周代的酿酒技术有明显的发展。《左传·宣公十二年》中记载了一段对话，文中申叔展问：“有麦曲乎？”答：“无。”“河鱼腹疾奈何？”这段对话说明当时已使用麦曲，麦曲还用来治病。麦曲的运用表明当时曲蘖已开始分为两种明显不同的东西。《礼记·月令》中写道：“(仲冬之月) 乃命大酋，秫稻必齐，曲蘖必时，湛炽必洁，水泉必香，陶器必良，火齐必得，兼用六物，大酋监之，毋有差贷。”这讲的是酿制黄酒时必须掌握的六大要点。从现代知识来看，这六大要点仍具有指导意义。酿酒技术在这一时期还有一项创造，就是采用重复发酵的方法来提高酒精的浓度。《礼记·月令》记载：“孟秋之月，天子饮酎。”酎是什么酒？《说文解字》注：“酎，三重酒也。”

人工制酒曲时，将谷粒粉碎或蒸熟，使其失去发芽能力，而仅发霉成曲。这是我国制曲史上的重大创新。而由散曲发展到饼曲、块曲，是制曲技术的又一次飞跃，同时也使黄酒生产水平大为提高。散曲与块曲不仅仅体现在曲外观上的区别，更主要的是体现在酒曲的糖化发酵性能差异上。其根本原因在于形状的差异导致曲料中水分、温度（块曲内部温度和水分容易保持）和含氧量不同，使酒曲中所繁殖的微生物种类和数量上存在差异。块曲具有更好的糖化发酵性能，对于提高酒精浓度有很重要的作用。块曲究竟何时在我国制曲史上占据主导地位？从现有的资料推测，起码在西汉，人们常用的酒曲已是块曲。西汉扬雄所著的《方言》中有 7 个文字是表示酒曲的，其中 4 种被后来东晋的郭璞注为饼曲（块曲的原始形式）。成书于东汉的《说文解字》中关于酒曲的注解有几种被解释为饼曲。东汉的《四民月令》中还记载了块曲的制法，这说明在东汉时期，成形的块曲已非常普遍。汉代开始采用喂饭法，曹操向汉献帝推荐的九酝法，原料分九次投入，用曲量很少。从酒曲功能看，说明酒曲的质量提高了，这可能与当时普遍使用块曲有关。

我国南方的小曲，最迟在晋代已出现。晋《南方草木状》记载："草曲，南海多美酒，不用曲蘖但杵米粉，杂以众草叶，治葛汁滫溲之，大如卵。置篷蒿中荫蔽之，经月而成。用此合糯为酒。"南方小曲用生料制成，并在稻米粉中加中草药，以促进根霉菌和酵母菌的繁殖，从而提高酒曲的糖化力和酒化力，这一方法沿用至今。

北魏贾思勰的《齐民要术》成书于公元533—544年，它比较系统地总结了6世纪以前我国黄河中下游地区农业生产和科学技术，对酿酒技术有较详细的记载。书中记载了9种制酒曲的方法，其中8种为麦曲，1种为粟曲。在原料处理上，分为蒸麦、炒麦、生麦3种，有单用1种的，有两种合用的，还有3种合用的。此书中的笨曲与现代绍兴黄酒的块曲相似，主要表现如下。

（1）酿酒用曲量为原料的15%左右。

（2）小麦磨得较粗。

（3）用脚踏成一尺见方，厚二寸（合21.7cm×21.7cm×4.3cm）的块曲。

（4）培养时间21d。

不同之处，《齐民要术》中的笨曲原料要先炒，而绍兴黄酒麦曲原料为生料。神曲（除河东神曲外）的用曲量仅为原料的2.5%~5%，原料由生麦、蒸麦、炒麦组成，磨得很细，曲的外形较小且多用手捏成团（"以手团之"）。这与南方的小曲较类似，推测曲中的微生物根霉菌和酵母菌占优势。此外，书中还介绍了黄衣、黄蒸及蘖的制作方法，黄衣、黄蒸为熟料制成的散曲，微生物应为米曲霉，用于制作酱油、豆豉和醋。

《齐民要术》中共有酿酒40余例，有3例采用了酸浆法，说明当时已知道利用先酸化后酿酒的办法来抑制细菌防止酒的酸败了。这比欧洲在啤酒酿造中利用生物酸化调酸的绿色工艺早1400年以上。用曲方法有两种，一种是浸曲法，一种是曲末拌饭法。浸曲法的优点是酒曲粉碎后，浸泡在水中，曲中的酶溶入水中，酵母菌也可度过停滞期，并开始繁殖，投入米饭后，发酵可以尽快进行。这种用曲方法对于当时不用酒母的北方来说是必要的。

北宋的《北山酒经》是我国古代学术水平最高的酿酒专著，该书取材于浙江杭州一带。该书的成书年代没有准确记载。《北山酒经》共分为三卷，上卷总结了历代酿酒理论；中卷论述制曲技术，介绍了罨曲、风曲、醁曲三大类13种曲的制法；下卷论述酿酒技术。《北山酒经》中的制曲工艺特点如下。

（1）制曲原料有麦（面）、米、米面混用、还有加入赤豆的，并普遍添加多种中草药。制曲时麦要先磨成面，因此麦曲实际上应为面曲。从用曲量来看，面曲类似于小曲。

（2）原料处理上有生料、熟料，且以生料为主。

（3）以陈曲接种，书有两例曲的制法分别为"抟成饼子，以旧曲末逐个为衣”和“捻成团，须是紧实，更以曲母遍身糁过为衣”，通过人为选择质量较好的陈曲作为曲种，使性能优良的菌种代代相传，从而提高酒曲的质量。这一方法在现代制酒药（小曲）时仍然采用。

《北山酒经》中的酿酒工艺特点如下。

（1）普遍使用酸浆，而且重视酸浆的浓度。《北山酒经》中的卧浆不同于现代仅通过浸米来获得酸浆的做法，但原理和目的一样，都是通过乳酸菌发酵产酸。卧浆时间为六月三伏时，因为这时的气温适合乳酸菌的生长。“造酒最在浆，其浆不可才酸便用，须是味重，酴米偷酸全在于浆。大法：浆不酸即不可酝酒。”强调味重的酸浆才能用。对于不同季节制成的卧浆，浓度差异较大，夏天制成的卧浆加入五分至六分的水，而其他季节的卧浆加入的水比夏天要少。浆水要经过充分煎熬杀菌，这与无锡老廒黄酒的工艺相同。

（2）“酴米”和“合酵”是《北山酒经》中两个专门的术语。“酴米”就是酒母，“合酵”是以正在发酵的酒醅表层及酒曲作种子制成，作为“酴米”的种子。“北人不用酵，只用刷案水，谓之‘信水’。然信水非酵也。酒人以此体候冷暖尔。凡酝，不用酵即酒难发，醅来迟则脚不正。”从这段文字来看，当时的南方酿酒技术已超过北方，北方可能仍在使用传统的浸曲法。

（3）通过煮酒来延长酒的保存时间，避免酒的酸败　该方法比西方 19 世纪中叶发明的葡萄酒、啤酒的巴氏杀菌法早 700 多年。

红曲的发明和使用是我国古代在利用和培养微生物方面的重大成就之一。红曲除用于酿酒制醋、食品着色外，还具有独特的医疗功效。早在宋初就有红曲的记载，但详细制法在元代及以后的文献中才得以见到，如元代的《居家必用事类全集》、明代的《本草纲目》《天工开物》等。《天工开物》对红曲（丹曲）的制法做了较详细的介绍，其中三点值得一提。

（1）选用优良曲种　“凡曲信必用绝佳红糟为料”，这是人工选育菌种的经验方法。

（2）米经长时间浸泡发酸并加明矾水，保证红曲霉生长所需的酸性环境，并抑制杂菌繁殖。

（3）创造了分段加水法　即把水分控制在足以使红曲霉渗入大米内部，但又不能多至使其在大米内部进行糖化或酒化作用，从而得到色红心实的红曲。这里充分体现了古代劳动人民的智慧和技巧。

南宋为避金入侵迁都今杭州，由于大批北人南迁，将北方的制曲酿酒技术带到南方。这时南方黄酒完全有条件融合南北两大酿酒技术的精华，形成精湛的工艺和优良的品质，而作为当时政治经济文化中心的杭州绍兴一带，自然是近水楼台先得月。因此，绍兴黄酒工艺很可能在南宋时已基本成型，而在之后的几百年中不断改进和完善。这一点从绍兴黄酒的麦曲上也得到体现。清代的

《调鼎集》对绍兴黄酒的酿造做了详细的阐述，《调鼎集》中绍兴黄酒所用的草包曲与《北山酒经》中的麦曲（类似于小曲）有本质上的差别，而与《齐民要术》中的笨曲类似，因此有理由推测绍兴黄酒的麦曲是在南宋时由北方传入而非南方自创。至于制曲原料的处理，草包曲采用生料，可能是保留了南方生料制曲的习惯，也可能是北曲在南传时也已采用生料制曲了。糯米原料、鉴湖水与精湛工艺的结合，使绍兴黄酒的品质脱颖而出，成为中国黄酒的杰出代表。遗憾的是，在《北山酒经》与《调鼎集》之间缺乏酿酒专著的佐证。

第二节　黄酒的定义与分类

一、黄酒的定义

黄酒是以稻米、黍米、小米、玉米、小麦、水等为主要原料，经加曲、酶制剂、酵母等糖化发酵剂酿制而成的发酵酒。以绍兴加饭酒、元红酒为例，其酿造工艺流程如图 1-2 所示。

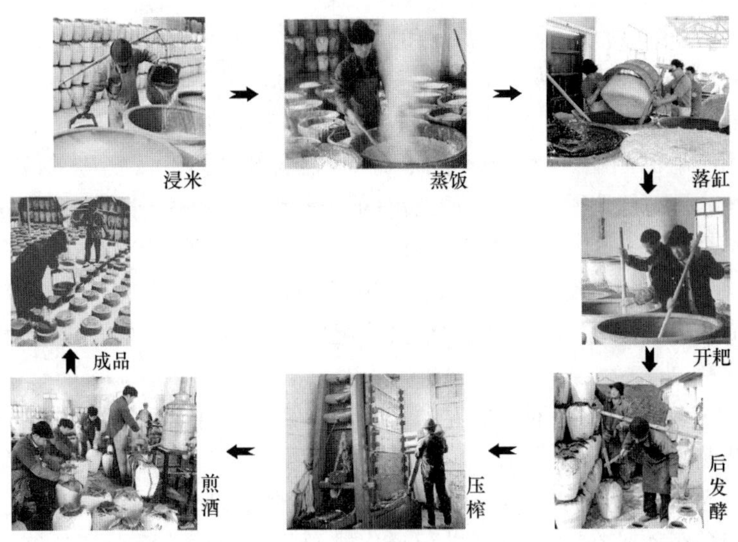

图 1-2　黄酒酿造工艺流程

二、黄酒的分类

1. 按原料分类

(1) 稻米黄酒　包括糯米酒、粳米酒、籼米酒、黑米酒等。

（2）非稻米酒　包括黍米酒、玉米酒、荞麦酒、青稞酒等。

2. 按产品风格分类

（1）传统型黄酒　以稻米、黍米、玉米、小米、小麦、水等为主要原料，经蒸煮、加酒曲、糖化、发酵、压榨、过滤、煎酒（除菌）、贮存、勾调而成的黄酒。

（2）清爽型黄酒　以稻米、黍米、玉米、小米、小麦、水等为主要原料，经蒸煮、加入酒曲和/或部分酶制剂、酵母为糖化发酵剂，经糖化、发酵、压榨、过滤、煎酒（除菌）、贮存、勾调而成的、口味清爽的黄酒。

（3）特型黄酒　由于原辅料和（或）工艺有所改变，具有特殊风味且不改变黄酒风格的酒，如状元红酒（添加枸杞子等）、帝聚堂酒（添加低聚糖）。

3. 按含糖量分类

（1）干黄酒　总糖含量≤15.0g/L 的酒，如元红酒。

（2）半干黄酒　总糖含量在 15.1~40.0g/L 的酒，如加饭酒。

（3）半甜黄酒　总糖含量在 40.1~100g/L 的酒，如善酿酒。

（4）甜黄酒　总糖含量>100g/L 的酒，如香雪酒。

4. 按工艺分类

（1）淋饭酒　淋饭酒是因将蒸熟的米饭采用冷水淋冷的操作而得名。其特点是用酒药为糖化发酵剂，米饭冷却后拌入酒药，搭窝培菌糖化，然后加水和麦曲进行糖化发酵。

（2）摊饭酒　将蒸熟的米饭摊在竹簟上冷却，现在基本上采用鼓风机吹冷到落缸温度要求，然后将饭、水、曲及酒母混合后直接进行糖化发酵。绍兴加饭酒、元红酒都为摊饭酒。

（3）喂饭酒　将酿酒原料分成几批，在发酵过程中分批加入新原料继续发酵。浙江嘉兴黄酒和日本清酒都用喂饭法生产。

5. 按糖化发酵剂分类

可分为麦曲黄酒、米曲黄酒（包括红曲、乌衣红曲、黄衣红曲等）、小曲黄酒等。

第三节　黄酒行业的发展现状

一、黄酒行业概况

黄酒是中国最古老的酒种，曾经是全国性的饮料酒。蒸馏烧酒在宋代还处于萌芽时期，但由于酒精度高，刺激性大，平民百姓花费不多也可买醉，从元代开始迅速发展。但从清代小说《红楼梦》和《镜花缘》中可以看出，饮用黄酒在上流社会仍占主导地位。明清时绍兴黄酒几乎行遍全国，如“沈永和”畅销北京、天津、上海、广州等地。清光绪初期，绍兴黄酒产量达 7 万多吨。据酿酒专家辛海庭回忆，在抗日战争爆发前，北京知识阶层饮用黄酒十分普遍。辛海庭回忆道：“小时候，北京城饮黄酒之风甚盛，有绍兴酒、仿绍酒、‘山东黄’‘山西黄’……那时候黄酒大多在知识阶层流行，是知识分子餐桌上的常客。饮用黄酒的人群，除了认识到其营养价值之外，更多的是对黄酒代表一定身份和地位的认同。这个局面一直持续到 1937 年抗日战争爆发。后来由于黄酒重要产地落入敌手，且连年战乱造成交通阻塞，黄酒渐渐消失了。”

1949 年新中国成立时黄酒产量已萎缩到 2. 5 万千升。新中国成立后，黄酒行业迅速复苏，国家也十分重视黄酒行业的发展。1954 年，新中国百废待兴，周恩来总理在百忙中关心绍兴黄酒，亲自拨款建立绍兴酒中央仓库。1956 年又把“绍兴黄酒的总结提高”列入国家 12 年科学发展规划之内。20 世纪 90 年代以来，国家产业政策将黄酒列为“积极发展”的酒种，并在税收上给予优惠，征收较低的消费税。但总的来讲黄酒还是发展较慢的，1998—2002 年一直徘徊在 140 万千升左右。2002 年起，黄酒产量每年增长 10%左右，黄酒行业进入健康发展的快车道，2005 年产量突破 200 万千升，2011 年达到 310 万千升，2017 年达到 340 万千升。这主要得益于人们消费理念不断成熟，黄酒特有的低酒精度、营养、绿色、保健优势逐步显现出来。

目前取得食品生产许可证的黄酒企业有 900 多家，较大规模黄酒企业有浙江古越龙山绍兴酒股份有限公司（品牌“古越龙山”“沈永和”“鉴湖”“女儿红”“状元红”等）、会稽山绍兴酒股份有限公司（品牌“会稽山”“汾湖”“乌毡帽”等）、上海金枫酒业股份有限公司（品牌“金枫”“石库门”“和”“惠泉”“白塔”等）、张家港酿酒有限公司（品牌“沙洲”）、浙江塔牌绍兴酒有限公司（品牌“塔”）等，其中前三家为上市公司。“古越龙山”“会稽山”“女儿红”“绍兴黄酒”“太雕”“咸亨”“石库门”“沙洲”“汾湖”“乌毡帽”“沈永和”“塔”“和”等曾被评为中国驰名商标或中国名牌产品，其中“古越龙山”“会稽山”“沈永和”“女儿红”等品牌具有深厚历史底蕴和文化内涵。

古越龙山：连续 15 年荣登由世界品牌实验室发布的“中国 500 最具价值品牌”榜单，取材于 2500 年前越王句践“卧薪尝胆、箪醪劳师”之典故。公元前 492 年，越王句践为吴国所败。战败后的句践卧薪尝胆，推行生聚教训之策。《吕氏春秋》中有句践用酒奖励生育的记载：“生丈夫，二壶酒，一犬；生女子，二壶酒，一豚。”公元前 473 年，句践亲自带兵伐吴雪耻。出征前，家乡父老向他献酒，句践把酒当众倒进了河的上游，与将士们一起迎流而饮，士卒感奋，战气百倍，大获全胜。古越龙山商标图案以句践兴师伐吴时的点将台城门和卧薪尝胆之地龙山为背景。古越龙山绍兴黄酒为国宴用酒，并作为国礼赠送外国元首。

会稽山：会稽山绍兴酒股份有限公司是全国最大的黄酒生产企业之一，其前身为创建于清乾隆八年（1743 年）的云集酒坊，创始人周佳木。取名“云集”，意为名师云集。1915 年，云集酒坊绍兴酒在巴拿马太平洋万国博览会上为绍兴酒赢得第一枚国际金奖。会稽山地处绍兴南部，曾经是大禹治水成功后庆功封爵的圣地，历史上被列为中国五大镇山之南镇。“会稽山”于 1983 年注册为黄酒品牌，2006 年被商务部认定为“中华老字号”。

沈永和：被商务部认定为“中华老字号”，由沈良衡创建于清康熙三年（1664 年），取“永远和气生财”之意。1910 年，沈永和善酿酒参加在南京举办的“南洋劝业会”展览，获清政府颁发的超等奖，并于 1929 年在杭州举办的“西湖博览会”上再获金奖，因此很早就拥有“行销中外，驰名遐迩”的金字招牌。1994 年，“古越龙山”与“沈永和”强强联合，成立中国绍兴黄酒集团公司，由于公司主推“古越龙山”品牌，使“沈永和”品牌影响力逐渐下降，但直到 2000 年，“沈永和”仍然保持上海市场占有率第一。

女儿红：女儿红酿酒有限公司（浙江古越龙山绍兴酒股份有限公司子公司）前身为创建于 1919 年的金复兴酒坊。相传很早以前，绍兴一位裁缝师傅，由于家贫，而立之年才成婚，在妻子怀孕后请酿酒师傅酿了几坛上好的黄酒，准备在儿子出生时庆贺一番。没想到偏偏生了个“千金”，重男轻女的裁缝一气之下将酒埋在自家天井的桂花树下。一转眼，18 年过去，女儿长得亭亭玉立，不但手艺不输其父，而且绣得一手好花，裁缝铺生意越来越红火，此时裁缝才觉得生女儿并不比儿子差。裁缝将最得意的徒弟招为女婿，女儿结婚大喜之日，裁缝取出当年埋在桂花树下的那几坛酒，坛口一开，顿时酒香扑鼻，客人喝后赞不绝口。此后，绍兴逐渐形成一种风俗，在女儿出生当年要酿制几坛黄酒，贮藏于地窖或夹墙内，待女儿出嫁时取出来，作陪嫁或在婚宴上款待客人，俗称“女儿红”。“女儿红”于 20 世纪 90 年代注册为黄酒商标，2016 年被商务部认定为“中华老字号”。

鉴湖：被商务部认定为“中华老字号”，绍兴鉴湖酿酒有限公司（浙江古越龙山绍兴酒股份有限公司子公司）前身为清朝雍正年间绍兴章氏家族创建的酿酒作坊。厂区位于鉴湖源头，因开门见湖，便取名“鉴湖”字号。三百年来厂址一直保持不变，酒脉不断，目前厂区内仍保留着清代酿酒车间。2019 年“绍兴鉴湖黄酒作坊”被认定为国家工业遗产。鉴湖牌绍兴黄酒采用传统手工酿造，产量较小，品质优良。

二、黄酒行业的技术进步

（1）以金属大罐代替陶缸浸米，原料米采用气流输送。

（2）蒸饭设备由木甑改为连续蒸饭机，实行连续蒸饭。

（3）黄酒的压榨以板框式气膜压滤机代替木榨，提高了压榨效率和出酒率，大大降低了劳动强度。

（4）煎酒设备20世纪50年代初为能回收酒汽的锡壶煎酒器，50年代末为蛇管加热器，60年代发展为列管式煎酒器，80年代开始采用薄板式换热器，现在已普遍采用薄板式换热器煎酒，使酒的损耗和蒸汽消耗量显著降低。

（5）陶坛清洗灌装机的应用使陶坛清洗、刷石灰水、灭菌、灌装实现自动化操作，不但减轻了劳动强度、提高了生产效率，还能节约大量洗坛水。

（6）不锈钢发酵槽（厢）的应用　张家港酿酒有限公司等在传统工艺黄酒生产中采用大容量不锈钢发酵槽（厢）代替陶缸为发酵容器（图1-3），提高了厂房利用率和生产效率。

图1-3　发酵槽（厢）

（7）黄酒糖化发酵剂改革　1957年有关部门对绍兴黄酒生产进行了总结，其中包括对麦曲微生物的分离鉴定，认识到米曲霉是麦曲的主要糖化菌，为纯种培养麦曲奠定了基础。麦曲最重要的改革是以米曲霉通风培养制造纯种麦曲，提高了麦曲的酶活力，使黄酒发酵周期缩短，提高出酒率；酒母的改革是从淋饭酒母中分离出85号酵母菌，实现了酒母的纯种培养。这两项改革奠定了机械化黄酒新工艺的基础。现在，酶制剂和黄酒活性干酵母也在一些黄酒企业中得到应用。

（8）机械化黄酒酿造工艺设备日趋成熟（图1-4）　目前黄酒行业有年产1万千升、2万千升和4万千升的机械化黄酒酿造车间，酿造的黄酒质量稳定，风味可与传统手工黄酒媲美，已被消费者普遍接受。机械化黄酒的工艺特点如下。

①以大容器金属大罐发酵代替陶缸陶坛发酵，目前最大的前酵罐容积为 71m^3、后酵罐容积为 131m^3。

②部分或全部采用纯种培养麦曲和采用纯种培养酒母作糖化发酵剂，保证糖化发酵的正常进行，并缩短了发酵周期。

③从输米、浸米、蒸饭、发酵，到压榨、杀菌、煎酒的整个生产过程均实行机械化操作。

④采用制冷技术调节发酵温度，改变了千百年来一直受季节生产的限制，实现常年生产。

⑤采用立体布局，整个车间布局紧凑合理，并利用位差使物料自流，节约动力，且厂房建筑占地面积小。

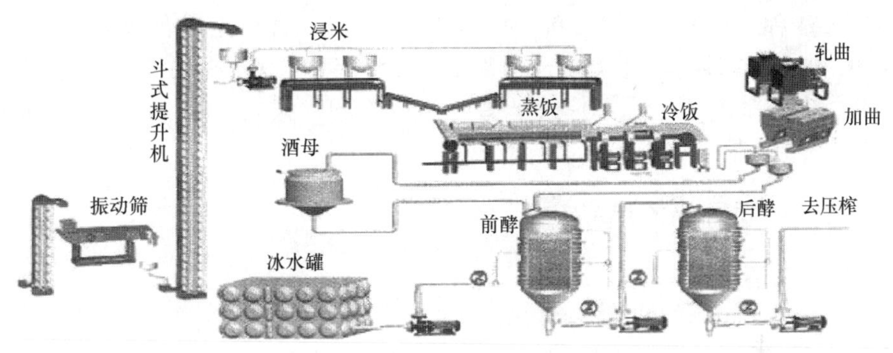

图 1-4 机械化黄酒工艺设备流程

（9）新型泵输送的应用 在机械化黄酒生产中，浸米采用大米和水混合后泵（一般采用意大利 TECNICAPOMPE 的 ZCD 型螺旋叶轮离心泵或国产海德尔旋盘泵）输送，与原大米单独采用气力输送相比，减少了粉尘污染；投料物料改用泵（一般采用德国西派克 BT 型螺杆泵）打入前酵罐，与原来必须利用位差的溜管输送相比，优化了设备布置和车间布局；发酵醪从前酵到后酵、从后酵到压榨以泵（同浸米用输送泵）代替压缩空气输送，降低了对发酵罐的耐压要求。

（10）发酵智能化自动控制系统的应用 实现机械化黄酒发酵过程计算机自动控制，提高了产品的品质及稳定性。

（11）块曲压块机、圆盘制曲机和种曲培养机的应用 提高了生产效率，减轻了劳动强度，改善了生产条件。

（12）热灌装技术的应用 瓶装黄酒采用热灌装代替灌瓶后隧道式喷淋杀

菌或水浴杀菌，大大降低了蒸汽和水的消耗。

（13）澄清剂、冷冻和膜过滤的应用　提高了黄酒的非生物稳定性，由于采用了速冷机制冷后进保温罐保温冷凝以及错流膜过滤新技术，使冷冻能耗和膜过滤成本大大降低。

（14）快速发酵低产氨基甲酸乙酯前体酵母的选育取得突破　笔者从传统工艺绍兴加饭酒发酵醪中筛选的 XZ-11 酵母（保藏号：CGMCC NO. 5768），经连续多年生产应用表明，与 85 号酵母相比，不但发酵速度快、产高级醇含量较低，而且能大幅降低黄酒中尿素和瓜氨酸含量，酿制的加饭酒尿素含量一般在 10mg/L 以下。目前已由安琪酵母股份有限公司试制成活性干酵母。以该酵母酿制的黄酒精氨酸含量下降 50%，其余氨基酸基本不变，其低产氨基甲酸乙酯前体的机理有待研究。

（15）黄酒风味物质的研究　江南大学从古越龙山黄酒中分析鉴定出 975 种挥发性化合物，其中有机酸类 93 种、酯类 149 种、醇类 61 种、醛类 52 种、缩醛类 55 种、呋喃及内酯类 98 种、硫化物 42 种、含氮化合物 154 种、酮类 73 种、酚类 46 种、其他类化合物 152 种。确定香兰素、3-甲基丁醛、苯乙醛、二甲基三硫、反-1，10-二甲基-反-9-癸醇、愈创木酚、苯甲醛对黄酒风味有独特贡献。

三、黄酒行业的产品创新

1. 年份酒

在 20 世纪 90 年代初，现在的浙江古越龙山绍兴酒股份有限公司推出“五年陈”绍兴花雕酒，受到消费者的欢迎。接着各黄酒企业争相推出各档次年份酒，并风靡市场，从而提高了黄酒产品的利润率，使黄酒行业效益得到较好的改变。同时由于档次的提高，使黄酒从此出现在高级宾馆和高级饭店的餐桌上。

2. 改良型黄酒

20 世纪 90 年代末，上海冠生园华光酿酒药业有限公司（于 2008 年并入上海金枫酿酒有限公司）推出了新概念新口感黄酒——“和酒”。该产品是以传统黄酒为酒基的改良型低度黄酒，加入了枸杞子、蜂蜜等营养物质。首次提出营养黄酒的概念，符合了新的消费群体饮酒追求低度、营养、健康的要求，酒的命名继承了儒家文化“以和为贵”思想，立即受到上海消费者的青睐，使这个原先并不生产黄酒的企业迅速成为黄酒行业的一枝新秀。“和酒”的成功，推动了黄酒行业的新一轮产品创新。浙江古越龙山绍兴酒股份有限公司推出了“状元红”“古越龙液”“古越红”等品种；会稽山绍兴酒股份有限公司推出了“帝聚堂”“稽山清”“水香国色”等品种；上海金枫酿酒有限公司推出了“石库门”上海老酒；江苏张家港酿酒有限公司推出了“沙洲优黄”；浙江善好酒业集团有限公司推出了“善好酒”……这些新品种的特点是：酒精度较低，为9%~14%；大多添加了食品或药食同源的物质，如枸杞子、红枣、桂圆、异麦芽低聚糖；糖分较传统半干型黄酒高；口味柔和、鲜甜、清爽。

3. 清爽型黄酒

20世纪90年代，在江苏一带出现了一种酒精度低于15%，口味较为淡爽的黄酒。这种黄酒在工艺上应用了酶制剂，发酵比较透彻，因而出酒率也高。这种黄酒得到了当地消费者的认可，为此制订了GB/T 2746—2005清爽型黄酒标准加以规范，后纳入GB/T 13662—2008（新版为GB/T 13662—2018）黄酒国家标准中。

四、黄酒行业面临的机遇与挑战

进入21世纪以来，虽然黄酒产量每年增长10%以上，但仍与白酒、葡萄酒拉开了较大的距离。当前，黄酒行业面临着良好的发展机遇。

1. 中国酒文化的回归

黄酒为世界三大古酒之一，也是中华民族特产，具有深厚的民族文化内涵，极具文化特色。作为黄酒杰出代表的绍兴黄酒，是我国首批原产地域保护产品（现改名为地理标志保护产品），其酿制技艺列入国家非物质文化遗产，有“箪醪劳师”“兰亭曲水流觞”“花雕嫁女”等许多故事和民俗。古越龙山绍兴黄酒还被多次作为国礼赠送给外国元首，并作为香港回归庆典酒。日本学者从酿造学的角度概括了东西方文化的特点，把来自中国黄河、长江流域的东方文化称为“霉菌文化”，把来自美索不达米亚、埃及的西方文化称为“麦芽文化”。随着我国国力的强盛和国际地位的提高，不仅民族自信心大大增强，而且世界各国对中国文化的兴趣迅速升温，因此作为中国文化的物化产物——黄酒，必然因此而复兴。图1-5为地处绍兴的中国黄酒博物馆。

2. 饮酒追求健康成为时尚和潮流

随着人们生活水平的提高和保健意识的增强，酒除了满足人们的嗜好外，其保健养生功能也越来越受到重视，黄酒低度、养生的特性契合当今的消费需求。笔者与江南大学和浙江大学的合作研究表明，绍兴黄酒含多种功能因子，并具有多种保健功能。绍兴市人民医院的研究结果证实，绍兴黄酒对治疗冠心病有效。随着黄酒保健功能及其机理研究的深入，必将使喝黄酒有益健康的概念更深入人心，从而推动黄酒的消费。

3. 黄酒具有独特的卖点

黄酒与大闸蟹和小龙虾绝配。历代文人把品肥蟹、饮黄酒、赏秋菊、赋诗文作为一种闲情逸致的文化享受。而对于寻常百姓，与家人或亲朋好友一起品

图 1-5　中国黄酒博物馆

蟹饮酒，倾诉亲情友情，享受其乐融融的温暖，也是人生的一大快事。大闸蟹性寒，而黄酒性温、活血暖胃，可去大闸蟹之寒气，且蟹肉的鲜美配以黄酒的甘醇，口感上近乎完美，因此黄酒配大闸蟹既是健康的饮食搭配又是绝美的味觉享受。近年来，人们又发现夏季吃小龙虾时，与口感清爽柔和的低度黄酒是绝配。

黄酒是唯一能加热饮用的酒，而且加热后更加香醇。在寒风凛冽、漫天飞雪的冬季，一边欣赏着窗外的雪景，一边品着温热的黄酒，既暖胃活血，又富诗情画意。

4. 黄酒的高档化和时尚化

在消费心理上，人们一般倾向于认为价格越高，商品的质量越好，也往往会因虚荣、攀比等心理因素追求高价商品，特别是请客送礼讲究面子。在酒业“黄金十年”（2002—2011 年）中，白酒龙头企业茅台和五粮液带头不断提价，洋河蓝色经典、水井坊、国窖 1573、红花郎、舍得等高端产品纷纷推出，带动整个白酒行业价格提升，顺应了消费升级背景下人们的心理需求，使白酒行业得到高速发展。在此期间，黄酒行业虽然纵向比较也取得较大的发展，但与白酒和葡萄酒行业相比差距明显，很大程度上是由于黄酒行业一直处于内部低价竞争中。20 世纪 90 年代初，“古越龙山”首推年份概念的五年陈花雕酒，价格比原有产品提高了，但很受市场欢迎，后来由于行业内部竞争，价格不升反降，从当初的 174 元/箱降到 2005 年的 120 元/箱。

我国已成为世界第二大经济体，2018 年 GDP 突破 90 万亿元，大多数消费者对饮料酒的消费已进入享受型消费状态。2014 年塔牌推出高端产品“本酒”，之后又推出中高端产品“本美”；2018 年古越龙山推出高端产品白玉版“国酿 1959”和中高端产品青玉版“国酿 1959”；2019 年会稽山推出“大师兰亭珍藏版”。如今，塔牌“本酒”以其卓越品质和高端形象逐渐赢得了高端市场的青睐。这些时尚化、高档化产品的推出，有利于带动黄酒价格的整体提升，逐步改变喝黄酒“土气、低档”的形象，从而推动黄酒的消费。

5. 行业的集中度提高

经过多年的发展和并购，黄酒行业已有了一定的集中度，目前古越龙山、上海金枫、会稽山这三家的盈利总和，占到行业总利润的30%以上。这些龙头企业有了较大的经济实力后，加大了广告投入，整个行业可以分享龙头企业做广告的好处，从而推动了行业的快速发展。在科研领域，由于古越龙山等企业加大了科研的投入，也使整个行业在不同程度上分享科研成果。

6. 国家产业政策的支持

黄酒是国家产业政策鼓励发展的酒种。自1995年以后，国家为了鼓励黄酒发展，特别是鼓励黄酒向优质优价发展，对黄酒的消费税采用按量征税，每千升黄酒的消费税为240元，这种税收政策有利于促进黄酒产品向中、高档发展，使有能力生产高档黄酒的大企业受益匪浅，利润丰厚。

以上几个方面是行业的优势，也是行业的机遇，抓住时机利用好机遇，将获得更好更快的发展。

在利用好机遇的同时，也要积极应对形势对行业的挑战。目前，黄酒行业面临的挑战有以下几个方面。

（1）市场竞争激烈　黄酒行业面临着来自其他酒种的激烈竞争。在酒业“黄金十年”中，白酒和葡萄酒行业得到高速发展，极大地拉开了与黄酒行业的距离。由于目前黄酒行业与白酒和葡萄酒行业实力悬殊，且长期低价竞争形成的低档形象，使黄酒在与白酒和国内外葡萄酒的竞争中处于不利地位，如不采取有效的应对措施，其市场有可能被进一步蚕食。

（2）黄酒市场的“拓荒”步履艰难　近年来，黄酒地域消费有所突破，如北京黄酒消费明显上升，重庆、四川、江西、安徽等中西部地区的黄酒销量翻倍增加，但总的来说，黄酒的区域性消费氛围仍然很浓。在没有黄酒消费习惯的地区，要引导他们饮用黄酒相当困难：其一，人的饮食习惯不是短期内可以改变的，接受黄酒的口味有一个过程，喜爱黄酒这个过程更长，需要很长的培育时间，而培育的频率不高，就难以奏效；其二，初饮者认为黄酒酒精度低，多饮无妨，由于黄酒含丰富的氨基酸等营养物质，使酒精吸收速度比白酒慢，能感觉到时已饮酒过量，大醉后从此不敢再碰黄酒；其三，到非黄酒饮用区开拓市场的成本很高，多数黄酒企业无力承受。一些大企业虽然有较强的实力，但由于开拓新市场见效慢，也宁愿选择在传统成熟市场上深耕。

（3）食品安全成为国内外公众首要关注点　人们对其自身生命健康的日趋关注，使黄酒产品的卫生标准面临着一些更加严格的指标，如黄酒的主要进口国日本，实施了食品中农业化学品残留“肯定列表制度”，并执行新的限量标准，对食品中农业化学品残留量的要求更加全面和严格。目前黄酒企业的检测技术和检测手段较落后，难以应对形势的要求，特别是国际上日益严厉的技术壁垒。同时，黄酒发酵的特点是多菌种发酵，由于对各种微生物代谢产生的微量成分缺乏前瞻性研究，一旦国际上提出某种微量成分的限量标准，黄酒将陷入被动局面。此外，由于黄酒是我国的特产，不像葡萄酒和啤酒一样为全世界所了解，只有拿出大量的科学研究数据，其安全性才能得到对食品卫生要求苛刻的西方国家的认同。

（4）科技创新意识淡薄　行业要发展，就必须依靠科技进步。黄酒行业科技创新意识淡薄，除少数龙头企业外，很少设有专门的研发部门，而设有研发部门的企业也存在科研人员缺乏、科研经费投入严重不足的问题。不重视黄酒基础数据的完善和基础理论的研究以及新技术、新工艺、新设备的研究和推广应用，行业技术落后、技术进步缓慢，制约了产品质量水平和效益的提高。

多年来，产品开发鲜有体现科技内涵，如，以饱受质疑的年份区分档次，而不在品质、安全性和舒适性上下功夫；养生黄酒停留在概念层面，没有明确的功能因子；起泡黄酒采用充气，而不在酿造工艺上进行创新。由于缺乏质的提升，新产品对行业发展的引领作用不强。最近，黄酒企业纷纷推出高端产品，然而高端产品的高价需要高价值来支撑，除了要讲好高价值的故事，还要体现高价值的差异化品质，否则难以被消费者真正接受。

（5）产品同质化严重　黄酒企业不重视原料、菌种和工艺上的创新，致使产品千篇一律，缺乏个性化特色。由于产品同质化使黄酒行业长期陷于低价竞争的困局中，特别是本应引领行业发展的几大绍兴黄酒企业，品种上互相模仿，大家都是陈年、三年陈、五年陈、十年陈绍兴黄酒，谁也不敢带头提价，甚至相互压价，严重制约了黄酒行业的发展。

（6）人才缺乏　黄酒产能迅速扩大，而黄酒人才严重不足，特别是有经验的技工不足，也会制约黄酒行业的发展。

第四节　黄酒的功能性成分与保健功能

黄酒为酿造酒，酒精度16%vol左右，保留了发酵过程中产生的营养和活性物质，历来以营养丰富、保健养生著称，其保健养生功能古书上多有记载，也备受行家推崇。笔者与江南大学、浙江大学合作研究表明，黄酒富含酚类物质、功能性低聚糖、γ-氨基丁酸和生物活性肽等功能因子，具有排铅、增强学习记忆能力、增强免疫力、延缓衰老、抗氧化等多种保健功能。该研究获浙江省科学技术进步奖和中国食品科学技术学会技术进步奖。

一、黄酒的功能性成分

1. 黄酒中的蛋白质含量为酒中之最

黄酒中含丰富的蛋白质，绍兴加饭酒的蛋白质为16g/L左右，是啤酒的4倍，红葡萄酒的16倍。黄酒中的蛋白质绝大部分以肽和氨基酸的形式存在，极易为人体吸收利用。氨基酸是重要的营养物质，黄酒含21种氨基酸，其中8种人体必需氨基酸种类齐全。所谓必需氨基酸，是指人体不能合成必须由食物供给的氨基酸。缺乏任何一种必需氨基酸，都可能导致生理功能异常，发生疾病。绍兴加饭酒中的游离氨基酸含量为4300mg/L左右，其中必需氨基酸含量为1500mg/L，半必需氨基酸含量为1200mg/L。

2. 丰富的无机盐及微量元素

人体内的无机盐是构成机体组织和维护正常生理功能所必需的，按其在体内含量的多少分为常量元素和微量元素。黄酒中已检测出的无机盐有30余种，包括钙、镁、钾、磷等常量元素和铁、铜、锌、硒、锰等微量元素。

镁既是人体内糖、脂肪、蛋白质代谢和细胞呼吸酶系统不可缺少的辅助因子，也是维护肌肉神经兴奋性和心脏正常功能，保护心血管系统所必需的。人体缺镁时，易发生血管硬化、心肌损害等疾病。黄酒含镁200~300mg/L，比红葡萄酒高5倍，比白葡萄酒高10倍，比鳝鱼、鲫鱼还高，能很好地满足人体需要。

锌具有多种生理功能，是人体200多种酶的组成成分，对糖、脂肪和蛋白质等多种代谢及免疫调节过程起着重要的作用，锌能保护心肌细胞，促进溃疡修复，并与多种慢性病的发生和康复相关。锌是人体内容易缺乏的元素之一，由于我国居民食物结构的局限性，人群中缺锌病高达50%。人体缺锌可导致免疫功能低下，性功能减退及皮肤粗糙、脱发等症状。绍兴元红酒含锌8.5mg/L，而啤酒仅为0.2~0.4mg/L，干红葡萄酒0.1~0.5mg/L。健康成人每日约需12.5mg锌，喝黄酒能补充人体锌的需要量。

硒与人类疾病、健康的关系一直是国内外生物学和医学研究的热点问题。硒是谷胱甘肽过氧化酶的重要组成成分，有着多方面的生理功能，其中最重要的作用是消除体内产生的过多的活性氧自由基，具有提高机体免疫力、抗衰老、抗癌、保护心血管和心肌健康的作用。据中国营养学会调查，目前我国居民硒的日摄入量约为26μg，与推荐日摄入量50~200μg相差甚远。绍兴元红及加饭酒中含硒10~12μg/L，比红葡萄酒高约12倍，比白葡萄酒高约20倍。

黄酒中除含丰富的镁、锌、硒外，还含丰富的钾（391mg/L）、钙（270mg/L）。它们都是心血管系统的保护因子，能维持心脏正常功能。

3. 黄酒中维生素含量较高

酒中的维生素来自原料和酵母的自溶物。黄酒原料（糯米、小麦、黍米）含有大量的B族维生素，小麦胚中的维生素E含量高达554mg/kg；酵母是维生素的宝库，由于黄酒的发酵周期长，酵母细胞自溶释放出的维生素也较多。黄酒中的B族维生素含量远高于啤酒和葡萄酒，古越龙山加饭酒中的维生素B_1含量为0.49~0.69mg/L、维生素B_2含量为1.50~1.64mg/L、维生素PP含量为0.83~0.86mg/L、维生素B_6含量为2.0~4.2mg/L，此外还含有维生素C 5.71~43.20mg/L（随贮存期的延长而降低）。维生素B_1能促进碳水化合物氧化，维护神经系统、消化系统和循环系统的正常功能；维生素B_2也是人体不可缺少的物质，它能促进蛋白质、碳水化合物的代谢，维护皮肤和黏膜的健康，保护视力，刺激乳汁分泌。维生素B_2的缺乏还和某些肿瘤的生成有一定关系；维生素PP能维护神经系统、消化系统和皮肤的正常功能。由于黄酒中维生素PP和锌的含量高，能维护皮肤健康，起到美容作用；维生素B_6除了对蛋白质的代谢很重要，还可防止肾结石的生成；维生素C有增强机体免疫力，防治坏血病，促进胶原蛋白合成的作用。

4. 含丰富的功能性低聚糖和一定量多糖

低聚糖又称寡糖或少糖，分功能性低聚糖和非功能性低聚糖。由于人体不具备分解、消化功能性低聚糖的酶系统，在摄入后，它很少或根本不产生热量，但能被肠道中的有益微生物双歧杆菌利用，促进双歧杆菌增殖。

黄酒中功能性低聚糖含量较高，古越龙山加饭酒中异麦芽糖、潘糖、异麦芽三糖3种异麦芽低聚糖的含量为7g/L左右。异麦芽低聚糖又称为分支低聚糖，具有显著双歧杆菌增殖功能，能改善肠道的微生态环境，促进B族维生素的合成和钙、镁、铁等矿物质的吸收，提高机体免疫力和抗病力，能分解肠内毒素及致癌物质，预防各种慢性病及癌症的发生，降低血清中胆固醇及血脂水平。黄酒中异麦芽低聚糖的来源分为两部分：一是支链淀粉的酶解，糯米中的淀粉几乎全部是支链淀粉，淀粉酶对它的分支点不易切断，因而在酒中残留的分支低聚糖较多，这也是糯米酒的口味较甜厚的原因；二是麦曲中微生物分泌的葡萄糖苷转移酶通过转糖苷合成。

黄酒中还含有一定量的多糖。有关研究表明：古越龙山黄酒多糖具有抗氧化和体内免疫活性，能抑制肿瘤细胞的生长。

5. 酒中的酚类物质含量较高

酚类物质被认为具有清除自由基，防止心血管疾病、抗癌、抗衰老等生理功能。黄酒中的酚类物质来自原料（大米、小麦）和微生物（米曲霉、酵母）的转换，由于黄酒发酵周期长，绍兴黄酒发酵周期长达80~90d，而且小麦带皮发酵，麦皮中的酚类物质溶入酒中，因而酒中的酚类物质含量较高。目前从古越龙山黄酒中检测出儿茶素、表儿茶素、芦丁、槲皮素、没食子酸、原儿茶酸、绿原酸、咖啡酸、p-香豆酸、阿魏酸、香草酸、丁香酸等多种酚类物质。

6. 富含重要的抑制性神经递质γ-氨基丁酸

γ-氨基丁酸（GABA）是一种重要的抑制性神经递质，参与多种代谢活动，具有降低血压、改善脑功能、增强长期记忆、抗焦虑及提高肝、肾机能等生理活性。GABA能作用于脊髓的血管运动中枢，有效促进血管扩张，达到降低血压的作用。据报道，黄芪等中药的有效成分即GABA。GABA还能提高葡萄糖磷酸酯酶的活性，使脑细胞活动旺盛，促进脑组织的新陈代谢和恢复脑细胞功能，改善神经机能。医学上，GABA对脑血管障碍引起的症状，如偏瘫、记忆障碍等有很好的疗效，同时用于尿毒症、睡眠障碍的治疗药物中。此外，日本研究者以富含GABA的食品进行医学试验，结果显示对亨廷顿病、阿尔茨海默证等有显著的改善效果。古越龙山加饭酒中游离GABA的含量为126mg/L，是一种较理想的富含天然GABA的保健饮品。

7. 无可比拟的生物活性肽

近年来的研究表明，以数个氨基酸结合而成的小肽具有比氨基酸更好的吸收性能，而且许多肽具有原蛋白质或其组成氨基酸所没有的生理功能，如促进钙吸收、降血压、降胆固醇、镇静神经、免疫调节、抗氧化、清除自由基、抗癌等功能。

笔者与江南大学合作，首次对古越龙山加饭酒中肽类物质进行了研究。古越龙山加饭酒中肽类物质的含量为12.87~17.55g/L，采用高效凝胶过滤色谱（GFC）测得黄酒中的肽类主要为相对分子质量1000以下的小肽。对酒中的肽类组分进行提取纯化与体外降血压活性肽和降胆固醇活性实验，初步鉴定出5种降血压活性肽的氨基酸组成及序列为Gln-Ser-Gly-Pro、Val-Glu-Asp-Gly-Gly-Val、Pro-Ser-Thr、Asn-Thr、Leu-Tyr，1种降胆固醇活性肽的氨基酸组成及序列为Cys-Gly-Gly-Ser。最近，江南大学从古越龙山黄酒中鉴定出500多种小肽的氨基酸组成及序列，对照文献报道中已知活性肽的氨基酸组成及序列，认定其中43种为潜在的生物活性肽。

8. 含一定量的四甲基吡嗪和萜烯类化合物

江南大学研究发现：古越龙山黄酒中含一定量的四甲基吡嗪和萜烯类化合物。四甲基吡嗪（Tetramethylpyrazine，TMP），又称川芎嗪，是中药川芎的主要活性生物碱成分，能够扩张血管、改善微循环和脑血流、抑制血小板聚集和解聚已聚集的血小板，因此具有治疗心脑血管疾病的药理作用。TMP在临床上用于治疗慢性肾功能不全（CRF）、冠心病、血液高凝状态、糖尿病周围神经病变（DPN）、脑梗死等。黄酒中TMP的来源可能有三个途径：一是由还原糖类和氨基化合物之间发生的美拉德反应所产生，黄酒中的还原糖类和氨基化合物含量较高，在煎酒和贮存过程中美拉德反应产物也较多；二是由芽孢杆菌发酵产生，在黄酒发酵醪中能检出包括枯草芽孢杆菌在内的多种芽孢杆菌，国内研究表明芽孢杆菌能产 TMP；三是由麦曲带入，麦曲中含有芽孢杆菌和枯草芽孢杆菌，且制曲过程最高温度可达 55℃以上，有利于美拉德反应的发生。

萜烯类化合物具有多种生物活性，如，β-紫罗兰酮和柠檬烯具有较强的抗癌作用；橙花叔醇是中药降香的主要有效成分之一；里那醇具有氧化自由基清除能力和抗溃疡效果。目前，从古越龙山黄酒中检出β-里那醇、异茨醇、β-香茅醇、橙花醇、β-环柠檬醛、柠檬烯、β-大马酮、高香叶醇、β-紫罗兰酮、橙花叔醇、月桂烯、薄荷醇、α-雪松醇、α-雪松烯等萜烯类化合物。

黄酒酿造是以谷物为原料、多种微生物参与作用的生物转化过程，含有多种有益健康的活性成分，但目前的研究和认识还非常有限，有待进行系统深入的研究。

二、黄酒的保健功能

笔者与浙江大学生命科学学院合作，通过动物实验等科学手段证实，黄酒具有显著的排铅、增强学习记忆能力、增强免疫力、延缓衰老、抗氧化、提高耐缺氧能力、预防骨质疏松等多种保健功能。

绍兴市人民医院的研究表明：适量饮用绍兴黄酒能使血液中的高密度脂蛋白含量增加，同型半胱氨酸水平下降，使心肌梗死的发病率和猝死率有所下降，能抗动脉粥样硬化，预防冠心病的发生。上海中医药大学附属普陀医院的研究表明：适量饮用黄酒能有效降低心血管的重要危险因素——低密度脂蛋白及甘油三酯水平，且对肝功能无影响。温州医学院的研究表明：黄酒对减轻体重、增加智力和耐力等有较显著的作用。

有趣的是，葡萄酒有益心血管健康可以解释“法兰西奇迹（*The French Paradox*）”，黄酒有益大脑或许可以用于解释绍兴地区的一些人文现象。绍兴是著名的酒乡，又是公认的“名士之乡”，人才辈出。绍兴历史上一共出了 27 名状元和 2238 名进士，是文豪鲁迅的故乡，曾有 4 人（蔡元培、马寅初、蒋梦麟和何燮侯）担任过北京大学校长，现有中国科学院和中国工程院院士 50 多名。

第二章　原辅材料与糖化发酵剂

黄酒以谷物和水为原料，以酒药、麦曲、酒母等糖化发酵剂酿制而成。黄酒的质量和风格不仅取决于酿酒工艺，而且与所用酿酒原料和微生物密不可分。酒药、麦曲、米曲、酒母作为黄酒的糖化发酵剂，本质上是依靠其内部富集的微生物或酶来起作用的，因此制作糖化发酵剂的关键在于创造适合有益微生物生长或产酶的条件。

第一节　原料和辅料

黄酒酿造以大米、黍米、玉米、粟米等谷物和水为原料，以小麦、大麦、麸皮为辅料。原辅材料种类的不同和品质的优劣直接影响到酒的风格和质量。在绍兴酒的酿造中，人们形象地把米、麦曲、水分别比喻为“酒之肉”“酒之骨”“酒之血”。

一、大米

南方黄酒都以大米为原料，包括糯米、粳米、籼米。

1. 大米的结构

稻谷脱壳后成为糙米，糙米由谷皮、糊粉层、胚乳、胚四部分组成，如图2-1所示。

（1）谷皮　谷皮由果皮、种皮复合而成。谷皮的主要成分是纤维素、灰分，不含淀粉。果皮的内侧是种皮，种皮含有大量的有色体，决定着米的颜色。谷皮包围着整个米粒，起着保护作用。

（2）糊粉层　种皮以内是糊粉层，它与胚乳紧密相连。它含有丰富的蛋白质、脂肪、灰分和维生素。糊粉层占整个米粒质量的4%~6%。谷皮和糊粉层统称为米糠层。米糠含有20%~21%的脂肪，可用来榨油。脂肪、蛋白质含量过多，有害于酒的风味，所以要选用精白度高的米为原料。此外，糯米糊粉层的脂肪含量比粳米多，贮存时间长了，因脂肪变质而产生难闻的陈米气味或哈喇味，因此一般不用陈糯米酿酒。

（3）胚乳　胚乳位于糊粉层内侧，是米粒的主要组成部分，质量约占整个谷粒质量的70%，贮藏的物质绝大部分是淀粉。胚乳淀粉是酿酒利用的主要成分。由于淀粉分子较大，相对密度也大，米粒饱满、相对密度大的大米淀粉含量也高。

（4）胚　胚位于米粒的下侧，约占整个谷粒质量的2%~3.5%，是米粒生理活性最强的部分，含有丰富的脂肪、蛋白质、糖类及维生素等营养价值很高的成分，对酿酒不利，应在米精白时除去。

2. 大米的物理性质

（1）外观、色泽、气味　正常大米有光泽，无不良气味，特殊品种如黑糯、血糯、香粳有鲜艳的色泽和浓郁的香气。一般新米色泽较好，陈米色泽较差。大米的成熟度不够，米粒中残留叶绿素而使米粒发青。在不适当的收割或贮存条件下，米粒会发黄变褐，一种可能是由美拉德反应引起的，另一种是由微生物引起的，往往带有黄曲霉毒素。黄变米香味和口味都发生不良变化，通过精碾可除掉80%~90%的黄曲霉毒素。

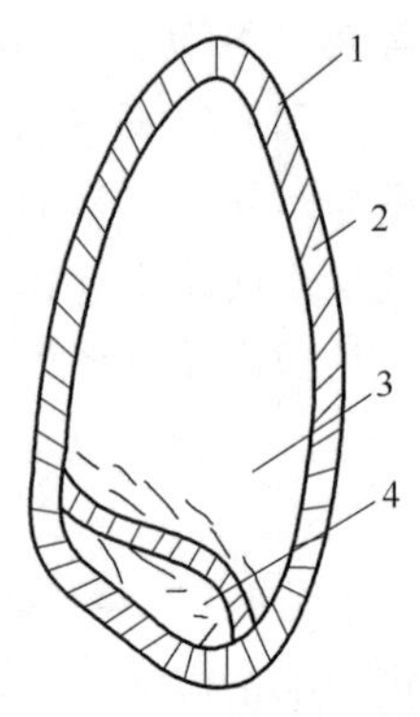

图2-1　大米的剖面图
1—谷皮　2—糊粉层
3—胚乳　4—胚

（2）粒形、千粒重、相对密度和容重　一般大米粒约长5mm、宽3mm、厚2mm，粳米长宽比小于2，籼米长宽比大于2。短圆的粒形精白时出米率高，破碎率低。大米的千粒重一般为20~30g，超过26g的为大粒米，相对密度为1.40~1.42，一般粳米的容重约为800kg/m^3，籼米的容重约为780kg/m^3。一般情况下，大米粒大且饱满，则相对密度较大，淀粉含量也较高，适于酿酒。

（3）垩白　垩白是指米粒胚乳中乳白色不透明的部分。垩白的成因与品种和栽培环境有关，大粒型易出现垩白。由于米粒腹部处于养分运输通道的末端，当米粒体积过大或养分运输量不足时，该部位胚乳细胞内淀粉积累不充分，淀粉粒排列疏松，颗粒间充气引起光线折射而显乳白色。如图2-2所示，位于米粒中心的乳白色不透明部分称为心白，位于腹部边缘的称为腹白。垩白大的米强度低，精白时易碎。由于心白米的心白部分是淀粉粒排列较疏松的柔软部分，它的周围是淀粉排列紧密的坚硬部分，软硬连接处孔隙较多，吸水好，酶易渗入，容易糊化、糖化，因此一般认为酿酒要选用心白多的米。但绍兴黄酒酿造以糯米为原料，且由于浸米周期

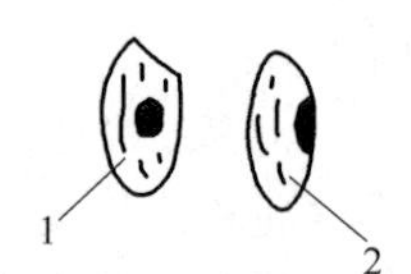

图2-2　米的心白和腹白
1—心白　2—腹白

长，米粒吸水充分，笔者认为宜选用垩白少的米，以减少长时间浸渍造成的米粒破碎。

（4）强度　米粒强度可用硬度计测定。含蛋白质多、透明度大的米粒强度高，通常粳米比籼米强度大，晚稻比早稻大，水分低的比水分高的大。

（5）软质米和硬质米　酿酒上的软质米和硬质米，与粮食加工上的定义不一样，酿酒上称的软质米指浸渍吸水快，容易蒸煮糊化，所蒸米饭外硬内软有弹性。

3. 大米的化学成分

（1）水分　大米的水分含量一般为14%左右，水分过高则贮藏性差。

（2）淀粉及糖分　糙米含淀粉约70%，白米约77%，随着米的精白，其淀粉含量增加。酿酒应选择淀粉含量高的米。除淀粉外，大米中还含糖分0.37%~0.53%。

（3）蛋白质　蛋白质在米的外侧多，随米的精白而减少，但其减少程度较慢，糙米中蛋白质含量为7%~9%，白米中含量为5%~7%，主要为谷蛋白。蛋白质经蛋白酶分解成肽和氨基酸，酒中含氮物质高时，酒显得浓醇。氨基酸都具有独特的滋味（如鲜、甜、涩、苦），部分氨基酸发酵时生成高级醇，成为黄酒的主要香味和口味物质之一，但高级醇含量过高给酒带来异杂味。蛋白质含量过高，有损酒的风味和稳定性，因此大米的精白度高些较好。

（4）脂肪　脂肪是酿酒的有害物质，大部分集中在胚和糠层中，糙米中约含2%，随着大米精白度的提高而迅速减少。

（5）纤维素、灰分、维生素　精白的大米仅含纤维素0.4%，灰分约0.5%~0.9%，主要为磷酸盐的矿物质。大米的精白度越高则灰分越少，故可从灰分的含量间接反映大米精白的程度。维生素主要分布于糊粉层和胚，以水溶性的B族维生素B_1、维生素B_2为最多，也含少量的维生素A。

为保证黄酒的质量和产量，应选用软质、大粒、淀粉含量高的米作原料，并尽可能用新米。

4. 大米的分类和特点

大米可分为糯米、粳米和籼米。糯米是最好的酿酒原料，其原因为：糯米的淀粉含量一般比粳米和籼米稍高，而蛋白质等其他成分较少，因此用糯米酿成的酒杂味少；糯米中的淀粉几乎全部是支链淀粉，支链淀粉分子排列比较疏松，吸水快，容易蒸煮糊化；淀粉酶对支链淀粉的分支点往往不易完全切断，在酒中残留的糊精和低聚糖较多，因此糯米酒的口味较甜厚。

（1）糯米　糯米分为粳糯和籼糯两大类，米粒短、椭圆形的粳糯酿酒性能最好。粳糯的淀粉几乎全部是支链淀粉，籼糯含有0.2%~4.6%的直链淀粉，直链淀粉结构紧密，蒸煮糊化较困难，蒸煮时吸水多，能耗大，出饭率高。直链淀粉和支链淀粉的比较见表 2-1。

表 2-1　　直链淀粉和支链淀粉的比较

类型	直链淀粉	支链淀粉
分子形状	直线螺旋状结构，长链卷曲成螺旋状，每个螺旋约含有 6 个葡萄糖单位	树枝状结构，支链处的两个葡萄糖单位之间通过 α-1，6 糖苷键相连
连接方式	α-1，4-糖苷键	α-1，4-糖苷键和 α-1，6 糖苷键
分子中葡萄糖残基数	少（205~980）	多（>5000）
胶体溶液稳定性	成黏稠性较低的胶体溶液，长期静置产生沉淀	加热、加压成很黏的胶体溶液，性状稳定，不沉淀
热水反应	溶解	不溶解
淀粉水解酶作用	全部水解成麦芽糖	62%水解成麦芽糖
在纤维上反应	全部被吸附	不被吸附
食用品质	性硬，蓬松	性软，黏
碘吸收率及染色反应	吸收 19%碘，呈蓝色	吸收少量碘，呈紫红色

需要注意的是，糯米中不得混有杂米，否则浸米吸水、蒸煮糊化不均匀，饭粒返生老化，影响酒质，降低出酒率。

（2）粳米　粳米含 13%~18%的直链淀粉。用粳米酿造黄酒，蒸煮时要喷淋热水，使米粒充分吸水，糊化彻底。粳米酿酒泡沫多，且发酵醪常成糨糊状，影响出酒率，造成醪液输送和压榨较困难。可以通过适当添加酸性蛋白酶和 α-淀粉酶来解决。添加酸性蛋白酶不但能解决多泡的问题，而且能提高氨基酸态氮的含量。由于 α-淀粉酶大多不耐酸，在 pH5.0 以下失活严重，因此需要缩短浸米时间。有的厂为防止因缩短浸米时间引起酸败，大幅增加酒母用量，高温糖化酒母用量高达大米量的三分之一。

（3）籼米　籼米含 20%~28%的直链淀粉，粒形瘦长，淀粉充实度低，质地疏松，透明度低，精白时易碎。杂交晚籼可以用来酿制黄酒，早、中籼米蒸煮时吸水多，饭粒干燥蓬松，冷却后变硬，回生老化。老化淀粉在发酵时难以糖化，而成为产酸菌的营养源，使醪液生酸。籼米饭粒中淀粉发糊状态比粳米更严重，故出酒率较低，出糟较多。

直链淀粉的含量高低直接影响米饭蒸煮的难易程度，应尽量选用直链淀粉比例低、支链淀粉比例高的米来生产黄酒。

糯米、粳米、籼米物理性质上的区别见表 2-2。

表 2-2 糯米、粳米、籼米物理性质上的区别

名称	籼糯	紫糯	粳米	籼米
米粒形状	长椭圆	椭圆	椭圆	长而窄
容重/（kg/m^3）	—	798~823	800	780
透明度	变元*不透明	变元*不透明	透明或半透明	半透明
膨胀性	小（1∶1.8）	小（1∶1.8）	中（1∶2.5）	大（1∶3）
黏性	大	大	中	小
色泽	蜡白或乳白	蜡白或乳白	蜡白有光泽	灰白无光
出饭率	1∶1.2~1.3	1∶1.2	1∶1.3~1.4	1∶1.5~1.6

注：*稻谷经强晒快速干燥，在原生质快速脱水收缩时，产生很多细微的空隙，使米粒呈蜡白色不透明，称为变元。

5. 大米的精白

（1）精白的目的　在米的外层，蛋白质和脂肪含量多，会影响到成品酒的质量。另外，米的外层富含灰分和维生素等微生物的营养成分，使用糙米或粗白米酿酒时，发酵旺盛，温度容易升高，往往引起生酸菌的繁殖而使酒的酸度增加。通过精白可以将这些有害成分除去，此外，精白后的米吸水快，容易蒸煮糊化和糖化。

大米的精白度越高，化学成分越接近胚乳，碳水化合物的含量随精白度的提高而增加，而其他成分相对减少。表 2-3 所示为不同精白度米的化学成分比较。

表 2-3 不同精白度米的化学成分比较

成分＼名称	水分/%	蛋白质/%	脂肪/%	无氮抽出物/%	粗纤维/%	灰分/%	钙/(mg/100g)	磷/(mg/100g)
粳糙米	14	7.1	2.4	75	0.8	1.2	13	252
粳米标二	14	6.9	1.7	76	0.4	1.0	10	200
粳米标一	14	6.8	1.3	77	0.3	0.8	8	164
粳米特二	14	6.7	0.9	78	0.2	0.6	7	136
粳米特一	14	6.7	0.7	78	0.2	0.5	—	120

（2）精米率　精米率表示精白的程度，可用下式计算。

$$精米率 = \frac{白米(kg)}{糙米(kg)} \times 100\%$$

米的精白度越高，精米率就越低。

酿造黄酒的糯米精米率一般为88%~92%。日本清酒酿造认为，米越白越能酿出好酒。清酒酿造对大米精白度要求依酒的品种和档次而异，如纯米酒的精米率小于70%，吟酿酒小于60%，大吟酿酒则50%以下。黄酒的酿造工艺和品质特征与日本清酒有明显不同，从生产实践看，按现有工艺和质量标准，并非米的精白度越高越好。

（3）精米机　米的精白是把米的皮层剥去，剥皮有三种方法：摩擦去除、削去、冲击去除。为了得到精白度高的大米，因米粒的内部组织比外皮部硬，必须利用削去的方法。日本清酒生产用精米机就是利用削去的方法，对硬米、脆米都可以精白，并可以得到任意形状的白米粒。我国目前没有这种酿酒用精米机，如能在精米机上有所突破，以提高大米精白度，有利于开发口感清爽的黄酒新产品。

二、其他原料

1. 黍米

北方生产黄酒用黍米（大黄米）为原料。黍米因品种不同，而对酒质有很大的影响，山东大粒黑脐的黄色黍米（俗称龙眼黍米）是酿造即墨老酒的最佳原料。这种黍米品质松软、易吸水、蒸煮时容易糊化，是黍米中的糯性品种，同时含淀粉质多，出酒率相对较高。表2-4所示为黍米的化学成分。

表2-4　黍米的化学成分

项目	含量/%	项目	含量/%
水分	10.3~10.9	蛋白质	8.8~9.8
淀粉	70.6~73.3	脂肪	1.3~2.5
糊精	2.8~3.7	粗纤维	0.6~1.2
糖分	0.7~1.2	灰分	1.0~1.3

2. 玉米

玉米的特点是脂肪含量丰富，脂肪主要集中在胚芽中，含量达胚芽干物质的30%~40%，给糖化发酵及酒的风味带来不利影响。因此，用玉米酿酒必须先除去玉米胚芽，俗称脱胚。玉米淀粉主要集中在胚乳内，淀粉颗粒呈不规则形状，堆积紧密、坚硬，呈玻璃质状态，直链淀粉占10%~15%，支链淀粉占85%~90%，一般黄色玉米的淀粉含量比白色玉米高。玉米淀粉糊化温度高，蒸煮糊化较难，要十分重视对颗粒的粉碎度、浸泡时间和温度、蒸煮压力和时间的选择，防止因没有达到蒸煮糊化的要求而老化回生，或因水分过高饭粒过烂而不利发酵，导致酒精度低、酸度高的异常情况。玉米所含的蛋白质大多为醇溶蛋白，不含β-球蛋白，这有利于酒的稳定。表2-5所示为玉米的化学成分。

表2-5 玉米的化学成分

项目	水分	淀粉	蛋白质	脂肪	粗纤维	灰分
含量/%	10.6~14.1	65.4~75.5	7.5~13.1	3.1~8.1	0.9~3.3	1.0~1.9

玉米必须经去皮脱胚，加工成玉米糁，才能用于酿酒。长春酿酒厂用于酿制优质黄酒的玉米糁，粉碎粒度30~50粒/g，淀粉含量78.5%，脂肪1.89%，蛋白质6.8%，水分10.3%。

3. 小麦

小麦是黄酒生产的辅料，用来制备麦曲。小麦是良好的制曲原料：小麦含有丰富的碳水化合物、蛋白质、适量的无机盐和生长素，小麦片疏松适度，很适宜微生物的生长繁殖；小麦成分复杂，制曲时在较高的温度作用下，能产生各种香气成分，对酒的赋香作用强；小麦富含面筋，黏着力较强，能制成各种规范大小的形状；小麦的皮层还含有丰富的β-淀粉酶。

小麦的千粒重为15~28g，相对密度为1.33~1.45，容重为660~800kg/m^3。小麦蛋白质含量比大米高，主要有醇溶蛋白、谷蛋白、球蛋白和清蛋白，其中醇溶蛋白和谷蛋白分别占蛋白质总量的40%~50%和35%~45%。醇溶蛋白为单体蛋白，单肽链间通过氢键、疏水键及分子内二硫键形成球形结构，分为α、β、γ、ω四种类型。α、β、γ-醇溶蛋白的分子质量为31~33ku，因含半胱氨酸和蛋氨酸较多，称为富硫醇溶蛋白。ω-醇溶蛋白的分子质量为44~74ku，为贫硫醇溶蛋白。醇溶蛋白氨基酸组成见表2-6。谷蛋白是一种非均质的大分子聚合体，靠分子内和分子间的二硫键连接，呈纤维状，其氨基酸组成多为极性氨基酸，容易发生聚集作用。小麦中的蛋白质、多酚类物质、戊聚糖等会严重影响黄酒的非生物稳定性。表2-7所示为绍兴黄酒制曲用小麦的化学成分。

表2-6 部分醇溶蛋白的氨基酸组成 单位：mol%

氨基酸种类	α-醇溶蛋白	γ-醇溶蛋白	ω-醇溶蛋白
谷氨酸和谷氨酰胺	36~42	39~40	41~53
脯氨酸	15~16	18~19	20~30
甘氨酸	1.9~2.7	27	0.9~1.4
苯丙氨酸	3.7~3.9	1.4~1.7	8.1~9.0
半胱氨酸	1.8~1.9	1.9~2.0	0
蛋氨酸	0.9~1.2	1.7~1.9	0~0.1

表 2-7　　绍兴黄酒制曲用小麦的化学成分

项目	水分	淀粉	蛋白质	脂肪	粗纤维	灰分
含量/%	10.2~12.8	57.1~63.2	11.3~12.5	1.8~2.4	2.1~2.4	1.8~1.9

小麦质量的好坏会影响到糖化菌繁殖及酒质，在生产上很重视小麦品质的优劣，一般要求如下。

（1）麦粒完整、颗粒饱满、粒状均匀，无霉烂、无虫蛀、无农药污染。

（2）干燥适宜，外皮薄、呈淡红色、两端不带褐色的小麦为好。

（3）选用当年产的小麦，不可带有特殊气味。

小麦的品质除与品种有关外，还与栽培环境有关。同一品种，北方小麦蛋白质含量一般比南方小麦要高。目前对于黄酒制曲用小麦的研究还十分欠缺，需要对不同品种和不同产地小麦的色泽、硬度指数、淀粉含量、蛋白质含量及其组成、麦曲的品质、酿成的黄酒风味与非生物稳定性等指标进行综合评价，确定适合于黄酒制曲用的小麦品种和产地，并建立相应的小麦品质评价指标。

三、酿造用水

黄酒酿造把水称为“酒之血”，可见水对黄酒酿造的重要性。水不但是酒的最主要成分之一，而且对酿造全过程产生很大的影响。水是物料和酶的溶剂，生化酶促反应都在水中进行；水中的微量无机成分既是微生物生长繁殖所必需的养分和刺激剂，又是调节氢离子浓度的重要缓冲剂。所以水质的好坏直接影响到酒的质量。许多名酒的产地往往和水的质量有关，所谓“名酒必有佳泉”，绍兴黄酒驰名中外同鉴湖水是分不开的。图 2-3 所示为绍兴鉴湖风光。

1. 酿造用水的水质要求

酿造用水直接参与糖化、发酵等酶促反应，并成为黄酒成品的重要组成部分，故首先要符合饮用水的标准，其次要从黄酒生产的特殊要求出发，达到以下要求。

（1）无色、无味、无臭、清亮透明、无异常。

（2）pH 中性　理想值为 6.8~7.2，极限值为 6.5~7.8。

（3）硬度 20~70mg/L（以 CaO 计）为宜　适量的 Ca^{2+}、Mg^{2+}，能提高酶的稳定性，加快生化反应速度，促进蛋白质变性沉淀，但含量过高有损酒的风味。水的硬度太高，使原辅材料中的有机物质和有害物质溶出量增多，黄酒出现苦涩感觉，还会导致水的 pH 偏向碱性而改变微生物发酵的代谢途径。

（4）铁含量<0.5mg/L　含铁太高会影响黄酒的色、香、味和加速氧化浑浊。水中铁含量>1mg/L 时，酒会有不愉快的铁腥味，酒色变暗，口味粗糙。

图 2-3　绍兴鉴湖风光

日本清酒酿造认为酿造用水铁含量越少越好，要求 0.02mg/L 以下。啤酒酿造用水一般认为应低于 0.2~0.3mg/L。

（5）锰<0.1mg/L　水中微量的锰有利于酵母的生长繁殖，但过量却使酒味粗糙带涩，并影响酒体的稳定。

（6）重金属离子　总的来讲，重金属离子是酵母的毒物，会使酶失活，并引起黄酒浑浊。

（7）有机物含量　有机物是水被污染的标志，常用高锰酸钾消耗量表示，应小于 5mg/L。

（8）氨态氮、硝酸根态氮和亚硝酸根态氮（以氮计）　氨态氮主要是由于有机物被水中微生物分解而生成，氨态氮存在多，表示该水不久前受过严重污染，要求不检出；NO_3^- 大多是由动物性物质污染分解而来，其含量要求 0.2mg/L 以下；NO_2^- 是致癌物质，能引起酵母功能损害，要求不检出。

（9）硅酸盐（以 SiO_3^{2-} 计）< 50mg/L　水中硅酸盐含量过高时，易形成胶团，影响发酵和过滤，并使口味粗糙，容易产生浑浊。

（10）水的微生物要求　生酸性菌群和大肠菌群不检出，尤其要防止病菌和病毒的侵入，保证水质卫生安全。

生活饮用水与酿造用水的差别见表 2-8。

表 2-8　　生活饮用水与酿造用水的差别

项目	生活饮用水标准	酿造用水要求	
		理想标准	最高极限
pH	6.5~8.5	6.8~7.2	6.5~7.8
总硬度/（mg/L）（以 CaO 计）	<250	20~70	<120
硝酸态氮/（mg/L）	<10	<0.2	<0.5
细菌总数/（个/mL）	<100	无	<100
大肠菌群/（个/L）	<3	无	<3
游离余氯量/（mg/L）	>0.3	<0.1	<0.3

2. 酿造用水的处理

酿造用水处理的目的主要是：去除水中的悬浮物及胶体等杂质；去除水中的有机物，以消除异臭、异味；将水的硬度降低至适合黄酒酿造的范围内；去除微生物，使水中微生物指标符合饮用水卫生标准；根据需要，去除水中的铁、锰化合物。

根据水质状况，酿造用水的处理一般分为三个步骤：去除悬浮物质，去除溶解物质，去除微生物。但是水的来源及其水质的具体情况不同，所需采取的具体措施也不完全一样。

（1）水的除杂

①沉淀池澄清：通过降低水的流速，使水中的悬浮物质缓慢沉降下来。流量相同时，沉淀池越大，澄清效果越好。在沉淀池中，悬浮物质分离率可达到60%~70%。

如果水质不是很理想的话，需要添加絮凝剂。絮凝剂的作用是中和水中胶体表面的电荷，破坏胶体的稳定性，使胶体颗粒发生凝聚并包裹悬浮颗粒而沉降，通过凝聚和静置的组合，使水中由微粒形成的悬浮物得以去除，从而使水澄清。

经过沉淀池的澄清，悬浮物质还不能全部除去，因此接下来要对水进行过滤。

②石英砂过滤：过滤时水穿过一层大小均匀且灼烧过的纯石英砂，悬浮物质被石英砂的孔洞截留住。

③活性炭过滤：目的是去除水中的有机物、余氯和降低色度，也可作为离子交换的前处理工序。当水质较差，出现一般性的异臭或异味时，用活性炭过滤也是有效的。

④ 烧结管微孔过滤：以颗粒微细的硅藻土、聚乙烯等为主要材料，成形为管状，高温焙烧使其表面形成 0.5~10μm 的微孔，用此作过滤介质，水从管外壁经微孔进入管内，可以滤除水中大部分微细杂质和微生物。微孔烧结管使用一段时间后需要进行清洗。

硅藻土烧结管通常又称砂棒、砂芯。聚乙烯微孔烧结管是新产品。烧结管应由无毒、无味、化学性能稳定并允许用于食品工业的材料制成。

（2）水的软化　当水的硬度超标时，酿造用水就必须进行软化。当水中的铁、锰含量高时，往往使水产生金属味，并引起黄酒沉淀，所以酿造用水也需要考虑去除铁离子和锰离子。水的软化常用沉淀法和脱盐法（离子交换、电渗析和反渗透）。

①沉淀法：沉淀法也称药剂法，即在水中加入适当的药剂，使溶解在水里的钙、镁盐转化为几乎不溶于水的物质，生成沉淀并从水中析出，从而降低水的硬度，达到软化水的目的。对于碳酸盐等硬度较高的水，可以用饱和石灰水，去除水中的碳酸氢钙和碳酸氢镁。

②离子交换法：离子交换法是用离子交换树脂中所带的离子与水中溶解的一些带相同电荷的离子之间发生交换作用，以除去水中部分不需要的离子。通过再生，离子交换剂可以反复使用。

离子交换树脂的选用原则：尽量选择容量大的树脂；使用弱酸性阳离子交换树脂可以除去碳酸盐硬度，使用强酸性阳离子交换树脂可以除去钙、镁、钠等离子；使用弱碱性阴离子交换树脂可以除去部分阴离子，降低非碳酸盐硬度；使用强碱性阴离子交换树脂可以除去硝酸盐。

③电渗析法：主要用于处理水中高盐浓度和高总硬度的情况。水中的无机离子在外加电场的作用下，利用阴离子或阳离子交换膜对水中离子选择性透过，使水中的一部分离子穿过离子交换膜而迁移到另一部分水中，而达到除盐和降低总硬度的作用。这种方法对水的消耗量比较大。

良好的离子交换膜应具备：离子选择透过性高，实际应用的离子交换膜的选择性透过率一般在 80%~95%，导电性好，化学稳定性好，能耐酸、碱，抗氧化，抗氯，平整性、均匀性好，无针孔，具有一定的柔韧性和足够的机械强度，渗水性低等。

④反渗透法：反渗透是一项处于不断发展的技术，一般用于饮用水、生产用水和纯水生产。当向水体施加大于渗透压的压力时，水分子就会向与正常渗透现象相反的方向移动。反渗透膜孔径较超滤膜小，不仅能截留高分子物质，还能截留无机盐、糖、氨基酸等低分子物质，因此透过反渗透膜的水几乎就是纯水，但水中的离子也不是除去得越彻底越好，酿造用水中应该有一定的离子浓度。

（3）水的消毒灭菌

① 无菌过滤：通过膜过滤达到除菌的目的。

②紫外线灭菌：紫外线照射可杀死微生物，此方法既卫生又可靠，但也存在以下缺点：设备损耗大；处理能力低；水层必须很薄，浑浊和色泽会影响灭菌效果。此外，细菌数量多时，照射量也必须随之提高。

③臭氧灭菌：对空气中的氧进行放电处理可获得臭氧，臭氧的氧化作用会破坏细菌的细胞膜，从而达到杀菌的目的。

④通氯气灭菌：往水中通入氯气产生次氯酸，次氯酸分解为 HCl 和氧，从而形成较高的氧化力，通过氧化作用破坏微生物的细胞膜，并杀死微生物，但是加氯杀菌后的水有明显的气味。

第二节　黄酒酿造的主要微生物

黄酒酿造涉及众多的微生物，但是在发酵中起重要作用的是霉菌、酵母和细菌。尤其是霉菌和酵母对黄酒生产起着主导作用，而细菌除某些乳酸菌在浸米水中繁殖、发酵产生乳酸，有利于酒醪发酵和增进黄酒风味外，多数细菌对黄酒生产是不利的。

一、酵母菌

数千年前，人们虽然不知道酵母菌是什么样子，但却利用酵母菌的发酵能力来酿酒。酵母菌是一种单细胞微生物，属真菌，喜生长在含糖较多的偏酸性环境中，在空气中也有大量酵母菌存在。

酵母菌的细胞比细菌大得多，其大小在（5~30）μm×（1~5）μm。细胞形态依种而异，除常见的圆球形、椭圆形、卵形外，还有腊肠形、黄瓜形、柠檬形、三角形及丝状等，酿酒上应用的酵母菌大多为椭圆形、卵形、圆球形。图 2-4 为 85 号酵母菌和 XZ-11 酵母菌的细胞形态，XZ-11 酵母菌细胞比 85 号酵母菌略大。

酵母菌的菌落特征也因种而异，是鉴定酵母的依据之一。酿酒酵母的菌落一般表面光滑、湿润、有光泽、边缘整齐，乳白色，菌落大而厚，并容易挑起。

酵母的繁殖方式有无性和有性两种。在正常营养状态下，都是以无性方式进行繁殖。酵母的无性繁殖又分为芽殖和裂殖，大多数酵母以无性出芽方式进行繁殖，所以酵母又称芽殖菌。当条件适宜时，酵母 15min 就可繁殖一代。

酵母菌的生长温度范围在 4~40℃，最适温度为 25~30℃。酵母菌在 pH3~10 均能繁殖，最适 pH 为 4.5~5.0，如维持 pH 在 3.8~4.2，则对细菌有

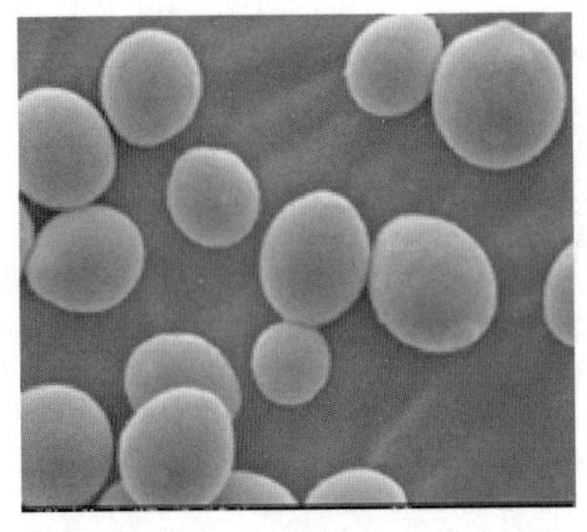

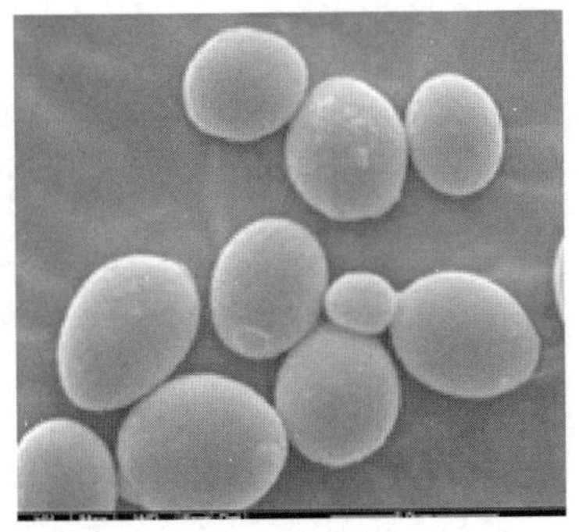

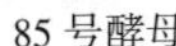

85 号酵母　　XZ-11 酵母

图 2-4　黄酒酵母菌细胞形态

较好的抑制作用，而对酵母影响较小，便可在不杀菌的情况下进行酵母的纯粹培养。酵母菌是兼性厌氧菌，在无氧条件下进行酒精发酵，在有氧条件下则主要进行呼吸作用，同化葡萄糖生成菌体，很少生成酒精。

二、霉菌

霉菌是我国历史上应用最早的一种微生物。我国劳动人民早在几千年前就在生活和生产实践中逐步认识了霉菌的作用，并利用它们酿酒、制酱（豆酱、酱油）和制腐乳等，这些都是我国的传统发酵食品。

根据酒曲的分离研究结果表明，酒曲中的霉菌主要有下列几种。

1. 曲霉（*Aspergillus*）

曲霉的菌丝有隔膜，为多细胞的菌丝。接触培养基的菌丝分化厚壁的足细胞，在足细胞上生出直立的分生孢子梗，顶端膨大成球形顶囊，在顶囊外以辐射方式生出一排或两排杆状的小梗，小梗顶端产生一串分生孢子，如图 2-5 所示。不同种的分生孢子呈黑、黄、白、绿等不同颜色。曲霉分生孢子穗的形状、孢子颜色及大小等都是鉴定菌种的重要依据。

黄酒行业常用的曲霉菌种有米曲霉苏-16、As. 3800，泡盛曲霉（黑曲霉变种）As. 3. 4319，黑曲霉 3758、As. 3. 4427、As. 3. 4309（俗称 UV-11）等，其中苏-16 和 As. 3. 4319 是分别从自然培养的麦曲和乌衣红曲中分离出来的，在黄酒行业应用较为普遍；中国科学院黑曲霉诱变株 As. 3. 4309 曾获国家科技进步奖，其特点是酶系较纯，糖化酶活性很强且能耐酸，但液化力不高。

黑曲霉和米曲霉有各自的特性和不同的作用。黑曲霉以糖化型淀粉酶为主，生成的是葡萄糖，能为酵母菌直接利用，而且糖化型淀粉酶能耐酸，糖化的持续性长。用黑曲霉制曲酿酒出酒率较高，但酒的质量不如米曲霉好。米曲

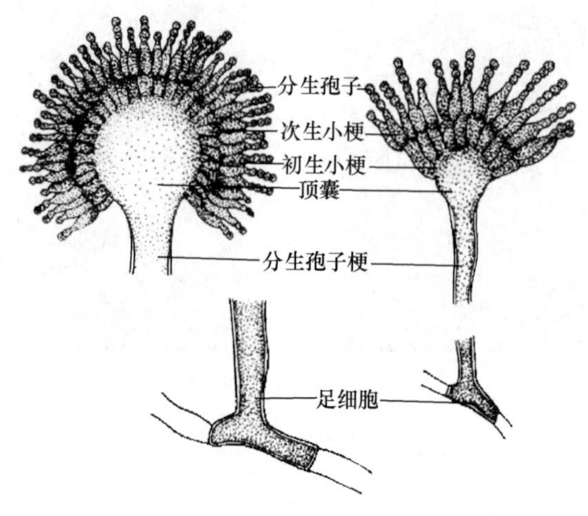

图 2-5　曲霉的形态图

霉以液化型淀粉酶为主，生成物主要是糊精、麦芽糖及葡萄糖。液化型淀粉酶不耐酸，在发酵中有前劲，没有后劲。用米曲霉制曲酿酒，出酒率不及黑曲霉高，但酒的质量更好。

2. 根霉（*Rhizopus*）

根霉菌是常见的霉菌，在空气、土壤以及各种器具表面都有它的孢子存在。

根霉菌丝没有横隔膜，一般认为是单细胞的真菌。根霉在培养基上生长时，由营养菌丝体产生弧形的匍匐菌丝，向四围蔓延。匍匐菌丝接触培养基处，分化成一丛假根（类似根状菌丝），吸收养料。从假根处丛生出直立的孢囊梗，梗的顶端膨胀形成圆形的囊，称为孢子囊。孢子囊里面有许多孢子，称为囊孢子，成熟的囊孢子从破裂的囊壁释放出来，散布各处进行繁殖，如图 2-6 所示。

在酒曲中分离到的还有毛霉和犁头霉，其形态和根霉很相似（图 2-7）。现把上述三种菌的异同点做一比较，见表 2-9。

中国科学院微生物研究所著名微生物学家方心芳等于 1956 年起研究根霉的分类及其生理特性，从 137 个酒曲中（大部分是小曲）分离出 828 株毛霉科的霉菌，其中根霉有 643 株，其余为毛霉、犁头霉等。根霉的糖化力比另外两种都强，所以根霉是小曲的主要糖化菌。根霉除了能产糖化酶，还能产少量的酒化酶。我国小曲内的根霉是经过数百年来培育驯养出来的酿酒优良菌种。

黄酒行业常用的根霉菌种有贵州省轻工业研究所的 Q303 和中国科学院的 As. 3. 866、As. 3. 851、As. 3. 867、As. 3. 852、As. 3. 868，它们都是从小曲中分离出的优良菌种。

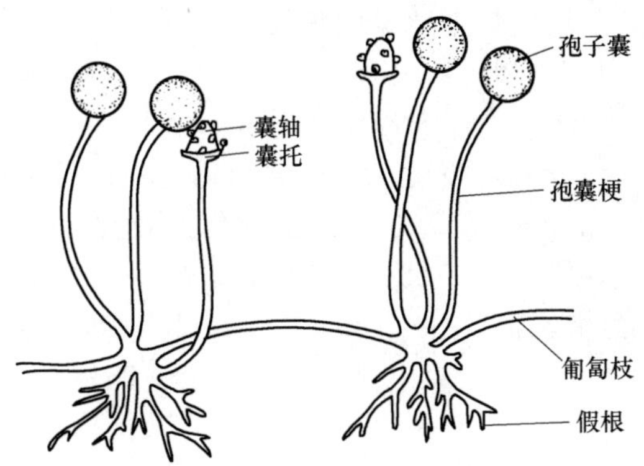

图 2-6 根霉的形态图

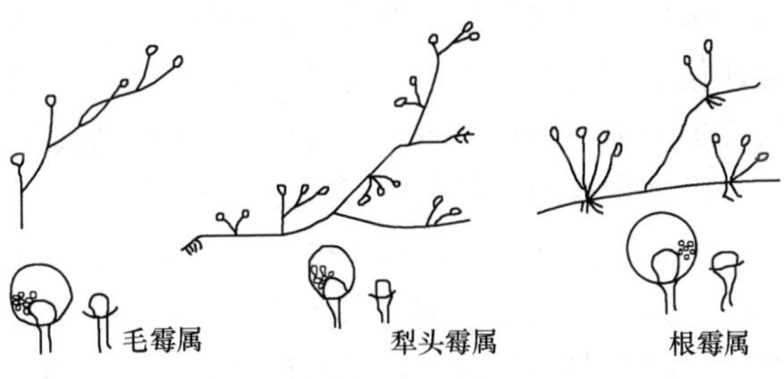

图 2-7 毛霉属、犁头霉属和根霉属示意图

表 2-9 **根霉、毛霉、犁头霉形态的比较表**

菌名	根霉	毛霉	犁头霉
匍匐枝、假根	有	无	有
孢囊梗	由匍匐枝生出，与假根相对	由菌丝体生出	散生在匍匐枝中间
孢子囊	球形	球形	洋梨形
囊托	有	无	有

3. 红曲霉（*Monascus*）

红曲霉是子囊菌纲曲菌目曲菌科中的一个属，从它们在生物学中的地位，很容易知道它们的形态特性。红曲霉属中的紫色红曲霉是我国红曲霉生产中的主要菌种，其菌落特征是：在麦芽汁琼脂培养基上生长良好；菌丝体最初为白色，逐渐蔓延成膜状；老熟后，菌落表面有皱纹和气生菌丝，呈紫红色，菌落背面也有同样颜色，这是因为红色素分泌到培养基造成的。

20世纪60年代时，中国科学院微生物研究所从所分离的150株红曲菌中，挑选出11株优良的菌种，向全国推广，为红曲生产提供了优良的纯种。其中：As. 3. 913、As. 3. 914、As. 3. 918、As. 3. 973这4株菌种产红色素能力强，可作色曲的菌种；As. 3. 555、As. 3. 920、As. 3. 972、As. 3. 976、As. 3. 986、As. 3. 987、As. 3. 2637这7株菌糖化力强，可用作酿酒曲的菌种；As. 3. 972、As. 3. 986、As. 3. 987这3株菌糖化力较强，同时生产色素也深，作色曲或酿酒菌种均可。As. 3. 555、As. 3. 976在分类上均属变红红曲霉群，其他各类菌株均属红曲霉群。

三、细菌

在自然界，细菌是分布最广、数量最多的一类微生物。我国古代很早就知道酿醋，就是利用醋酸菌的例证。再如泡菜的制作就是培养乳酸菌，以达到酸味可口的目的。可见，我国古代早已应用细菌为人类服务了。

黄酒酿造由于采用开放式的发酵形式，特别是传统的手工操作，因此必定有各种细菌参与糖化发酵过程。由于发酵条件控制不当和消毒不严等原因，会造成产酸细菌的大量繁殖，导致黄酒不同程度的酸败。造成酸败的主要菌是乳酸菌和醋酸菌。在机械化黄酒生产上，酒母质量要求在一个视野中细菌不超过2个。在自然培养麦曲和酒药中也存在一定量的细菌，由于较长时间的贮藏，使一部分细菌死亡，另一部分形成芽孢呈休眠状态，需一定时间才能萌芽生长，所以培养好的麦曲立即用于酿酒容易酸败就是这个道理。

在制曲和酿酒中，常见的有害细菌主要有以下几种。

1. 醋酸菌

黄酒由于是开放式发酵，在操作时势必感染一些醋酸菌。酵母菌也不同程度地产生一些醋酸，但产酸能力远远不及醋酸菌。醋酸是黄酒特有的风味成分之一，同时也是酯类的前体物质，是黄酒陈香的来源之一，但醋酸含量过高，会导致黄酒变酸、变质。醋酸对酵母的杀伤力也较大。因此在黄酒生产中，必须防止醋酸菌的大量侵入。

醋酸菌种类很多，通常为好氧菌，细胞从椭圆到短杆状，单个、成对或链状生长，大小为（0. 4~0. 8）μm×（1~2）μm；不产芽孢，在长期培养、营养不足等条件下，细胞有时出现畸形，呈伸长形、线形或棒形，有时甚至管状膨大。醋酸菌细胞形状如图2-8所示。

2. 乳酸菌

乳酸菌为厌氧或兼性厌氧菌，在自然界中普遍存在，广泛分布于谷类、麦芽、曲子等中。它繁殖快，能利用各种糖类产生乳酸。绍兴酒酿造中添加米浆水，就是利用乳酸菌发酵产生的酸，抑制杂菌繁殖生酸，达到以酸制酸的作用，也有利于酵母的发酵和黄酒风味的协调。

目前在自然界中发现的乳酸菌共有 200 多种，在细菌分类学中划分为 23 个属，包括乳杆菌属、乳球菌属、明串珠菌属、双歧杆菌属、片球菌属、链球菌属等。黄酒发酵有大量乳酸菌参与，乳酸菌不但自身能产风味及风味前体物质，而且其产生的乳酸、乙酸及细菌素能影响其他微生物的生长和代谢，从而影响黄酒的风味和品质。成品黄酒贮放过程中的产酸菌大多为乳酸菌，且多呈细长的杆状（图 2-9）。

图 2-8　醋酸菌形态图

图 2-9　乳杆菌形态图

3. 枯草芽孢杆菌

枯草芽孢杆菌（图 2-10）是生芽孢的需氧杆菌，存在于土壤、枯草、空气及水中，由于它的芽孢能抗高温，所以散布极广。在制曲中，如果曲料水分含量高，就非常容易受到枯草芽孢杆菌的侵入并迅速繁殖，造成曲料发黏而酸败，所以一般认为枯草芽孢杆菌是酿酒发酵的有害细菌。该菌最适生长温度为 30~37℃，但在 50~56℃时尚能生长，最适 pH 为 6. 7~7. 2。枯草芽孢杆菌的芽孢能抗高温，一般在 100℃的温度下 3h 才能杀灭，某些枯草杆菌的芽孢抗

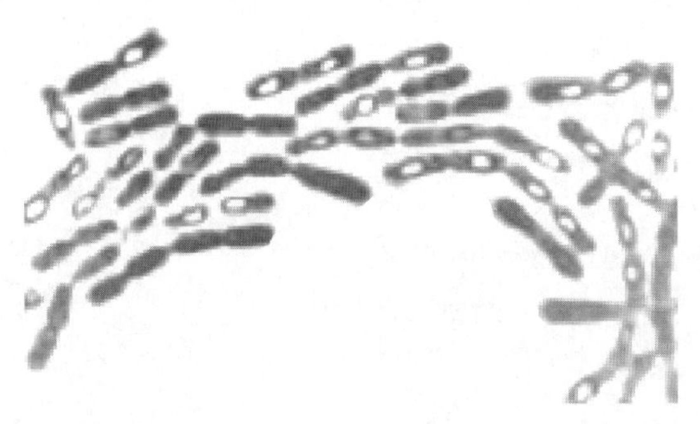

图 2-10　枯草芽孢杆菌

高温能力更强。

最新研究表明，枯草芽孢杆菌是白酒酿造中产生酱香风味和芝麻香风味的重要菌种。枯草芽孢杆菌在黄酒麦曲和发酵醪中都大量存在，其在黄酒酿造中的作用有待研究。

第三节　黄酒酿造的酶类

酶在酿酒生产中起了极其重要的作用，它关系到酿酒的质量和产量的提高，现将酿酒中几种主要的酶及其作用介绍如下。

一、α-淀粉酶（淀粉-糊精化酶）

α-淀粉酶与葡萄糖淀粉酶是曲中的主要淀粉酶，也是黄酒酿造中最重要的淀粉水解酶。能产 α-淀粉酶的微生物有米曲霉、枯草芽孢杆菌、地衣芽孢杆菌、红曲霉、黑曲霉等。

α-淀粉酶能水解淀粉分子中 α-1，4 葡萄糖苷键，生成小分子糊精和少量麦芽糖、葡萄糖以及寡糖。淀粉被水解后失掉原来的黏稠性，黏度下降呈现液体状态，这种现象称为“液化”，又称“糊精化”，故此酶也称作液化酶。其水解淀粉生成的产物在结构上都是 α 型的，故又称为 α-淀粉酶。

α-淀粉酶作用淀粉时，初期水解迅速，以后渐慢。水解过程中，分子由大变小，代谢产物还原性增高，淀粉遇碘呈蓝色。糊精随分子由大转小，遇碘颜色由紫、红到棕色，当分子小到一定程度时，水解液遇碘不变色，这时主要水解产物为麦芽糖和寡糖以及少量葡萄糖。

α-淀粉酶属内切型淀粉酶，它作用于淀粉时从淀粉分子内部以随机的方式切断 α-1，4 葡萄糖苷键，如图 2-11 和图 2-12 所示。它的最小作用底物是麦芽糖三糖。此酶不能水解 α-1，6 葡萄糖苷键，但可以绕过 α-1，6 葡萄糖苷键，所以作用于支链淀粉时，有异麦芽低聚糖产生。

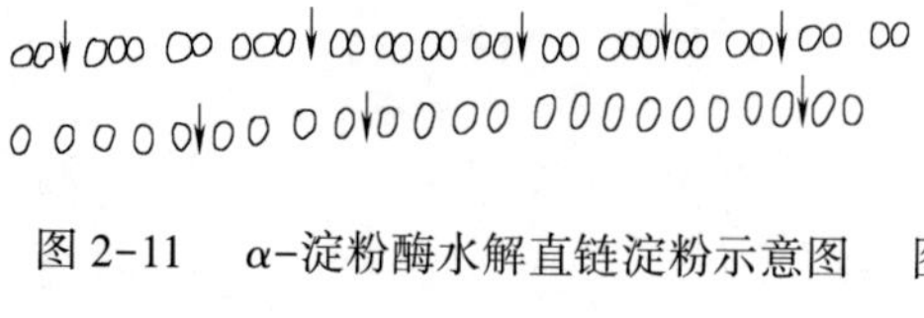

图 2-11　α-淀粉酶水解直链淀粉示意图

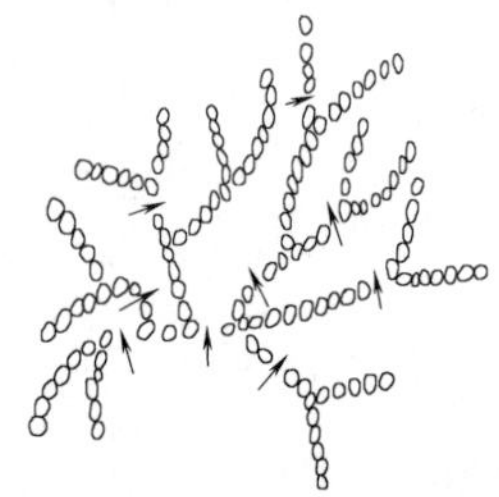

图 2-12　α-淀粉酶水解支链淀粉示意图

二、β-淀粉酶（淀粉-1，4 麦芽糖苷酶）

黄酒酿造中的β-淀粉酶可能主要来源于小麦。

β-淀粉酶作用于淀粉时，从非还原性末端开始，水解 α-1，4 葡萄糖苷键，顺序切下两个葡萄糖基，产物为麦芽糖，如图 2-13 和图 2-14 所示。麦芽糖在淀粉分子中原来是 α-型，酶水解 α-葡萄糖苷键时，在水解过程中顶端葡萄糖分子发生转位，将 α-型转变为 β-型麦芽糖，因此称 β-淀粉酶。水解只从分子的末端进行，不能从分子内部进行，故称这类酶为外切酶。

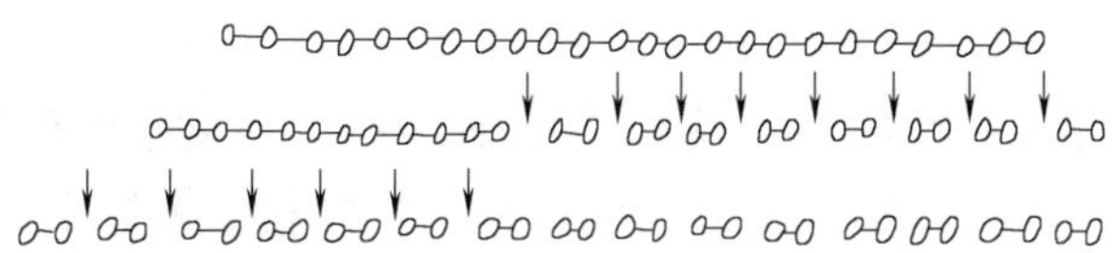

图 2-13　β-淀粉酶水解直链淀粉示意图

β-淀粉酶也能水解糊精、低聚糖等，但不能水解麦芽糖中的 α-1，4 葡萄糖苷键。在水解支链淀粉时，由于此酶不能水解 α-1，6 葡萄糖苷键，到达分支点就停止作用，而且也不能绕过分支点继续作用，因此残留下大分子的分支糊精，称 β-界限糊精。

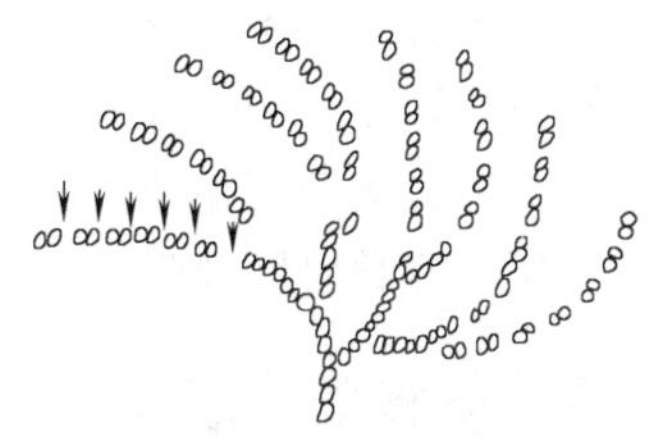

图 2-14　β-淀粉酶水解支链淀粉示意图

由于 β-淀粉酶是从淀粉键非还原性末端一个一个地将麦芽糖切下来，水解速度慢，所以糖化时碘色消失很缓慢。有 α-淀粉酶配合使用，作用速度加快，如添加异淀粉酶，切开 α-1，6 葡萄糖苷键，β-淀粉酶便能将淀粉完全水解成麦芽糖。

三、葡萄糖淀粉酶（淀粉-1，4 葡萄糖苷酶）

能产葡萄糖淀粉酶的微生物有黑曲霉、根霉、米曲霉、红曲霉等，因此曲和酒药中葡萄糖淀粉酶的活力较高。

葡萄糖淀粉酶水解淀粉由非还原性末端开始，顺次水解 α-1，4 葡萄糖苷键，将葡萄糖一个一个水解下来（图 2-15，图 2-16），故称为糖化酶。此酶在水解时也起转位反应，所以产物为 β-葡萄糖。此酶除能水解 α-1，4 葡萄糖苷键外，还能水解 α-1，6 和 α-1，3 葡萄糖苷键，但水解后两种葡萄糖苷键的速度很慢，只有水解 α-1，4 葡萄糖苷键的 1/20~1/30。由于它能水解几种葡萄糖苷键，所以能使淀粉能全部转变成葡萄糖。

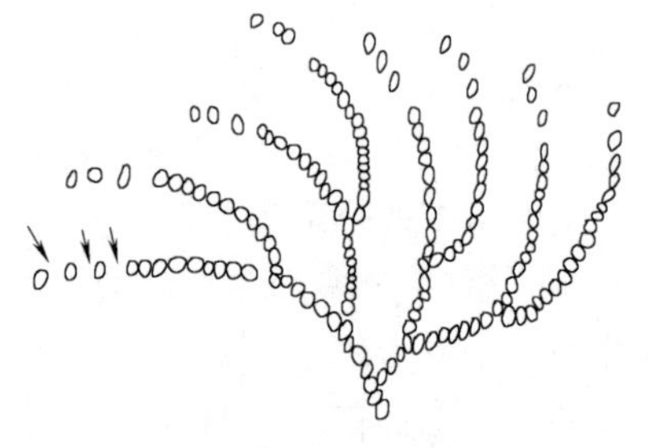

图 2-15　糖化酶水解直链淀粉示意图　　　　图 2-16　糖化酶水解支链淀粉示意图

葡萄糖淀粉酶除能水解长链的淀粉和糊精外，还能水解低聚糖、麦芽糖等。为了加快水解速度，预先用 α-淀粉酶水解淀粉，再加用葡萄糖淀粉酶，可获得较好的效果。

四、异淀粉酶（淀粉-1，6 葡萄糖苷酶）

异淀粉酶作用于淀粉 α-1，6 葡萄糖苷键，能水解支链淀粉、β 界限糊精、糖原和多聚物分子中分支的 α-1，6 葡萄糖苷键，切开分支，形成直链淀粉。由于这类酶能使分支结构的支叉脱掉，又被称为脱支酶。在生产中可以将异淀粉酶与其他酶类协同使用，以提高分解力，增加可发酵性糖的产率。

五、转移葡萄糖苷酶

转移葡萄糖苷酶可切开麦芽糖 α-1，4 葡萄糖苷键，将葡萄糖转移到另一个葡萄糖或麦芽糖等残基的水解 α-1，6 键上而生成异麦芽糖、潘糖等寡糖，这类糖是非发酵性糖。由于此酶具有极强的分解和合成的可逆反应，当发酵液中葡萄糖被利用后，此酶又能将非发酵性糖分解成可发酵性的糖类。

转移葡萄糖苷酶主要来源于黑曲霉。

六、纤维素酶

纤维素酶是降解纤维素生成葡萄糖的一组酶的总称，包括葡聚糖内切酶、葡聚糖外切酶和纤维二糖酶 3 个主要组分。

酿酒时添加纤维素酶能提高糖化效果和出酒率，并降低醪液的黏度。纤维素酶的作用途径是：一方面将原料的细胞壁（主要成分为纤维素）破坏，有利于淀粉释放出来而得到充分利用；另一方面将部分纤维素分解成可发酵性糖。有人曾在籼米黄酒中添加纤维素酶进行实验，获得了一定效果。

纤维素酶主要来源于黑曲霉和木霉。

七、蛋白水解酶

蛋白水解酶是水解蛋白质肽键的一类酶的总称，可分为内肽酶和端肽酶两大类。内肽酶能切断蛋白质分子内部肽键，分解产物为小分子的多肽。端肽酶又分为羧肽酶和氨肽酶两种，羧肽酶是从游离羧基端切断肽键，而氨肽酶则从游离氨基端切断肽键。此外还有一种二肽酶，它分解二肽为氨基酸。

通常说的蛋白酶都是指内肽酶，而羧肽酶、氨肽酶、二肽酶总称为肽酶或端肽酶。

蛋白水解酶对蛋白质的水解作用可用下式说明。

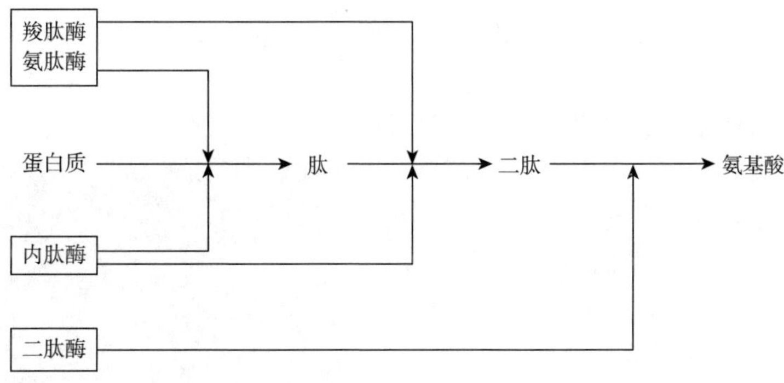

蛋白水解酶切断肽键时对肽键左右的氨基酸有一定的要求。各种来源不同的蛋白酶对肽键左右的氨基酸专一性也不一致，不是所有来源的蛋白酶都能水解各种蛋白质，它有一定的限制性和选择性。

蛋白水解酶的来源有植物、动物和微生物。能产蛋白水解酶的微生物有毛霉、米曲霉、黑曲霉、红曲霉、枯草杆菌等，因此蛋白水解酶也是曲中活力较高的一种酶。有关研究表明，熟麦曲中含有酸性蛋白酶、中性蛋白酶及二肽酶、氨肽酶、丙氨酰二肽基肽酶、亮氨酸氨肽酶等多种肽酶。

八、酯化酶

酯化酶能将一个分子酸与一个分子醇结合脱水而生成酯，反应是可逆的，其反应式如下。

$$\underset{\text{酸}}{R\cdot CO}\boxed{OH + H}\underset{\text{乙醇}}{OCH_2CH_3} \xrightleftharpoons{\text{酯化酶}} \underset{\text{酯}}{R\cdot COOC_2H_5} + \underset{\text{水}}{H_2O}$$

酯化酶主要来源于酵母菌和霉菌，尤以酵母菌最为重要。所以在酿酒生产中，特别是黄酒生产中的酵母菌，不但要求发酵力强，耐酒精等，还要求能产酯。

黄酒酿制过程中起主要作用的除根霉菌和曲霉菌之外，还有酵母菌。酵母菌的酶系十分丰富，总的来说有两大类：一类是具有水解和渗透作用的酶类，它与碳水化合物、含氮物等营养物质的代谢作用密切相关，如麦芽糖酶（将麦芽糖水解为葡萄糖）、蛋白酶、麦芽糖渗透酶（将麦芽糖输送至胞内）、蔗糖转化酶（将蔗糖水解为葡萄糖和果糖）；另一类是能够释放能量的酶类，与酵母菌自身的能量代谢有关，如酒化酶。酒化酶是指参与从葡萄糖到酒精和 CO_2 这个复杂生化过程的各种酶和辅酶的总称。由于酒化酶是酵母菌的胞内酶，因此酒精发酵要有强壮的酵母菌活细胞参与作用。

第四节 酒 药

酒药或称小曲、白药、酒饼，是我国特有的酿酒用糖化发酵剂。酒药中的主要微生物为根霉和酵母，酵母以扣囊复膜孢酵母为主，酿酒酵母数量较少。扣囊复膜孢酵母能产淀粉酶、产酯和少量酒精，在 YPD 平板上菌落为圆形、同心圆明显、白色、表面和边缘菌丝状、菌丝白色（图 2-17）。酒药中还有少量细菌、毛霉和犁头霉等，如果培养不好，酒药会含有较多的生酸菌，酿酒时容易增酸。酒药具有糖化发酵力强、用药量少、生产方法及设备简单、易于保存和使用方便等优点。在我国南方，用酒药作糖化发酵剂酿制黄酒和小曲白酒十分普遍。在绍兴黄酒生产中，酒药用来生产淋饭酒母。

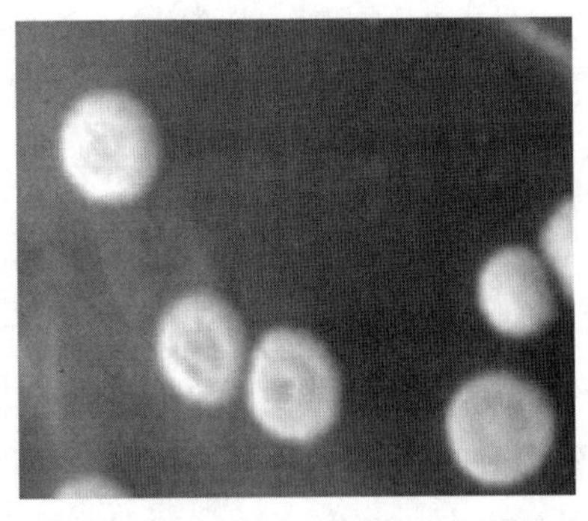

图 2-17 扣囊复膜孢酵母菌落形态

酒药的制造方法有传统法和纯种法两种。传统法中有白药（添加辣蓼草粉）和黑药（添加多味中草药）之分。纯种法以麸皮、米粉或米糠为原料，经灭菌后接种纯种根霉和酵母培养而制成，有的酒曲生产企业已采用机械化生产。以麸皮为原料时，一般采用根霉和酵母分别培养后按比例混合；而以米粉、米糠为原料时，采用根霉和酵母按比例接种培养而成。根霉种子的培养分固态法和液体法两种，而酵母种子均采用液体培养。传统法生产的酒药是多种微生物的共生体，这是形成黄酒独特风味的原因之一。纯种法生产酒药能减少杂菌污染，发酵产酸低，成品酒的质量均匀一致，口味清爽，还可提高出酒率。

一、传统白药

1. 工艺流程

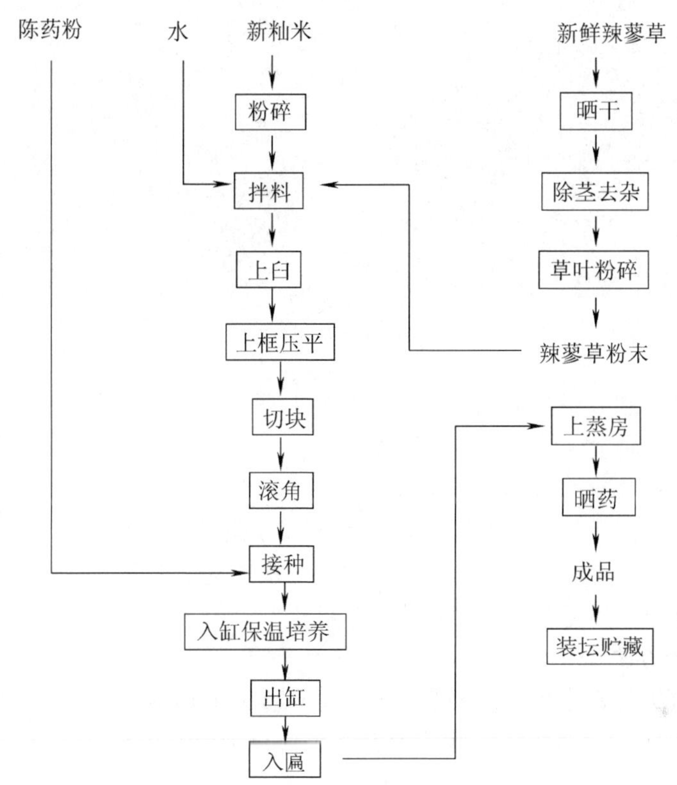

2. 原辅料的选择与制备

（1）籼米粉　应选择当年收获的新早籼米，以糙米为好。籼米与其他大米比较，富含蛋白质和灰分等营养成分，有利于糖化发酵菌的生长繁殖。在制酒药的前一天磨好米粉，细度以通过50目筛为佳，磨后摊冷，以防发热变质。米粉应保持新鲜，确保酒药的质量。

（2）辣蓼草粉　辣蓼草（图2-18）对酒药质量起着十分重要的作用：辣蓼草中含有酵母菌和根霉菌生长繁殖所需的生长素，并起到疏松作用，有利于酵母菌和根霉菌的生长；含量丰富的黄酮类抗氧化物质，能抑制米粉中脂肪的氧化；含丰富的挥发油和萜烯类化合物，具有抑制细菌繁殖和杀虫作用。每年七月中旬收割尚未开花的野生辣蓼草，除去黄叶和杂草，必须当日晒干，趁热去茎留叶，并粉碎成粉末，过筛后装入坛内备用，如果当日不晒干，色泽变黄，将影响酒药的质量。

图 2-18 辣蓼草

（3）陈药粉 挑选前一年生产中发酵正常、温度易掌握、糖化发酵力强、生酸低和黄酒质量好的酒药，粉碎备用。

（4）水的要求 采用酿造用水。

（5）辅料及工器具 要搞好环境卫生和用具等的卫生工作，生产用的陶缸、缸盖竹匾等要做好消毒工作（清洗、开水冲洗、太阳下暴晒等），新稻草要去皮、晒干，谷壳要求新鲜的早稻谷壳。

3. 操作方法

（1）配方 糙米粉：辣蓼草粉末：水=20：（0.4~0.6）：（10.5~11）。

（2）上臼、过筛 将称好的米粉及辣蓼草粉倒在石臼内，充分拌匀，加水后充分拌和，然后用木槌捣拌数十下，俗称“舂粉”（图 2-19），以增强它的黏塑性，取出在谷筛上搓碎，移入框内进行打药。

（3）打药、成型 每臼料（约 20kg）分三次打药。框长约 90cm、宽约 60cm、高约 10cm，装料后刮平，盖上塑料薄膜，用脚踏实，再用木棰打实压平（图 2-20），去塑料薄膜，去框，用刀沿木条（俗称划尺）纵横裁切成方块（图 2-21），分 3 次倒入悬空的大竹匾内，来回推动，将方形滚成圆形，然后加入 3%的陈曲粉，再进行回转打滚（图 2-22），使药粉均匀地黏附在新药上，筛落碎屑并入下次拌料中使用。

（4）摆药 先在缸内放入新鲜谷壳，距离缸口沿边 30cm 左右，铺上新鲜稻草芯，将药粒分行留出一定间距，注意药与药之间、药与缸内壁之间不能相碰（图 2-23）。谷壳的高度与酒药放置的紧密程度与气温的高低有关，气温高时，谷壳应适量少放，药也可以放置得稀疏些。

图 2-19 舂粉

图 2-20 打药

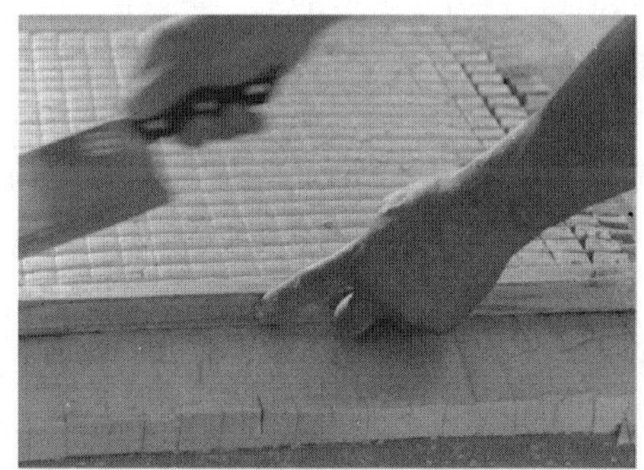
图 2-21 裁药

图 2-22 滚角和接种

图 2-23 摆药

（5）保温培养　放好酒药后，盖好缸盖，缸盖上再铺上麻袋，进行保温培养。一般经 10~12h 开始升温，再经 3~4h 缸内温度可以达到 35~37℃，这时可以去掉麻袋。每隔 2h 检查一次，并逐步移开缸盖，可以发现缸的内壁附有冷凝水，并散发出特有的香气，观察药粒是否全部而均匀地长满白色菌丝。如果还能看到辣蓼草粉的绿色，表示酒药还嫩，不能将缸盖全部打开，用移开缸盖大小的方法来调节培养的品温，以利菌体生长，直至药粒菌丝用手摸不黏手，像白粉小球一样，方将缸盖全部揭开以降低温度。冷至室温后再经 8~10h，此时酒药的水分已经蒸发了许多，酒药变得比较坚实，可以进行拾药。

（6）出缸入匾　将缸中的酒药小心地捡起放入竹匾中，每匾盛药 2 缸的数量（约 6.5kg），应做到药粒不重叠而粒粒分散。

（7）上蒸房　将竹匾移入密封保温的蒸房内，放在铁架上保温培养。待 1~2h 后观察品温，升至 36~37℃时，进行第一次翻匾，即将匾中的酒药倒入空匾中，使其温度下降 1~2℃。再经 2~3h，温度升至 36~37℃，再翻匾一次，此时酒药逐渐干燥。经 3~4h，温度已不再上升，维持在 32~34℃，可逐渐开门窗，2~3h 后再翻匾一次，开门窗冷却。从当日下午入蒸房至次日早上约 15h 即可出蒸房，把酒药倒入竹簟内摊薄（图 2-24），每天早晚翻动一次，摊三天后晒药。

图 2-24　酒药

（8）晒药入库　将酒药摊在竹簟上晒 3~4d 至水分合格。第一天晒药温度不能太高，时间也要短一些，称为“出水”，一般时间为上午六点到九点，品温不超 36℃；第二天上午六点到十点，品温为 37~38℃；第三天晒药的时间和品温与第一天一样，然后趁热装坛密封备用。坛要先洗净晒干，坛外要粉刷石灰。

4. 酒药的质量要求

成品酒药的质量鉴定采用感官和化学分析的方法。一般好的酒药表面呈现白色，口咬质地松脆，无不良香气，糖化力和发酵力高。此外，还可做小型的酿酒实验，产糖液快且糖液浓度高、味香甜、生酸低的为好药。为了保证正常的生产，在酿造开始前，要安排新酒药的酿酒实验，通过生产实践，鉴定酒药质量的好坏，同时了解酒药的性质，便于掌握。

二、纯种小曲

（一）纯种麸皮小曲

1. 工艺流程

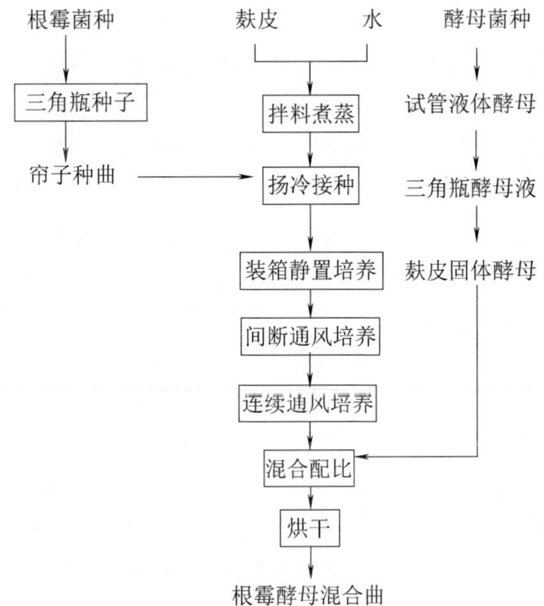

2. 工艺操作说明

（1）斜面菌种培养　目前使用的根霉菌种品种较多，常用的有 As. 3. 866 与 Q303 等。根霉菌的斜面菌种一般都采用米曲汁或麦芽汁琼脂培养基，接种后在 30℃培养 3d 即成。也有采用麸皮固体培养基进行培养，干燥后置冰箱内保藏，但需随做随用。

（2）三角瓶种子培养　取过筛（40 目筛）后的麸皮，加入 80%～90%的水，拌匀后装入经干热杀菌的 500mL 三角瓶内。每瓶装湿麸皮约 40g，装瓶后塞上棉塞，用防潮纸包扎后，经0.1MPa的压力蒸汽灭菌30min。冷至35℃左右接种。接种应在无菌室或无菌箱内进行，用接种针从固体斜面试管中挑出孢子2~3针，移接到三角瓶麸皮培养基上，并充分摇匀，使孢子和菌体分散，以便于菌体生长繁殖。接种后移入恒温箱28~30℃培养20~24h，此时培养基上已有菌丝并已结块，可轻微摇瓶一次，以适量通入空气，促使菌体繁殖。摇瓶后继续培养1~2d，进行扣瓶，扣瓶的方法是将三角瓶倾斜，轻轻振动瓶底，使麸皮饼脱离瓶底，悬于瓶的中间，其目的是增加空气接触面，以利于根霉菌进一步繁殖。扣瓶后再继续培养1d，即可成熟。取出后装入已灭菌过的牛皮纸袋里，置于37~40℃下烘干至水分10%以下，备用。一般将已干燥的纸袋三角瓶种子存放在用硅胶或用生石灰作干燥剂的玻璃干燥器内，可贮存几个月不致变质。

（3）帘子种曲培养　取过筛后的麸皮加水80%~90%，拌匀后高压或常压灭菌，摊冷至35℃左右，接入0.3%~0.5%的三角瓶种曲，并充分拌匀。为促使根霉菌孢子萌发，最好先进行堆积，堆积时盖湿纱布保温、保湿。培养室温度控制在28~30℃。经4~6h，品温开始上升，进行装帘，控制曲料厚度1.5~2cm，继续保温培养，培养室相对湿度控制在95%~100%。经10~16h培养，菌丝已将麸皮连结成块，这时最高品温应控制在35℃，相对湿度85%~90%。如品温过高，可用经酒精消毒后的竹撬翻面一次，也可略开门窗，翻面时动作要轻，因为此时菌丝娇嫩易折断。再经24~48h培养，麸皮表面布满大量菌丝，可出曲干燥，使水分降至10%以下。要求帘子曲菌丝生长茂盛，并有浅灰色孢子，无杂色异味。

（4）通风制曲　用粗麸皮作原料，有利于通风，能提高曲的质量。麸皮加水60%~70%，应视季节和原料粗细进行适当调整，然后常压蒸汽灭菌2h。摊冷至35~37℃，接入0.3%~0.5%的种曲，拌匀，堆积数小时，装入通风曲箱内。要求装箱疏松均匀，控制装箱后品温为30~32℃，料层厚度30cm，先静置培养4~6h，促进孢子萌发，室温控制为30~31℃，相对湿度90%~95%。随着菌丝生长，品温逐步升高，当品温上升到33~34℃时，开始间断通风，保证根霉菌获得新鲜氧气。当品温降低到30℃时，停止通风。接种后12~14h，根霉菌生长进入旺盛期，品温上升迅猛，曲料逐渐结块，散热困难，需要进行连续通风，最高品温控制在35~36℃，这时应加大风量和风压，通入25~26℃的低温低湿风，并在循环风中适当引入新鲜空气。当品温降到35℃以下，可暂停通风，几分钟后品温复升再进行通风，此时尽量通入干风。后期由于养分逐渐被消耗，水分不断减少，开始产生孢子。整个培养时间为24~26h。培养完毕通入干燥风进行干燥，使水分下降低到10%左右。箱式厚层通风制曲设备示意图见图2-25。

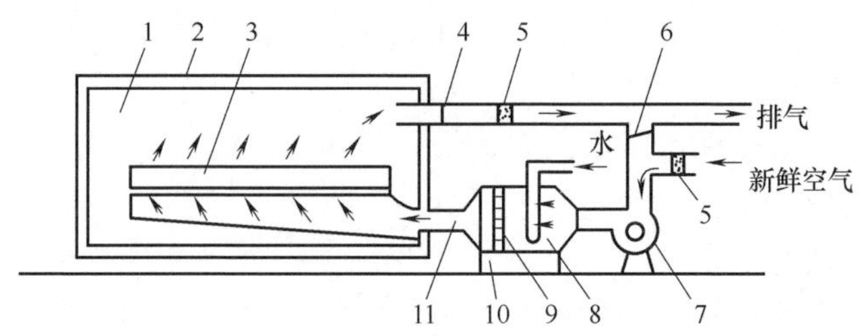

图 2-25 箱式厚层通风制曲设备示意图

1—曲室 2—绝热材料 3—曲料 4—回风调节器 5—过滤器 6—气闸
7—鼓风机 8—空调室 9—阻水器 10—排水槽 11—进风道

(5) 麸皮固体酵母 传统的酒药是根霉、酵母和其他微生物的混合体，能边糖化边发酵，以此满足浓醪发酵的需要，所以在培养纯种根霉曲的同时，还要培养酵母，然后混合使用。以 12~13°Bx 米曲汁或麦芽汁作为黄酒酵母菌的种子培养基，按固体斜面试管、液体试管和液体三角瓶的次序逐级扩大培养，培养温度 28~30℃，培养时间为斜面试管 3d、液体种子 24h。以麸皮为固体酵母曲的培养基，加入 95%~100%的水，灭菌，冷却至 31~32℃，接入 2%的三角瓶酵母成熟培养液和 0.1%~0.2%的根霉曲，使根霉对淀粉进行糖化，供给酵母必要的糖分。接种拌匀后装帘培养，装帘要求疏松均匀，料层厚度一般为 1.5~2cm，品温为 30℃。装帘后在室温 28~30℃培养。经 8~10h，品温上升，进行划帘，使酵母呼吸新鲜空气，排除料层内的 CO_2，降低品温，促使酵母均衡繁殖。继续保温培养，至 12h，品温复升，进行第二次划帘。15h 进入繁殖旺盛期，此时品温可达 36~38℃，再次划帘。培养 24h 后，品温开始下降，待数小时后，培养结束，进行低温干燥。

将培养成的根霉曲和酵母曲按一定的比例混合成纯种根霉曲，混合时一般以酵母细胞数 4 亿个/g 计算，加入根霉曲中的酵母曲量以 6%为宜。

(二) 厦门白曲

厦门白曲是纯种根霉和酵母混合培养而成的纯种小曲，制曲原料为米糠和米粉，不添加任何草药，因此俗称“白曲”。早期制成直径 3.5cm 左右的粒曲，因散曲的制曲周期短（散曲为 3d、粒曲为 5~6d）、劳动生产率高，20 世纪 50 年代后期改为散曲。厦门白曲既可用于生产黄酒（如龙岩沉缸酒），也可用于生产白酒。

1. 原料要求

制曲原料为米糠和少量米粉。米糠为糙米加工为精白米的副产品，含丰富的蛋白质、淀粉、无机盐和维生素等，疏松度和吸水性较好，透气性强，表面积大，是良好的制曲原料。原料要求如下。

（1）米糠　新鲜、无变质、无霉味和异味，淀粉含量27%～30%，水分10%～11%。

（2）米粉　无霉味和异味，无杂物，过80目筛，淀粉含量69%～71%，水分12%～13%。

2. 操作方法与要求

（1）配方　米糠和米粉的配比为9∶1左右。由于米糠来源受限，现在也有改用稻谷粉碎后作原料。加水比和接种量是决定纯种小曲质量的关键。加水比过大，会引起酸败、烧心，而加水比过小，则发生干皮现象，菌丝长不透。根霉接种量一般粒曲为4%～5%，散曲适当增加。酵母接种量各厂差异较大，粒曲为0.4%～1.2%，散曲适当增加。在保证质量的前提下，酵母的接种量尽可能减少，因为接种量过大，酿酒时前期发酵过于旺盛，产酸高，发酵结束早。酵母接种时将上层清液倒掉，用沉淀的酵母泥接种，这是因为若有杂菌入侵，杂菌孢子往往浮在上面。某厂厦门白曲的配料用量如表2-10所示。

表2-10　厦门白曲的配料用量

类型	加水比/（L/100kg）	根霉曲种/%	酵母/%
粒曲	60～65	4～5	1.0～1.2
散曲	35～40	5～6	1.2～1.5

（2）种子培养　制曲菌种为白曲根霉2号（*Rhizopus peka* No.2 *Takeka*）和台湾白曲酵母（*Saccharomyces peka takeka*），也可采用其他优良菌种。

酵母和根霉的三角瓶种子培养基分别为米曲汁和米粉，根霉培养基制法为：大米经粉碎后用60～70目筛过筛，采用压汽装甑的办法装甑，装满后加盖蒸90min，取出，冷却后加入20%～24%无菌水，用喷壶将无菌水均匀地喷在米粉上，拌匀后再过20目筛，分装于三角瓶中，中间装薄些，四周略厚，包扎后于121℃灭菌30～35min。

酵母和根霉的斜面种子和三角瓶种子培养方法如表2-11所示。

表2-11　种子培养方法

参数	斜面试管		1000mL三角瓶	
	酵母	根霉	酵母	根霉
培养基量	10mL米曲汁	10mL米曲汁	600mL米曲汁	200g米粉
接种量	1接种环	1接种环	每支试管接7瓶	每支试管接3～4瓶

续表2-11

参数	斜面试管		1000mL 三角瓶	
	酵母	根霉	酵母	根霉
培养温度/℃	28~30	30~33	28~30	30~33
培养时间/h	72	72	48	48

(3) 蒸料与接种　蒸料采用不加水干蒸，将米糠和米粉混合，待锅中的水沸腾时，将料轻撒匀铺于甑内，要见汽撒料，以防压汽，撒毕待全部圆汽后加盖蒸 1h，移至晾糠盘上摊晾，打散团块，过筛，冷却至 30~32℃，接种，加入无菌水，拌匀。制粒曲时，揉压至产生黏性，手捏成型，曲粒表面越光滑越好。

现在蒸料设备有带夹套蒸汽加热的旋转式灭菌锅，采用 120℃高温灭菌。

(4) 入曲房培养

散曲和粒曲培养方法相似，在此一并介绍。

①前期：散曲在竹筛（铺无菌白布）中铺成厚 2.5~3cm，粒曲整齐排列在竹筛内，入室时调节室温 30~33℃、相对湿度 85%~90%，经 4~5h 培养，品温上升至 33℃，散曲 6~8h（粒曲 8~12h）后，曲表面已见菌丝，品温继续上升，控制品温在 34~36℃、相对湿度控制在 90%左右。

②中期：散曲 8~10h（粒曲 10~14h）后，进行调筛（上下左右调换），使各筛品温保持一致，这时要适当开窗散热、换气，控制最高品温不超过 36℃，相对湿度 90%~95%。当菌丝已伸入曲内部并开始结块时，呼吸作用产生大量热量和 CO_2，散曲进行翻筛（将散曲底面朝上、曲面朝上翻动），粒曲进行翻粒，并开窗散热、换气，控制品温不超过 37℃，最好为 34~36℃，相对湿度控制在 90%~95%。

③后期：散曲培养 12~14h 后，适当开窗排潮，使品温逐渐降至 32℃，控制室温 30~33℃，并注意控制品温回升不超过 36℃，18~24h 后菌丝开始萎缩，品温降至 30~32℃不回升，即可搬入副曲室烘曲；粒曲制曲周期比散曲长，约经 40h 培养，搬入副曲室，保持品温 35~36℃，并开窗排潮，64~68h 后菌丝开始萎缩，品温降至 30~33℃，将两筛合为一筛，控制一定室温，注意品温回升不过 36℃，继续排潮，约经 80h 后，品温降至 30~32℃不回升，即可烘曲。

④烘曲：散曲烘曲温度 33~34℃，约经 2d，水分达到 13%以下即成；粒曲烘曲温度不超过 36℃，经 2~3d，水分达到 11%~12%为止。

第五节　曲

一、曲的概念

利用粮食原料，创造适宜的水分和温度等条件，使糖化菌生长繁殖和产酶的过程称为制曲。曲是黄酒酿造的糖化剂，同时赋予黄酒特有的风味。我国明朝宋应星所著的《天工开物》中指出："无曲，即佳米珍黍空造不成。"这说明曲对酿酒的重要性。

世界各国以谷物为原料酿酒可以分为两大类：一类是以谷物发芽的形式，利用谷物发芽的过程中产生的酶将原料自身的淀粉分解为可发酵性糖，进而利用酵母菌将可发酵性糖转化为酒精；另一类是将谷物制成曲，利用曲中的微生物及酶将原料中的淀粉分解为可发酵性糖，再用酵母菌将可发酵性糖转化为酒精。用曲酿酒是中国黄酒的特色和精华所在，也是中国古代的一大发明。

黄酒曲的种类繁多，按原料分类可分为麦曲和米曲。麦曲中又可分为自然培养麦曲和纯种培养麦曲、块曲和散曲等；米曲有红曲、乌衣红曲和黄衣红曲等种类。

二、麦曲

麦曲是指以小麦作为原料，培养繁殖糖化菌而制成的黄酒糖化剂。麦曲的作用有二：一是利用麦曲中的各种水解酶（α-淀粉酶、葡萄糖淀粉酶、蛋白酶等），使米饭中淀粉和蛋白质等水解溶出；另一个作用是利用麦曲内蓄积的微生物代谢产物，赋予黄酒独特的风味。麦曲质量的优劣，直接影响到黄酒的质量和产量。麦曲在酿造绍兴酒中具有极其重要的作用，用量约为原料米的1/6，被称为"酒之骨"。

传统黄酒酿造采用自然培养的生麦曲。自然培养生麦曲中微生物种类繁多，采用传统分离培养法鉴定出的真菌有曲霉属、犁头霉属、根霉属、根毛霉属、青霉属、散囊菌属、枝孢属、毕赤酵母属、伊萨酵母属、球毛壳属、念珠菌属、裸孢壳属、横梗霉属和链格孢属等，细菌主要有芽孢杆菌属和葡萄球菌，其中芽孢杆菌种类较多，包括枯草芽孢杆菌、解淀粉芽孢杆菌、地衣芽孢杆菌、巨大芽孢杆菌、短小芽孢杆菌、甲基营养型芽孢杆菌、内生芽孢杆菌、贝莱斯芽孢杆菌等。利用宏基因组学技术鉴定出数量较多的细菌有芽孢杆菌属、葡萄球菌属、糖多孢菌属、糖单孢菌属、乳杆菌属等，其次为链霉菌属、拟无枝酸菌属、明串珠菌属、魏斯氏菌属、片球菌属、假单孢菌属、小单孢菌属、束丝放线菌属等。自然培养生麦曲由于多种微生物的共同作用，酿成的酒一般风味较好。但是也存在不少缺点，如酶活力低和用曲量大；制曲时间长和受季节限制；淀粉出酒率低和酒质不很稳定；劳动强度大和劳动生产率低；不易实现机械化操作。为适应黄酒现代化生产的要求，纯种培养麦曲也得到广泛应用。

（一）自然培养麦曲

自然培养麦曲包括踏曲（又称闹箱曲或块曲）、挂曲和草包曲等。黄酒的制曲时间一般在农历的八月至九月间，此时正当桂花盛开，故习惯上把这段时期内制成的曲称为桂花曲。挂曲的制作方法与踏曲基本相同，主要的不同之处在于将切好的曲块悬挂在室内梁上进行培养。草包曲，顾名思义，就是将曲块用稻草捆扎起来培养，因受稻草来源的限制，从 20 世纪 70 年代开始逐渐被踏曲替代。

1. 踏曲

（1）工艺流程

水↓

小麦→过筛→轧碎→拌料→成型→堆曲→保温培养→通风干燥→成品

（2）操作方法

①过筛：过筛的目的是除去小麦中的石块、秕粒和尘土等杂质，并使麦粒大小均匀。

②轧碎：清理后的小麦通过轧麦机，将麦粒轧成 3~4 片，细粉越少越好，这样可使小麦的麦皮组织破裂，麦粒中的淀粉外露，易于吸收水分，而且空隙较大，有利于糖化菌的繁殖生长。如果麦粒轧得过粗，甚至遗留许多未经破碎的麦粒，则失去轧碎的意义；相反，麦粒轧得过细，制曲时拌水不易均匀，细粉又易黏成团块，不利于糖化菌的繁殖。为了达到适当的轧碎程度，必须掌握以下两点：一是麦粒干燥，含水量不超过 13%；二是麦粒过筛，力求在上轧麦机时保持颗粒大小均匀一致。同时，在轧碎过程中要经常检查轧碎程度，随时加以调整。

③加水拌曲：将经称量的已轧碎的小麦装入拌曲机内，加入 20%~22% 的清水，迅速搅拌均匀，务必使吸水均匀，不要产生白心和水块。加水量也不是一成不变的，应该结合原料的含水量、气温和曲房保温条件，酌情增减。若加少了，不能满足糖化菌生长的需要，菌类繁殖不旺盛，出现白心，造成麦曲的质量差；但加水太多，升温过猛，反而使麦料水分蒸发过快，影响菌丝生长造成干皮，若水分不能及时蒸发，往往还会产生烂曲。所以，拌曲加水量要根据实际情况严格控制。同时，曲料加水后的翻拌必须快速而均匀，这是制好麦曲的关键之一。如果麦料吸水不均匀，水多处将造成结块，易成烂曲，水少处菌

丝又会生长不良。此外，拌曲时间过长会使麦料吸水膨胀，成型时松散不实，难以成块。

④成型：成型又称踏曲（压曲），其目的是将曲料压制成砖形的曲块，便于搬运、堆叠、培菌和贮存。踏曲时，先将一只长 106cm、宽 74cm、高 25cm 左右的木框（可用木榨用的榨箱）平放在比木框稍大的平板上，先在框内撒上少量麦屑，以防黏结，然后把拌好的曲料倒入框内摊平，上面盖上草席，用脚踩实成块后取掉木框，用刀切成 12 个方块，每一曲块的长、宽、高大致为 25cm、25cm、5cm。有的踏上两层后再切块，可提高效率。切成的曲块不能马上堆曲，因为这时曲料尚未完全吸水膨胀，曲块不够结实，堆起来容易松垮倒塌，必须静置半小时左右，再依次搬动堆曲。

20 世纪 90 年代，一些黄酒企业开始使用块曲压块机（图 2-26）成型来制作块曲。在机器的入料口，调节好麦料和水的流量，使曲料含水量达到要求，经螺旋搅拌输送机，曲料流入主机输送带上的曲盒中，进入曲锤压制区压制（经过 2~3 次冲压），在出口送出来的就是成型的曲块。然后送入曲房进行堆曲培养。与人工踏曲相比，使用块曲成型机的优点有：降低劳动强度、提高劳动效率、减轻制曲时工作环境的污染、曲块的大小一致等。

图 2-26　麦曲压块机制块曲

⑤堆曲：堆曲前，曲室应先打扫干净，墙壁四周用石灰乳粉刷，在地面上铺上谷壳及竹簟，以利保温。堆曲时要轻拿轻放，先将已结实的曲块整齐地摆成丁字形（图 2-27），叠成 2~4 层，使它不易倒塌，再在上面散铺稻草垫或草包保温，以适应糖化菌的生长繁殖。

⑥保温培养：保温工作要根据具体情况灵活掌握。堆曲完毕，关闭门窗，

图 2-27 堆曲

如果曲室保温条件较差，可在稻草上面加盖竹簟，加强保温。一般品温在 20h 以后开始上升，经过 50～60h，最高温度可达 50～55℃。随着曲堆温度升高，水分蒸发，竹簟显得十分潮湿，并能见到竹簟朝下的一面悬有水珠，这时便要及时揭去保温覆盖物，否则，冷凝水滴入曲料，将会造成烂曲。曲堆品温升至高峰后，要注意做好降温工作，根据情况裁减保温物，适当开窗通风等。此后，品温迅速下降，一般入房后约经一周，品温可回降到室温。自进房后，约经 20d，麦曲已坚韧成块，按井字形推叠起来，让其降低残余水分和挥发杂味。机制块曲培养过程温度和水分的变化曲线见图 2-28。

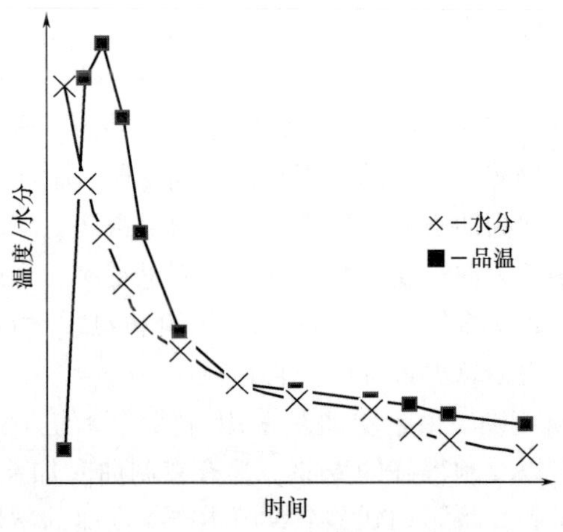

图 2-28 培养过程中水分及品温的变化趋势

对于培养过程中温度的控制，以前草包曲强调不能高于 40℃，要求制成麦曲“黄绿花”越多越好，也即米曲霉分生孢子越多越好。但是多年来的实践证明，温度控制低些，“黄绿花”多的麦曲，还不如温度适当高些（50~55℃），白色菌丝多的麦曲。后者不但糖化力相对高些，曲香也好，而且不容易产生黑曲和烂曲。这是因为培养温度偏高可阻止霉菌菌丝进一步生成孢子，有利于淀粉酶的积累，同时对青霉菌之类有害微生物也有一定的抑制作用。另外，由于温度较高，小麦的蛋白质易受酶的作用，易转化为构成麦曲特殊曲香的氨基糖等物质，有利于黄酒的风味。上述所指的品温是指温度计插入曲块中的显示温度。为保证温度显示的可靠性，在制曲过程中应多选几点测温位置，确保麦曲质量的一致性。

自然培养麦曲的制曲温度影响曲中微生物结构、酶系及风味物质的生成，从而影响产品的风格。在白酒生产中，不同香型白酒所用大曲是有差别的，酱香型白酒用高温曲，浓香型白酒用中温曲，清香型白酒所用中温曲的制曲温度又与浓香型白酒中温曲不同。江南大学研究表明，古越龙山麦曲中风味物质相对比较丰富，而且生物活性物质四甲基吡嗪含量较高，这可能与制曲温度有关。

（3）曲块培养过程中微生物的变化　用察氏培养基分离块曲中的真菌，将得到的纯种真菌进行分子鉴定，结果表明：在机制块曲培养过程中，存在的主要真菌有犁头霉属、曲霉属和根毛霉属。随着培养过程的进行，麦曲的真菌群落结构发生了变化。其中犁头霉属、曲霉属和根毛霉属在整个培养过程中一直存在，犁头霉属和曲霉属在中后期数量多于前期，而根毛霉属在前期和中期数量多于后期。裸孢壳属在中后期出现，并且数量较多。锁掷孢酵母属在前期和后期出现，但是在中期未分离到。共头霉属和青霉属在前期出现，但是随着培养时间的延长，麦曲中很少能分离到。散囊菌属在中期出现，但数量不多。

用基于 PCR 扩增和 RISA 图谱分析技术的免培养法研究机制块曲培养过程中真菌的变化，培养过程中块曲的 RISA 图谱见图 2-29，研究结果与培养法基本一致：在机制块曲培养过程中的主要真菌为曲霉属、根毛霉属、犁头霉属及酵母。前期出现的真菌为曲霉属、犁头霉属、根毛霉属、毕赤酵母属、伊萨酵母属、念珠菌属；中期为曲霉属、犁头霉属、根毛霉属、念珠菌属；后期的真菌又演变成曲霉属、犁头霉属、根毛霉属、毕赤酵母属。曲霉属、根毛霉属和犁头霉属真菌在整个麦曲培养过程中一直存在。

（4）块曲的质量鉴别　由于块曲是采用自然培菌的方法，而且在黄酒生产以前早已制好，所以要制得好的麦曲，只有在制曲时加强管理，精细操作，否则制成的麦曲质量差，将影响到整个黄酒生产。麦曲的质量好坏，主要是通过感官鉴别，并结合化验分析来确定的。

质量好的麦曲，要有正常的曲香，白色菌丝茂密且均匀，无霉烂夹心，无霉味或生腥味，曲屑坚韧触手，曲块坚韧而疏松，水分低（14%以下），糖化

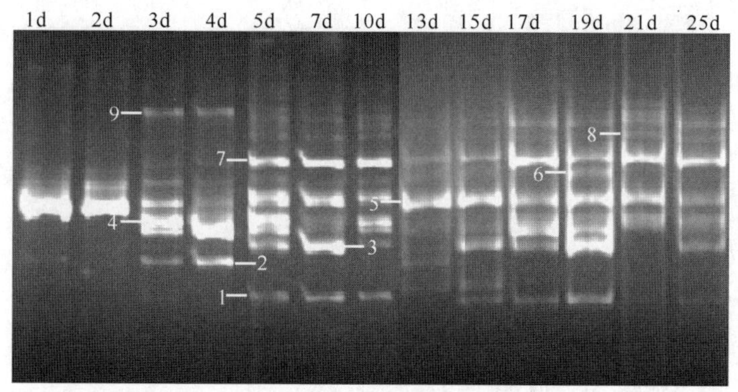

图 2-29 块曲培养过程中的 RISA 图谱

1—葡萄牙念珠菌 2—伯顿毕赤酵母 3—东方伊萨酵母 4—微小根毛霉
5—米曲霉 6—扣囊复膜酵母 7—伞枝犁头霉（97%） 8—异常毕赤酵母

力高（800 单位以上）。糖化力是指 1g 绝干麦曲在 30℃下，糖化 1h 所产生的葡萄糖质量数（mg）。

（5）成品块曲中的真菌组成结构 采用 3 种培养基对感官质量较好的块曲中的真菌进行分离培养和分子鉴定，并结合上述免培养法进行研究，确定人工踩制块曲中的优势真菌为伞枝犁头霉、米曲霉、烟曲霉、黑曲霉、小孢根霉、微小根毛霉、季氏毕赤酵母、异常毕赤酵母，机制块曲中的优势真菌为伞枝犁头霉、米根霉、微小根毛霉、米曲霉、烟曲霉，详细结果见表 2-12。同时，研究结果表明人工踩制块曲的真菌种类比机制块曲丰富。其原因是人工踩制曲坯能起到提浆作用，赋予曲坯表面较丰富的营养和较好的保湿功能，因而比机械压制曲坯更适合微生物生长繁殖。

表 2-12 成品块曲中的真菌组成结构

真菌种类	人工块曲			机制块曲		
	培养法	免培养法	优势菌	培养法	免培养法	优势菌
伞枝犁头霉（*Absidia corymbifera*）	+	+		+	+	+
伞枝犁头霉（*Absidia corymbifera* 97%）	+		+			
米曲霉（*Aspergillus oryzae*）	+	+	+	+	+	+
赛氏曲霉（*Aspergillus sydowii*）	+					
焦曲霉（*Aspergillus ustus*）	+			+		

续表2-12

真菌种类	人工块曲			机制块曲		
	培养法	免培养法	优势菌	培养法	免培养法	优势菌
土曲霉（*Aspergillus terreus* 97%）	+					
烟曲霉（*Aspergillus fumigatus*）	+		+	+		+
黑曲霉（*Aspergillus niger*）	+		+	+		
泡盛曲霉（*Aspergillus awamori*）	+					
芽枝状枝孢（*Cladosporium cladosporioides*）	+			+		
枝孢霉属（*Cladosporium oxysporium*）				+		
球毛壳霉（*Chaetomium globasum*）	+					
葡萄牙念珠菌［*Candida*（*Clavispora*）*lusitaniae*］	+	+		+		
构巢裸孢壳（*Emericella nidulans*）	+	+		+	+	
热带假丝酵母（*Candida tropicalis* 98%）		+				
阿姆斯特丹散囊菌（*Eurotium amstelodami*）	+					
东方伊萨酵母（*Issatchenkia orientalis*）	+			+		
草酸青霉（*Penicillium oxalicum*）	+			+		
橘青霉（*Penicillium citrimum*）	+					
青霉属（*Penicillium thiersii*）				+		
季氏毕赤酵母（*Pichia guilliermondii*）	+		+			
异常毕赤酵母（*Pichia anomala*）	+		+			
小孢根霉（*Rhizopus microsporus*）	+		+			
米根霉（*Rhizopus oryzae*）		+		+		+
微小根毛霉（*Rhizomucor pusillus*）	+	+	+	+	+	+
多变根毛霉（*Rhizomucor variabilis*）	+					
酿酒酵母（*Saccharomyces cerevisiae*）		+			+	

注：+：表示采用该方法检出或该菌为优势菌。

（6）块曲中真菌的产酶情况　选取从块曲中分离出的7株真菌 *Aspergillus oryzae* AO－01、*Absidia corymbifera* AC－14、*Rhizopus oryzae* RO－02、*Aspergillus fumigatus* AF－02、*Rhizomucor pusillus* RP－09、*Emericella nidulans* EN－05、*Aspergillus niger* AN－13 进行纯种培养了解其产酶情况。7株真菌中，仅 *Aspergillus oryzae* AO－01、*Aspergillus fumigatus* AF－02、

Aspergillus niger AN - 13 能产降解糯米和小麦的酶，其中 *Aspergillus oryzae* AO - 01 产 α-淀粉酶、糖化酶和蛋白酶，*Aspergillus fumigatus* AF - 02 产糖化酶和蛋白酶，*Aspergillus niger* AN-13 产蛋白酶、纤维素酶和木聚糖酶。从纯种培养的角度看，只有米曲霉 *Aspergillus oryzae* AO-01 的 α-淀粉酶和糖化酶活力较高，可作为纯种麦曲制造的糖化菌。笔者也曾从块曲中分离出几十株根霉和米曲霉，发现块曲中的根霉产 α-淀粉酶和糖化酶能力普遍不强，而从米曲霉菌株中筛选出多株可用于纯种麦曲制造的优良糖化菌。

将纯种培养时产酶的 *Aspergillus oryzae* AO - 01、*Aspergillus fumigatus* AF-02、*Aspergillus niger* AN-13 分别与其他真菌两两混合培养，发现真菌混合培养时的产酶情况并非单个真菌产酶的简单相加，产酶的种类或数量都发生了明显的变化。这说明块曲作为一个微生物的混合培养体系，所含有的不同微生物之间存在着一定的相互作用。

（7）块曲中的挥发性香气化合物　块曲中含有大量的风味物质，江南大学采用顶空固相微萃取与气质联用法分析出上海黄酒块曲中的挥发性香气化合物近 60 种。从培养前后挥发性香气化合物的分析结果看，通过培养，块曲中挥发性香气化合物的种类和含量均增加。块曲中的挥发性香气化合物的含量见表 2-13。

表 2-13　　块曲中的挥发性香气化合物含量　　单位：μg/kg 干曲

化合物	含量	化合物	含量
醇类化合物		辛酸	4.62
2-甲基丙醇	0.51	壬酸	0.64
1-戊烯-3-醇	0.97	**芳香族化合物**	
3-甲酸丁醇	8.37	苯甲醛	7.32
戊醇	11.92	苯乙醛	2.58
2-庚醇	3.92	苯乙酮	2.14
己醇	56.83	苯甲醇	0.27
1-辛烯-3-醇	24.18	苯乙醇	264.84
庚醇	3.13	苯甲酸乙酯	1.36
2-乙基己醇	2.09	1，2-二甲氧基苯	43.44
辛醇	291.45	1，2，3-三甲氧基苯	326.04
壬醇	25.58	4-乙烯基-1，2-二甲氧基苯	59.35
酮类化合物		**呋喃类化合物**	
2，3-丁二酮	0.69	2-戊基呋喃	0.75
1-戊烯-3-酮	1.19	糠醛	0.11
3-辛酮	0.61	**酚类化合物**	
2-辛酮	7.04	苯酚	36.23

续表2-13

化合物	含量	化合物	含量
2-壬酮	1.39	愈创木酚	28.23
甲基庚烯酮	1.46	4-乙烯基愈创木酚	41.01
醛类化合物		**含硫化合物**	
己醛	2.26	3-甲硫基丙醛	0.22
(*E*) -2-庚烯醛	0.45	苯并噻唑	0.14
壬醛	0.61	**内酯化合物**	
癸醛	0.47	γ-壬内酯	65.95
(*E*, *E*) -2, 4-癸二烯醛	0.24	**含氮化合物**	
酯类化合物		2, 3, 5, 6-四甲基吡嗪	0.26
乙酸乙酯	4.66	2, 5-二甲基吡嗪	0.91
己酸乙酯	2.06	2, 6-二甲基吡嗪	1.18
辛酸乙酯	0.61	2, 3, 5-三甲基吡嗪	0.44
酸类化合物		**萜类化合物**	
乙酸	88.69	薄荷醇	1.35
3-甲基丁酸	44. 77	二甲萘烷醇	16.67
己酸	92.78	香叶基丙酮	1.41
庚酸	1.08		

注：数据引自参考文献［14］。

2. 挂曲

无锡老廒酒的酿造，采用挂曲作糖化剂。挂曲制造过程与踏曲大体相同，只不过与踏曲相比，一个是在地上堆积培养，一个是悬挂起来培养。下面简单介绍挂曲的生产工艺。

（1）工艺流程

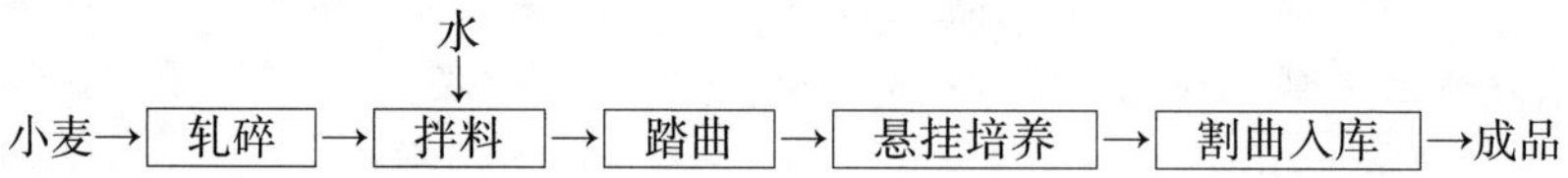

水↓

小麦→ 轧碎 → 拌料 → 踏曲 → 悬挂培养 → 割曲入库 →成品

（2）操作方法

①轧麦：轧麦要求与块曲相同。

②加水拌和：加水量一般为 40%，实际生产中要根据小麦的含水量适当调整。拌和后，以抓在手中捏紧成团、松手即散、人工踩踏时不黏不触为宜。

③踏曲：将拌好水的曲料倒入箱中，用脚踏实踏平（包括箱角和中心），厚度约 4cm，每箱踏 5 层，每层均用干的碎麦隔开，然后用刀切开，每层（长 92cm，宽 85cm）切成 9 块。

④挂曲培养：曲室内用木架（或铁架）分成上下数层，竹竿横架于木架两端。将切好的曲块用草绳结扎，悬挂于竹竿上，层与层之间保持 35cm 的距离，每块相距 4cm，然后进行培养（图 2-30）。采用悬挂曲块自然繁殖微生物，必须配合适宜的气候条件，一般在大暑开始，此时天气干燥，气温较高，曲室的室内温度会超过 30℃，是比较适宜的制曲时期。当曲块送入曲房约 20h 后，因微生物的繁殖而开始升温，3~4d 后品温会达到 45~50℃的高峰，这时要打开窗户进行通风以散热。随着品温的降低，曲块的含水量也随着减少。

图 2-30 挂曲培养

⑤割曲入库：大约经过 20d，曲成熟后，可以割下，入库堆放。

（3）挂曲的质量要求 曲块中心呈白色或黄绿色，具有麦曲特有的香气，无黑曲和烂曲，干燥结实。

3. 箱曲

会稽山绍兴酒股份有限公司于 2013 年建成自然培养生麦曲（箱曲）自动化生产系统，实现进料到出料的自动化生产和温度、湿度的智能化控制，既保证了麦曲品质的稳定性和一致性，又使制曲不受季节限制，实现全年连续制曲，减少贮存场地。

（1）工艺流程

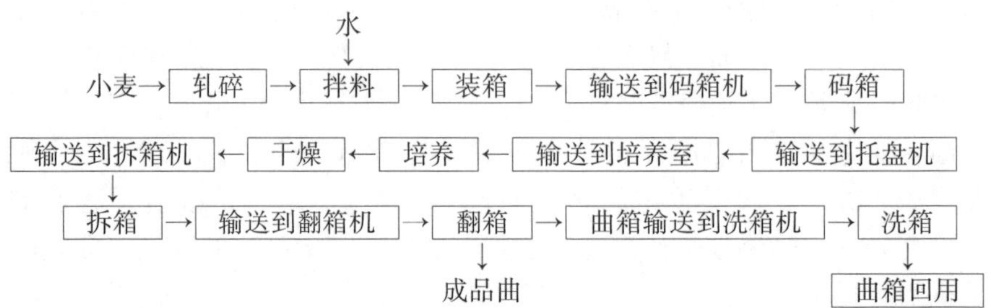

（2）操作方法　小麦轧好后，按20%~26%加入清水，具体加入量根据季节调整，搅拌均匀，装入长500mm、宽330mm的曲箱中，装料高度为200~220mm，码箱后输送至培养室培养（图2-31），在培养室内完成培养和干燥，具体工艺控制如下。

图2-31　入室培养

①静止期：设置温度30~32℃、相对湿度90%~95%，培养时间36h，此阶段采用小风量间歇通风，即每隔30min通风一次，每次10min。

②繁殖期：设置温度为40~50℃、相对湿度90%~95%，培养时间36h，此阶段采用小风量间歇通风。

③旺盛期：设置温度56~52℃、相对湿度90%~85%，培养时间36h，此阶段需要加大风量连续通风。

④产酶期：设置温度为50～45℃，相对湿度85%～80%，培养时间36h，此阶段连续通风。

⑤成熟期：设置温度为45～40℃，相对湿度80%～75%，培养时间36h，此阶段连续通风。

⑥干燥期：前期在38～35℃下排潮，后期停止加热，继续通入新风，经48～72h通风干燥，使麦曲的温度和水分分别降至30℃和14%以下，即可出曲。

4. 其他类型的自然培养曲

因各地黄酒酿造习惯和经验不同，自然培养曲也存在许多不同的生产方式和不同的操作方法。自然培养麦曲除了上面介绍的踏曲、挂曲、草包曲以外，还有许多麦曲种类。例如：北方黄酒有的采用白酒块曲作糖化剂；南方在春冬季节制造麦曲时，采用篚曲或散曲的生产方式，以克服气温变化造成制曲的困难。散曲是将轧碎的小麦拌入水后堆在室内进行培养。篚曲是利用竹篚或藤篚进行堆积培养，由于用料多，发热量集中，故可常年生产；宁波的黄酒厂在制成草包块曲后，再加以烘烤使其成为焦黄色；丹阳黄酒的麦曲采用大小麦混合原料培养，以利通气。这些具有地方特色的操作，反映了我国黄酒丰富多彩的酿造技艺。

（二）纯种培养麦曲

纯种培养麦曲是指用人工接种的方法，把纯种糖化菌菌种，接种于小麦原料，并在人工控制的培养条件下，使其大量繁殖和产酶而制成的黄酒糖化剂。纯种培养麦曲主要有熟麦曲和爆麦曲。为了适应黄酒机械化生产的需要，多数采用厚层通风的制备方法。通风制曲具有培养室面积小、设备相对简单、操作方便、节约工时、便于管理、劳动强度低等优点。目前主要使用的菌种是米曲霉苏-16或As. 3. 800，具有糖化力强和容易培养等优点，其中苏-16是从自然培养麦曲中分离出的优良菌株，用该菌制成的麦曲酿造黄酒，有原来的黄酒风味特色，因此应用较普遍。

纯种培养麦曲同自然培养麦曲相比，其优点在于糖化力、液化力和蛋白酶活力均相对较高且稳定，适合机械化黄酒酿造周期短的要求，但由于菌种单一导致酿成的酒口感较淡薄、香气较差。此外，熟麦曲和爆麦曲酿制的黄酒苦味较为突出，其原因可能是酒中含有较多的苦味肽和苦味氨基酸：一方面熟（爆）麦曲不但蛋白质分解力明显比生麦曲高，而且利用宏蛋白组学技术从熟麦曲中鉴定出的蛋白酶有碱性蛋白酶、酸性蛋白酶、中性蛋白酶Ⅱ、氨肽酶、亮氨酸氨肽酶、二肽酶、丙氨酰二肽基肽酶等，种类明显比生麦曲丰富；另一方面，熟麦曲中的蛋白质变性，空间结构遭破坏，更易被蛋白酶水解。为了提高产品质量，在机械化黄酒酿造中，通常采用纯种培养麦曲与自然培养麦曲混合使用的方法。笔者从自然培养的块曲中筛选出米曲霉，以混合菌种通风培养法制成机械化黄酒专用生麦曲，从 1997 年开始在浙江古越龙山绍兴酒股份有限公司应用至今，对提高机械化黄酒质量效果显著。

1. 熟麦曲

熟麦曲的制造工艺过程

原菌→斜面试管培养→一级种曲培养→二级种曲培养→麦曲通风培养→成品麦曲

（1）斜面菌种培养　斜面试管培养基一般都采用 12~13°Bx 米曲汁或麦芽汁琼脂培养基。在无菌条件下接种后，在 28~30℃ 培养 4~5d。培养好的斜面菌种要求菌丝健壮、整齐，孢子丛生丰满，菌丛呈深绿色或绿黄色。

（2）一级种曲

①原料处理：麸皮最好用粗麸皮，因为粗麸皮的通气性好，有利于提高小曲的质量。麸皮在使用前需先用直径为 2mm 的丝网进行筛选，除去细碎的麸皮和面粉，否则将导致麸皮在拌水或杀菌时出现结块现象，从而影响透气性。一般麸皮与水的比例在 1∶0.7~0.8，根据麸皮的含水量及气候适当调整，加水后拌匀，称取 30g 拌好的麸皮，装入 500mL 三角烧瓶中，塞上棉塞，外包防潮纸，在 121℃ 下灭菌 30min，灭菌完毕，趁热摇散三角瓶中的团块。

②接种培养：曲料冷却至 32℃，接入斜面孢子，拌匀，在三角瓶的一侧堆成丘状，于 30℃ 下培养，每隔 8h 摇瓶一次，约 24h，曲料已长白色菌丝，至 32h 摊平，培养至 36~40h，曲料表面已布满菌丝并连结成块，此时可扣瓶，整个培养过程 4~5d，曲料长满绿黄色孢子即成。

（3）二级种曲培养　二级种子既可采用三角瓶培养，也可采用种曲培养机培养。种曲培养机操作方便，适用于大量培养。

①三角瓶培养

a. 配料：一般麸皮与水的比例在 1∶0.7~0.8。

b. 装瓶、灭菌：称取 50g 拌好水的麸皮，装入 1000mL 三角烧瓶中，包扎后于 121℃ 下灭菌 30min，灭菌完毕，趁热摇散。

c. 接种培养：冷却至 35℃ 左右可接种，接种必须在无菌室中进行。用接种匙将少量一级种子接入三角烧瓶中，充分摇动，以利于麸皮上菌体均匀地生长繁殖。将三角烧瓶送入培养室内，放在瓶架上，进行培养。培养室的温度控制在 32℃ 左右。16~19h 后，可以观察到麸皮上有白色的菌丝出现。根据菌丝的生长情况，再过 6~9h 后进行扣瓶培养（图 2-32）。扣瓶时用力要迅速、均匀，使培养基成饼状而不散开，悬于三角烧瓶中间，与瓶底脱离，目的是增加培养基与空气的接触，利于菌体的全面生长繁殖，再经 42~45h 培养即可出曲。

图 2-32 三角瓶培养

d. 出曲：将三角烧瓶中的种曲用长的竹筷断为两块，取出放入小竹匾内备用。种曲放置时间不宜太长，一般在两天内使用。

②种曲培养机（图 2-33）培养

图 2-33 种曲培养机

a. 配料：一般麸皮与水的比例为 1：0.9 左右，加水后拌匀。

b. 装盘：将拌好水的麸皮均匀装入培养盘中，料厚 15~20mm，培养盘放进培养车内。

c. 灭菌：将培养车推入培养罐内，关好门，打开门密封阀使密封圈充气压力达到 0.4MPa，关闭排污阀，打开疏水阀，打开夹套水阀，打开蒸汽阀当压力达到 0.06~0.08MPa 时排汽，排空后再加蒸汽，温度达到 120℃ 后保温 25min。

d. 抽真空：保温结束后，排除罐内蒸汽，初排时宜慢速排汽，待压力降至 0.05MPa 以下时可快速排汽，罐内压力降至零后，关闭排汽阀，关闭疏水阀，打开真空阀和真空泵，当压力达到-0.04MPa 时，关闭真空阀和真空泵。

e. 冷却：关闭夹套水阀，启动冷循环，风机频率调至 40~45Hz。

f. 接种：冷却到 35℃ 以下时即可进行接种，接种量为 0.4%，接种时培养罐内压力-0.04MPa，接种压缩空气压力 0.04MPa，风机频率 40Hz，接种时先打开压缩空气阀和接种阀，接种完毕关闭接种阀和压缩空气阀，风机逐渐调至零，使孢子着床。

g. 自动培养：通入无菌空气，使培养过程保持正压，打开排污阀，按表 2-14 设定程序自动培养，培养时间一般需 68h 左右。

表 2-14　　培养程序

培养时间/h	品温/℃	风机频率/Hz	喷雾启动/min	喷雾停止/min
0~3	32	30	10	6
3~8	32	16	1	6
8~14	32	18	4	11
14~18	32	19	4	10
18~30	32	19	4	9
30~40	32	19	1	4
40~45	32	19	1	5
45~47	31.9	19	1	6
47~50	31.8	18	1	6
50~68	31.8	17	1	7
50~68	31.8	16	1	7

（4）通风培养

①通风制曲工艺流程

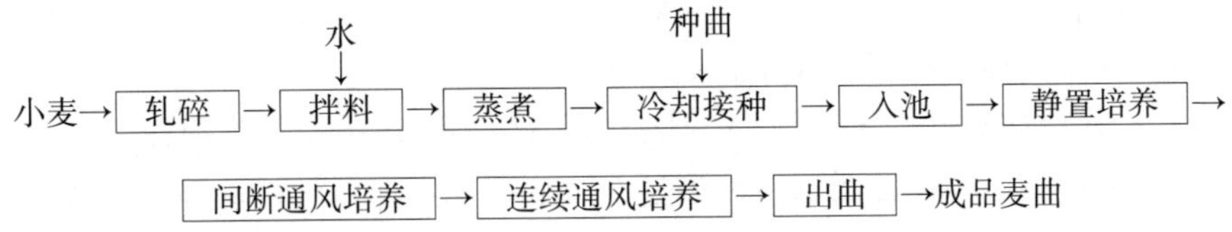

②操作方法与要求。

a. 轧碎：操作与要求同踏曲生产。

b. 拌料：将轧好的小麦，加入30%~35%的水（在实际生产中，要根据小麦的含水量及气候适当调整），迅速翻拌，并堆积润料1h，使小麦均匀、充分吸水。如用蒸球蒸煮，则不需润料。

c. 蒸煮、接种：常用的蒸煮方法有两种。一种是使用木甑常压蒸煮，用铁锹将原料锹入甑内，注意要使原料比较疏松地盛在甑内，增加透气性。通入蒸汽，待麦层比较均匀地冒出蒸汽后，加盖再蒸45min；另一种是使用蒸球（图2-34）进行密封、转动蒸煮，因为是高压蒸煮，从而缩短蒸煮时间。某厂蒸球蒸煮方法：开蒸汽并排空锅内空气，关上排汽阀，待蒸煮至气压为0.22MPa时，关闭蒸汽并打开排汽阀至压力为零，排汽时间为10min左右。蒸熟的原料用扬渣机打碎，在这一过程中可以使用鼓风机将原料快速降温。在品温37℃左右时，接入种曲，接种量为0.3%~0.5%。接种时，为防止孢子飞扬和接种均匀，可以先将种曲与部分原料混合，并搓碎拌匀，撒在摊开的原料

图2-34 蒸球

上，再将原料收集在一起，用扬渣机将原料再撒一次，从而保证种曲与原料混合均匀。接种后原料品温为33~35℃。

d. 入池：通风曲池（图2-35）的结构与原理同箱式通风制曲设备。曲房在使用之前，一般采用硫熏法或甲醛法来彻底杀菌。然后将接种好的原料用车拉至曲池边，锹入曲池。注意：将原料锹入曲池时，要快而有力地挥动铁锹，使原料撒在曲池中能比较疏松地堆积，最后将原料表面轻轻扫平。切忌把整车原料直接倒入池内，这样会使曲层松紧不一致或曲层厚度不一致，将会引起曲层在培养时的中后期品温差异较大，还会引起曲层开裂而影响通风，从而影响曲的质量。料层厚度一般为25~30cm，视气候而定。料层太厚，上下温差大，通风不良，会影响霉菌的均匀繁殖；但太薄则通风过畅，不利保温保湿，对霉菌生长不利，同时也会降低设备的利用率。曲料入池后进行一次循环风调温，使品温上下一致并达到30~32℃后停止通风。

图2-35　厚层通风制曲曲池

e. 静置培养：这是孢子的萌芽阶段，一般需要6~8h。在这一阶段，需要为孢子的萌芽提供适宜的环境，主要是控制室温在30~31℃，相对湿度为90%~95%。在这一阶段，原料中的空气能够满足菌体的生长繁殖需要，并且菌体的生长不是十分地旺盛，产生的热量及CO_2不是很多，不需要对曲层进行通风降温和排出CO_2，所以称为静置培养。

f. 通风培养：这一过程分间断通风培养和连续通风培养两个阶段。随着静置培养的进行，品温逐渐开始上升。当品温升至33~34℃时，需要通风来降低品温，并利用空气带走曲层中的CO_2，当品温降低至30℃时停止通风。在这一阶段，由于菌丝还比较嫩弱，要注意控制风量，大的风量会引起曲层振动而导致原料之间的空隙减少，从而影响菌体的生长繁殖。同时要控制通风前后的温差，因为大的温差会使菌丝难以适应，并且较低的温度导致品温难以迅速升起来，从而拉长培养时间。此阶段通风为室内循环风，温度最好保持在30~34℃，品温逐渐往上升，此阶段要兼顾降温和保湿。入池后20h左右，曲料能看到白色菌丝并开始结块，这时需要翻曲一次，以疏松曲料，利于菌丝进一步生长。由于翻曲时造成温度和湿度下降，注意保湿和适当保温。这时菌体的生长繁殖进入旺盛期，菌丝大量生长，产生大量的热量，品温上升很快。由于菌丝大量形成，曲料结块，影响通风效果，降温不再明显，此时应开始连续通风。如果池中曲料收缩开裂、脱壁，应及时将裂缝压灭，避免通风短路。要获得淀粉酶活力高的麦曲，品温应保持在38~40℃（表2-15），高于40℃，对米曲霉的生长和产酶也不利。为使品温不超过40℃，在通入室内循环风时根据品温情况，在循环风中适当引入一些室外的新鲜风。在制曲后期，曲霉菌的生命活动过程逐步停滞，开始生成分生孢子柄及分生孢子，此时曲中积累了最多的酶，如继续延长培养时间，会生成孢子，反而会降低酶活力，而且孢子会给酒带来苦味。为阻止孢子的形成和成品曲便于贮存，应通入室外风排潮。

表2-15 制曲温度与酶活力的关系

温度/℃ \ 酶活力	α-淀粉酶	糖化酶	酸性蛋白酶
30	弱	弱	强
35	较弱	强	弱
40	强	强	弱

g. 出曲：随着室外冷风的通入，品温和湿度逐渐降低，及时出曲，从曲料入池到出曲需36~40h。

近年来，黄酒行业开始采用圆盘制曲机（图2-36）制曲，实现入料、翻曲、出料的机械操作和培养过程温度、湿度、风量的自动化控制，降低了劳动强度，改善了工作环境。

（5）纯种曲的质量要求　要求菌丝粗壮稠密，不能有明显的黄绿色，应有曲香，不得有酸味或其他的霉臭味，糖化力要求900单位以上，水分含量在25%以下。

制成的麦曲应及时使用，避免存放时间过长，这是因为在贮藏过程中，曲易升温，生成大量孢子，造成酶活力下降，而且容易感染杂菌。在短时间存放时，应摊开在通风阴凉处，并经常翻动，以利麦曲的散热和水分蒸发。

图 2-36 圆盘制曲机

2. 爆麦曲

爆麦曲的操作方法和培养过程与熟麦曲基本相同，不同的是将小麦烘炒碾扁而成为熟麦片，炒麦时炉膛温度为 450℃左右，炒至七、八分熟，色泽黄亮，不烂不焦，有炒麦的焦香味。因小麦烘炒时失去大部分水分，拌料时需增加水的比例，一般加水比增加至 36%~37%。

三、米曲

1. 红曲

红曲是以大米为原料，在一定的温度和湿度条件下培养而成的一种紫红色米曲。它是我国黄酒生产中使用的一种特有的糖化发酵剂。红曲中的微生物主要有红曲霉菌和酵母菌等。由于经过了长期人工的选育和驯养，使红曲达到了现有的纯粹程度，这是我国古代在微生物育种技术上的一个成就。

我国红曲的产地主要是福建、浙江、台湾等省，其中以福建古田县的红曲最为闻名。福建红曲又分为库曲、轻曲和色曲，其中库曲主要用于酿酒，色曲作为食品天然红曲色素，轻曲介于两者之间。现代研究发现红曲中具有降血脂和降血压的有效成分，因此红曲产品的开发成为热点。目前红曲的生产有的已采用纯种厚层通风法和深层发酵法。

（1）主要原料　制红曲主要原料是曲种、上等醋和米类。

①曲种：红曲菌种来源于福建建瓯土曲，也称为乌衣红曲，或采用福建建瓯、政和、松县等酒厂的土曲与糯米酿酒所榨得的酒糟，俗称“糯米土曲糟”或称“建糟”。

②上等醋：制造库曲、轻曲，采用贮存一年半的优良米醋即可；而制造色曲，由于生产周期较长，对醋的质量要求较高，要求贮存 3 年以上的陈年老醋，味酸带甜，性缓而经久的为佳品。

③ 米类：根据制曲品种不同而有所区别，色曲，应选用上等的粳米或籼米；库曲、轻曲，最好选用高山红土地生产的籼米，这种米制成的曲色红且颗粒整齐，或用福建屏南县东丰、上楼一带的白早米，其横断面稍呈蓝色，所以又称“蓝骨米”。一般要求上等的精白大米。

（2）操作方法

①浸米：将选用上等的白米淘洗除去糠秕，用水浸泡 2~3h，以用手指一搓就碎为适度，即可捞起沥干，上甑蒸煮。

② 蒸饭：当釜中水沸后，把沥干的米倒入甑内，待全面冒汽后加盖开大蒸汽续蒸，用潮湿的手摸饭不粘手即可。饭蒸熟软透时，将饭摊散于竹篓内。

③接种拌曲：饭冷至 40℃，就可以接种拌曲，原料配比见表 2–16。

表 2–16 红曲生产原料配比 单位：kg

曲类名称	配料			成品
	米	土曲糟	醋	
库曲	100	2.5	3.75	50
轻曲	150	3.75	5.375	50
色曲	200	5.0	7.5	50

先将曲种与醋混合（称为“醋糟”），接种后拌匀，使饭粒全部染成微红色时，即可入曲房。

古田罗华红曲厂创造一种醋糟混合物，制红曲时每 50kg 白米仅用醋糟 3~3.5kg，操作方便，成本较低。制备方法：将糯米 25kg 经浸渍蒸熟，淋水降温至 40℃左右，拌入土曲粉 10~12kg，装入坛内，经 12d 糖化发酵后，掺入醋 15~25kg，存放 2~3 个月后即可使用。

④ 曲房管理：将拌好种的米饭挑到曲房堆放，盖以洁净麻袋，保温 24h，由于菌丝繁殖使品温升高，待品温升高至 35~40℃时，进行搓曲摊平，以后每隔 4~6h 搓曲一次，以调节温度。翻曲换气对于红曲菌的生长也极为重要。

经过 3~4d 后，菌丝逐渐透入饭粒的中心，呈红色斑点，这阶段为半成品，俗称“蛋花”或“上铺”。这时可把曲装入麻袋或竹筐内，在水中漂洗 10min，使曲粒大量吸水，有利于红曲霉的繁殖。沥干后再堆半天，待升温发热时将它摊散铺平，每隔 4~6h 翻拌一次。当菌丝发育旺盛且分泌红色素，曲粒出现干燥现象（用手接触曲粒有响声）时，可适当喷水增加湿度并注意调整室温，使品温维持在 25~30℃。自喷水后经 3~4d，曲粒全呈绯红色，称为“头水”。此后的关键在于保持适当的温度和湿度，若喷水过多，升温太高，易使曲腐烂或生杂菌；若过于干燥，菌丝体不易繁殖，因此对温度、湿度要严格控制。操作时每隔 6～8h 翻曲一次，“头水”后 3～8d，称为“二水”曲，曲粒表现是里外透红，并且有特殊的红曲香味，此时可将红曲移至室外，太阳晒干，即为成品。成品曲的各项指标如表 2-17 所示。

表 2-17　红曲的酶活性及色度范围

曲的类型	糖化力①	液化力①	光密度②	水分/%
库 曲	0.35～0.76	17.1～31.6	0.12～0.15	8.6～9.7
轻 曲	0.66～1.84	75～150	0.15～0.17	10.7～12
色 曲	2.10～-2.73	155～185	0.20～0.23	10.5～11.2

注：①糖化力、液化力：每克绝干曲于 60℃下作用 1h，所产生的葡萄糖质量（g）或能液化淀粉的质量（g）；②光密度的测定：曲：水＝1：5000，波长 520nm。

⑤应注意的几个问题。

a. 所谓的库曲、轻曲、色曲除了配料之外，主要在于制曲过程的后期管理不同。轻曲和色曲需要更多次进行喷洒少量水分，让菌丝的繁殖期持续时间更长些，使曲的质量更轻些，色素生成更多些。制库曲为 8～10d，轻曲 10～13d，色曲 13～16d。还可视气温高低，可将生产周期适当延长或缩短。

b. 红曲的繁殖，要在适宜的温度、湿度和酸度下进行。室温过高或翻曲不及时，会使品温过高，将烧坏菌丝；室温过低，保温不好，菌丝难以繁殖，致使酶活力不高，影响成曲质量。红曲霉菌的生长特点是耐酸，制曲时应调节适宜的酸度，以利曲菌繁殖和减少杂菌污染。

c. 红曲的糖化力较强而发酵力较低，所以红曲酿酒时最好添加些酵母培养液，以增强发酵力。

2. 乌衣红曲

乌衣红曲中主要含有红曲霉、黑曲霉和酵母菌，是我国黄酒酿造中特种糖化发酵剂。

乌衣红曲酒的主要产地在浙江的温州、金华、衢州、丽水等地区和福建的建瓯、松溪、南平、惠安等地。乌衣红曲酒主要是采用籼米为原料，以乌衣红曲作为糖化发酵剂。

福建的建瓯土曲和浙江的乌衣红曲的生产方法略有不同，主要表现在曲种的制作方面。建瓯土曲的曲种是培养曲公、曲母和曲母浆的方法作种子而进行扩大化培养的，其方法如下。

（1）曲公　把 50kg 大米淘洗、浸透、蒸熟，摊冷至 40℃左右，拌入曲公粉 40g，曲母浆 250～400g。在竹箩中保温至 43℃翻拌入曲房，品温维持 38～40℃，喷水一次，经过 4～5d 出曲、晒干。其品质以粒硬有纯青红色者为佳。

（2）曲母　把 50kg 大米淘洗、浸透、蒸熟、拌匀，摊冷至 40℃左右，拌入曲公粉 5～10g、曲母浆 0.8kg。待升温至 43℃左右，可入曲房，维持品温 38～40℃，3～5d 就可出曲干燥。质量以曲粒硬，色微红色为佳。

（3）曲母浆　将大米 1.5kg 洗去糠秕杂质，加水约 7.5kg 煮成粥状，冷却至 32℃左右，拌入曲母粉 1kg。待发酵 7d 左右，有酒味并带辣时就可使用。

浙江的乌衣红曲的曲种培养：乌衣红曲中的乌衣——黑曲霉采用纯种培养，红曲霉和酵母菌培养是用红曲种进行扩大培养制成红曲酒醪。具体方法如下。

（1）黑曲霉　将麸皮与水按 1∶1 拌匀，装入 500mL 三角瓶中，装料量为每瓶 20g 湿料，塞上棉塞，用油纸包扎瓶口，灭菌，冷却至 30～32℃。每瓶接入试管菌种（周立平教授认为试管菌种保藏采用察氏培养基有利于保持产酶性能）1～2 环，将曲料摇匀后堆积于三角瓶一角，于 30～33℃下培养 24h 后将曲料摇匀，约 10h 结为饼状后再摇瓶一次，继续培养 3～5d 使黑曲霉孢成熟即成。将黑曲霉麸皮菌种置 40℃下烘干，用灭菌纸包扎备用。

（2）红曲酒醪　将 10kg 糯米浸渍、蒸熟、摊凉，装入灭菌的小缸或坛中，加红曲种 5kg 和水 17.5kg，拌匀，落缸温度 27～30℃，发酵旺盛时品温不可超过 33℃，投料 20～24h 开耙，培养 3～4d 后即可使用，存放时间不宜超过 5d。

乌衣红曲的工艺流程以及操作方法与要求如下。

（1）工艺流程

浸渍（加水）、接种（加黑曲霉、红糟）、喷水（加水）：

籼米→浸渍→蒸饭→摊饭→接种→装箩→翻堆→平摊→喷水→出曲→晒曲→成品

（2）乌衣红曲的操作方法与要求

①浸米、蒸饭：一般气温在 15℃以下，浸渍 2.5h；气温 15～20℃时，浸渍 2h；气温 20℃以上时，浸渍 1～1.5h。浸后用清水漂洗干净，沥干后常压蒸煮，圆汽后 5min 即可，要求米饭既无白心，又不开裂。

② 摊饭、接种：摊饭时间要尽量短，摊冷至 34～36℃，每 50kg 米接入黑曲霉 0.75～1.5g，略加拌匀，随后再加红曲酒醪 0.3～0.4kg，充分拌匀，便可装箩进行培养。这时品温下降 1～2℃。

③ 装箩：接种后的米饭装入竹箩中，轻轻摊平，盖上洁净的麻袋，送入曲房保温培养。一般室温在 22℃以上，大约经过 24h，品温可以达到 43℃（以箩中心温度为准），当气温较低时，时间会延长。此时米粒已有 1/3 有白色菌丝（如为黑曲霉，其米粒呈黄色）和少量红色斑点，其他仍为原饭粒。这是由于不同微生物繁殖所需的温度不同所致，箩心温度最高，适宜红曲霉繁

殖；箩心外缘温度在40℃以下，黑曲霉繁殖旺盛；接近箩边处温度低，饭粒仍为原色。

④ 翻堆：待箩中品温上升至40℃以上时，即可倒在曲房的砖地或水泥地面上，加以翻拌，重新堆积，品温下降。以后，在第一次品温上升至38℃时，翻拌堆积一次；第二次品温又上升至36℃，再翻拌堆积一次；第三次品温上升至34℃左右，再翻拌堆积一次；第四次品温上升至34℃，最后翻拌堆积。每次翻拌堆积的间隔时间，气温在22℃以上时约1.5h；气温在10℃左右，有必要延长至5~7h才翻拌堆积。

⑤ 平摊：待饭粒已有70%~80%出现白色菌丝，按照蒸饭装箩的先后次序，将每堆翻拌摊平。平摊所用的工具为木制有齿的耙，耙齿经过的曲层，凹处约3.5cm，凸处约15cm，成波浪形。

⑥ 喷水：平摊后，品温上升到一定程度时，便可以喷水了。但天热和天冷时操作略有不同：气温在22℃以上的热天，当曲料耙开平摊后（一般均掌握在下午5时翻堆，主要是为了晚上不喷水，便于白天喷水时间的掌握），至次日早晨品温上升至32℃（约经15h），每50kg米的饭喷水4.5kg，经2h将其翻耙一次，再经2h品温又上升至32℃，再喷水7kg，至当日晚上止，中间翻拌两次，每次间隔3h左右。晚上便可不翻拌，至第四天（喷水的第二天）早晨8时又喷水5kg，经3h后（中间翻耙一次）品温上升至34℃，再喷水6.25kg，这次用水必须根据饭粒上霉菌繁殖情况来决定。如用水过量，容易腐烂而被杂菌污染。用水过少，又容易产生硬粒影响质量。所以，要根据曲粒的繁殖情况适当确定加水量，一般每50kg米用水量在23kg左右。最后一次喷水的当日晚间要翻耙两次，每次相隔3~4h，但晚上睡觉时间仍可不必翻动。第五天（喷水的第三天）也不翻动，品温高达35~36℃，此时为霉菌繁殖最旺盛时间，至第五天下午5时后品温才开始下降。天热时，整个制曲过程要将天窗全部打开，一般控制室温在28℃左右；气温在10℃左右的冷天，室温只能保持在23℃左右，所以曲料自耙开平摊后，经11h左右品温才逐渐上升至28℃，此时每50kg米的饭喷水3.5kg并进行翻拌。经5h，品温又上升至28℃左右，此时再喷水4.25kg并翻拌一次，约经4h，品温又上升至28℃，喷水5kg再翻拌一次，然后经3h再翻拌一次。因第三次喷水一般在下午5时，经过一夜的较长时间，会使上下繁殖不一致。第二天（指喷水的第二天，即蒸饭算起的第四天），同样喷水3次，时间基本与前一天相同。总之，以品温上升至28~30℃就进行喷水和翻拌操作，前两次喷水翻拌每50kg米的饭每次用水4.5kg，第三次翻拌操作以饭粒霉菌繁殖的程度而定，用水量与天热时掌握的大致相同。其总用水量以每50kg米为26.5kg左右为宜。而最后一次喷水翻拌后3h，要检验一次，以没有硬粒为准，否则次日早晨再使用适量的水翻拌

一次。第 5d（从蒸饭起算）同样不翻动。

⑦出曲、晒干：一般情况下，第 6~7 天曲已经成熟，即可出曲。目前制曲过程大半凭自然气温而定，因此出曲时间亦因气温而有所不同。上述操作仅为生产中的一般情况。曲出房后，将其摊在竹簟上，经阳光晒干，否则贮存期间易产生高温，易被杂菌污染而变质。

3. 黄衣红曲

黄衣红曲生产方法与乌衣红曲基本相同，不同点是菌种使用米曲霉代替黑曲霉。黄衣红曲的液化力、糖化力和蛋白质分解力均较强，特别是液化力远高于红曲和乌衣红曲。

第六节 酒 母

一、酒母种类和特点

酒母，意为“酿酒之母”。黄酒是一种含酒精的发酵酒，需要大量酵母的发酵作用，在黄酒发酵过程中，尤其是在以传统法生产的绍兴黄酒发酵醪中，酵母细胞数达 6~8 亿个/mL，发酵醪的酒精含量最高可至 20%以上，这在世界发酵酒中是罕见的。可见，酵母的数量和质量对于黄酒酿造特别重要。创造适宜环境条件来扩大培养酵母菌的过程，称为酒母的制备。酒母的优劣是决定黄酒酿造中发酵好坏的关键，也与黄酒风味有着重要的关系。

黄酒酵母不仅要具备酒精发酵酵母的特性，而且要适应黄酒发酵的特点，其主要性能要求。

（1）发酵能力强，而且迅速。

（2）繁殖速度快，具有很强的增殖能力。

（3）耐酒精能力强，能在较高浓度的酒精发酵醪中进行发酵和长期生存。

（4）耐酸能力强，对杂菌具有较强的抵抗力。

（5）耐温范围广，在较高和较低温度下均能进行繁殖和发酵。

（6）酿成的酒应具有黄酒特有的香味。

（7）用于大罐发酵的酵母，发酵产生的泡沫要少。

黄酒酒母一般分为自然培养的淋饭酒母和纯种培养酒母。纯种培养酒母是由试管菌种开始，逐步扩大培养而成。因制法不同又分为速酿酒母和高温糖化酒母。

制造酒母需要有适当的培养条件，主要是营养、温度和空气。适当的酸度可在酵母的发育过程中抑制杂菌的繁殖。酵母生长最适 pH 为 4.5~5.0，但在 pH4.2 以下也能发育，而细菌在此 pH 范围内则难以生长。pH 对酵母和细菌生长的影响如图 2-37 所示。

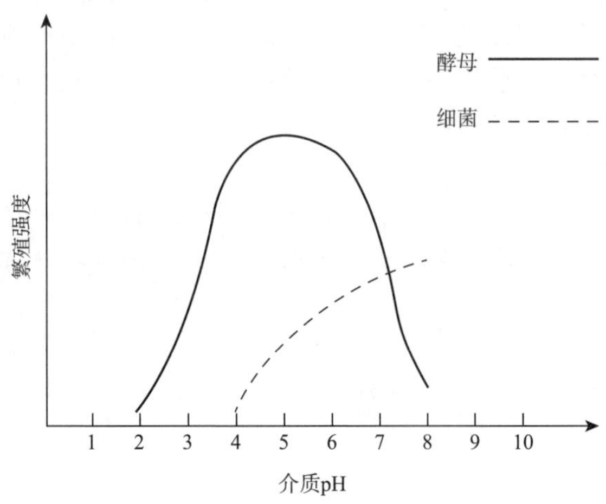

图 2-37　pH 对酵母及细菌生长的影响

因此在培养酵母时，可以采用比较低的 pH，这样对酵母的发育影响甚微，但却大大抑制了细菌的发育。如果维持 pH 在 3.8~4.2，就可以在不杀菌的情况下进行酵母的纯粹培养。

根据上述原理，为了获得大量强壮的优良酵母细胞，制造酒母时要有一定数量的酸存在。酿造黄酒以乳酸最好，因乳酸的抗菌力比其他酸类强，对糖化的阻碍很小，以及成品酒中含有适量的乳酸，还可以改善风味。速酿酒母和高温糖化酒母靠人工添加乳酸，而淋饭酒母则是利用酒药中的根霉和毛霉生成的乳酸。测定淋饭酒母冲缸前酒窝甜液中的 pH 一般在 3.5 左右，冲缸后搅拌均匀的 pH 仍在 4.0 以下。在这样的酸性环境下，有利于抑制杂菌。这也说明了尽管酒药和空气中含有复杂的微生物，而淋饭酒母仍能做到纯粹培养，主要在于适当的 pH 起了驯育酵母和筛选、淘汰微生物的作用。

二、淋饭酒母

淋饭酒母又称“酒酿”，是将蒸熟的米饭采用冷水淋冷的操作而得名。淋饭酒母的生产，一般在摊饭酒生产以前的 20~30d 便开始。传统上安排在立冬以后开始生产，现在生产时间有所提前。酿成的淋饭酒母，经过挑选，质量优良的作为摊饭酒酒母，多余的作为摊饭酒前发酵结束时的掺醅，以增强后发酵的发酵力。

1. 工艺流程

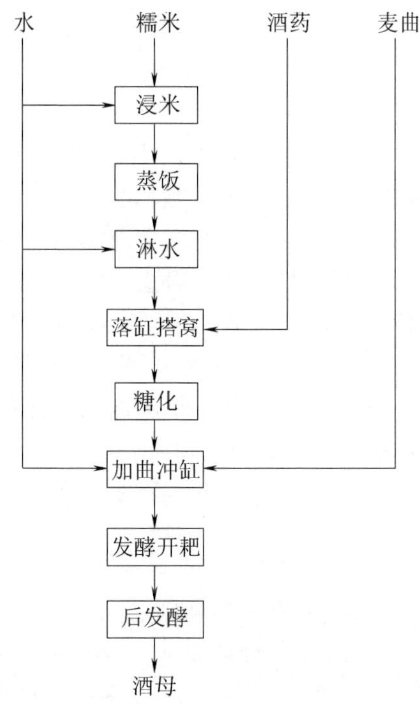

2. 配料

淋饭酒母的配料用量如表 2-18 所示。

表 2-18　　淋饭酒母的配料用量　　单位：kg

名　称	用　量	名　称	用　量
糯　米	125	酒　药	0.187~0.25
麦曲（块曲）	19.5	饭水总质量	375

3. 酿造操作

（1）浸米　浸米的目的是使米粒充分吸水膨胀，便于蒸煮糊化。浸米前，先在浸米缸（罐）内放好水，然后倒入（流入）大米，以水面超过米面 6~10cm 为宜。浸米的时间根据米质、温度而定，一般控制在 42~48h。浸米的程度以米粒完整而用手指掐米粒成粉状、无粒心为好。浸渍后的米要用清水冲净浆水、沥干。

（2）蒸饭　蒸饭是为了使米粒淀粉糊化，即破坏生淀粉的结晶构造，以利于淀粉分子与淀粉酶的接触而水解。对蒸饭的要求是熟而不糊、饭粒松软、内无白心。

(3) 淋水　淋水的目的，一是使饭温迅速降低，适应落缸的要求；二是增加米饭的含水量，同时使饭粒软化，分离松散，有利于糖化菌繁殖生长，使糖化发酵正常进行。

操作时先将蒸好的饭连甑抬到淋水处，淋入规定量的冷水，使其在甑内均匀下流，弃去开始淋出的热水，再接取50℃以下的淋饭水进行回淋，使甑内饭温均匀。淋水量和回水的温度要根据气温和水温的高低来掌握，以适应落缸温度的要求。但是回水量不能太少，否则会造成甑内上下温差大且淋好的饭软硬不一。此外，天冷时可采用多回温水的做法。每甑饭淋水125～150kg，回水40～60kg。可以用回水冷热来调节品温，淋水后品温在31℃左右。

(4) 落缸和搭窝　落缸搭窝是使米饭和酒药充分拌匀搭成倒置的喇叭状凹圆窝（图2-38），以增加米饭和空气的接触面积，有利于酒药中糖化菌的生长繁殖，同时也便于检查缸内发酵情况。

落缸以前，先将发酵缸洗刷干净，并用石灰水浇洒和沸水泡洗杀菌，临用前再用沸水泡缸一次。

图2-38　搭窝

米饭分成3甑入缸中，每次分别拌入酒药粉，然后将饭搭成凹窝，再在上面均匀地洒上一些酒药粉，然后加盖保温。搭窝时要掌握饭料疏松程度，要求搭得松而不散。落缸温度要根据气候情况灵活掌握，一般窝搭好后品温为27～30℃，天气寒冷时可以高至32℃。

(5) 糖化及加曲冲缸　落缸搭窝后，根据气温和室温冷热的情况，及时做好保温工作。由于缸内适宜的温度、湿度和有经糊化的淀粉作养料，根霉等糖化菌在米饭上很快生长繁殖，短时间内饭面就有糖化菌白色菌丝出现。淀粉在糖化菌分泌的淀粉糖化酶作用下，分解为葡萄糖，逐渐积聚甜液。一般在落缸后经过 36~48h，窝内出现甜液。有了糖分，同时糖化菌生成有机酸，合理调节了糖液的 pH，抑制了杂菌生长，使酒药中的酵母开始繁殖和酒精发酵。待甜酒液充满饭窝的 4/5 时，加入麦曲和水（俗称冲缸），并充分搅拌均匀。冲缸后品温的下降随着气温、水温的不同而有很大的差别，一般冲缸后品温可下降 10℃以上。因此，应该根据气温和品温及车间的冷热情况，及时做好适当的保温工作，使发酵正常进行。

（6）开耙发酵　冲缸后，由于酵母大量繁殖，开始酒精发酵，使醪的温度迅速上升，当达到一定的温度时，用木耙进行搅拌，俗称开耙。开耙的目的，一方面是为了降低品温，使缸中品温上下一致；另一方面是排出发酵醪中积聚的大量 CO_2，同时供给新鲜空气，以促进酵母繁殖。开耙是传统黄酒酿造的技术关键，开耙温度和时间由有经验的技工灵活掌握。酒母开耙温度和时间可参考表 2-19。二耙后一般经 2~4h 灌坛，先准备好洗刷干净的酒坛，然后将缸中的酒醪搅拌均匀，灌入坛内，装至八成满，上部留一定空间，以防继续发酵溢出。灌坛后每天早晚各开耙一次，3d 后每 3~4 坛堆一列，置于阴凉处养醅。

表 2-19　　酒母开耙温度和时间

耙　次	室温/℃	时间/h	耙前缸中心温度/℃	备　注
头耙	5~10	12~14	28~30	继续保温，适当减少保温物
	11~15	8~10	27~29	
	16~20	8~10	27~29	
二耙	5~10	6~8	30~32	耙后 3~4h 灌坛
	11~15	4~6		耙后 2~3h 灌坛
	16~20	4~6		耙后 1~2h 灌坛

（7）后发酵　酒醪在较低温度下，继续进行缓慢的发酵作用，生成更多的酒精，这就是后发酵或称养醅。从落缸起，经过 20~30d 的发酵期，便可作酒母使用。现在由于摊饭酒投料提前，一般经过 14~15d，醪中酒精含量达到 15%以上，便开始作酒母用了。

淋饭酒母还可直接酿成淋饭酒，俗称“快酒”或“新酒”。

4. 淋饭酒母的挑选

成品酒母要经过挑选才能使用，以保证大生产顺利进行。酒母挑选采用化学分析和感官鉴定的方法，优良淋饭酒母应具备下列条件。

（1）发酵正常。

（2）养醅成熟后，酒精含量在15%以上，总酸在6g/L以下。

（3）品味老嫩适中，爽口无异杂气味。

品尝酒母的标准，目前主要依靠酿酒技工的经验来掌握。具体做法是根据理化指标初步确定淋饭酒母候选的批次和缸别，然后取上清液，分别装入三角瓶中，放到电炉上加热，至刚沸腾并有大气泡时，移去热源，稍冷后倒入一组酒杯中，让品评酒人员比较清澈度和品尝酒味。通过煮沸，酒液中的CO_2逸出，酒精也挥发一部分，同时酒中的糊精和其他胶体物质会凝聚下来或发生浑浊。煮过的酒冷却后，品味更为准确，质量差的淋饭酒母，其缺陷更容易暴露出来。品味要求以暴辣、爽口、无异味为佳。酒的色泽也可鉴别发酵的成熟程度，浑浊的或产生沉淀的则是发酵尚不成熟，即称为“嫩”，作酒母则发酵力不足。拣酒母的时候，要注意先用的酒母需拣发酵较完全的，后用的酒母，则以嫩些为合适，以防酒母太老，影响发酵力。

表2-20列出了几例认为比较好的淋饭酒母的理化分析和镜检结果，供参考。

表2-20　　淋饭酒母理化分析和镜检结果

参数	例1	例2	例3	例4
酒精度/%vol	15.8	16.7	15.6	16.1
总酸/（g/L）	5.2	6.0	4.7	5.9
pH	3.95	3.93	4.16	4.0
酵母总数/（亿个/mL）	9.70	9.30	9.15	5.65
出芽率/%	3.68	4.30	6.01	4.41
死亡率/%	1.44	1.71	1.84	—

5. 淋饭酒母的优缺点

（1）优点

①酒药和空气中虽含有复杂的微生物，但最初由于乳酸等有机酸的生成，调节了醪液的pH，抑制了杂菌的生长，使酵母能很好地繁殖和发酵，酒精含量逐渐增加，最后达到15%以上，这样就起到了驯育酵母及筛选和淘汰微生物的功用，达到纯粹培养酒母的作用。

②能在黄酒酿造前一段时期集中生产酒母，而供给整个冬酿时期酿造黄酒的需要。

③酒母可以挑选使用，品质差的作掺醅用，因此能保证酒母优良的性能。

（2）缺点

①制造酒母的时间长。

②操作复杂，劳动强度大，不易实现机械化操作。

③由于酒母在酿季开始集中制成，供给整个冬酿时期生产需要，这样在酿酒前后期使用的酒母质量不一样，前期较嫩，而后期较老。

三、速酿酒母和高温糖化酒母

速酿酒母和高温糖化酒母都属于纯种培养酒母。纯种培养酒母是选择优良的黄酒酵母，从试管菌种出发，经过逐级扩大培养，增殖到大量的酵母。其扩大培养过程如下：

原菌→斜面试管培养→液体试管培养→三角瓶培养→酒母

1. 速酿酒母

速酿酒母又称为速酿双边发酵酒母，是将米饭、麦曲、酵母培养液同时投入酒母罐，以双边发酵方式来制造酒母，又因制造时间短，故称为速酿双边发酵酒母。

（1）工艺流程

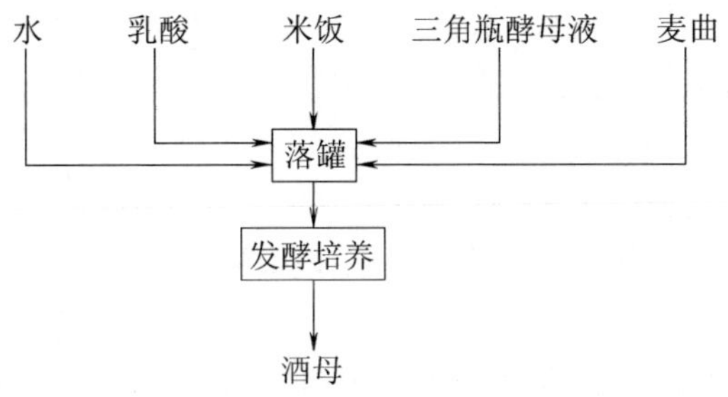

（2）操作方法

①三角瓶酵母液的制备：取蒸饭机米饭，投入糖化锅，加2.5倍水继续煮成糊状后，冷却至58~60℃，加入糖化酶，搅拌均匀，保温糖化4~6h。经过滤后，将糖液稀释至13°Bx左右，用乳酸调节pH3.8~4.1，分装入3000mL大三角瓶，每瓶装2000mL，灭菌冷却后，接入大试管培养的液体种子25mL，在28~30℃的培养室中培养24h备用。

为增加糖液中的氮源，有的加麦曲糖化，有的按米量2%~4%加入麸皮。

②酒母罐清洗及杀菌：酒母罐应先用清水洗净，然后用沸水洗净罐壁四周。有夹套装置的酒母罐可在夹套中通入蒸汽进行灭菌。如果前一次出现变质或酸败酒母，则该罐应重点灭菌，可先用漂白粉水冲洗罐壁，过几小时再冲洗

漂白粉，然后进行沸水或蒸汽灭菌。

③投料配比：由于速酿酒母培养时间短，并且为了操作方便，加水量可适当增加，所以又称为稀醪酒母。各厂有自己的配方，表 2-21 为两个厂的配方，厂 2 由于浸米时间长，不需用乳酸调 pH。

表 2-21　　速酿酒母配方 *

名称	厂 1	厂 2
米/kg	100	100（糯米）
水/kg	226	140
块曲/kg	9.5	13.5
纯种曲/kg	1.9	2.25
三角瓶酵母/L	3	4
乳酸/kg	0.3~0.38	—
合计/kg	340 左右	260 左右

注：* 以米量 100kg 计。

④落罐操作：先在罐内放入清水、2/3 的酵母液，根据操作经验加入适量乳酸或不加，充分搅拌。此时水温以 15℃左右为宜，然后投入米饭及麦曲，饭温一般须控制在 35℃以下。物料落罐后要充分搅拌，使酵母液、麦曲与米饭混合均匀。落罐后品温控制在 24~28℃，具体视气温高低而定。天气冷时要做好保温工作。

⑤品温和开耙管理：落罐后经 8~12h，品温达到 28~31℃，这时需要开头耙。以后根据发酵情况，3~5h 开耙一次。一般在第四耙后，向酒母罐的夹套中通入自来水或冷冻水来降低品温，并每隔 4h 开冷耙一次，使醪液降温均匀。从落罐开始，培养 48h，品温降到 25℃左右时即可作为酒母使用。图 2-39 为速酿酒母。

图 2-39　速酿酒母

（3）成熟速酿酒母质量要求

①感官要求：有正常的酒香、酯香；醪液稀薄而不黏手，用手抓一把醪液能让糟液明显分开；无明显杂味，无过生的涩味和甜味。

② 理化指标要求：总酸 4.5g/L 以下（以乳酸计）；杂菌平均每一视野不超过 1 个；细胞数大于 2 亿个/mL；出芽率 15%以上；酒精含量一般在 9%以上。

2. 高温糖化酵母

所谓高温糖化就是在较高温度即淀粉酶最适作用温度下进行糖化。将醪液糊化后，冷却至 60℃加曲加酶糖化，再经升温灭菌后降温，调 pH 接种培养。由于采用稀醪，对酵母细胞膜的渗透压低，有利于酵母在短期内迅速繁殖生长。这种酒母杂菌少，酵母细胞健壮，死亡率低、发酵旺盛、产酒快。

（1）工艺流程

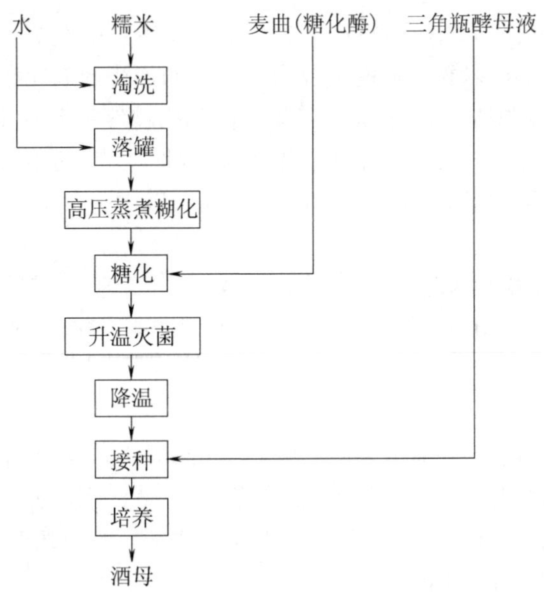

（2）操作方法

①洗米、糊化：原料大米淘洗沥干后，入锥形蒸煮锅进行高压蒸煮糊化，米水比为 1∶3，高压蒸煮锅中通入蒸汽，以 0.3~0.4MPa 压力保持 30min，进行糊化。

②糖化：将糊化醪压入酒母罐中，打开酒母罐夹套的冷却水，开动搅拌器，同时冲入自来水，使糊化醪成为米水比为 1∶7 的稀醪，待品温度降至 60℃时，加入米量 15%的纯种麦曲，搅拌均匀，在 55~60℃下糖化 3~4h。

③灭菌：为保证醪液的纯净，糖化结束后需要灭菌，方法是用蒸汽将醪液加热至85℃，保持20min。

④冷却、接种培养：灭菌的糖化醪冷却至60℃，加入乳酸调pH至4左右，继续冷却至28～30℃，接入三角瓶培养的液体酵母，28～30℃培养14～18h即可使用。

（3）成熟酒母质量要求

①酵母数：1.0亿个/mL以上。

②出芽率：15%～30%，出芽率高，说明酵母处于旺盛的生长期；反之，则说明酵母衰老。

③耗糖率：45%～50%，耗糖率也可作为酒母成熟的指标，耗糖率太高，说明酵母培养已经过老；反之，则嫩。

④总酸：3.0g/L以下，如果酸度增高太多，镜检时又发现有很多杆状细菌，则酒母不能使用。

（4）高温糖化酒母不同制备方法　各厂有各自的配方和操作方法，如，原料处理上有的采用米粉，有的蒸成米饭；有的加酶制剂代替部分麦曲；为增加氮源，有的配方中加入一定量的麦芽；糖化醪糖度控制在12～16°Bx；有的采用液体三角瓶种子，有的采用活性干酵母作种子，有的用两级酒母罐扩大培养；培养时间与接种量有关，一般为14～18h。以下是某大厂的高温糖化酒母制备方法。

①配料：以大米100kg计，麦曲8～10kg，耐高温α-淀粉酶（14万单位）0.06kg，糖化酶（20万单位）0.06kg，水460～560kg，控制投料总量为600～700kg。

②操作方法：将大米常温浸渍2～3d后冲洗干净，沥干余水，蒸饭，在酒母罐中与水、麦曲、耐高温α-淀粉酶及糖化酶等进行混合糖化，在55～60℃糖化3～4h，然后用蒸汽进行间接升温灭菌，在90℃灭菌20min左右，冷却至28～30℃，接入大米量8%的三角瓶液体酵母种子，混匀培养，培养温度不超过31℃，培养时间16～18h。

③质量要求

a. 糖化醪液质量要求：外观糖度12～14°Bx；还原糖95.0g/L以上；氨基酸态氮0.10g/L以上。

b. 成熟酒母质量要求：酵母数1.0亿个/mL以上；芽生率10%以上；死亡率1.0%以下；杂菌任一视野不超过2个；总酸3.0g/L以下。

与自然培养酒母相比，速酿酒母和高温糖化酒母具有以下优点。

a. 菌种性能优良，黄酒发酵安全可靠。采用从淋饭酒母和黄酒发酵醪中筛选出的性能优良的酵母作生产菌种，一般具有香味好、繁殖快、发酵力强、产酸少、耐高酒精度、泡沫少和对杂菌的抵抗力强等性能。

b. 生产周期短，不受季节限制，可常年生产，适宜于机械化生产。

c. 占用容器和场地少，劳动生产率高，劳动强度低。

但是，因其是纯种酵母的单一作用，与淋饭酒母多菌种发酵酿成的酒在风味上有一定的差别。如采用混合酵母菌培养酒母，不但能改善黄酒风味，还能弥补单一菌种发酵性能的不足。

四、活性干酵母

黄酒活性干酵母是采用现代生物技术制成的具有活性的黄酒酵母菌制成品。由于活性干酵母具有质量稳定、成本低等优点，已在一些黄酒企业中得到应用。

黄酒活性干酵母的使用方法：称取原料量0.1%的活性干酵母，倒入10倍的33~35℃温水中，搅拌均匀，静置活化20min即可使用，控制活化在30min以内。如时间长，则需用糖水活化。

第七节　生产菌种的筛选与管理

一、生产菌种的筛选

如果要以混合菌种制造酒母或麦曲，则需要有多株优良的酵母菌或米曲霉，这就需要进行菌种的筛选。现根据笔者经验，介绍一种较为简便实用的筛选方法。

1. 酵母菌的筛选

(1) 采样　酵母菌大量存在于淋饭酒母和发酵醪中，通过品尝和化验，选取多批次较好的淋饭酒母或发酵醪作分离酵母菌用。

(2) 酵母菌的初筛　用TTC筛选法和艾氏发酵管筛选法进行初筛。

①TTC筛选：TTC（2，3，5-氯化三苯基四氮唑）与酵母菌的代谢产物发生显色反应，呈红色的酵母菌落为产酒高的酿酒酵母，粉红色菌落次之，微红或白色菌落常为野生酵母。

a. 培养基：上层培养基：TTC 0.5g，葡萄糖5g，琼脂15g，蒸馏水1000mL；下层培养基：葡萄糖10g，蛋白胨2g，KH_2PO_4 1g，酵母膏1.5g，$MgSO_4 \cdot 7H_2O$ 0.4g，琼脂30g，蒸馏水1000mL，pH 5.5~5.7。也可用12~13°Bx糯米饭糖液琼脂培养基作下层培养基。

b. 操作：取淋饭酒母或发酵醪，用稀释法或划线法接种于下层培养基平板上，于30℃下培养2~3d，待菌落长至1~2mm，将温度冷至45~50℃的一定量上层培养基倒在下层培养基上。于30℃无光条件下培养2~4h后，取出立即观色，根据菌落呈色情况挑取红色菌株转接试管斜面上。

②艾氏发酵管筛选法：在试管中加入适量13°Bx糯米饭糖液，灭菌冷却后，将斜面菌种接入液体试管中，于30℃下培养1d后，用无菌吸管吸取0.5mL，接入装有20mL 13°Bx糯米饭糖液并经灭菌冷却后的25mL艾氏发酵管中，混匀，并使糖液充满其中的小管。酵母菌发酵产生的CO_2使糖液从小管中排出。酵母发酵力强，产生CO_2多，排出的糖液就多。比较小管中空部分的刻度读数，筛选出发酵力较强的菌株进行复筛。

（3）复筛

①酵母菌发酵力的测定和发酵速度的比较：在250mL三角瓶中，装入150mL 13°Bx糯米饭糖液，灭菌冷却后，接入经24h培养的液体试管菌种1mL，装上发酵栓（内装2.5mol/L H_2SO_4封口，装量以距离出气口5mm为度），称重，置于30℃培养箱中培养。每隔24h称重一次，记录失重量，直至24h失重量小于0.2g时，停止培养。计算出总失重量，并根据糖液培养前后糖度的变化计算外观糖度（外观糖度：摇动三角瓶使CO_2尽量逸去，加水至150mL后测定并换算成20℃时的糖度。）和真正糖度（真正糖度：取100mL培养液蒸至约一半，冷却加水至100mL后测定并换算成20℃时的糖度）。通过糖度、总失重量和逐日的失重量来比较酵母菌的发酵力和发酵速度。

②酵母菌生酸量的测定：在150mL三角瓶中装入50mL糖液，灭菌冷却。除一瓶作空白不接种外，其余接入一接种环斜面菌种，在30℃下培养7d后，取10mL培养液，用0.1mol/L NaOH溶液滴定，计算其生酸量（应减去空白）。

③繁殖速度和香气的比较：在250mL三角瓶中，装入150mL 13°Bx糯米饭糖液，灭菌冷却后接入经24h培养的液体试管菌种1mL，在30℃下培养24h、36h后，分别测定酵母细胞数，再比较酵母菌发酵后产生的香气。

通过上述各项比较试验，从中筛选出发酵力强、发酵速度快、生酸量较低、繁殖速度较快、香气好的酵母菌进行酿酒试验。注意通过复筛挑选出的菌株数量不宜过少，以防漏筛。

（4）酿酒试验　经复筛出的酵母菌先进行酿酒小试，通过理化指标、微量成分（如尿素含量）的测定和感官品评，从中挑选出各项指标和风味都好的酵母菌，然后进行中试和生产性试验，最后筛选出性能优良的黄酒酵母菌。

2. 米曲霉的筛选

（1）采样　选取不同车间和不同批次的优质自然培养生麦曲作分离米曲霉用。

（2）米曲霉的分离

①培养基：13°Bx糯米饭糖液，0.1%去氧胆酸钠，2%琼脂，121℃灭菌

20min。在培养基中加入去氧胆酸钠可防止菌丝蔓延，以利于挑取菌落。

②分离方法：将适量生麦曲放入试管中，加入无菌水稀释适当倍数，再用无菌吸管吸取 1mL 稀释液注入无菌培养皿中，然后倒入 10~15mL 灭菌冷却至 45℃左右的培养基，迅速旋转培养皿，使混合均匀。等冷却凝固后，倒置，于 30℃培养箱中培养 3~4d，挑取单菌落，移植于麦芽汁斜面试管，在 30℃下培养 4~5d，保藏备用。

（3）糖化菌的初筛　经分离纯化后的米曲霉，用透明圈法进行初筛。初筛培养基以可溶性淀粉作为唯一碳源，淀粉被米曲分泌的糖化酶分解后，用稀碘液显色，菌落周围产生透明圈。淀粉分解越多，透明圈越大，表明该菌株产糖化酶能力越强；反之则越弱。由此可快速初筛出产糖化酶能力强的米曲霉。

①培养基：可溶性淀粉 4g，蛋白胨 10g，NaCl 5g，牛肉膏 3g，琼脂 20g，水 1000mL，pH7.2，121℃灭菌 20min。

②操作：将培养基配制好后，装于 20mm×200mm 试管中，每支管 20mL，灭菌后倒入直径为 9cm 的培养皿中，使培养基厚度相等。平置凝固后，在培养皿中点植待测米曲霉孢子，于 30℃下培养 6d，把稀碘液倒于菌落周围，并测量透明圈大小。

（4）糖化菌的复筛　将初筛出曲霉菌株制纯种麸曲，进行糖化力和液化力的测定与比较并加以筛选。

①种曲制备：将麸皮与水按 1∶0.8 的比例搅拌均匀后，称取 25g 于 250mL 三角瓶中，塞上棉花塞后，于 121℃灭菌 30min，冷却接入待筛菌种，置 30℃培养。18~20h 后，长出菌丝，进行第一次摇瓶，继续培养，每隔数小时摇瓶一次。待孢子成熟时，培养结束，全过程需 72h 左右。

②麸曲制备：称取拌匀后的麸皮 50g 于 500mL 三角瓶中，灭菌冷却后接入适量种曲（接种量要相等），摇匀，于 30℃下培养，至开始长孢子时到培养结束，全过程需要 36~40h，然后测定麸曲糖化力和液化力。

（5）形态特征和显微构造检验或分子鉴定　根据筛选出的菌株形态特征和显微构造或进行分子鉴定，确认是否属于米曲霉。

（6）制曲和酿酒试验　将筛选出的米曲霉进行制纯种麦曲和酿酒试验，确定是否符合生产要求。

对以上述方法筛选出的菌种，还可以采用诱变或基因重组等育种手段进一步提高其某些性能。

二、生产菌种的管理

要得到一株合乎生产要求的菌种是一件艰苦的工作，因此生产菌种必须妥善保藏，使其不死、不衰老和保持纯粹。如出现退化现象，应立即进行复壮，使菌种生产性能保持稳定。

1. 菌种的保藏

菌种的保藏方法很多，但基本原理一致，就是使微生物处于代谢不活泼、生长受抑制的状态。为了能在较长时间内保存菌种，就必须创造一个最有利于休眠的环境条件，如低温、干燥、缺氧及缺乏营养。具体方法有：定期移植保藏法、液体石蜡保藏法、沙土管保藏法、麸皮保藏法、真空冷冻干燥保藏法、-80℃冰箱冻结保藏法、液氮超低温保藏法等。

2. 菌种退化的防治与菌种的复壮

由于微生物具有较易变异这一特点，因此在保藏过程中会发生变异，使菌种的性能退化而危害生产。关于菌种退化的防治与菌种的复壮，一般有以下几种方法。

（1）选择合适的保藏方式　菌种的传代次数越少，退化的可能性就越小，因此选择合理的保藏方式，是防止菌种退化的有效措施。斜面保藏一般三个月到半年（用橡皮塞可延长至一年）需传代一次，这对菌种不利，因此，作为生产菌种需同时采用斜面保藏和其他保藏方式如真空冷冻干燥、-80℃冰箱冻结、液氮超低温保藏，后几种方式可大大减少传代的次数，斜面保藏的菌种也应使每次传代的斜面足够生产出相当长的时间使用所用的菌种。

（2）定期分离纯化　定期或有针对性地进行分离纯化是极重要的。纯化可以用平板划线法、稀释分离法，从单菌落性状中去除退化的，保留原有典型菌落形态的，对于纯化后的菌株还需做生产性状测试，以保证性能的优良。

（3）选择适宜的培养条件　菌种的退化与培养条件有关，例如：曲霉在葡萄糖培养基上长期累代培养，因为不用分泌淀粉酶就可以直接摄取葡萄糖，会使产淀粉酶能力下降；长期在高蛋白质培养基上生长传代，也可使糖化能力下降而蛋白酶活力增加。用米曲汁作培养基，其中有较多的麦芽糖和糊精，对于培养曲霉是很有好处的。曲霉经几代培养后，可在米曲汁中培养1~2代，或用米曲汁70%（12~13°Bx）加豆芽汁30%，培养1~2代，可以达到复壮的目的。酵母经几代培养后，可在液体麦芽汁中培养1~2代，再接回固体试管培养基中，能有效地使酵母菌复壮。

第三章 黄酒酿造

黄酒酿造工艺分为传统工艺和机械化新工艺。传统酿造工艺经历了几千年的不断改进和完善，达到了较高的水平。机械化新工艺是在传统工艺的基础上做了适当的改进，以大容量发酵罐发酵为标志，并大量使用机械设备代替手工操作。黄酒新工艺的出现，是黄酒酿造技术的一次飞跃。但对于传统名酒，应加强科学研究，避免在采用新工艺、新设备后破坏酒的传统风格。

第一节　黄酒发酵基本原理

黄酒发酵是双边发酵，糖化和发酵是同时进行的。糖化是指原料中淀粉、蛋白质等高分子贮藏物质在淀粉酶、蛋白酶等水解酶的作用下，分解成糖类、糊精、氨基酸、肽等可溶性低分子物质的过程。由于酵母不能直接利用淀粉发酵，糖化的主要目的是将淀粉水解成酵母菌可利用的葡萄糖、麦芽糖等可发酵性糖。黄酒发酵是利用酵母菌等微生物对醪液中的某些组分进行一系列的代谢，产生酒精和各种风味物质的过程。发酵过程的主要变化是可发酵性糖在酵母菌酒化酶的作用下生成酒精和 CO_2。

一、黄酒发酵的特点

黄酒发酵的特点是开放式发酵、双边发酵、浓醪发酵、低温长时间后发酵，以及生成高浓度酒精。现将各个特点分述如下。

1. 开放式发酵

黄酒发酵是开放式发酵。曲、水和各种用具都存在着大量的杂菌，并且空气中的有害微生物也能侵入。黄酒的发酵实质上是霉菌、酵母、细菌多种微生物混合发酵的过程。要酿造好黄酒，就要利用好有益微生物，抑制有害微生物的作用。在黄酒生产中采用以下各种措施，确保发酵的顺利进行。

（1）黄酒生产季节选择在低温的冬季，有效减少了各种有害杂菌的干扰。

（2）在生产淋饭酒或淋饭酒母时，通过搭窝操作，使酒药中的有益微生物根霉、酵母等在有氧条件下很好繁殖，并且在初期就生成大量有机酸，合理地调节了酒醪的pH，有效地抑制有害杂菌的侵入，并净化了酵母菌，加曲冲缸进入酒醪发酵后酵母菌迅速繁殖，使发酵顺利进行。

(3) 在摊饭酒发酵中，除了选用优良的淋饭酒母外，还采用长时间浸米使米酸化及浸米酸浆水调节醪的酸度，抑制杂菌生长，保证酵母菌迅速繁殖并进行发酵。

(4) 在喂饭酒发酵中，因分次加饭，醪液中的酸和酵母浓度不会一下子稀释很大，同时酵母不断获得新的营养，发酵能力始终旺盛，抑制了杂菌的生长。

(5) 在黄酒发酵中，进行合理的开耙是保证正常发酵的重要一环。它起到调节醪液品温、混匀醪液、补充氧气、平衡糖化发酵速度等作用，强化了酵母活性，抑制有害菌的生长。

黄酒发酵虽然是开放式发酵，通过上述措施可有效保证发酵的正常进行。当然，保持生产环境的清洁卫生，做好生产设备的消毒灭菌工作也是至关重要的，这样可以大大减少黄酒发酵的杂菌污染。

2. 双边发酵

黄酒酿造过程中，淀粉糖化和酒精发酵两个作用是同时进行的。为了使醪中含有16%以上的酒精，就需要有30%以上的可发酵性糖，这么高的糖分所产生的渗透压是相当高的，将严重抑制酵母的代谢活动。而边糖化、边发酵的形式能使淀粉糖化和酒精发酵互相协调，避免糖分积累过高和高渗透压的出现，保证了酵母细胞的代谢能力，使糖逐步发酵产生16%以上的酒精。在实际操作和管理上，重要的是使糖化和发酵之间保持平衡，任一方面的作用过快或过慢，都会影响到酒的质量。

3. 浓醪发酵

像黄酒醪这样的高浓度发酵，在世界酿造酒中是罕见的。例如原料和水的比例，黄酒醪中大米与水之比为1∶2左右，啤酒糖化醪中麦芽与水之比为1∶4.3，威士忌醪麦芽与水之比约1∶5，可以看出黄酒醪特别浓厚。这种高浓度醪发热量大，流动性差，同时原料大米是整粒的，发酵时易浮在上面形成醪盖，使散热困难。因此，对发酵温度的控制就显得特别重要，特别是要掌握好开耙操作，头耙的迟早对酒质的影响很大。

4. 低温长时间后发酵

酿造黄酒不单是产生酒精，还要生成各种风味物质并使风味协调，因此要经过一个低温长时间的后发酵阶段，短的17~25d，长的80~90d。由于此阶段发酵醪品温较低，淀粉酶和酵母酒化酶活性仍然保持较强的水平，还在进行缓慢的糖化发酵作用。除酒精外，高级醇、有机酸、酯类、醛类、酮类和微生物细胞自身的含氮物质等还在形成，低沸点的易挥发性成分逐渐消散，使酒味变得细腻柔和。一般低温长时间发酵的酒比高温短时间发酵的酒香气足、口味好。

5. 生成高浓度酒精

黄酒醪酒精含量最高可达20%以上，在世界酿造酒中是最高的。生成高浓度酒精的因素还未得到明确的肯定，一般认为是由下列因素综合在一起的结果。

(1) 双边发酵和醪的高浓度。

(2) 长时间的低糖低温发酵。

(3) 黄酒酵母耐酒精能力特别强。

(4) 大量的酵母在酒醪中分散。

(5) 曲和米的固形物促进了酵母的增殖和发酵。

(6) 米和小麦中的蛋白质、维生素 B_1 可吸附对酵母有害的副产物——杂醇油等，保护了酵母的发酵。

(7) 发酵醪的氧化还原电位初期高、后期低，与酵母增殖期和发酵期相适合。

(8) 存在促进发酵的物质。

二、黄酒的发酵类型

黄酒发酵由于原料（米、曲、酒母、水）的质量、原料配比和落缸（罐）的温度不同，发酵速度亦参差不齐，大致可分成下列四种类型。

1. 前缓后急

酵母太老、酒母用量过少和落缸温度较低，酵母增殖迟缓，糖化不断进行，酒醪虽已产生相当多的糖分，但酒精发酵很慢，温度上升不快，经过24~26h才出现气泡，发生前缓的倾向。一旦到酵母繁殖至一定数量，就开始旺盛发酵，糖分降低较快，这样易制成酒精度高、口味淡薄的辣口酒。如果后阶段控制得当，不过于激烈，还可以酿成高质量的黄酒。这种形式的发酵糟粕较少，所以出酒率高，但也可能由于前期糖分较高，造成杂菌的繁殖，使酒的酸度过高。

2. 前急后缓

在使用嫩酒母和嫩曲、水中有效成分较多和落缸（罐）温度较高的情况下，酵母很快发育繁殖，迟滞期很短，13~14h后就出现气泡，升温迅速。由于发酵温度高，发酵速度快，在短时间生成大量的酒精，酵母容易早衰，后发酵时间比较长，易酿成口味浓厚的甜口酒。

3. 前缓后缓

在酒母比较老、酿造用水过软、米的精白度过高、曲质量较差，以及落缸

（罐）温度较低的情况下，发酵迟滞期比较长，发酵速度慢且不完全，残糟多，过滤压榨困难，出酒率低。由于发酵始终不旺盛，容易引起杂菌感染，有产生酸酒的危险。

4. 前急后急

在酒母嫩、曲嫩、米的精白度低而富含蛋白质且落缸（罐）温度较高的情况下，发酵速度快，酵母受酒醪中高温、高糖度、高酒精浓度的影响，易于衰老，短期内完成发酵，残糟较多，制成的酒口味淡辣。

三、黄酒发酵过程中的微生物变化

黄酒发酵属于典型的多菌种混合发酵，醪液中除了接入的纯种酵母外，还含有大量的来源于原料和半成品中的微生物，包括细菌、酵母和丝状真菌。这些种类极具多样性的微生物群落是黄酒独特风味形成的生物基础。

1. 黄酒（大罐发酵半干型）发酵过程醪液中真菌的变化

利用 rDNA ITS 高通量分析醪液中真菌多样性，鉴定出的真菌有酵母属、曲霉属、嗜热真菌属、假丝酵母属、青霉属、链格孢属、威克汉姆酵母属、短梗霉属、根霉属、红酵母属、根毛霉属等，其中酵母属和曲霉属是整个发酵过程醪液中占绝对优势的真菌。利用宏基因组学技术分析表明，醪液中的主要真菌有酿酒酵母、米曲霉、疏绵状嗜热丝孢菌、构巢曲霉、黑曲霉、烟曲霉、热带假丝酵母、土曲霉、葡萄牙棒孢酵母、奇异酿酒酵母、米根霉、产黄青霉、粟酒裂殖酵母等。

用察氏培养基分离醪液中的真菌并进行分子鉴定，结果见表 3-1。在整个发酵过程中存在的主要真菌有犁头霉属、曲霉属、根毛霉属、青霉属、毕赤酵母属、伊萨酵母属、酵母属、红酵母属等。犁头霉、米曲霉和异常毕赤酵母在整个发酵过程中始终大量存在，它们既是块曲中的优势真菌，又是醪液中的优势真菌，其中异常毕赤酵母不但产酯能力强，而且能产甘油，有利于酒的香气和丰满度。酿酒酵母是醪液中的优势真菌之一，但在发酵初期未检测到，这是由于所用培养基更适合霉菌生长而不适合酿酒酵母生长所致。

表 3-1　　黄酒发酵过程醪液中的真菌变化

真菌种类	1d	2d	5d	8d	15d	22d	26d
犁头霉属（*Absidia* sp.）	+++	+++	+++	+++	+++	+++	+++
米曲霉（*Aspergillus oryzae*）	+++	+++	+++	+++	+++	+++	+++
赛氏曲霉（*Aspergillus sydowii*）	—	—	—	—	+	+	+

续表3-1

真菌种类	1d	2d	5d	8d	15d	22d	26d
构巢裸孢壳（*Emericella nidulans*）	—	—	+	+	+	—	-
黑曲霉（*Aspergillus niger*）	—	—	++	—	—	++	—
桔青霉（*Penicillium citrimum*）	—	+	+	—	—	—	—
异常毕赤酵母（*Pichia anomala*）	+++	+++	+++	+++	+++	+++	+++
多变根毛霉（*Rhizomucor variabilis*）	++	++	—	++	—	—	—
东方伊萨酵母（*Issatchenkia orientalis*）	—	+	—	+	—	—	—
黏质红酵母（*Rhodotorula mucilaginosa*）	—	—	+++	+++	+++	+++	+++
酿酒酵母（*Saccharomyces cerevisiae*）	—	—	—	++	++	++	++

注：“+、++、+++”：表示含量低、中、高；“—”：表示未分离到。

2. 黄酒发酵过程醪液中细菌的变化

利用宏基因组学技术分析表明，醪液中细菌多样性十分丰富，有乳杆菌属、芽孢杆菌属、糖多孢菌属、明串珠属、乳球菌属、魏斯菌属、片球菌属、泛菌属、链球菌属、糖单孢菌属、假单胞菌属、酒球菌属、葡糖杆菌属等，其中乳杆菌属、芽孢杆菌属和糖多孢菌属是整个发酵过程醪液中的优势细菌。芽孢杆菌能产蛋白酶、淀粉酶、纤维素酶和多种风味物质，被认为是形成大曲风味物质的主要功能菌，醪液中的芽孢杆菌主要有枯草芽孢杆菌、地衣芽孢杆菌、解淀粉芽孢杆菌和巨大芽孢杆菌等。糖多孢菌的某些种能产生重要的生物活性物质，醪液中以直杆糖多孢菌和刺糖多孢菌的数量最多，其在黄酒酿造中的作用有待研究。醪液中乳酸菌种类丰富，其中乳杆菌多达 50 种，数量较多的有植物乳杆菌、短乳杆菌、弯曲乳杆菌、发酵乳杆菌、棒状乳杆菌和干酪乳杆菌等，而总酸超标的醪液中短乳杆菌数量占绝对优势。采用传统分离培养法，从前发酵和后发酵醪液中均能大量分离到植物乳杆菌和短乳杆菌，说明这类乳杆菌能耐较高的酒精浓度和低 pH。乳酸菌能产蛋白酶、转氨酶、脂肪酶、乳酸脱氢酶、酯酶、谷氨酸脱羧酶等多种酶，不但参与糖、蛋白质和氨基酸等物质的分解代谢，而且其产生的乳酸、乙酸及细菌素能影响其他微生物的生长和代谢。

用 YP、LB 和 MRS 培养基分离醪液中的细菌并进行分子鉴定，主要细菌为多种芽孢杆菌和植物乳杆菌，发酵过程中细菌总数和各细菌的变化见图 3-1 和表 3-2。醪液中细菌总数在前 2d 达到高峰，之后逐渐减少，5d 时醪液的酒精度达到 14%vol 左右，这时细菌数量已大幅减少并趋于稳定。

表 3-2 黄酒发酵过程中醪液的细菌变化

培养基	细菌种类	0d	1d	2d	3d	4d	5d	6d	7d	8d	9d	15d	18d	23d
LB	枯草芽孢杆菌（*Bacillus subtilis*）	++	+++	+++	+++	+++	+++	+++	+++	+++	++	++	++	++
	芽孢杆菌属（*Bacillus* sp. MO15）	+	++	++	++	++	++	++	++	++	++	+	+	+
	芽孢杆菌属（*Bacillus* sp. Epbas6）	+	++	+	+	+	+	+	+	—	—	+	+	+
	地衣芽孢杆菌（*Bacillus licheniformis*）	+	++	++	++	++	++	++	++	++	+	+	+	+
	芽孢杆菌属（*Bacillus sonorensis*）	+	++	++	++	++	++	+	+	—	—	+	+	+
MRS	芽孢杆菌属［*Bacillus* sp. D6（2007）］	—	++	+	+	+	+	+	—	—	—	—	—	-
	地衣芽孢杆菌（*Bacillus licheniformis*）	+	++	++	++	++	++	+	++	++	—	+	—	+
	短小芽孢杆菌（*Bacillus pumilus*）	+	+++	+++	+++	+++	+++	+++	+++	++	++	+	+	+
	芽孢杆菌属（*Bacillus altitudinis*）	+	++	++	++	++	++	+	+	++	+	—	—	+
	植物乳杆菌（*Lactobacillus plantarum*）	+	++	++	++	++	++	+	+	+	++	++	++	+
YP	解淀粉芽孢杆菌（*Bacillus amyloliquefaciens*）	+	++	++	++	++	++	++	++	+	+	—	+	-
	芽孢杆菌属（*Bacillus velezensis*）	—	+	+	+	+	+	—	—	—	+	—	—	—
	枯草芽孢杆菌（*Bacillus subtilis*）	++	+++	+++	+++	+++	+++	+++	+++	+++	++	++	++	++
	萎缩芽孢杆菌（*Bacillus atrophaeus*）	—	—	—	—	—	+	+	+	+	+	+	—	—
	芽孢杆菌科（*Bacillaceae bacterium* NJ－25）	+	++	++	++	++	++	+	+	+	+	++	++	++

表注同表 3-1。

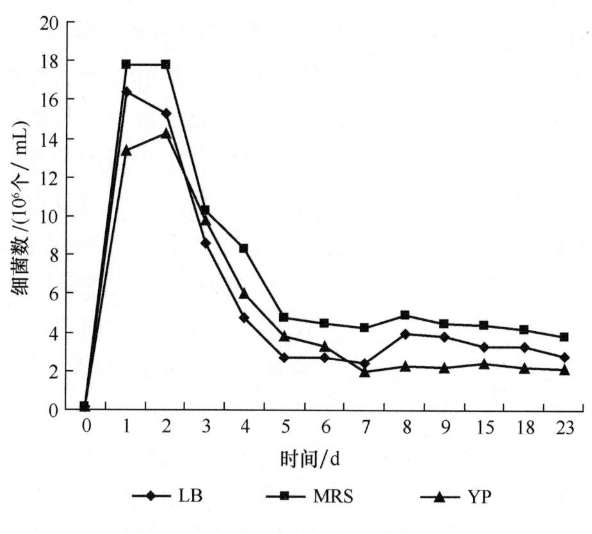

图 3-1 发酵过程中细菌数的变化

四、发酵过程的物质变化

发酵醪中成分的变化几乎都是由于酶的作用,非常复杂,有许多成分产生,其中主要的物质变化见表 3-3。

表 3-3 发酵醪中主要的物质变化

过程名称	物质变化
糖化	淀粉(米、小麦)$\xrightarrow{\text{曲、酒药}}$糖分
酒精发酵	糖分$\xrightarrow{\text{酵母}}$酒精+CO_2
酸的生成	糖分及其他$\xrightarrow{\text{酵母、霉菌、细菌}}$有机酸(乳酸、琥珀酸等)
蛋白质分解	蛋白质(米、小麦)$\xrightarrow{\text{曲、酒药}}$肽$\xrightarrow{\text{曲、酒药}}$氨基酸$\xrightarrow{\text{酵母}}$高级醇
脂肪分解	脂肪(米、小麦)$\xrightarrow{\text{曲、酒药、酵母}}$甘油+脂肪酸$\xrightarrow{\text{酵母}}$酯

1. 淀粉的分解

大米含淀粉 70%以上，小麦含淀粉约为 60%，被曲中的淀粉酶作用分解成糊精和葡萄糖。淀粉酶主要有两类：一为 α-淀粉酶，也称液化酶，将淀粉分解成糊精和少量糖分；另一类为淀粉糖化酶，将淀粉和糊精分解为葡萄糖。在新工艺香雪酒生产中，为弥补糖化型淀粉酶的不足，常补充部分 UV-11 黑曲霉制成的麸曲。米饭和小麦中的淀粉经过此两种酶的综合作用，大部分分解成为葡萄糖。一般在发酵初期糖的含量最高，其后随着酵母的酒精发酵而逐渐降低，到发酵终了还残存少量的葡萄糖和糊精，给予黄酒甜味和黏稠感。还有一部分糖受到微生物分泌的葡萄糖苷转移酶的作用，生成麦芽三糖、异麦芽糖和潘糖等非发酵性低聚糖。淀粉酶的活力经过长时间的发酵，多少有些降低，但大部分保存。α-淀粉酶的一部分吸着在饭粒中，经过压榨留在糟粕中，而淀粉糖化酶吸着很少，压榨后进入新酒中，在澄清阶段继续将部分糊精分解成糖分，有促进酒成熟的作用，但也是造成酒体浑浊的原因。

2. 酒精发酵

醪的酒精发酵主要依靠酵母的作用，通过酵母细胞内多种酶的催化，把可发酵性糖在厌氧状态下分解成酒精和 CO_2，并放出热量，使醪的品温上升。一般发酵过程可分为前发酵、主发酵和后发酵三个阶段。在前发酵阶段，主要是酵母增殖时期，发酵作用弱，因而温度上升缓慢。当醪中酵母繁殖变多，进入主发酵阶段，酒精发酵很旺盛，醪液温度上升较快。不久，随着酒精的蓄积和糖分的减少，酵母的生命活动和发酵作用变弱，就进入后发酵阶段。此时主要是利用残余的淀粉和糖分，发酵已接近尾声，温度也不会再升高很多。榨酒时醪中酒精含量达 16%以上。

在主发酵阶段，应注意利用开耙操作来调节品温，排除 CO_2，补充部分新鲜空气，使酵母保持活性，以便酵母能克服酒精等代谢产物对它的抑制。酒精发酵虽然在厌氧状态下进行，但必须补充一定的氧气，否则发酵会受到抑制，从而降低出酒率。

酵母对可发酵性糖的发酵，均是通过 EMP 途径代谢生成丙酮酸后，进入无氧酵解或有氧 TCA 循环。在无氧条件下，丙酮酸脱羧生产乙醛和 CO_2，乙醛在乙醇脱氢酶的作用下还原成乙醇，如图 3-2 所示。在有氧条件下，丙酮酸先经过氧化脱羧生成乙酰辅酶 A，乙酰辅酶 A 随后进入 TCA 循环而被氧化为二氧化碳和水，并且释放出大量的能量。

3. 有机酸的生成

有机酸一部分来自原料、酒母、曲和浆水，一部分在发酵过程中由酵母、细菌和霉菌产生。与其他酿造酒不同的是，黄酒发酵有霉菌的参与，有的霉菌能产有机酸，如根霉能产乳酸和反丁烯二酸，米曲霉能产柠檬酸、苹果酸、延胡索酸等，黑曲霉能产抗坏血酸、柠檬酸、葡萄糖酸和没食子酸等。发酵醪中的有机酸以乳酸为主，其次为乙酸、琥珀酸、柠檬酸、苹果酸、酒石酸，此外含少量丙酮酸、富马酸、酮戊二酸、草酸等。酸败变质的醪含乙酸和乳酸特别

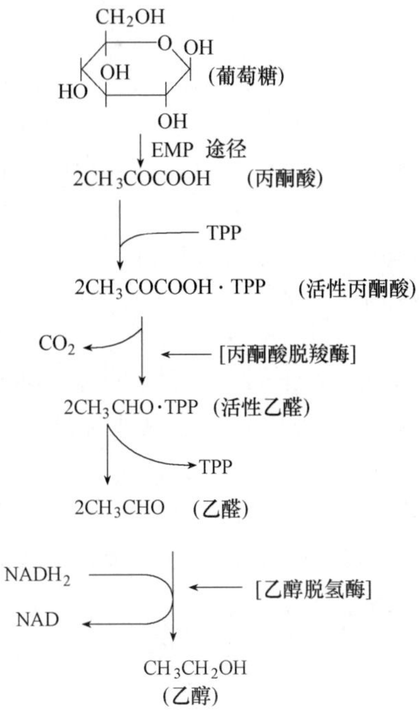

CH_2OH …… （葡萄糖）

↓ EMP 途径

$2CH_3COCOOH$ （丙酮酸）

↓ TPP

$2CH_3COCOOH \cdot TPP$ （活性丙酮酸）

↓ [丙酮酸脱羧酶] → CO_2

$2CH_3CHO \cdot TPP$ （活性乙醛）

↓ → TPP

$2CH_3CHO$ （乙醛）

↓ [乙醇脱氢酶]　$NADH_2$ → NAD

CH_3CH_2OH

（乙醇）

图 3-2　糖发酵经 EMP 途径到乙醇

多，琥珀酸等减少。半干型黄酒的总酸在 5.5～6.1g/L 较好，过高或过低都会影响到酒的质量。

（1）丙酮酸　丙酮酸是酵母进行糖代谢过程中重要的中间代谢物，成品黄酒中丙酮酸含量很低，为 60mg/L 左右。

（2）乳酸　黄酒中乳酸含量占有机酸总量的 45%以上。黄酒发酵时，丙酮酸在乳酸脱氢酶催化下还原成乳酸。黄酒酵母中乳酸脱氢酶活性远远低于乳酸菌和毕赤酵母。

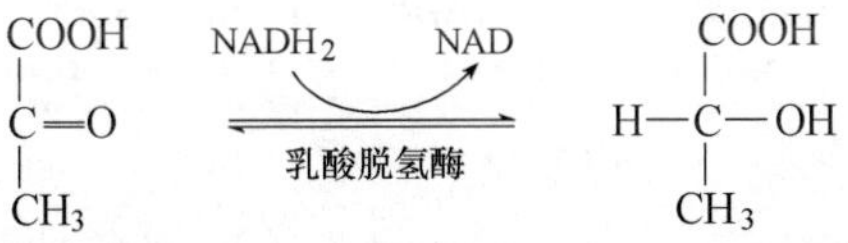

$$CH_3COCOOH \xrightleftharpoons[\text{乳酸脱氢酶}]{NADH_2 \to NAD} CH_3CH(OH)COOH$$

（3）乙酸　主要是发酵醪受到醋酸菌污染，乙醇被醋酸菌氧化生成。

$$CH_3CH_2OH \xrightarrow{\text{氧化酶}} CH_3COOH + H_2O$$

（4）琥珀酸　琥珀酸是发酵过程中生成较多的非挥发酸。酵母糖代谢在

TCA 循环中形成草酰乙酸，最后转化成琥珀酸，但大部分琥珀酸由谷氨酸转化而来。

$$C_6H_{12}O_6 + \begin{matrix} COOH \\ | \\ CH_2 \\ | \\ CH_2 \\ | \\ CHNH_2 \\ | \\ COOH \end{matrix} + 2H_2O \longrightarrow \begin{matrix} COOH \\ | \\ CH_2 \\ | \\ CH_2 \\ | \\ COOH \end{matrix} + \begin{matrix} CH_2OH \\ | \\ CHOH \\ | \\ CH_2OH \end{matrix} + NH_3 + CO_2$$

上述反应式中受氢体是磷酸甘油醛，产物除琥珀酸外，还有甘油，脱下的 NH_3 被酵母利用。黄酒以大米为原料，谷氨酸含量较高，成品黄酒中琥珀酸含量高达 750mg/L 左右。

（5）苹果酸　在发酵过程中酵母形成苹果酸的途径是：丙酮酸通过丙酮酸羧化酶的作用，固定二氧化碳先形成草酰乙酸，草酰乙酸再经过苹果酸脱氢酶的还原作用而产生苹果酸。

$$\begin{matrix} CH_3 \\ | \\ CO \\ | \\ COOH \end{matrix} + CO_2 + ATP \xrightarrow[-ADP-Pi]{\text{丙酮酸羧化酶}} \begin{matrix} COOH \\ | \\ CH_2 \\ | \\ CO \\ | \\ COOH \end{matrix} \xrightarrow[\text{苹果酸脱氢酶}]{NADH_2 \rightarrow NAD} \begin{matrix} COOH \\ | \\ CH_2 \\ | \\ CHOH \\ | \\ COOH \end{matrix}$$

（6）柠檬酸　丙酮酸氧化脱羧生成乙酰辅酶 A，乙酰辅酶 A 与丙酮酸通过羧化支路形成的草酰乙酸及 1 分子水在缩合酶（柠檬酸合成酶）的催化下，生成柠檬酸。

4. 醛类的变化

黄酒中的醛类主要有乙醛、苯甲醛、糠醛、异戊醛等。醛类含量在发酵前期达到峰值后，随着发酵进行逐渐下降，但在贮存过程中会上升。乙醛是黄酒发酵过程中酵母的中间代谢产物，由酵母糖代谢产生丙酮酸，丙酮酸在丙酮酸脱羧酶的作用下脱羧生成乙醛，大部分乙醛被乙醇脱氢酶还原成乙醇，乙醛在黄酒中只有很低的积累量。乙醛的沸点很低，在煎酒过程中会部分挥发。糠醛由原料中的戊聚糖转化而来，戊聚糖在微生物酶或酸的作用下水解生成戊糖，戊糖在高温或酸性条件下脱水、环化生成糠醛，某些微生物能将糠醛转化成糠醇。

5. 蛋白质的变化

米中蛋白质含量为 6%～8%，小麦含蛋白质约 12%，发酵过程中，在麦曲蛋白水解酶及微生物（如乳酸菌能分泌蛋白水解酶）的作用下形成肽和氨基酸。发酵醪中氨基酸达18种以上，而且含量也多，各种氨基酸都具有独特的滋味，如鲜、甜、涩、苦。氨基酸的一部分被酵母所同化，成为合成酵母蛋白质的原料，同时生成高级醇，这些物质给予黄酒香味和浓厚味。氨基酸的生成除了醪中蛋白质分解外，还来自于微生物菌体的溶出。发酵前期，由于温度较适合蛋白水解酶的作用，原料中的蛋白质迅速水解，使醪液中的氨基酸含量增加较快。发酵中期由于蛋白水解酶部分失活且发酵温度较低，氨基酸缓慢增加。发酵后期氨基酸含量继续增加，除残余蛋白水解酶及微生物继续作用外，还与酵母的衰老、死亡有关。酵母死亡后，细胞自溶会释放氨基酸，并释放酸性羧肽酶分解多肽而形成氨基酸。有关研究表明，适当提高后酵温度和延长后酵时间能明显提高黄酒中氨基酸含量。

6. 高级醇的生成

（1）高级醇的代谢途径

① 伊里希途径：1907年，德国化学家伊里希（Felix Ehrlich）提出了由氨基酸形成高级醇的途径。该途径以 α-酮戊二酸为媒介，在转氨酶作用下，将氨基酸的氨基转移到 α-酮戊二酸上，生成 α-酮酸和谷氨酸，α-酮酸再经过脱羧酶的脱羧作用和 $NADH_2$ 脱氢酶的还原作用，生成比原来氨基酸少一个碳的高级醇，如亮氨酸生成异戊醇、异亮氨酸生成活性戊醇、缬氨酸生成异丁醇、苯丙氨酸生成 β-苯乙醇、苏氨酸生成正丙醇。

$$RCH(NH_2)COOH + HOOC{-}C({=}O){-}(CH_2)_2COOH \xrightarrow{\text{转氨酶}} RC({=}O)COOH + HOOC{-}CH(NH_2){-}(CH_2)_2COOH$$

$$RC({=}O)COOH \xrightarrow[-CO_2]{\text{脱羧酶}} RCHO \xrightarrow[\text{脱氢酶}]{NADH_2 \rightarrow NAD} RCH_2OH$$

②哈里斯途径：1953年，哈里斯（Harris）提出高级醇的合成代谢途径。葡萄糖经糖酵解途径生成丙酮酸，丙酮酸进入氨基酸合成途径形成中间体 α-酮酸，α-酮酸与 NH_3 反应合成酵母自身所需氨基酸。但是 α-酮酸也会在酮酸脱羧酶作用下脱羧，然后在乙醇脱氢酶的作用下进一步还原，形成相应的高级醇。有研究认为，酒类高级醇中异戊醇、异丁醇和活性戊醇，75%来自哈里斯途径，25%来自伊里希途径。现以缬氨酸和异丁醇的合成过程举例说明如下。

$CH_3-CO-COOH$（丙酮酸）$+CH_3CHO-TPP\xrightarrow{TPP}CH_3COCH(OH)COOH\xrightarrow{还原分子重排}CH_3-C(OH)(CH_3)-CHOHCOOH$（2，3-二羟基异戊酸）$\rightarrow (CH_3)_2CH-CO-COOH$（α-酮基异戊酸）

$(CH_3)_2CH-CO-COOH\xrightarrow{-CO_2}(CH_3)_2CH-CHO\xrightarrow{NADH_2\rightarrow NAD}(CH_3)_2CH-CH_2OH$（异丁醇）

$(CH_3)_2CH-CO-COOH\xrightarrow[+NH_2]{转氨酶}(CH_3)_2CH-CHNH_2-COOH$（缬氨酸）

（2）影响高级醇含量的因素　高级醇是酒类重要的香味和口味物质之一，但高级醇过量存在也是酒类异杂味的来源之一，还会使饮后易上头。黄酒中的高级醇主要为异戊醇（3-甲基丁醇）、苯乙醇、异丁醇（2-甲基丙醇）、2-甲基丁醇、丙醇等。大罐发酵中约80%的高级醇在发酵前4d生成，中后期缓慢上升。

影响高级醇含量的因素如下。

① 不同酵母菌株之间，高级醇生成量差异很大。

② 酵母在发酵中的增殖倍数：高级醇是酵母合成细胞蛋白质时的副产物，因此，发酵时酵母增殖倍数越大，合成细胞的副产物——高级醇一般较高。有关研究认为：当接种量小于1.0×10^7个/mL时，接种量越小，酵母增殖倍数越大，高级醇含量越高。但当接种量大于1.0×10^7个/mL时，接种量增大，高级醇含量也会增加。

③ 主发酵温度：发酵前期是酵母的增殖阶段，有关研究认为，当发酵温度低于30℃时，温度越高越有利于酵母的生长繁殖，高级醇的含量随温度的升高而增加；当发酵温度高于30℃时，温度升高不利于酵母生长繁殖，高级醇含量随温度升高而下降，但发酵温度高对细菌生长有利，而酵母易早衰，易引起发酵醪酸败。

④ 发酵醪的搅拌：搅拌增加发酵醪的含氧量，促进酵母菌增殖，也会导致高级醇增加。

⑤发酵醪中的氨基酸含量：发酵醪中的氨基酸过高，由伊里希途径形成的

高级醇增加。但当发酵醪中的氨基酸过低时，酵母通过糖代谢进行丙酮酸路线合成必需的氨基酸，用于合成细胞的蛋白质，当缺乏合成能力或氨不足时，就会导致由丙酮酸形成高级醇。

7. 脂肪的变化

糙米和小麦都含有约 2%的脂肪，米经过精白后，其脂肪含量减少。脂肪氧化后损害黄酒风味。在发酵过程中，脂肪被微生物脂肪酶分解成甘油和脂肪酸，甘油给予黄酒甜味和黏性，脂肪酸受到微生物氧化作用而生成低级脂肪酸，脂肪酸与醇结合形成酯。黄酒中的游离脂肪酸以软脂酸、硬脂酸、己酸和癸酸等为主，此外，含有少量的庚酸、辛酸、壬酸、肉豆蔻酸、月桂酸、十五酸和十九酸等。

8. 酯的形成

酯类物质是构成黄酒芳香味和风味的主要成分，黄酒中酯的种类很多，目前定量分析的有 30 多种，含量最高的酯为乳酸乙酯，其次为乙酸乙酯、丁二酸（琥珀酸）二乙酯等。酯的形成有生物合成和化学反应合成两条途径：化学反应合成是由有机酸与醇类物质通过酯化反应缓慢形成酯；生物合成是由酵母先形成酯酰辅酶 A，再在酵母酯酶催化下与醇类物质形成酯。有关研究认为：发酵过程对乙酸乙酯等中低沸点酯形成的贡献大于贮存过程，而对于乳酸乙酯、丁二酸二乙酯等高级酯，则贮存过程中的贡献较大。

9. 氨基甲酸乙酯的形成

氨基甲酸乙酯（Ethyl carbamate，EC）广泛存在于各种发酵食品与酒精饮料中，是黄酒中的微量有害组分。1985 年加拿大政府卫生组织规定了饮料酒中 EC 的限量：佐餐葡萄酒 $<30\mu g/L$；加强葡萄酒 $<100\mu g/L$；日本清酒 $<100\mu g/L$；烈性酒和水果白兰地 $<400\mu g/L$。

在酒精饮料中，EC 的前体物质主要有氨甲酰化合物和氰化物。氨甲酰化合物包括尿素、瓜氨酸、氨甲酰磷酸、氨甲酰天冬氨酸、尿膜素等。现有的研究认为，黄酒中 EC 的主要前体物质为尿素，其次为瓜氨酸。黄酒中瓜氨酸含量虽然也较高，但瓜氨酸转化生成 EC 的速率远小于尿素转化生成 EC 的速率。氨甲酰化合物与乙醇反应生成 EC 的反应式为：

$$R\cdot CO\cdot NH_2 + C_2H_5OH \longrightarrow NH_2-\overset{\overset{\displaystyle O}{\|}}{C}-O-C_2H_5 + R\cdot H$$

EC 前体物质部分来源于原料，但主要来源于酵母和乳酸菌的精氨酸代谢。酵母的精氨酸代谢途径如图 3-3 所示，精氨酸在胞内精氨酸酶（*CAR1* 基因编码）的作用下降解生成尿素和鸟氨酸，尿素会在脲基酰胺酶（*DUR1*，2 编码）的作用下降解为 NH_3 和 CO_2，而由于谷氨酸、谷氨酰胺和天冬酰胺等优势氮源的存在，酵母对尿素的利用受到抑制，大部由细胞膜上转运蛋白（*DUR4* 编码）转运出胞外，在发酵醪中与乙醇反应形成 EC。生成的鸟氨酸与氨甲酰磷酸会在鸟氨酸氨甲酰转移酶的作用下生成瓜氨酸。

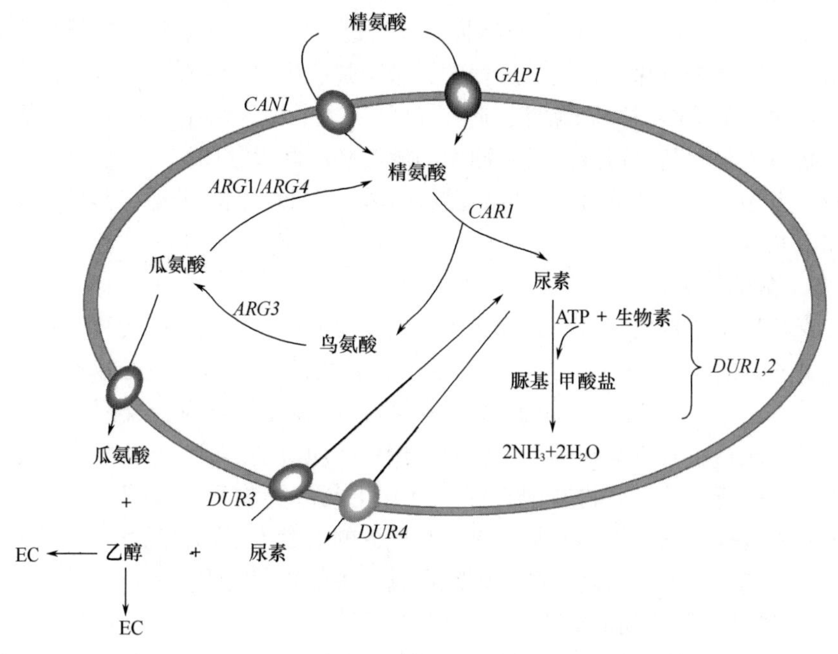

图 3-3　酿酒酵母胞内精氨酸的代谢途径

瓜氨酸还来源于异型发酵乳酸菌的精氨酸脱亚氨基酶代谢途径（Arginine deiminase，ADI 途径）。有关研究表明，从黄酒发酵醪中分离到的许多乳酸菌存在 ADI 途径，能够降解精氨酸生成瓜氨酸。

EC 的生成量与前体物质浓度、反应温度和时间有关，前体物质浓度高，反应温度高，反应时间长都会使 EC 的含量增加。在发酵过程时，一部分尿素开始与乙醇作用生成 EC，当黄酒压滤后，煎酒灭菌和贮酒陈酿时，EC 的形成量继续增加。

降低酒中 EC 含量的途径如下。

（1）选育低产或不产尿素的黄酒酵母进行发酵　通过传统育种或基因工程育种，削弱酵母精氨酸酶的活力或强化脲基酰胺酶的活力，使酵母低产或不产尿素，从而降低酒中 EC 的生成量。

采用基因工程手段，改造酵母的 *CAR1*、*DUR4*、*DUR1*，*2* 或 *DUR3* 基因，可构建低产尿素的工程菌。采用基因工程"自克隆"技术，不引入外源基因，通过增强 *DUR1*，*2* 基因表达构建的低产尿素葡萄酒酵母工程菌，使生产的葡萄酒 EC 含量下降 89%，FDA、加拿大卫生署及环境署同时批准了其商业用途。

（2）添加酸性脲酶把酵母产生的尿素及时分解掉。

（3）选用尿素和精氨酸含量低的原料 减少麦曲用量，控制杀菌温度和时间，降低贮酒温度，也能在一定程度上减少 EC 的生成量。

（4）物理吸附或添加 EC 分解酶去除已生成的 EC 目前的吸附材料虽然去除 EC 的效果较好，但对酒的风味影响较大；微生物 EC 酶可以直接将 EC 降解为氨和乙醇，但由于目前的 EC 酶耐酸和耐酒精能力较差，还无法应用于实际生产。

10. 生物胺的形成

生物胺（Biogenic amines，BA）是一类含氮的低分子质量有机化合物的总称，存在于各种动植物组织和多种食品尤其是发酵食品中。根据其化学结构可分为 3 类：腐胺、尸胺、精胺、亚精胺等脂肪族胺；酪胺、苯乙胺等芳香族胺；组胺、色胺等杂环胺。根据其组成成分又可分为单胺和多胺，单胺主要有酪胺、组胺、腐胺、尸胺、苯乙胺、色胺等，多胺主要包括精胺和亚精胺。

生物胺是生物体内正常的活性成分，在体内起着重要的生理作用。适量的生物胺有利于人体健康，但过量的生物胺会危害人体健康，对神经、心血管系统造成损伤，产生头痛、心悸、呼吸紊乱、血压变化、呕吐等严重反应。在生物胺中组胺毒性最大，其次为酪胺。腐胺、尸胺、精胺、亚精胺等生物胺没有直接毒性，但在一定条件下可增强组胺和酪胺的毒性。FDA 确定组胺的危害作用水平为 500mg/kg 食品。欧盟对食品中生物胺的限量标准：组胺≤100mg/kg，酪胺≤100 800mg/kg。在酒类产品中，目前只有葡萄酒中组胺的限量标准：德国≤2mg/L，荷兰≤3.5mg/L，法国≤8mg/L，瑞士和澳大利亚≤10mg/L。黄酒中的生物胺含量比葡萄酒高，对 12 个不同企业、不同工艺黄酒样品中生物胺检测结果见表 3-4。

表 3-4 黄酒中生物胺含量 单位：mg/L

样品	色胺	苯乙胺	腐胺	尸胺	组胺	酪胺	亚精胺	精胺	总量
1	1.24	3.33	27.19	1.46	4.18	20.24	0.91	ND.	58.56
2	0.80	0.64	6.92	1.55	5.10	3.38	0.22	ND.	18.60
3	0.75	0.90	11.00	0.64	7.16	8.48	0.55	ND.	29.48
4	0.45	2.46	41.50	4.72	5.32	50.15	0.58	0.15	100.00

续表3-4

样品	色胺	苯乙胺	腐胺	尸胺	组胺	酪胺	亚精胺	精胺	总量
5	0.42	2.22	49.71	2.85	10.73	77.25	0.27	0.24	132.95
6	0.42	4.41	87.81	4.36	5.46	17.62	0.97	0.28	121.25
7	0.85	8.20	50.45	15.79	9.39	15.71	1.12	1.52	102.80
8	0.68	7.20	27.61	5.51	4.06	15.35	8.26	1.67	59.04
9	2.01	3.46	8.73	1.92	1.91	16.04	ND.	0.09	34.14
10	1.66	6.85	20.05	4.43	3.43	12.03	0.83	1.59	48.29
11	ND.	3.85	52.85	5.81	7.52	24.30	ND.	0.15	94.46
12	10.12	5.28	62.62	6.66	9.83	43.34	0.97	1.56	140.01

注：本表数据引自参考文献［17］；ND. 为未检测到。

生物胺主要由相应氨基酸在脱羧酶作用下经过脱羧反应转化而来。目前在乳杆菌属、片球菌属、乳球菌属、明串珠菌属、链球菌属、肠球菌属、梭菌属、克雷伯菌属、埃希菌属、假单胞菌属等微生物中均发现含有氨基酸脱羧酶的基因。关于葡萄酒和酱油中生物胺形成的研究表明，生物胺主要由乳酸菌产生。黄酒发酵为开放式发酵，有大量细菌参与发酵，发酵过程中生物胺含量的变化如图 3-4 所示，呈先上升后下降的趋势。发酵后期生物胺下降与生物胺被微生物分解有关，有关研究认为，乳酸菌等微生物同时具有生成和分解生物胺的氨基酸脱羧酶和胺氧化酶。

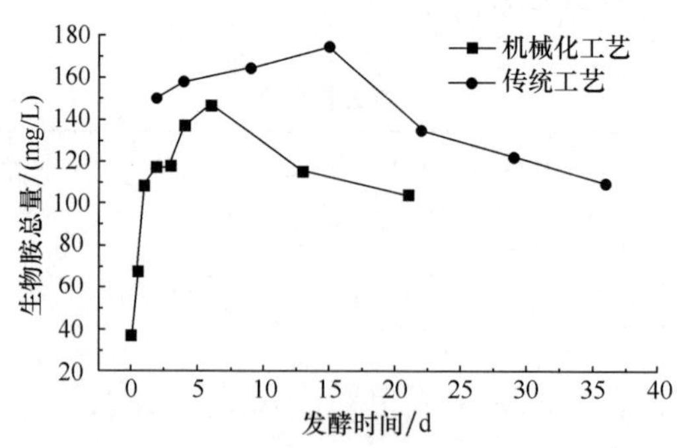

图 3-4　发酵过程生物胺含量的变化

目前，在发酵食品生产中，主要采用无氨基酸脱羧酶微生物发酵或通过控制产氨基酸脱羧酶微生物生长来降低食品中生物胺含量。在葡萄酒生产中，加拿大和美国已开始应用能同时完成酒精发酵和苹果酸乳酸发酵的转基因酵母菌，该酵母菌接入了来源于乳酸菌的苹果酸乳酸酶基因，使葡萄酒生产中不需再接种乳酸菌，从而降低了葡萄酒中生物胺含量。黄酒中生物胺控制技术的研究尚属空白，笔者推测，通过在机械化黄酒生产中使用快速发酵酵母菌及接种不产生物胺的乳酸菌发酵，在传统工艺黄酒中强化优良酵母菌来更好地抑制杂菌生长，可能对降低黄酒中的生物胺有一定效果。

第二节　黄酒的传统酿造

黄酒酿造历史悠久，品种繁多。通过人们长期的实践和总结，各地黄酒形成了各自的酿造方法和独特的风味，尤其是一些名酒，都是采用独特的传统工艺酿造而成的。绍兴元红酒是干型黄酒的典型代表，在 1979 年第三届全国评酒会上被评为优质酒，其生产操作在黄酒中有代表性，因此下面重点介绍绍兴元红酒的酿造方法。

传统法酿造绍兴元红酒，主要工艺特点是使用淋饭酒母和摊饭操作法来生产，每年小雪节气前后（11 月下旬）投料，至立春（次年 2 月初）榨酒，发酵期长达 70~80d，发酵容器为陶质的大缸、大坛，在大缸中进行前发酵和主发酵，在大坛中进行缓慢的后发酵。现将酿造方法介绍如下。

1. 配料

元红酒配料量见表 3-5。

表 3-5　元红酒配料量

名　称	用量/（kg/缸）	名　称	用量/（kg/缸）
糯米	144	浆水	67.5
麦曲	22.5	水	87
酒母	8~9		

传统配方中用“三浆四水”，即在每缸用水的总重量中，米浆水和清水的比例约为 3∶4。配料米浆水一般只利用当年新米所浸的浆水，不用陈米浆水，以防止混入杂味。现在多数酒厂已不用浆水配料，加水量也增加至 170~175kg。有关研究表明，以米浆水配料能加快发酵速度，并且使成品酒中氨基酸（特别是精氨酸、丙氨酸、亮氨酸）、乳酸乙酯、β-苯乙醇、甲醇含量明显增加。

2. 工艺流程

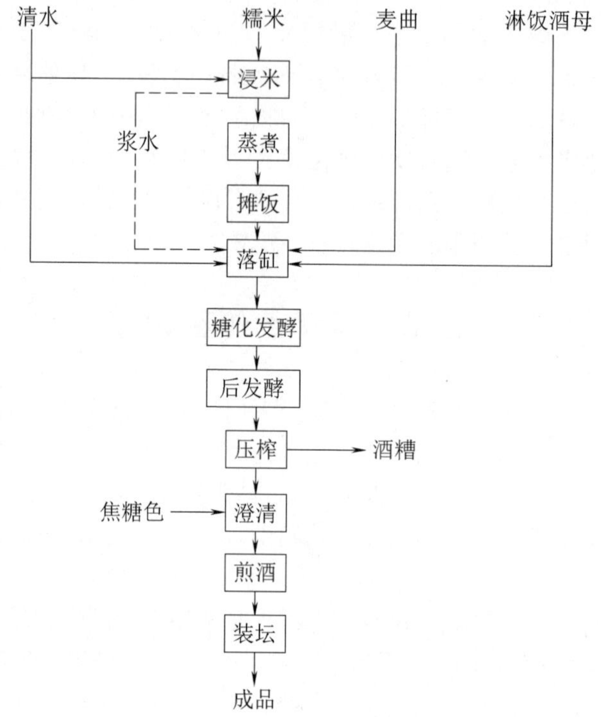

3. 酿造操作

（1）浸米　以前浸米在大缸中进行，每缸 288kg，供两缸投料用，现在多采用碳钢或不锈钢大罐浸米。若用碳钢，则需在内层涂上防腐材料，一般采用环氧树脂或用新型的 T-541 涂料。浸米时要注意浸渍水应高出米层表面 6~10cm，防止吸水后米层露出水面。由于浸米时间长达 15d 左右（根据气温适当调整），浸米过程中应经常注意米的吸水程度和水的蒸发情况，及时补水，勿使米层露出水面。浸米期间，要捞去液面的菌醭，防止浆水发臭。

浸米的目的不仅使米充分吸水膨胀，便于蒸煮，更是为了使米酸化并取得配料用的酸浆水。米中含少量糖分，以及米粒本身含有的淀粉酶作用，使淀粉在浸米过程中变成糖，糖分逐渐溶解到水里，被乳酸菌利用进行缓慢发酵生成有机酸，形成酸浆水。经 15~20d 浸米，浆水总酸（缸心取样）上升至 12~14g/L。与此同时，微生物所含的蛋白酶也在水中不断作用，将米表面的蛋白质分解成氨基酸，使浆水中含有多种游离氨基酸。由表 3-6 可知，浸米 15d 后浆水中固形物含量高达 3.3%，浸渍后糯米损耗量达 6.5%~6.9%，淀粉损失率达 4.5%~5.3%，但浆水中淀粉含量仅 0.2%左右，比淋饭法浸渍 40h 还少，显然是被微生物消耗的结果。

表 3-6　浸米 15d 后的物理变化

项　目	例 1	例 2
浸渍前米重/kg	288	288
浸渍后米重/kg	402	402
浆水重/kg	168	165
原米含水分/%	14.61	14.61
浸渍后含水分/%	43.00	41.88
浸渍后质量损失率/%	6.91	6.50
浸渍后淀粉损失率/%	5.28	4.54
浆水中淀粉含量/%	0.24	—
浆水固形物/%	3.35	3.32

取用浆水是在蒸饭的前一天。把浆水与米分离，浸渍后的米无须淋洗，这样可以起到调节酒醪酸度的作用。对于浸米罐，只需打开阀门，让浆水自行流出，集中起来就行了。大缸浸米取用浆水，用水管将表面浸渍水冲除，然后用尖头的圆木棍将米轻轻撬松，再用一高 85cm、顶部口径 35cm、底部口径 25cm 的圆柱形无底木桶（俗称“米抽”）慢慢摇动插入米层，并立即挖出米抽中的米，汲取浆水，至下层米实处，将米抽向上提起再插下，并及时汲取浆水。这一操作要求越快越好，做到浆不带米、米不带浆，并注意避免米粒破碎。汲出的浆水再用清水稀释，调节总酸不超过 7.5g/L，澄清一夜后取上清液作配料。一般一缸浸米约可得 160kg 的原浆水，每缸原浆水再掺入 50kg 清水。如果天气严寒，总酸未超过标准或略超出一点，就不再掺清水。

（2）蒸饭　将沥去浆水的糯米用挽斗从缸中取出，盛于竹箩内。将每缸米平均分装成 4 甑蒸煮，每 2 甑原料酿造一缸酒。目前，蒸饭已普遍使用卧式或立式连续蒸饭机，并且以卧式蒸饭机为多。采用卧式蒸饭机蒸饭，因米层较薄且均匀，故饭的质量容易控制，但从能源利用率上来说，立式蒸饭机的蒸汽利用率较高。所蒸米饭要求达到外硬内软，内无白心，疏松不糊，透而不烂且均匀一致。饭蒸得不熟，饭粒里面有生淀粉，淀粉的糖化不完全，会引起不正常的发酵，使成品酒的酒精度降低而酸度增加，这样不仅浪费原料，而且影响酒质。但是，饭蒸得过于糊烂也不好，不仅浪费了蒸汽，而且容易结成饭团，不利于糖化和发酵，也会降低酒质和出酒率。

（3）摊饭（冷却）　米饭摊冷或鼓风降温的要求是品温下降快而均匀，不产生热块，更不允许产生烫块。若冷却时间长，米饭就可能被空气中的有害微生物侵袭，而且糊化后的淀粉在常温下放置较长时间后，会逐渐失水，淀粉分子间重新组成氢键而形成晶体结构，这种现象称为米饭的老化或回生。老化后的淀粉不易被酶作用。粳米和籼米直链淀粉含量高，更易产生老化现象。冷后的饭温高低，依据气温的不同而调整，常控制在50~80℃。摊饭品温与气温关系见表3-7。

表3-7　摊饭品温与气温关系　单位：℃

气温	摊冷后饭温	气温	摊冷后饭温
0~5	75~80	11~15	50~65
6~10	65~75		

（4）落缸　发酵缸及工具须预先清洗干净，并用石灰水、沸水灭菌。在落缸前一天，先将投料清水盛入缸中备用。落缸时分两次投入经冷却后的米饭：第一批米饭倒入后，搅拌打碎饭块；第二批米饭倒入并搅散饭块后，依次投入麦曲、酒母和浆水。搅拌均匀，然后将物料翻盘到相邻缸中（俗称“盘缸”），并继续把留下的饭团捏碎，使缸中物料和品温更加均匀一致（图3-5）。近年来，搅拌机在落缸操作中得到应用，有的采用落缸后在缸中搅拌，也有采用在罐中搅拌均匀后，用电动铲车进行运送和落缸（图3-6）。

图3-5　人工落缸搅拌

落缸后物料品温一般掌握在26~29℃，应根据气温适当调整（表3-8），同时按照落缸时间的先后，可对品温和酒母使用量做适当的控制。

表3-8　气温与落缸要求温度　单位：℃

气温	落缸后品温	气温	落缸后品温
0~5	28~29	11~15	26~27
6~10	27~28		

图 3-6 罐中搅拌后电动铲车落缸

（5）糖化与发酵 物料落缸后，麦曲中的淀粉酶和淋饭酒母即开始糖化与发酵作用。前期主要是酵母的增殖，温度上升缓慢，应注意保温，一般除盖稻草编缸盖和围稻草席外，上面还罩上塑料薄膜。元红酒的发酵属于典型的边糖化边发酵，糖化温度等于酵母的发酵温度，因此糖化与发酵是交替进行的，这样糖分不致积累过高。经过长时间的发酵后，可形成高的酒精度，并且淀粉被糖化、发酵得较为彻底，这是黄酒酿造的特点。

一般经过 10 多个小时，醪液中酵母细胞数已经繁殖很多，开始进入主发酵，由于酵母的发酵作用，多数的糖分变成酒精和 CO_2，并放出大量的热量，温度上升较快。缸里可听到发酵响声，并会产生气泡把酒醪顶到液面上来，形成醪盖，取醪液口尝，味鲜甜略带酒香，此时注意品温变化，及时开耙。

开耙（图 3-7）有高温和低温两种不同的方式。高温开耙是待醪的品温升高到 35℃以上才进行第一次搅拌（开头耙），使品温下降。低温开耙是品温升至 30℃左右进行第一次搅拌，发酵温度最高不超过 30℃。开耙品温高低掌握不同，会影响到成品酒的风味。高温开耙因发酵温度较高，产生的香气物质较多，虽然前期发酵速度较快，但酵母易早衰，使发酵能力减弱，酿成的酒含有较多的浸出物，口味较浓甜，俗称热作酒，又叫甜口酒。低温开耙的发酵比较完全，成品酒的酸味较低而酒精度较高，易酿成没有甜味的辣口酒，俗称冷作酒。

头耙后品温显著下降，以后各次开耙应视发酵的具体情况而定，如室温低，品温上升慢，应将开耙时间拉长些；反之，把开耙的间隔时间缩短些。现将正常情况下的开耙品温和间隔时间列入表 3-9 中，以供参考。

四耙后，一般在每日早晚搅拌两次，主要是降低品温和使糖化发酵均匀进行，但为了减少酒精的挥发损失，在气温低时，应尽可能少开耙。经 4～5d，品温和室温接近，糟粕下沉，主发酵阶段已结束，由搅拌期转入静止期，将酒

图 3-7　开耙操作

醪搅拌均匀后分装在酒坛中进行长期后发酵（养醅）。每坛约装 20kg 左右，坛口盖上一张荷叶。3～4 坛堆为一列，堆置在室外，最上层坛口加盖一小瓦盖（图 3-8）。为保证后酵发酵的均匀一致性，堆在室外的半成品坛应注意适当控制向阳和背阴的堆放处理。

表 3-9　　热作酒开耙品温控制情况（室温 0～10℃）

耙次	品温/℃	间隔时间/h
头耙	35～38	下缸后经过 10 多个小时
二耙	31～33	4～6
三耙	29～31	3～4
四耙	27～30	3～4

（6）元红酒在发酵过程中，其主要的物质变化大致如下（表 3-10）。

图 3-8 黄酒后发酵

①酒精度：在头耙至四耙间，酒精度上升极快，几乎成直线增加，落缸 2~3d，酒精度即达 10%vol 以上，以后增长速度渐趋缓慢。而冷作酒在前期酒精度上升并不快，但到搅拌期结束，两者酒精度相近。

②还原糖：开头耙时，醪中还原糖达 60~80g/L，但在主发酵期中直线下降，降至 10g/L 左右时，还原糖的增长与消耗便达到平衡状态。

③总酸：在冬酿低温季节，当酒醪的酒精度达 7%~10%vol 时，总酸增长已极缓慢。若生产正常，至压榨时酒醪的总酸一般均在 7.0g/L（以乳酸计）以下，但气温一旦转暖，酒醪的总酸又会很快上升，必须抓紧时间榨酒。

④淀粉酶活力：淀粉酶活力并不因酒精度的升高而受影响。从静止养醅期开始，淀粉酶活力有所下降，主要是品温的下降、pH 的降低和时间的延长所造成的，而与酒精度的升高关系不大。

表 3-10　　元红酒酒醪发酵过程中主要物质的变化

时间	酒精度/%vol	还原糖/(g/L)	总酸/(g/L)	酵母数/(亿个/mL)	酵母出芽率/%	酵母死亡率/%
17h	4.5	89.1	4.6	5.4	18.1	1.4
20h	5.7	73.6	4.9	6.9	18.7	1.1
23h	7.0	63.2	5.3	7.5	16.9	1.0
25h	8.2	44.4	5.3	7.9	19.9	1.5
43h	10.8	26.1	5.5	7.2	12.6	3.8
3d	11.5	20.1	5.6	6.3	10.6	2.7
4d	12.1	15.9	6.1	6.7	11.6	3.4
5d	13.2	12.9	6.1	8.6	13.1	2.0
6d	13.4	9.4	6.1	8.8	—	4.0
7d	13.5	9.3	6.1	8.4	—	—
9d	14.0	9.0	6.3	8.5	16.5	3.2
17d	15.4	8.8	6.3	—	—	—
24d	15.4	8.1	6.6	—	—	—
31d	15.4	6.4	6.6	—	—	—
38d	15.6	5.7	6.6	—	—	—
45d	16.1	3.6	6.6	—	—	—
52d	16.2	3.6	6.7	—	—	—
59d	16.7	2.1	6.7	—	—	—
66d	16.7	1.9	6.7	—	—	—
69d	16.9	1.5	6.7	—	—	-

注：17d 后的样品为坛中上清液。

⑤酵母消长：依落缸时加入的酒母量计算，醪中酵母数约为0.1亿个/mL，开头耙时，仅17~20h后，酵母已增殖到5.4亿个/mL，前期酵母数在5.4~8.5亿个/mL，后期酵母沉于坛底，难以检查出规律。酒醪中酵母死亡率一般较低，在1%~5%。

(7) 压榨、澄清　经过70~80d的发酵，酒醪已经成熟，用木榨或压滤机对酒醪进行固液分离，称为压榨。

①对酒醪的要求：由于受气温等多种因素的影响，使得酒醪的成熟期有长短。黄酒压榨要求酒醪成熟后进行，不够成熟则酒糟与清液难以分离，造成压榨困难及清酒的浑浊；而压榨不及时，则总酸偏高甚至变质，称为“失榨”。但酒醪什么时候可以压榨，需要从实践中不断摸索进行掌握，一般可以从下面几方面进行判断。

a. 从色的方面判断：酒醪的糟粕已完全下沉，上层酒液已澄清并透明黄亮，这种情况可以说基本已成熟。如发酵期已到，色泽仍淡而浑浊，这就说明还未成熟或是变质；如色泽发暗，口尝有熟味，这是失榨的现象，往往发生在气温高的情况下。

b. 从味的方面判断：口尝已有较浓的酒味，口味清爽，后口略带微苦，酸度适宜。如有明显酸味，这说明酒醪已开始变质，应提前搭配压榨。最好取少量酒液，经加温后品尝及分析酸度，这种判断方法更为确切。

c. 从香气方面判断：嗅之有正常的新酒香气，无其他异杂气。

除了采用感官方面判断外，还应该配合理化指标来进行判断，即酒精度及总酸已达到规定的要求，而且基本趋于稳定，无明显变化；或酒精度有下降趋势，总酸有上升趋势，并经品尝，基本符合要求，就可以认为酒醪已成熟，即可压榨。

②压榨要求

a. 酒醪的搭配：需压榨的酒醪，原则上应按先后顺序进行压榨，但由于黄酒的发酵操作和温度控制等多方面的原因，酒醪与酒醪之间会产生一定差别，特别是口味上。因此，在压榨前一般要对酒醪进行搭配调整。搭配主要是根据理化指标的化验结果进行，也要注意口味间的不同，使各批次的酒质趋于统一，使一些指标上有轻微不合格的酒能达到规定的要求。

b. 压榨要求：对压榨的要求主要有生酒澄清、糟板干燥和时间长短3个方面。时间的长短又取决于“清和干”，如果不干不清，起不到压榨作用，既会影响酒的质量，又会影响出酒率。

③压榨设备：在传统黄酒的生产中，压榨是用木榨进行的，压榨时将待过滤的醪液灌入绸袋，放入木榨的木框内，在榨杆的一头添加石块，使清液流出。木榨结构简单，造价低，平日不用时可拆散堆放，但压榨时间长，生

产能力低，劳动强度大，故20世纪70年代以后黄酒生产厂开始用间歇式压滤机代替木榨进行压榨，目前所用的压榨机普遍为板框式气膜压滤机（图3-9）。

图3-9 板框式气膜压滤机压榨

榨出的酒液称为生酒或生清。加入0.1%~0.2%的糖色，搅拌后静置2~3d，使少量微细的悬浮物沉入酒池或罐底，使酒液澄清。澄清须在低温下进行，且时间不宜过长，以防酒质变坏。经澄清后的酒液，尚有一些不易沉淀的悬浮物存在，一般还要经过硅藻土过滤。

生酒在澄清过程中，酒质会发生变化。一般刚压榨的生酒，品尝时酒味感到粗而辛辣，随着澄清期的延长，酒味逐渐变为甜醇，主要是由于淀粉酶将残余糊精和淀粉分解成糖；蛋白水解酶把蛋白质、肽分解为氨基酸所致。由此可见，延长澄清期对促进酒的老熟起到一定的作用，但要防止酒质酸败。

（8）煎酒、装坛、封口　将澄清的酒液用列管式换热器或薄板换热器（图3-10）加热到90~92℃，以杀灭酒液中的微生物和破坏残余的酶，并使部分蛋白质受热凝固析出，低沸点的生酒味成分被挥发排除。装酒的陶坛预先洗净并用蒸汽灭菌，趁热灌入灭过菌的热酒。目前，第一台坛酒自动灌装设备已在浙江古越龙山绍兴酒股份有限公司应用，实现自动灌酒和计量。灌坛后酒坛口立即用煮沸灭菌的荷叶覆盖，再盖上小瓦盖，包以沸水杀菌后的箬壳，用细篾丝扎紧坛口，运至室外，用黏土做成平顶泥头封固坛口，俗称“泥头”。该泥由黏土、盐卤及砻糠三者捣成，待泥头干燥后，运入仓库贮存。

图 3-10 薄板换热器煎酒

第三节 黄酒的机械化酿造

所谓机械化新工艺或大罐发酵新工艺，说到底是以传统工艺为基础，进行了适当的工艺改进，以大容量发酵罐代替陶缸、陶坛作发酵容器，并大量使用机械设备代替手工操作，因此称之为黄酒机械化酿造更为确切。

黄酒机械化酿造以其占地面积小、质量相对稳定、劳动强度低等优点，已逐渐被具有较强实力的企业所采用。该酿造技术是在传统工艺生产的基础上发展起来的，开始采用部分技术改造和单项技术革新：1964 年开始进行大罐发酵试验；1965 年板框式气膜压滤机诞生；20 世纪 70 年代连续式蒸饭机试制成功；50 年代末试制成功蛇管加热器煎酒，70 年代又发展到列管煎酒器；80 年代浙江古越龙山绍兴酒股份有限公司与上海饮料机械厂合作，联合开发了薄板式热交换器。1985 年全国第一家率先使用微电脑控制发酵的 1 万千升机械化黄酒车间在浙江古越龙山绍兴酒股份有限公司投产，使绍兴黄酒生产实现机械化和部分工艺的自动化、电子化，并使绍兴黄酒生产打破了季节的局限。20 世纪 90 年代，浙江古越龙山绍兴酒股份有限公司先后建成两条年产 2 万千升机械化黄酒生产流水线，其中 1997 年建成的车间布局合理，并集黄酒新设备、新技术之大成，标志着绍兴黄酒机械化生产技术趋于成熟。该车间后酵罐容积

从 $63m^3$ 扩大到 $125m^3$，并且首次采用露天罐发酵技术；采用小容量斗式提升机输送湿米，将负重几百吨的浸米罐设计在底层，从而降低车间建筑整体负荷，大大降低了工程造价；薄板式煎酒器从 4t/h 扩大到 10t/h，大大提高了设备利用率。2006 年，上海金枫酿酒有限公司年产 4 万千升机械化黄酒车间建成投产，该车间改变以往将蒸饭机置于前酵罐上层，利用位差使物料自流入罐的布局，将蒸饭机与前酵罐设计在同一层，用泵将物料送入罐中。2010 年，浙江古越龙山绍兴酒股份有限公司建成投产的年产 2 万千升机械化黄酒车间使用发酵自动化智能控制系统，实现黄酒发酵过程计算机自动控制，并可通过计算机显示界面全方位实时了解整个黄酒发酵过程运行状态。2013 年，会稽山绍兴酒股份有限公司建成了年产 4 万千升自动化智能化以及机械化黄酒生产线，采用筒仓贮存原料、密闭式和管道化输送，并首创自动化制生麦曲、自动浸米和出米、自动压滤和卸糟等多项新技术新装备。

一、机械化黄酒生产特点

1. 大容器发酵

以大容量金属大罐发酵代替陶缸、陶坛发酵。

2. 优良糖化和发酵剂

部分或全部采用纯种培养麦曲和采用纯种培养酒母作糖化发酵剂，保证了糖化发酵的正常进行，缩短了发酵周期，且能防止发酵醪酸败。

3. 机械化生产

从输米、浸米、蒸饭、发酵，到压榨、煎酒的整个生产过程均实行机械化操作，从前酵到后酵、后酵到压榨，采用无菌压缩空气或泵输送醪液，不仅减少输醪过程的杂菌污染，而且还提高了劳动效率，减轻了工人的劳动强度。

4. 温控式发酵

采用制冷技术调节发酵温度，有利于产品质量稳定，并改变了千百年来一直受季节生产的限制，实现常年生产。

5. 采用立体布局

由于采用立体布局，整个车间布局紧凑合理，厂房建筑占地面积小，并利用位差使物料实现自流。

二、机械化黄酒工艺流程及操作

机械化新工艺在传统工艺基础上发展而来，所不同之处主要是以大罐代替缸、坛进行前、后发酵，以机械化、自动化和管道化代替原来的人工操作和输送，以纯种培养酒母和麦曲代替或部分代替自然培养酒母和麦曲。

1. 工艺流程

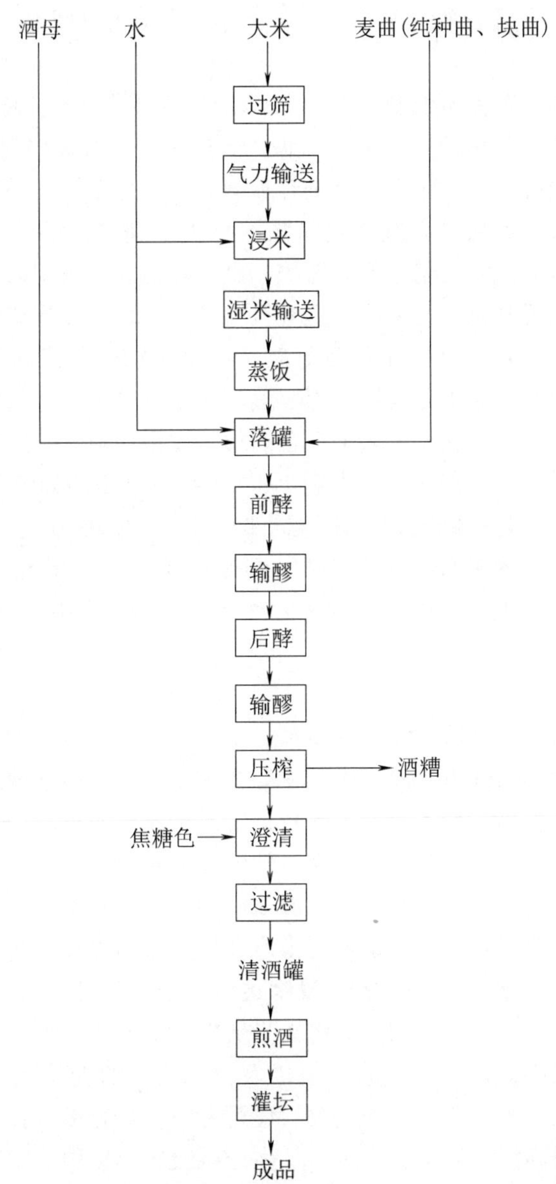

2. 大米的前处理与输送

新工艺一般采用振动筛对大米进行除糠、除杂前处理。浸米时大米原来采用气流输送，先在浸米罐中放好水，然后由气力输送设备将大米送入浸米罐中，由于气流的作用，米、水和气泡在罐内不断翻转，使米水充分混合。现在改用大米和水混合后用泵输送至浸米罐（部分浸米水打回混合罐循环），减少了粉尘污染。

浸米罐一般设置在蒸饭机上层，浸渍后的大米用输送带输送至蒸饭机入口，但由于浸米罐负荷较大，车间工程造价较高。于1997年投产的浙江古越龙山绍兴酒股份有限公司年产2万千升黄酒的机械化车间，采用了湿米输送装置，把浸米罐放在底层，以减轻建筑物的承重负荷。由于糯米经4~5d浸渍后，米粒变得极为疏松，稍加外力即碎，难以输送。该车间以平板橡胶输送带将湿米送至斗式提升机，再由斗式提升机输送至蒸饭机入米口。由于提升机的米斗采用0.8~1kg的小斗，不但较好解决了湿米输送易碎的问题，而且使进入蒸饭机入米口的米层十分疏松，因而蒸汽极易透过米层，从而提高熟度。多年的生产实践表明，该装置工艺上符合要求，效果比较理想。近年来，有的厂将鲜活产品输送泵（一般采用意大利TECNICAPOMPE的ZCD型螺旋叶轮离心泵）应用于湿米输送，将浸好的米连同米浆水一起从底层送入位于高层的网带沥米机（沥出的米浆水部分补充到浸米罐），沥米机兼作带式输送机用，将沥干的米送入蒸饭机，其优点是米和米浆水一起自动流出浸米罐，无需人工耙米。

3. 浸米

绍兴黄酒历来十分重视浸米的质量。传统工艺酿造黄酒由于浸米时间在冬季，在露天工场的条件下，浸米时间一般在15d左右，但这种浸米方式需要大量的浸米场地和容器。新工艺为了保持传统工艺浸米的目的，避免其缺点，采用保温浸渍，克服了传统工艺冬天靠自然温度需长时间浸米的缺点，缩短了酸浆形成的时间，在室温20~25℃，水温20~23℃的保温条件下，浸米4d左右，基本上能达到传统浸米要求，使大规模连续生产成为现实。在浸米时应先调节好浸米水温度再浸米，千万不能边浸米边调水温，以免米粒被蒸汽煮熟，同时，在浸米12h后，应用压缩空气将大米疏松一下，让其吸水均匀。

生产实践表明，在浸米前的水中接入一定比例的老浆水，可缩短浸米时间，并可因此减少米的碎裂现象。今后还可考虑浸米时接入乳酸菌，以达到缩短浸米时间和提高浸米质量的目的。从生产试验看，接种从黄酒酿造环节筛选的不产生物胺的植物乳杆菌来浸米，不但可缩短浸米时间，还能消除浸米时经常出现的“白花”和异味，使酸浆水气味宜人。

4. 蒸饭、冷却与落罐

蒸饭的要求与传统工艺一样以米饭颗粒分明、外硬内软、内无白心、疏松不糊、熟而不烂、均匀一致为宜。蒸饭设备多采用卧式蒸饭机，卧式蒸饭机有喷水装置，对各种原料适用性较好，饭的质量容易控制。在实际生产中，需根据不同原料、浸渍后的米质状况灵活调节蒸饭机的各汽室进汽量大小，若米质松软，则适当减少进汽量，反之增加。饭蒸熟后，需进行冷却，新工艺的米饭冷却在蒸饭机中完成，有水冷和风冷两种。水冷法冷却的优点是快而方便，但会造成米饭中可溶性物质流失；采用风冷法冷却可以减少不必要的损耗，同时可最大限度保留米饭的酸度。应注意的是风冷后的饭易变硬，在落罐前要充分搅碎，避免产生饭块，与曲、水、酒母混合要均匀一致。落罐温度应根据气温高低灵活调节掌握，一般落罐温度控制在24~28℃。

5. 糖化发酵剂

新工艺黄酒生产用曲为传统生麦块曲与纯种麦曲混合使用，也有添加麸曲和商品酶制剂的。酒母采用纯种培养，由试管菌种开始逐步经过扩大培养而成，因制法不同又分为速酿酒母和高温糖化酒母两种。

6. 前发酵及自动开耙

前酵开耙是黄酒酿造的关键所在，直接影响黄酒质量。新工艺黄酒采用大罐深层发酵，以“自动开耙”，即发酵醪上下自动翻滚，并辅以无菌压缩空气翻动醪液来代替传统手工开耙。一般落罐后8~12h可开头耙，此时品温达28~32℃，以后每隔4h开一次。品温升至32℃后，在32℃左右保持10~12h，一般控制最高品温不超过33℃。由于发酵过程中大量的热量排出，因此要通入冷冻水冷却醪液。之后品温逐渐降至20℃左右，再根据发酵情况缓慢降温至15℃左右，4d后可将醪液输送至后酵罐。元红酒前酵结束后，醪液的酒精度达到14%vol左右、总酸在6g/L以下，发酵正常。图3-11为前酵罐和前发酵室。

7. 后发酵的控制

前酵结束后，进入后发酵阶段，此阶段应保持低温，一般品温控制在10~15℃，后酵时间17~20d，前期每天至少要搅拌开耙一次，通入一定的新鲜空气，保持酵母的活力，使酒体逐渐丰满协调，后期应静置。20世纪80~90年代中期，各大酒厂后酵温度的控制主要以调节室内温度为主，以达到调节罐温和品温的目的，但室内调温电能消耗大，成本较高。1997年投产的浙江古越龙山绍兴酒股份有限公司年产2万吨黄酒的机械化车间，后酵改为露天罐发酵（图3-12），实行单罐冷却，做到单罐后酵温度精确控制，大大降低了能耗。

后发酵的目的与传统工艺相同，主要是充分利用残余淀粉和糖分继续缓慢进行糖化发酵，提高酒精浓度，协调酒体。元红酒后酵结束要求酒精度达到16%vol以上，总酸在7.0g/L以下（最好控制在6.4g/L以内）。从感官上判断后酵成熟的标准：上部酒液清净，后酵罐口具有黄酒特有的醇香，且香味浓

图 3-11　前发酵和前发酵室

图 3-12　露天罐后发酵

郁。由于采用了纯种麦曲和酒母，发酵较快、较完全，因此后酵时间比传统工艺大大缩短。一般经过 17～20d 的后发酵就可压榨，具体应根据气温变化情况、醪液成熟与否等条件加以灵活控制。

8. 压榨、澄清、过滤、煎酒、装坛

醪液成熟后，用压缩空气或泵输入板框式气膜压滤机压榨。半成品带糟经压榨后已接近成品，因此澄清罐和清酒罐多采用不锈钢材质，以避免其他材料对酒体风味的影响。澄清罐一般为圆柱体锥底罐，澄清后沉积物（酒脚）的出口开在锥底，清酒输料口开在锥体合适的部位上。从澄清罐出来的酒经过滤后，打入清酒罐，利用清酒罐自身高度流入煎酒器，采用不锈钢薄板式热交换器进行煎酒。装坛已开始使用陶坛灌装机（图 3-13），实现自动化操作。

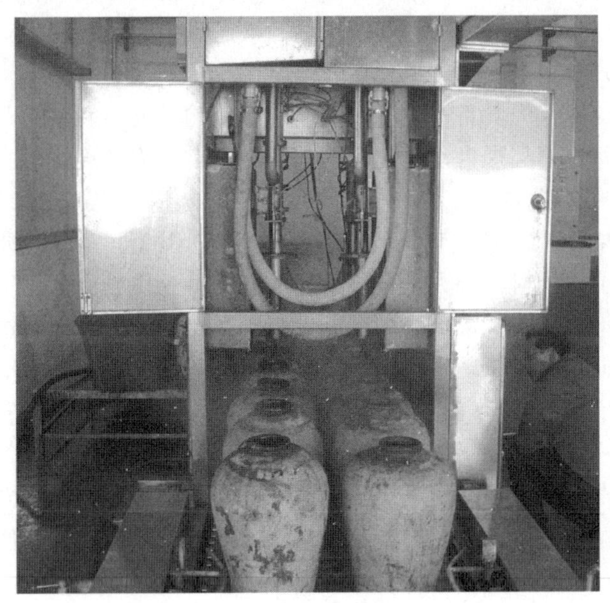

图 3-13 陶坛灌装机灌坛

三、主要生产设备

1. 原料处理设备

（1）振动筛 振动筛是一种平面筛，用冲孔的金属网作筛板，其作用是清除原料中杂质。

（2）粉碎机 有锤式粉碎机和辊式粉碎机。锤式粉碎机用于块曲、糟板等的粉碎作业，为避免物料堵塞筛孔，物料含水量不应超过 15%。用于粉碎黄酒糟板时，因糟板黏性较大，一般在粉碎时掺入 3%~5%的谷壳或大糠。辊式粉碎机广泛用于粒状物料的中碎及细碎，分二辊式、四辊式、五辊式和六辊式等，黄酒厂在粉碎制曲原料小麦时使用的是二辊式粉碎机。现在二辊式粉碎机也用于块曲的粉碎，有的黄酒厂在机械化黄酒生产中，块曲的添加采用边粉碎边添加的方式，二辊式粉碎机放在落饭口旁边，块曲经粉碎后直接进入落饭口与饭、水混合。

2. 原料输送设备

（1）气流输送设备　气流输送在黄酒厂及其他发酵工厂中，广泛用于输送小麦、大米、麦芽及地瓜干等松散物料，它是借助强烈的空气流沿管道流动，把悬浮在气流中的物料送至所需的地方。气流输送分为真空输送和压力输送两种方式。真空输送方式是将空气和物料吸入输料管中，在负压下输送到指定的地点，然后将物料从气流中分离出来，再经过排料器将物料卸出；压力输送方式是将空气和物料压入输料管中，物料被送到指定位置之后，经分离器物料自动排出，分离出来的空气净化后放空。

气流输送的优点为设备简单，占地面积小，输送能力和输送距离的可调性大，管理简便和易于实现自动化。它的主要缺点是动力消耗比较大，不适于输送潮湿和黏滞的物料。

（2）带式输送机　带式输送机是一种广泛应用的连续输送机械。它可用于输送块状和粒状物料，如大米、谷物、地瓜干、煤块，也可用于整件物料的输送，如麻袋包、瓶箱。带式输送可进行水平方向和倾斜方向输送。

带式输送机的工作原理是利用一根封闭的环形带，由鼓轮带动运行，物料放在带上，靠摩擦力随带前进，到带的另一端（或规定位置）靠自重（或卸料器）卸下。

带式输送机的优点是：结构比较简单、工作可靠、输送能力大、动力消耗低、适应性广。其缺点是：造价较高，若改向输送需多台机联合使用。

（3）斗式提升机　斗式提升机是一种垂直升送（也可倾斜升送）散状物料的连续输送机械。它用胶带或链条作牵引件，将一个个料斗固定在牵引件上，牵引件由上下转鼓张紧并带动运行。物料从提升机下部加入料斗内，提升至顶部时，料斗绕过转鼓，物料便从斗内卸出，从而达到将低处物料升送至高处的目的。这种机械的运行部件均装在机壳内，防止灰尘飞出，在适当的位置，装有观察口。目前，在黄酒生产企业中斗式提升机被用来输送小麦和大米。浙江古越龙山绍兴酒股份有限公司于 1997 年建成的机械化黄酒车间采用斗式提升机输送湿米（图 3-14），浸渍后的大米由输送带送入斗式提升机的入口，装入料斗，通过链式转鼓和链式料斗带输送，最后利用卸料装置将米卸出到蒸饭的入口。

（4）螺旋输送机　螺旋输送机是发酵工厂较为广泛应用的一种输送机械，黄酒厂用于制曲麦料的输送，此外还可用于加料、混料等操作。它是利用旋转的螺旋，推送物料沿金属槽向前运动。物料由于重力和与槽壁的摩擦力作用，在运动中不随螺旋一起旋转，而是以滑动形式沿着物料槽移动，其情况好像不

图 3-14 斗式提升机输送湿米

能旋转的螺母沿着旋转的螺杆做平移运动一样。螺旋输送机多用于水平输送，用于倾斜输送时，其倾角一般应小于 20°。

螺旋输送机的优点：结构简单，横截面尺寸小，制造成本低，密封性能好，便于在生产需要的位置进行中间装料和卸料，操作安全方便。它的缺点是：输送过程中物料易破碎，同时螺旋叶片及料槽磨损较大，在输送物料时物料与壳体及螺旋间均有摩擦，因此单位动力消耗较大。

3. 酿造设备

黄酒酿造的生产工艺一般要经过洗米、浸米、蒸饭、发酵、榨煎、贮存等过程，整个过程需要的设备包括洗米浸米设备、蒸饭设备、制曲设备、酒母设备、发酵设备、压榨设备、煎酒设备以及贮存设备等。

（1）浸米罐 浸米罐（图 3-15）一般采用敞口式矮胖形的圆筒锥底不锈钢或碳钢大罐，设有溢流口、筛网、排水口及排米口等部分。若用碳钢，则需在内层涂上环氧树脂。采用不锈钢材质虽然一次性投资较大，但节省了维护费用，而且安全卫生。罐上部侧面装设溢流口，以作大米漂洗除杂排水之用。罐的锥体部分向一侧倾斜，锥底装设了滤水用的筛网，以便排水时阻止米粒的排

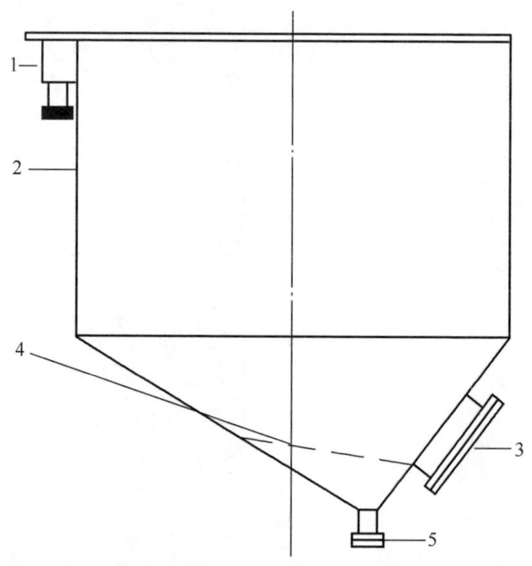

图 3-15　浸米罐结构示意图

1—溢流口　2—筒体　3—出米口　4—筛网　5—排水口

出。锥底侧面设放料口，打开排料阀，浸渍大米就自行滑下排出一部分，剩余的大米要人工耙出，劳动强度较大。

会稽山绍兴酒股份有限公司于 2013 年建成的机械化黄酒车间将排米口开在锥底（图 3-16），出米阀采用 DN500 电动大口径蝶阀，实现自动出米。该浸米罐还配有真空泵和浸米水循环泵，在米浆水自流放出后，打开真空泵继续抽干；浸米水循环泵将部分浸米水打回米水混合罐，用于循环浸米。

日本清酒浸米罐的设计也值得借鉴。清酒浸米罐锥体设置大面积滤水衬板，使排水时间大幅度缩短。排水几分钟后，锥底控制出米的挡板自动打开，米落在自动挡板下面的暂时停留容器中，暂时停留容器的底部挡板是用沥水板做成的，目的是进一步把水沥干。考虑到出米时可能会由于浸渍米的膨胀阻塞，使出米中断，暂时停留容器里装有一个感应装置，如果出现出米中断，浸米罐外侧面上装有的空气锤装置就会启动，在冲击力作用下恢复出米。

（2）蒸煮设备　新工艺采用连续式蒸饭机，分卧式、立式及卧式加压、立卧式结合加压连续式蒸饭机。

①卧式（或称网带式）蒸饭机：卧式蒸饭机由蒸饭段和冷饭段两部分组成（图 3-17 和图 3-18）。蒸饭段由接米口、鼓轮、不锈钢网带、蒸汽管、排气筒等部分组成。冷饭段主要由冷风装置（或喷水装置）、鼓轮、不锈钢网带、出料口等部分组成。以前蒸饭段和冷饭段各用一条网带，蒸饭段的位置略

图 3-16 锥底出米口浸米罐
1—出米阀（DN500 电动蝶阀） 2—真空管道 3—浸米水循环管道
4—真空阀（气动球阀） 5—浸米水循环阀（气动蝶阀）
6—排污阀（气动蝶阀） 7—米浆水排出管道

高于冷饭段（图 3-17）。现在已采用整体机，即蒸饭和冷饭共用一条长网带。但笔者认为采用两条网带也有其优点：饭层由蒸饭段进入冷饭段时在位差作用下断裂散开，容易冷却。如果在冷饭段的前段增加 1~2 个蒸汽室（蒸饭段相应减少蒸汽室），饭层内部存在生米的情况下，断裂散开后内部生米裸露出来，可以在蒸汽的作用下继续熟化，有利于提高蒸饭质量。

卧式蒸饭机糯米和粳米都可以蒸煮，因米层较薄且均匀，故蒸煮的米饭较好，但存在结构复杂、造价贵、蒸汽和电能消耗都较大、机件和输送不锈钢带

图 3-17　卧式连续蒸饭机

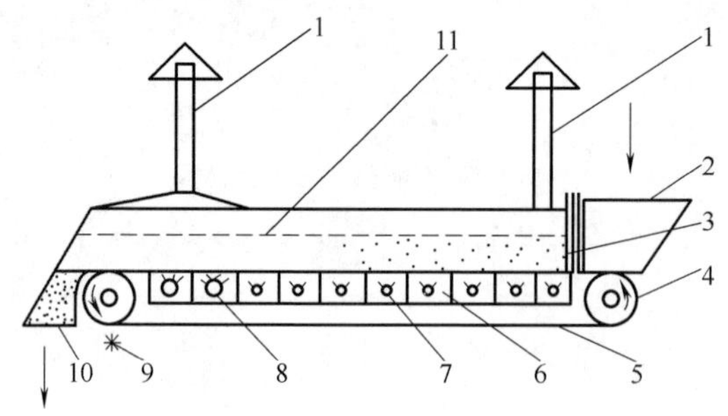

图 3-18　卧式连续蒸饭机示意图

1—排汽筒　2—进料口　3—米层高度调节板　4—鼓轮　5—不锈钢带
6—蒸汽室　7—蒸汽管　8—冷风管　9—刷子　10—出料口　11—米层

容易损坏，以及操作较麻烦等缺点。蒸饭时，浸渍后的大米从进料口的一端进入蒸饭机，通过米层高度调节板控制米层的厚度为 20~40cm，大多为 25cm 左右。由于不锈钢网带缓慢向前方移引，各蒸汽室输出的蒸汽将网带上的米蒸熟成米饭，网带移引的时间为 20~25min，一般实际蒸饭时间 7~8min、冷饭时间 6~7min（整体机 10min 左右）；蒸汽压力一般为 0.2~0.26MPa，视蒸饭质量而定。熟饭经过蒸饭段后进入冷饭段冷却，经出料口排出。在蒸饭段的近中部处一般设有喷淋热水装置，以便在蒸非糯米原料时途中追加热水喷淋，促使饭粒再次膨胀。蒸饭机前部米层上的余热废汽经排汽筒排至室外。风冷管送入的空气和蒸饭机尾部的余热废汽经尾部的排气筒排至室外。

操作要点如下。

a. 开机前必须检查各传动部件是否完好，减速机油位是否正常。

b. 开蒸饭机时，应先合上空气开关，接通电源，按下调速电机按钮，然后慢慢调节调速开关，使高速指针在0~200r/min范围内。待钢带走动5~10min，无噪声、逃边及不良因素，才可投入正常生产。同时，根据米饭质量控制电机转速，最高转速为1200r/min。

c. 在蒸饭机运行中，必须定人定岗。注意钢带走向，严防左右滑动。若有走偏，应及时调节，允许偏差范围5mm。钢带边如有裂缝，应及时焊接。

d. 定期清除蒸饭机汽室内污物，定时排除汽室蒸汽积水，并搞好蒸饭机的卫生，避免杂菌污染。

②立式蒸饭机

a. 单汽室的立式连续蒸饭机：单汽室的立式蒸饭机（图3-19）对蒸煮糯米效果很好。实践证明，它比卧式连续蒸饭机有更多的优点，如结构简单、制作容易、造价低、能源消耗低以及操作简便。单汽室的立式蒸饭机主要由筒体和出料器组成。蒸饭时，先关闭出料门，将浸渍好的米从料斗中加入，一般将米加到温度计处为止，然后用蒸汽加热，先开阀，放尽冷凝水，送入蒸汽。待底部出料口冒汽数分钟后，上部米层的温度也达到95℃以上，筒体内部的米饭已蒸熟，开启出料门，同时向料斗加米，由于米饭的重量和周边冷凝水的润

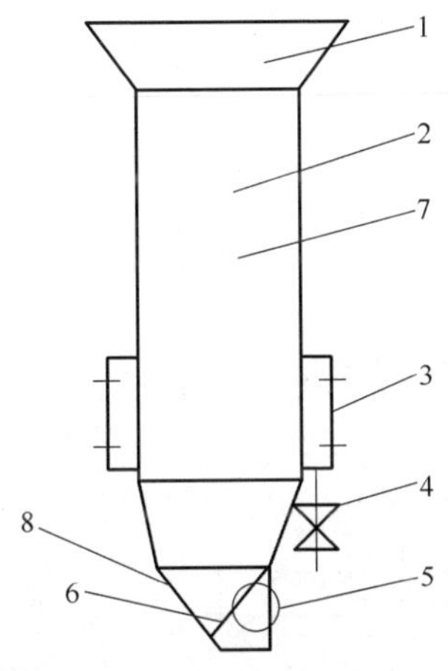

图3-19 立式连续蒸饭机示意图

1—料斗 2—温度计 3—夹层（蒸汽加热） 4—放冷凝水 5—手轮 7—出料控制门
7—筒体（包括圆柱和圆锥部分） 8—出饭口

滑作用，米饭顺利地自然落下，从出料口排出，开始连续蒸煮。大米不断地从上面均匀加入，米饭从出料口连续放出，筒体内保持一定的米层。最初出来的米饭若有夹生，可返回料斗再复蒸煮。蒸煮过程中，视米饭的质量和温度计的温度变化，及时调节出料口的大小或蒸汽量，蒸汽压力一般保持在 0.08MPa 左右。出料口大小调节好后，不宜经常开闭，若将出料口关闭或关得过小，底层的米饭受压挤紧，会影响米饭的顺利流动。蒸饭结束后，应将蒸饭机立即洗刷干净。

b. 双汽室立式蒸饭机：单汽室用于蒸煮粳米和籼米效果很差，这是由于它缺乏追加热水促进第二次膨化的条件，而且总高度较低，由上而下的流程很短，因而总的加热蒸饭的时间不足，蒸煮后饭粒生硬，米饭的质量不符合黄酒发酵的工艺要求。1979 年以后，上海和浙江在无锡轻工业学院设计原型的基础上，相继设计了两种双汽室立式连续蒸饭机。一种是总高度达到 2750～3800mm，米容量达 1t 的双汽室立式连续蒸饭机（图 3-20）；另一种是串连两台高度仅 2000mm 的双汽室立式连续蒸饭机，在这两台立式蒸饭机的联接处有的用绞龙联接输送，中间喷加热水；有的用泡饭桶或泡饭车联接，将第一台输出的熟饭用热水迅速浸泡后，立即排放出热水，输送入第二台立式蒸饭机复蒸，达到追加热水促进饭粒第二次膨化的目的。双汽室立式蒸饭机具有糯米、粳米均可蒸煮、能源消耗少、无传动装置节省动力、构造简单、造价低廉、操作简单、占地面积小等优点。

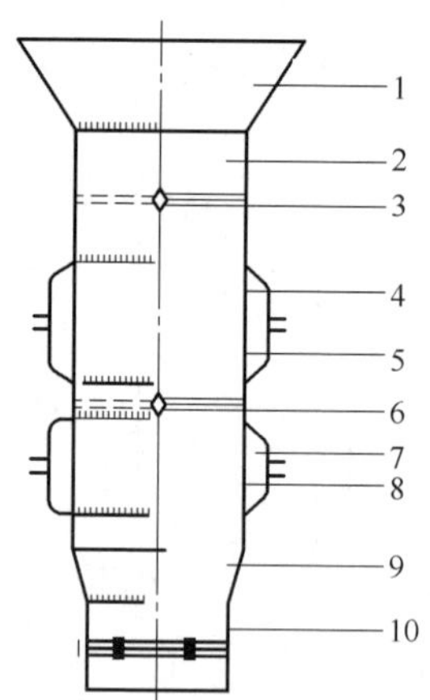

图 3-20　双汽室立式连续蒸饭机剖视图

1—接米口　2—筒体　3，6—菱形预热器　4—汽室
5，8—汽眼　7—下汽室　9—锥形出口　10—出料口

进料前，先关闭出料门，放尽汽室冷凝水，然后将浸渍好的大米送入接米口，一般加到筒口为止，然后开蒸汽阀，使蒸汽从汽室夹层的汽眼进入筒体穿透米层。若蒸糯米，只开下面汽室和上面菱形预热器，而蒸粳米则开上下汽室及上下菱形预热器，蒸煮 15min 左右，待底部出料口冒汽几分钟后，饭已蒸熟，即可开启出料门出饭。同时，从接米口继续加米，使筒体内保持一定米层，以达到连续蒸煮，连续出饭。在蒸煮过程中视米饭的质量和蒸汽的变化情况，及时调节出饭量的大小。正常情况下，保持 0.15MPa 左右的蒸汽压力，蒸出的米饭质量较好。

双汽室立式连续蒸饭机蒸煮米饭的过程大体可分成 3 个阶段。

第一阶段：米从料斗到筒体上部插温度计处，这一部分使筒体中部蒸饭的蒸汽向上排放，起余热利用的作用，所以属于预热阶段。

第二阶段：从温度计往下到下汽室最底下一排汽眼为止，是蒸饭的主要加热部分，称为蒸煮阶段。

第三阶段：从下汽室的汽眼以下到锥形出口，是米饭的后熟阶段，这一段为焖饭的过程，对促进米饭膨胀和进一步糊化有一定的作用。

上述这些蒸饭的设备，各有其优缺点，都还存在一些有待改进的地方，因此需要继续不断探索。

（3）制曲设备

① 麦曲压块机：在机械化黄酒生产中普遍采用了麦曲压块机。压块机是根据麦曲的生产工艺要求，模拟人工踏曲设计的，其特点是产量大、效率高、占地少。麦曲压块机主要由机架、动力传动系统、曲盒传送、曲柄连杆滑块机构、曲锤冲压、凸轮槽轮机构、进料调节与滚压、曲块输出等部分组成，如图 3-21 所示。

制曲作业过程：电动机通过摆线针轮减速器及链轮传动将动力传给主传动轴，主传动轴上两端的偏心轮带动曲柄连杆滑块机构完成曲锤的上下冲压运动。在主传动轴中间有一对凸轮槽轮机构，通过其传动带动曲盒间歇运动。当曲料进入进料口后，由曲盒带动，经过进料调节板、压料辊完成曲料的进料调节和预压缩。之后进入曲锤压制区完成曲块的压制（不同型号的设备冲压次数不同，一般为 3 次冲压）和顶出，顶出的曲块由曲块输送机输出机外。当曲锤向下压制时，曲盒静止不动，当曲锤向下压制后，往上运动离开曲盒时，曲盒向前移动一个曲盒位置，直至下一个循环。

麦曲压块机的操作要点如下。

a. 为了保证安全使用和延长寿命，开车前必须全部检查各种螺丝是否有松动现象。

b. 开车前检查曲锤和曲盒是否对位（采取人工空转主机检查）。

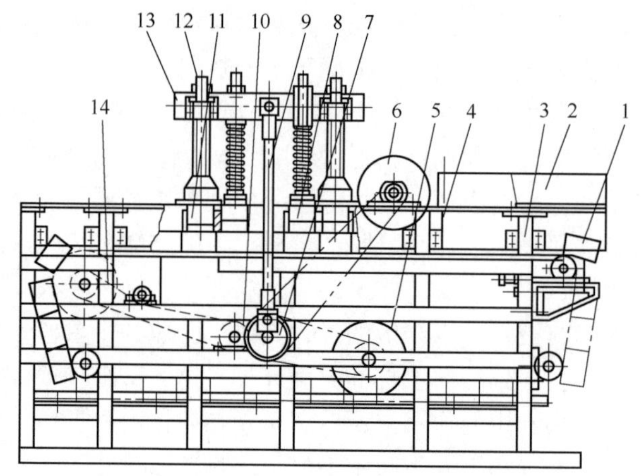

图 3-21 麦曲压块机结构简图

1—曲盒 2—进料口 3—机架 4—进料调节板 5—减速电机 6—压料辊 7—偏心轮 8—曲锤压制 9—连杆机构 10—凸轮槽轮机构 11—曲锤顶出 12—导轨立柱 13—横梁 14—曲盒传动

c. 开车前润滑各部位，全部注入润滑油。

d. 检查电机转动方向是否与大皮带轮上的方向一致，严禁开倒车。

e. 在工作中，料、水要配合均匀，曲锤、曲盒等与物料接触部件要经常用水清洗。如不经常使用，停放期间，要擦洗干净，各润滑部位要注入润滑油封闭保养。

f. 开车前要检查离合器部分是否有松动和错位。

② 种曲培养机（图 3-22）：由一个带夹套的罐体和集中控制柜组成，内置培养箱（放置多层曲盘）和风扇，罐体上有多个喷嘴，包括喷雾嘴、空气喷嘴、蒸汽喷嘴、接种嘴、排汽嘴和排污嘴，分别与罐外的调湿装置、空气除菌过滤装置、蒸汽源、接种源、排汽管、排污管相连。

种曲培养机具有灭菌、接种、通风、保温、保湿等功能，从投入物料到出曲整个过程均处在密闭的环境中。接种用无菌压缩空气吹入，具体操作：物料灭菌后，先排汽，再通过抽真空及夹套内循环水和风扇将物料和罐内空气冷却至接种温度，调节罐内压力，并将风扇调至接种规定转速，在负压状态下用无菌压缩空气将种子吹入，最后通入无菌空气，使培养过程保持正压，打开排污阀，便可开始培养。

③圆盘制曲机：圆盘制曲机（图 3-23）主要由外驱动的回转圆盘（曲盘）、翻曲机构、进出料机构、通风系统、隔温壳体等部件组成，用于纯种曲的培养。圆盘可水平旋转，翻曲结构、进出料结构可升降，在进料、出料或翻

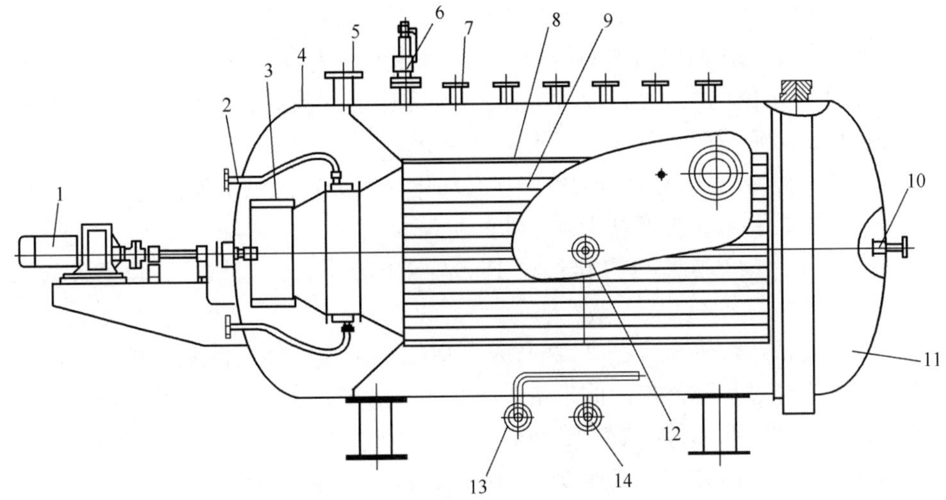

图 3-22 种曲培养机结构图

1—电机 2—换热器 3—风扇 4—罐体 5—排汽嘴 6—安全阀 7—空气嘴 8—培养箱 9—曲盘 10—接种嘴 11—端盖 12—喷雾嘴 13—蒸汽喷嘴 14—排污嘴

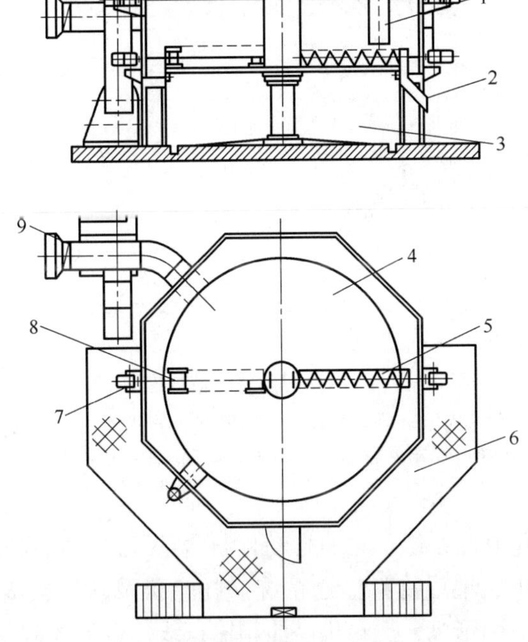

图 3-23 圆盘制曲机示意图

1—进料口 2—出料口 3—风室 4—曲盘 5—进出料机构 6—操作平台 7—曲床驱动 8—翻曲机构 9—空气调节装置

曲时，圆盘转动，进出料或翻曲结构开启并下降工作。

圆盘制曲机在通风曲池的基础上发展而来，具有以下特点。

a. 实现机械化操作：从入料、出料、培养过程中的翻料到清洗，均实现机械操作，降低了劳动强度，改善工作环境。

b. 温度、湿度、风量的调控实现自动化：能更好满足培养过程中对湿度、温度、风量的要求，更有利于微生物的生长和产酶。

c. 减少污染：在整个操作过程中，人与物料不直接接触，避免了人为的污染。

④炒麦机：炒麦机（图 3-24）是利用生小麦在旋转的滚筒内由入口沿直径放大方向经过炉膛流出滚筒来焙炒小麦的。炒麦机主体为炒麦筒，由摆线针轮减速机驱动，筒体外有螺旋形回砂道。生小麦与防止小麦过热的石英砂由入麦端加入，由于筒体在一定速度下不停旋转，且筒体为锥形，故生小麦与石英砂加入后会翻转搅拌着前移，在筒体的分离筛处，小麦经过分离筛由出麦口流出，石英砂漏进反锥体，经回砂道又流回入麦端。

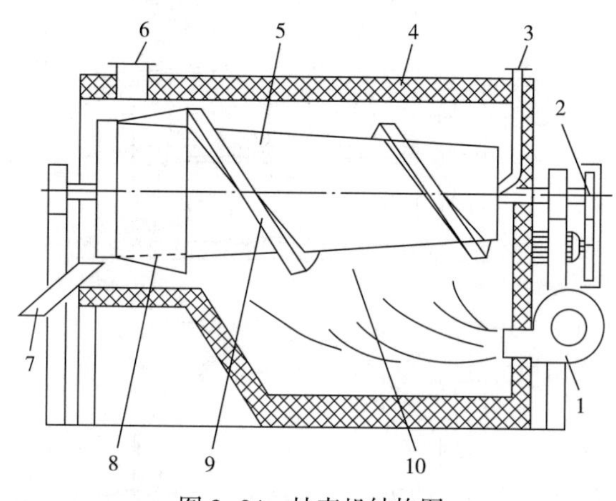

图 3-24　炒麦机结构图

1—燃烧器　2—驱动装置　3—入麦端　4—炉体　5—炒麦筒
6—烟窗　7—出麦端　8—分离筛　9—回砂道　10—仪表探头管

⑤箱曲自动化制曲系统：箱曲自动化制曲系统包括螺旋搅拌输送机、计量装箱设备、码垛机、辊道物料输送系统（托盘机及轨道、室内及室外辊道）、培养室、卸垛机、翻箱机、洗箱机、曲箱输送线、自动控制系统等。

箱曲培养室采用全不锈钢制作，升降门具有良好的保温和密封效果，顶部设有喷雾装置，地面装有 2 条平行轨道，底部铺设冷热风管。箱曲培养室及结构示意图见图 3-25 和图 3-26。

图 3-25　箱曲培养室

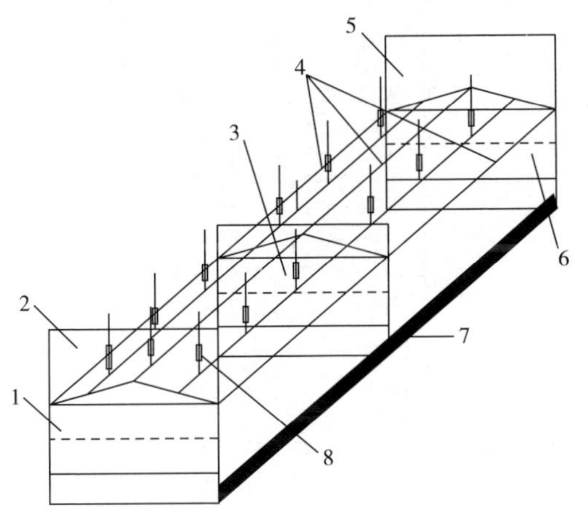

图 3-26　箱曲培养室示意图

1，3，6—不锈钢电动提升门　2，5—双面不锈钢板隔墙

4—不锈钢折件连接　7—土建墙　8—吊顶固定件

（4）酒母设备

①培养速酿双边发酵酒母的设备：速酿双边发酵酒母的生产是将水、米饭、麦曲和三角瓶纯种培养的种子一起下罐，由麦曲将米饭进行糖化，同时培养酒母。酒母罐是采用不锈钢材料制成的圆筒体，罐盖用平盖，罐底部为圆锥体，圆锥体底部夹角 90°，采用夹套冷却。酒母罐的要求是：便于调节温度，便于清洗消毒，便于人工开耙。酒母罐容量与大罐所需要的酒母接种量成整数配比。一般采用一只酒母罐的酒母接种于一只前酵罐，以利配料正确。由于酒母一般用自流的方式加入发酵罐中，其安装位置为酒母罐锥底高于前酵罐 2m 左右。

②培养高温糖化酒母的设备：一般由高压蒸煮锅和酒母罐组成。高压蒸煮

锅通常采用锥形蒸煮锅，它是用钢板制成的圆柱、圆锥体联合形式，上部是圆柱形，下部是圆锥形。酒母罐（图 3-27）为不锈钢制圆桶，因其通风要求不高，所以罐体直径与高之比近于 1∶1。底部呈蝶形或锥形，顶部多用平盖，且可启动。有的封头采用蝶形或锥形，罐体密闭。罐上部设搅拌器，内设加热或冷却蛇管，其冷却面积为醪液容积绝对值的 2 倍。有的罐底部设无菌空气吹管，效果也很好，不但省去了动力消耗，还减轻了车间噪声。另外，罐体底部设有排醪管，侧面还装有冷水与蒸汽进出口管。

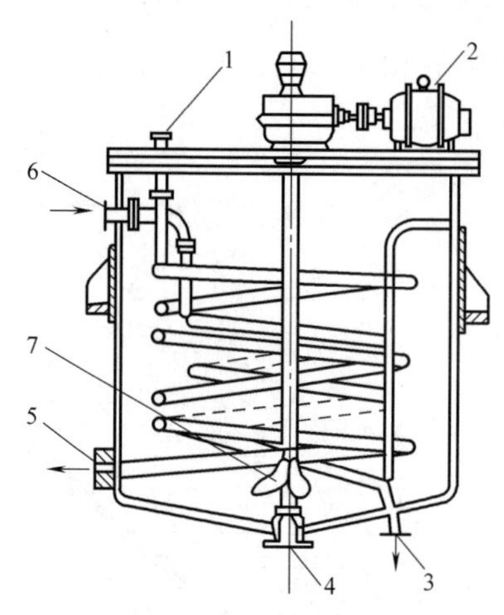

图 3-27　高温糖化酒母罐示意图

1—冷却水口　2—电动机　3—蒸汽冷凝液出口

4—排醪口　5—冷却水出口　6—蒸汽进口　7—搅拌器

（5）发酵设备　机械化黄酒发酵罐向大型化方向发展，浙江古越龙山绍兴酒股份有限公司于 1997 年投产的机械化黄酒车间前酵罐为 35m^3（个别为 65m^3）、后酵罐为 125m^3。会稽山绍兴酒股份有限公司于 2013 年投产的机械化黄酒车间前酵罐为 71m^3、后酵罐为 131m^3，由于发酵罐的大型化，使产品质量均一化，使生产合理化，并降低了主要设备的投资。

①前酵罐。

a. 前酵罐结构及原理：前酵罐一般采用瘦长的圆柱锥底罐（图 3-28），因为它有利于醪液对流和自动开耙。罐体圆柱部分的直径与高度之比一般在 1∶2 以上。材料采用不锈钢板或碳钢板内加涂料，后者虽成本较低，但随着生产时间延长，由于压缩空气开耙会不断摩擦碰撞，涂层破坏后铁离子会溶入酒中影响酒质。罐顶进料口一般采用焊接封头小口可密闭式口型，发酵时敞开，压缩空气输送醪液时密闭。采用压缩空气输醪时，罐顶还需安装压力表、

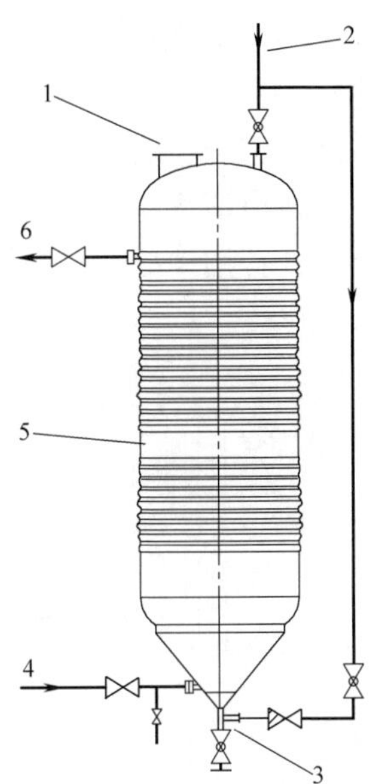

图 3-28 前酵罐

1—入料口 2—无菌空气入口 3—出料口

4—冷却水入口 5—温度探头 6—冷却水出口

安全阀和排气阀。冷却方式有夹套冷却和外围导向冷却等，目前多采用外围导向冷却。

b. 前酵罐罐数的确定：前酵罐罐数一般按下式计算。

$$N = (t + 1)n \text{（只）}$$

式中 N——所需前酵罐数目，只

n——每天投料的前酵罐数目，只

t——前酵周期（将投料日和排空日计算在内的天数），d

②后酵罐：后酵罐采用不锈钢板或碳钢板内加涂料，罐型都采用瘦长形，且高度与直径之比大于前酵罐。后酵罐的容量设计，目前国内有两种：一是将两罐前酵醪合并于一只后酵罐中，后酵罐的容积约比前酵罐大一倍；二是 4 只前酵罐醪合并于一只后酵罐中，使前后酵罐容积之比接近 1∶4。1997 年投产的浙江古越龙山绍兴酒股份有限公司机械化黄酒车间首次将室内后发酵改为露天罐后发酵，之后露天罐后发酵在黄酒行业全面推广。露天罐采用夹套冷却，克服了原整个发酵室空调冷却没有针对性的缺点，可分别对不同的发酵罐采用不同的温度，有效控制后发酵的发酵过程，并大大降低冷却能耗。

（6）压榨设备 目前所用的设备普遍为板框式气膜压滤机。该机由机体和液（油）压两部分构成。机体（图 3-29）是压滤元件，两端由支架和固定封头定位，由滑杆和拉杆连为一体，滑杆上放59片（也有75片的）直径为820mm（现在有用1000mm的）的压板、滤板（图3-30）和一个活动封头，压板和滤板间套上两层滤布。液压部分起动力作用，由油泵、换向阀和油箱管道等组成。单机使用一次12h，滤出清酒1.35~1.4t，滤饼湿含量小于50%。其工作原理为：由液压部分的活塞杆推动活动封头前进，使封头和压板、滤板

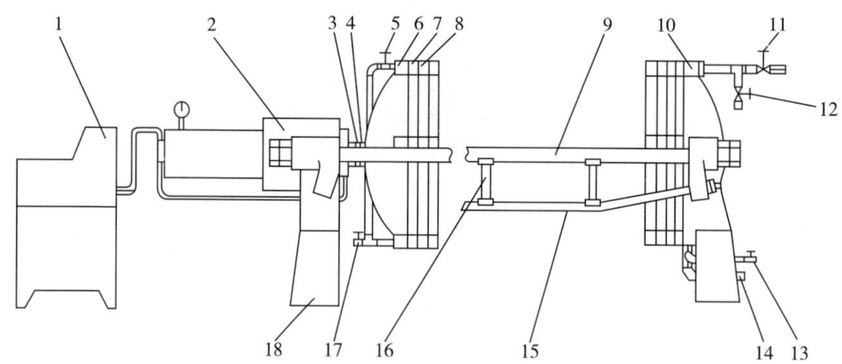

图3-29 板框式气膜压滤机示意图

1—泵站 2—液压机 3—卡套 4—球座 5—残料吹出阀 6—活动封头 7—滤板 8—压板 9—滑杠 10—固定封头 11—进料阀 12—残料排出阀 13—进气阀 14—出液阀 15—拉杆 16—支柱 17—排气阀 18—支脚

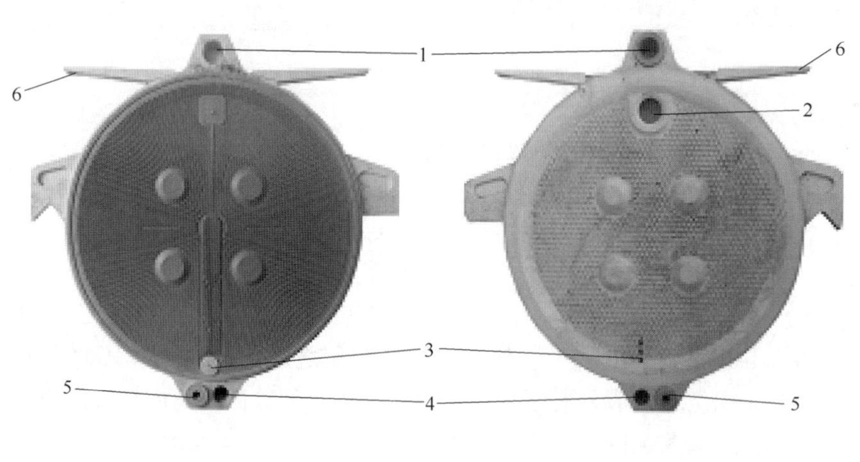

图3-30 压板和滤板

1—醪液通道 2—醪液流入孔 3—清酒流入孔 4—清酒流出孔 5—压缩空气通道 6—滤布架

压紧形成一个个封闭的滤室。用压缩空气（或泵）进醪，醪液经滤板上的孔 2（孔 1 和孔 2 内部相通）流入各个滤室内，固体部分被滤布截留，液体部分则穿过滤布顺着滤板的梯形沟槽和压板橡胶膜的波纹凹槽流进孔 3，从孔 4（孔 3 和孔 4 内部相通）流入底部酒液收集槽中。进料完毕，由固定封头下部的进气孔通入压缩空气，使压板和活动封头上的橡胶膜鼓起，进一步挤压出滤饼中残留的液体，达到强制过滤的效果。

板框压滤机的滤液流出方式有明流和暗流之分。黄酒的压滤机以前普遍采用明流方式（图 3-7），其优点是便于观察每个滤室工作是否正常。会稽山绍兴酒股份有限公司于 2013 年建成的机械化黄酒车间压滤机采用暗流方式（图 3-31），即将各滤室流出的滤液汇集于总管后排走。

图 3-31　暗流式板框压滤机

操作要点如下。

①压滤机在使用前应检查各连接件有无松动并及时调整，对滑杆和其他润滑点必须加油润滑。

②向机体进料时，必须打开活动封头处排气阀门，排出机体内气体，以免损坏压板和滤板。向机体充气时，一定要关闭排气阀和进料阀，以免漏气。

③压滤完毕，关闭进气阀门，打开排气阀门，排出机体内余气，压力下降后退开榨机封头，清除滤饼。

④每完成一次压滤工作后，必须用清水刷洗滤布，以免下次压滤时滤布孔隙堵塞。选用滤布一定要合适，否则影响出液率。

黄酒压滤机原采用人工出糟，劳动强度大，生产效率低。会稽山绍兴酒股份有限公司的暗流压榨机增加了自动出糟装置（图3-32）。具体操作：压榨结束后，先将残酒收集槽运行至压滤机底部收集残酒，然后将酒糟收集槽运行至压滤机底部收集酒糟，酒糟收集槽装有刮板输糟装置，刮板在链条的带动下将酒糟输送至与酒糟收集槽垂直的另一刮板输糟装置中运走。

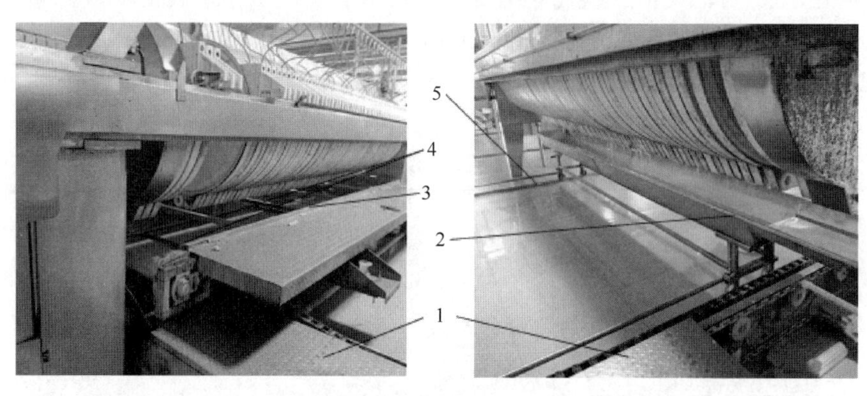

图3-32 自动卸糟压榨机

1—刮板输糟装置 2—残酒收集槽 3—酒糟收集槽 4—输糟刮板 5—轨道

（7）煎酒设备 薄板换热器（图3-33）应用于黄酒的煎酒上已十分普遍。它由固定板、活动板、后撑架、上下轴、换热金属薄板以及压紧装置等构件组成。由于薄板冲压成波纹形状，板与板的间隙很窄，流体在狭窄弯曲的通道中流动时，经过多次方向和速度的突然改变，使层流破坏，所以在较低的流速下也能发生强烈湍流，从而强化了传热效果。波纹的形状很多，有水平平直波纹、人字波纹（图3-34）、半球形波纹、双人字形波纹等。

黄酒的加热分3段进行，因此薄板换热器增加了2块中间板以分隔成独立的3段。前2段是为了利用高温热酒产生的酒精蒸汽以及蒸汽在热水罐内将水加热时产生的溢流热水的热量，以节约能源。加热流路为：冷酒从活动板下端进，先后经过酒精蒸气（活动板至中间板1）、溢流热水（中间板1至中间板2）和热水（中间板2至固定板）3段加热后，热酒从固定板上端出；酒精蒸汽从中间板1上端进，从活动板下端出，并被冷凝成“汗酒”；溢流热水从中间板2上端进，从中间板1下端出；热水从固定板下端进，从中间板2下端出。

图 3-33　薄板换热器

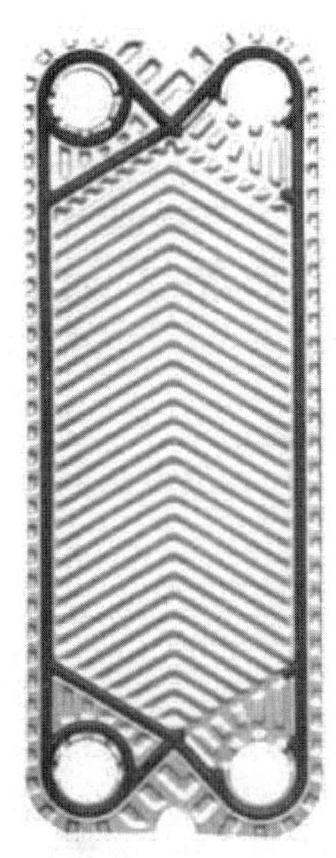

图 3-34　人字波纹

（8）陶坛自动清洗灌装机　陶坛自动清洗灌装机（图 3-35）由多组不同的输送机构、上下翻坛装置、热水浸泡装置、内刷装置、四组热水喷淋系统、上石灰水装置、蒸坛装置、灌装装置、喷码及电控系统等组成。各机构装置配以动力装置、气动系统、传感器等，由可编程控制器协调各机构工作，自动完

图 3-35　TG500 型陶坛自动清洗灌装机

成酒坛的定位、翻转、清洗、上石灰水、蒸坛、灌装等功能。

工作流程：上坛 →坛内加水浸泡（加水后在输送机上移动浸泡）→翻转倒水→内外冲洗（连续喷淋）→ 内刷洗（旋转毛刷升降带水刷洗）→内外冲洗（连续喷淋）→ 内冲洗→灭菌（蒸汽喷冲）→翻转→外壁上石灰水（浸入石灰水池）→翻转→蒸坛（蒸汽喷冲）→翻转→灌装

陶坛自动清洗灌装机使陶坛清洗、刷石灰水、蒸坛和灌装工序全部由机械自动完成，实现流水线作业和连续生产，提高了生产效率，节省用工和减轻了劳动强度。

四、机械化黄酒的优点

（1）占地面积小　传统黄酒生产采用大缸前发酵、大坛后发酵，因其单位容积小，且发酵周期长达 90 余天，需要很多的缸和坛，占地面积大，而机械化黄酒采用大罐发酵，发酵周期仅 30d 左右，车间占地面积约为同等产量传统黄酒车间的 1/5 左右。

（2）酒质稳定、不易酸败　传统黄酒酿造采用的糖化发酵剂为自然培养的麦曲和酒母，其质量不稳定，各生产小组凭各自的经验操作管理。特别是发酵受气候影响大，靠天吃饭，因而酒质极不稳定。机械化黄酒操作管理规范，发酵罐由冷却装置调节品温，采用优良菌种纯种培养的酒母和麦曲，因而酒质稳定，很少出现酸败现象。

（3）不受季节限制，可实现常年生产。

（4）劳动强度大大降低。

（5）劳动生产率高，生产成本较传统手工黄酒低。

（6）产品更加卫生安全　采用机械化酿造，车间卫生条件好，并且在酿造过程中减少了操作工人的直接接触。同时，采用筛选出的优良菌种发酵比采用传统自然培养菌种更安全，传统自然发酵多种微生物代谢产物虽然赋予黄酒丰满的口感和传统风格，但是也可能对黄酒的品质和安全产生影响，比如造成黄酒容易上头。

五、机械化黄酒的完善

1. 糖化发酵剂

（1）酒母　传统黄酒采用自然培养的淋饭酒母酿造，淋饭酒母的优点是含有多种酵母菌，代谢产物丰富，有利于酒的香气和口感。而机械化黄酒采用菌种单一的纯粹培养酒母酿造，影响了酒的风味。笔者采用从淋饭酒母中筛选出的 2 株酵母菌混合培养的酒母进行生产酿酒试验，酿成的酒经多名国家级黄酒评酒委员品评，认为口感比淋饭酒母酿成的酒协调、舒愉、鲜爽，后口苦味较轻，评分高于淋饭酒母酿成的酒。因此，完全可以通过混合菌种发酵来弥补纯粹培养酒母的缺陷。但是试验的3个组合中的另外2个组合的得分低于淋饭酒母酿成的酒，说明并不是只要采用混菌发酵就能达到改善风味的作用，必须酵母菌种酿酒性能优良、菌种组合得当。

（2）麦曲　自然培养的块曲由于酶活力低，难以满足机械化黄酒酿造的要求，需与纯粹培养的熟麦曲（或爆麦曲）混合使用。熟麦曲质量稳定且酶活力高，但由于菌种单一，酿制的黄酒香气和口感较差，而且会给黄酒带来熟麦味和较重的苦味。为解决这一问题，笔者从自然培养的块曲中筛选出优良糖化菌，以混合菌种通风培养法制备机械化黄酒酿造专用生麦曲，以此专用曲代替熟麦曲与块曲混合使用，酿制的黄酒各项理化指标均符合绍兴黄酒国家标准优等品要求，且苦味明显减轻，经多名国家级黄酒评酒委员品评，认为风味优于以块曲与熟麦曲混合使用和全部以块曲酿制的黄酒。由于小麦本身的酶未被加热破坏和制曲工艺参数的优化，专用曲的糖化力大幅提高，从生产试验看，以专用曲全部代替生麦曲和熟麦曲用于机械化黄酒酿造，用曲量可减少至14%。

2. 发酵容器

目前，黄酒前酵罐最大容积为71m^3，后酵罐131m^3，而啤酒发酵罐容积达100~600m^3。啤酒发酵容器大型化后，由于发酵基质和酵母对流获得强化，加速了发酵，发酵周期缩短，而且大幅度减少罐数，节省投资。黄酒为高浓醪发酵，发酵基质与发酵特性均与啤酒差别较大，发酵容器大型化尚有许多技术难题要解决。

3. 发酵控制参数

采用不同的发酵控制参数（温度、溶氧等）虽然都可能使理化指标达到标准要求，但会影响到产品的风格和各种微量组分（例如高级醇、乙醛、尿素）的含量。由于缺少研究数据支撑，目前各厂各技工仍凭经验控制。

4. 发酵周期

如果能通过发酵温度的调整或选育出发酵速度快的酵母，在保证成品酒口感好不上头的前提下，缩短机械化黄酒的发酵周期，将有利于黄酒的高效生产和节能降耗。

5. 发酵度

黄酒酒醪成熟与否，仍然摆脱不了经验判断，有酒醪不成熟就压榨或失榨现象发生。因此，研究寻找酒醪成熟关键指标对提高产品质量、缩短发酵周期具有现实意义。

6. 固液分离（压榨）设备

目前采用的板框式气膜压滤机的最大缺点是间断式压榨、人工卸糟和清洗滤布、压榨场地大。开发自动化程度更高或连续式固液分离设备是黄酒生产向高效率发展的一个关键工序。

机械化、纯种化酿造是科技进步的必然产物，代表黄酒发展的方向。只要黄酒行业坚定地走机械化黄酒发展之路，加大科技攻关力度，机械化黄酒的工艺、设备、产品质量必将在实践中日臻完善。

第四节　黄酒醪的酸败及防治

由于黄酒酿造为开放式的多菌种发酵，主要通过工艺条件的控制和操作环境的卫生来使有益微生物正常繁殖发酵。若酒醪中的乳酸菌、醋酸菌及野生酵母等杂菌过量生长繁殖，代谢产生挥发性或非挥发性的有机酸，会使酒醪的酸度超出标准要求，称为酸败。因醪被杂菌污染的程度不同，酸败现象不一样。严重时醪的酸度很高，酵母的发酵停止，酒精度低；轻微时，醪的酸度偏高，酒精度与正常发酵醪无多大差别。轻微酸败可以在压榨时通过酒醪的搭配或添加陈年石灰水等办法补救，而严重时则会影响酒的风味，造成损失。

1. 酸败的表现和原因

发生酸败的酒醪，一般有以下几种不正常的现象。

（1）主发酵阶段，品温上升慢或停止。

（2）酸度增加大，醪出现酸臭或品尝时感到有酸味。

（3）糖分下降慢或停止。

（4）酒醪上面的泡沫发亮或发黏。

（5）镜检有较多的杆菌存在。

黄酒醪酸败的原因是多方面的，主要有以下几方面的原因。

①原料：籼米、玉米等富含脂肪、蛋白质的原料，在发酵时由于脂肪、蛋白质代谢会升温、升酸，尤其侵入杂菌后，升酸现象严重，加上这类原料直链淀粉含量较高，蒸煮后容易老化返生，不易糖化发酵而被细菌利用产酸。籼米、玉米原料酿酒，超酸和酸败的可能性较大。

②米饭夹生或成团：生淀粉或黏结成团的米饭不易被糖化发酵，而能被杂菌利用产酸引起发酵醪酸败。

③糖化曲的质量和用量：无论自然培养还是纯种培养的曲都含有杂菌，曲的杂菌多是酒醪酸败的重要原因。曲的质量不好、糖化率低，醪液中的可发酵性糖不够，则会导致酵母生长不旺盛而影响正常发酵，导致杂菌繁殖，使醪液的酸度增加。若糖化剂用量过多，液化和糖化速度过快，使糖化和发酵速度失去平衡或酵母渗透压升高，使酵母过早衰老，抑制杂菌能力减退。

④酒母质量差：酒母中酵母数太低、杂菌数多，易引起发酵醪酸败。酵母

的出芽率低，说明酵母衰老，繁殖发酵能力差，耗糖产酒慢，糖分容易给产酸菌利用，从而造成酸败。

⑤前发酵温度控制太高：前酵温度过高，前期发酵过于旺盛，则引起酵母过早衰老，易导致杂菌污染。

⑥后发酵时缺氧散热困难：传统的酒坛后发酵透气性好，而大罐不具备透气性，后发酵酒醪由于缺氧使酵母数少而厌氧菌大量生长。此外，罐内醪液量大、流动性差，中心热量难以散发，会出现局部高温，这也是大罐发酵酸败的原因之一。

⑦卫生差、消毒灭菌不好：环境卫生差，设备、管道、生产工器具等的卫生和消毒工作未做好，都会引起酸败。

2. 酒醪酸败的防止和处理

要解决酒醪的酸败，必须从多方面加以预防，一般可采取以下措施。

（1）做好环境卫生及设备、工器具的消毒灭菌工作　一般要求每天打扫环境，容器、管道每批使用前要清洗并灭菌，以尽量消除杂菌的侵袭。

（2）提高糖化曲和酒母的质量　纯种生产的曲和酒母，要求杂菌数量越少越好，要检验曲的酶活力及酒母的酵母细胞数和出芽率，保证曲和酒母的质量。传统生产的淋饭酒母要求酸度低、酒度高，不能太老。

（3）饭要蒸熟并捣散　饭要蒸熟蒸透，如果生、熟淀粉同时发酵，往往会发生酵母难以发酵，生淀粉被细菌利用产酸。若以籼米为原料，蒸饭时要淋热水以促进淀粉糊化。若采用含直链淀粉较高的原料，蒸煮后容易老化返生，米饭适当冷却后，要尽快落缸或下罐。如果碎米过多也会引起蒸饭困难，因此还要把好原料关。

（4）协调糖化发酵间的速度　黄酒的发酵是边糖化边发酵，糖化速度和发酵速度平衡，发酵才能正常进行。如果糖化快、发酵慢，糖分过于积累，易引起酸败；反之，糖化慢，发酵快，易使酵母过早衰老，后酵也易升酸。在酿酒操作时，要控制好发酵的温度和开耙的时机，协调糖化发酵间的平衡。在发酵欠旺盛时，可加入正在旺盛发酵的酒醪，以弥补其不足，防止酸败菌的感染。

（5）严格控制发酵温度　应根据气温等情况确定合适的落罐温度，控制发酵温度不能过高，后酵温度一般控制在15℃以下。

（6）采用供微氧的操作工艺　由于大罐不具备透气性，对于后发酵的酒醪，罐内醪液量大、流动性小，须定期通入无菌空气加以搅拌，以增强酵母的活力并散热。

（7）防止失榨　在后发酵阶段，应定期化验，如发现酸度有升高趋势，则要及时进行压榨，避免造成酸败。

黄酒醪发生酸败后，应及时抢救处理。轻度超酸时，可与低酸度酒醪混合，使之达到规定的指标，或者对酸败的酒添加白酒，制止其继续酸败。酸败较严重的可加一定量的陈年石灰水中和，提前压榨灭菌。黄酒醪酸败后风味和出酒率都受到影响，因此应以预防为主。

第五节　其他大米黄酒的酿造

一、干型黄酒的酿造

干型黄酒总糖含量在15.0g/L以下，以绍兴元红酒为代表。一般干型黄酒配料中加水量比较大，发酵较为彻底，酒中的浸出物相对都较少，因而口味相对比较淡薄。下面对麦曲类和米曲类的干型黄酒分别加以介绍。

1. 麦曲类黄酒

麦曲类黄酒根据其生产工艺不同，一般有淋饭法、摊饭法、喂饭法3种操作方法。淋饭法和摊饭法是因饭料冷却方法不同而得名，而喂饭法则是发酵时采用逐步添加饭料的方式而得名。前面介绍的淋饭酒母和绍兴元红酒分别为淋饭法和摊饭法操作，这里重点介绍喂饭黄酒。

喂饭发酵法是将酿酒用的原料分成几批，第一批先做成酒母，在培养成熟阶段陆续分批加入新原料，起扩大培养、连续发酵的作用，使发酵继续进行的一种酿酒方法。

喂饭法酿酒在我国已有极悠久的历史。早在东汉时，曹操就酿出了闻名一时的“九酝酒”，这种酒是用“九投法”酿成的。所谓“九投法”就是分9次递加原料，达到酒质优美、风味醇厚的目的。《齐民要术》上记载的酿酒法，也有三投、五投和七投的方法。历史上这些酿酒的方法和现在黄酒酿造的喂饭法是一脉相承的。这种多次投料喂饭、连续发酵的喂饭发酵法，与近代递加法发酵实际上是相同。可见，用喂饭法酿制黄酒是我国古代劳动人民根据微生物发酵规律所创造的一种先进的发酵方法。

（1）工艺　用糯米做喂饭酒，工艺比较简单。这里所介绍的是以粳米原料为主的工艺。

①原料配方：以每缸为单位，其物料配比如下：淋饭酒母用白粳米（标准一等，下同）50kg；第一次喂饭白粳米50kg；第二次喂饭白粳米25kg；黄酒180~200g（做50kg淋饭酒母用）；麦曲8%~10%（按淋饭酒母加喂米总数的耗用率）；总控制量为165kg。

加水量 = 总控制量 -（淋水后的平均饭重 + 用曲量）

②工艺流程

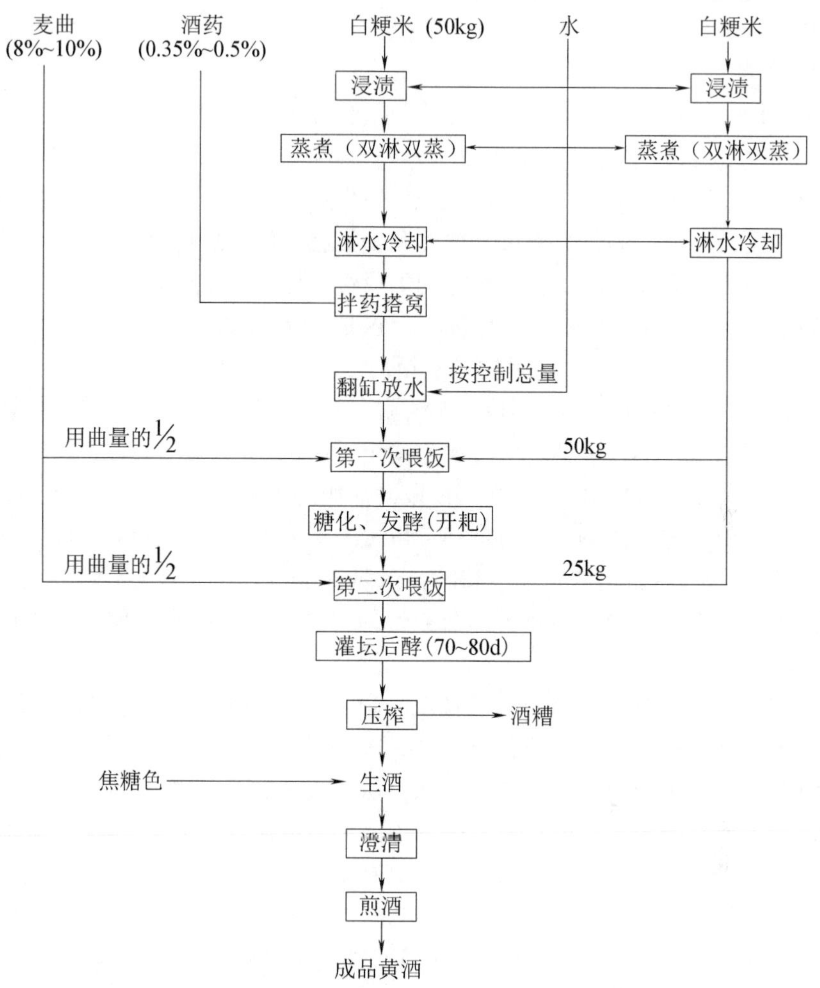

③工艺特点

a. 经多次投料，使用少量的酒药或酒母就可酿成多量的黄酒。

b. 酵母菌不断获得新营养，并起到多次扩大培养作用，因此比普通酒母能生成更多的新酵母细胞，酵母不易早衰，发酵能力始终很旺盛。

c. 多次投料，使得发酵醪中的酸和酵母细胞数不会一下子稀释很大，酵母对杂菌占有压倒性优势，发酵可安全进行。

d. 发酵温度等工艺条件便于控制和调节，对气候适应性也较强。

e. 发酵旺盛，醪液翻动剧烈，对于大罐发酵有利于自动开耙。

长期的实践证明，喂饭法便于降温和掌握发酵温度，不易发生酸败，酵母发酵力强，发酵较彻底，可提高出酒率。

（2）酿造操作　粳米的喂饭操作法，可以归纳成“小搭大喂，双淋双蒸”8个字。对蒸饭的要求要达到“饭粒疏松不糊，成熟均匀一致，内无白心生粒”18个字。

①浸米：米浸入时，水面应高出米面10~15cm。浸米时间随气温不同而变化，在室温20℃左右时，浸渍20~24h；在室温5~15℃时，浸渍24~26h；在室温5℃以下时，浸渍48~60h。米要吸足水分，如未浸透则蒸饭时容易出现外熟内生。浸渍后的浆水不可有馊臭和黏糊感。浸渍后应用清水淋冲，洗去黏附在米粒上的黏性浆液，使蒸汽能均匀通过饭层。如果要采用不经清水淋洗的带浆蒸饭，则一定要将浸米严格沥干，这是有无生粒的关键。

②蒸饭：“双淋、双蒸”是粳米蒸饭质量的关键。传统甑桶蒸饭采用5眼灶，开始时5眼全部蒸头甑，蒸好15甑后，3眼蒸头甑，2眼蒸二甑。具体操作：先捞起浸米，盛入竹箩，用清水冲洗至无白水沥出为止。头甑饭待蒸汽全面透出饭面圆汽后，加盖2~3min，在饭面淋洒温水9~10kg，然后套上第二只甑桶，待上面甑桶全面透汽，加盖3~4min，将下面一甑抬出倒入打饭缸内。每50kg粳米在打饭缸内吃水18~19kg，水温36~45℃（根据气温调整）。吃水后将缸中的熟饭翻拌均匀，使饭粒在相近的温度下均匀吸水。加上缸盖焖饭，隔5min再上、下翻拌一次；继续焖饭，又隔10min再上、下翻拌一次。头甑饭的要求是“用手捻开无白心，外观成玉色，饭粒完整，不破不烂”。如果吃水量过大，水温过高，则饭粒破裂，第二次蒸饭后会出现过于糊烂的现象，将影响发酵。第二次蒸饭称为二甑饭，从打饭缸中取出头甑饭分装成两甑再蒸，两只甑桶上下重叠套蒸，以求稍微增加压力和节约蒸汽。等到上面一甑的饭面圆汽后，加盖半分钟，拉出下面的一甑饭淋水，将上面的一甑换到下面，如此重复换蒸，故称为“双淋、双蒸”操作法。现在多采用蒸饭机蒸饭，卧式蒸饭机蒸饭时，在蒸饭机中段喷淋80~95℃热水；串联立式蒸饭机蒸饭时，在第一台蒸饭机出饭后喷淋热水（有的厂用40℃左右水浸泡2min、焖饭3min），然后进入第二台蒸饭机蒸饭。

③淋水、拌药、搭窝：操作管理与前面的淋饭酒母相仿。米饭搭窝后，保温培养，经24~36h来酿液，成熟时酿液满窝。酿液应呈白玉色，有正常的酒香，绝对不能带有酸馊的异常气味，镜检酵母细胞数1亿个/mL左右。要做好淋饭酒母（俗称酿板或板子）应抓好四关。

a. 米饭熟而不烂。

b. 淋饭品温符合要求。

c. 拌药均匀，搓散饭块。

d. 充分做好拌药后的保温工作。

④翻缸加水：一般在拌药后 45~52h，酿液约占窝的 2/3，糖度在 20°Bx 以上，即可加水，加水量按总控制量 330%计算。经淋水以后称重的出饭率每甑 220%~230%，立式蒸饭机 200%~210%，用曲率为 8%，加水率 90%~105%，每大缸总米量 125kg，每缸放水量在 117.5~125kg，应按每天抽有代表性样缸进行淋饭称重的实际数来计算应加的水量。

⑤第一次喂饭：翻缸次日，第一次加曲，其数量为总用曲量的 1/2，即 4%，喂入原料米 50kg 的米饭。喂饭后一般品温为 25~28℃，略予拌匀，用手捏碎大的饭块即可。

⑥开耙：第一次喂饭后 13~14h，开第一次耙。此时，缸底的酿水温度为 24~26℃或低于 24℃，缸面品温为 29~30℃，甚至高达 32~34℃。通过开耙调节酒醪上、下品温，排除 CO_2 及补充酵母所需的新鲜空气。

⑦第二次喂饭：第一次喂饭后的次日，第二次加曲，其用量为余下的 1/2，再喂入原料米 25kg 的米饭。喂饭前后的品温一般在 28~30℃，随气温的变动和酒醪温度的高低，适当调整喂入米饭的温度。操作时尽量少搅拌，防止搅成糊状。

⑧灌坛、后发酵（养醅）：在第二次喂饭以后的 5~10h，酒醪从发酵缸灌入酒坛，堆放在露天，养醅 60~90d，进行缓慢的后发酵，然后压榨、煎酒、灌坛。

⑨出酒率、质量、出糟率：出酒率为 250%~260%，酒精度为 15%~16%vol，总酸为 5.3~5.8g/L，糖分小于 5g/L，出糟率为 18%~20%。

日本清酒酿造都用喂饭法，我国浙江、江苏两省采用喂饭法生产黄酒也较多。具体操作方法因原料品种及喂饭次数和数量的不同而异，例如用糯米为原料时不需双淋、双蒸。采用喂饭法操作，还应注意下列几点。

a. 喂饭次数以 2~3 次为宜。

b. 各次喂饭之间的相隔时间为 24h。

c. 各次喂饭所占百分比应前小后大，喂饭量逐渐递增，这样应起着酵母扩大培养的作用。后期喂饭量多，能使成品酒的口味变得甜厚。

d. 第一次喂饭量不要过大，防止酒母中的酸和酵母细胞数一下子稀释很大。若在发酵前期，杂菌抑制不好，往往会引起酸败。

e. 发酵温度开始较低，然后逐步升温，最后一次喂饭完成后，使温度达到规定的最高值。

f. 虽然总的加水量和用曲量不能改变，但各次喂饭时的加水量和用曲量可以按具体情况灵活掌握，不过增减的数量要适当，不要变化太大。

2. 米曲类黄酒

(1) 红曲酒　红曲酒产于福建省和浙江省南部地区，因用红曲作糖化发酵剂而得名。福建老酒是红曲酒中的代表，现将其酿造方法介绍如下。

①配料：以缸和坛为单位，每个缸的容量为400kg左右，每个坛的容量为50kg左右。原料配方见表3-11。

表3-11　原料配方表　单位：kg

容器	糯米	红曲	白曲	水
每缸	170	7.5	4	144~152
每坛	21.25	0.57	0.5	19~20

红曲酒的生产，是在每年的9~10月，此时气温高，酵母发酵旺盛，因此应适当增加用水量，一般每坛可多加1~2kg水。这样可以降低淀粉浓度，有利于品温的掌握。如果加水量过少，会造成升温猛，前期糖分积聚过多，酒醅酸度高，酒精含量低，加水量应视原料和气温情况而定。

②工艺流程

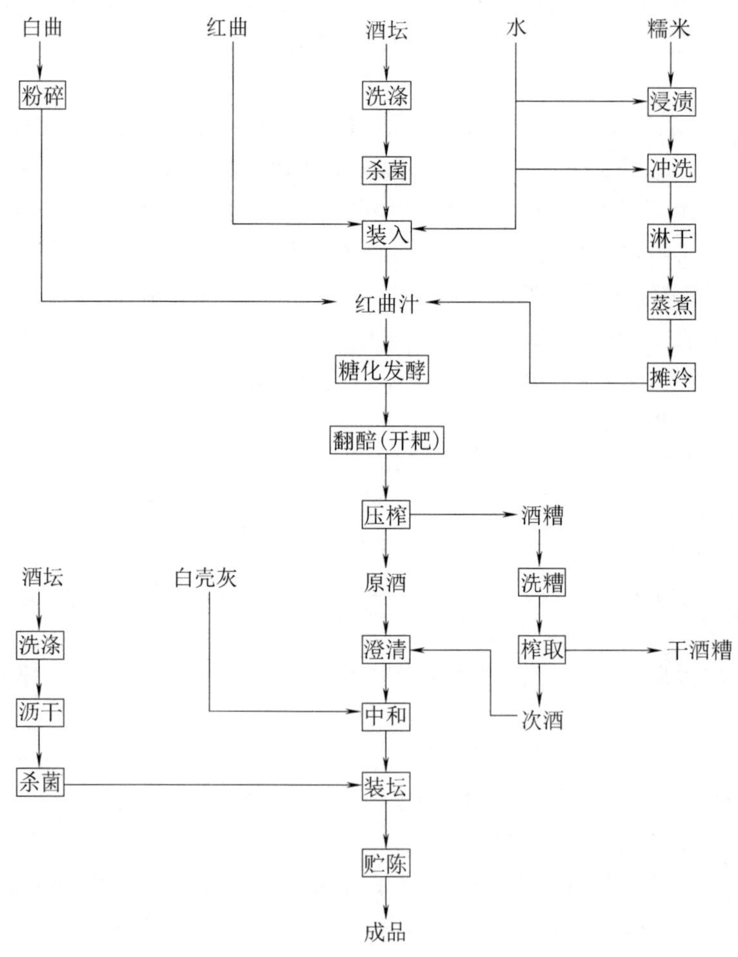

a. 浸米：一般冬春浸渍8~12h，夏天浸5~6h。以米粒透心，手指捏之能碎即可。

b. 捞米冲洗：将浸好的米捞入箩内，捞时要轻，以免使米粒破碎，再用清水从上往下先冲中间，再冲四周，以箩底流出的水不浑浊为止，然后沥干余水。

c. 蒸饭：将沥干的米装入甑内，使米保持疏松均匀。蒸煮的程度以熟透而不烂为宜，当蒸到以手推米，米粒不动，以手捏米，里外一致，没有白心时，再加盖强蒸5min左右。目前大多数厂已采用蒸饭机蒸煮。

d. 摊冷：将蒸好的米饭倒在饭床上，用木锹将饭向四周摊开，并随时翻动，使它迅速散发热量，同时用排风扇排风，以加速冷却。饭冷却的温度以下坛拌曲需要的温度而定。

e. 拌曲、下坛：拌曲下坛是酿酒操作中的主要环节之一，要使拌曲后的温度适合微生物糖化和发酵。品温过高，虽然对糖化有利，但升温太快，糖积累过多，酵母不能及时利用，易产生酸败；品温过低，则糖化不彻底，淀粉利用率低。因此，下坛拌曲的品温应根据季节、气温不同而随时调整，一般视室温情况掌握在22~27℃，气温高时下坛温度应适当低一些。在下坛前，应先将坛洗刷干净，盛入清水，水量多少依配料要求而定，然后将配方的红曲取出一碗，其余全部倒入坛内，浸16~18h后备用。将摊冷的米饭按配方比例加入浸好曲的酒坛中，同时迅速加入白曲粉，用手或工具将饭、曲、水搅拌均匀，再将留下的一碗红曲铺在上面，以防止上层饭粒硬化和杂菌侵入，然后用纸包扎坛口。

f. 糖化发酵：糖化发酵中要掌握温度，温度过高易引起杂菌感染而造成酒醪酸败；若温度过低，糖化迟缓，则酒质差。发酵开始升温时间也应掌握，一般应控制在下坛或下缸后24h品温即开始上升，72h达到发酵最旺盛期，品温也达最高，但不得超过36℃。以后品温开始逐渐下降，发酵到7~8d后，品温接近室温，这一般称为前发酵期。

g. 翻醅：翻醅即开耙，翻醅的时间主要看酒醅的外观变化，如，醅面糟皮很薄，用手摸发软；酒醅中发出刺鼻酒味；液汁以口尝略带辣甜；酒醅当中有陷醅面，呈现裂缝；品温降至15℃以下。在这几种情况下应即进行翻醅。一般辣醅在入坛后20d，甜醅在入坛后24~28d。翻醅的次数，一般连续3d，每天1次，以后每隔7~10d翻一次，连续2~3次。翻醅是用木耙深入坛底，每次只开5下，先开中间，四边各开一下，经90~120d即发酵成熟。

h. 压榨：将成熟的酒醅倒入大酒槽内，2~3h后将抽酒篓插入酒槽内的醅中，经1~2h酒液流入篓内，即用挽桶或皮管将清酒液取出，约4~5h后酒液取出近6~8成，则将抽酒篓取出洗净备用。余下的酒糟装丝袋上榨，操作方法与一般传统工艺相同。目前各厂已普遍采用压榨机榨酒。

i. 洗糟：第一次压榨后的酒糟尚有部分残留的酒液，所以，酒糟经加水搅拌后再进行第二次压榨，取出残留液，以提高出酒率。加水的数量，每缸酒醅的糟加 65~70kg。榨出的酒液倒入第一次榨出的清酒中。

j. 中和：发酵结束，酒醅的酸度一般为 7.5~10.5g/L，为使酸度达到标准要求，要用白壳灰（石灰）进行中和。其加量为每缸酒（620~650kg）0.9kg 左右。加灰的方法是先将白壳灰用第二次榨出的酒液溶解，沉淀 30~50min 后取其清液加入酒液中，充分搅拌均匀，经 16~20h 完全沉淀澄清后，将酒液用泵打入待杀菌的盛酒容器中。

k. 杀菌、陈酿：杀菌温度为 86~88℃，时间为 10min。陈酿时间应以酒质而定，时间过长，焦苦味重。一般陈酿一年左右。陈放的地方应以干燥、通风、无阳光直晒为宜。

（2）乌衣红曲酒　乌衣红曲酒主要产于浙江省温州、金华、丽水及福建等地区。乌衣红曲外观呈黑褐色，内呈暗红色，它是把黑曲霉、红曲霉和酵母等微生物混杂培养在米粒上制成的一种糖化发酵剂。由于乌衣红曲兼有黑曲霉及红曲霉的优点，具有糖化力强、耐酸、耐高温的特点，所以乌衣红曲黄酒的出酒率高。但其制曲方法相当繁琐，管理复杂，不易实现机械化生产，有待改进。现将乌衣红曲酒酿造过程介绍如下。

①工艺流程

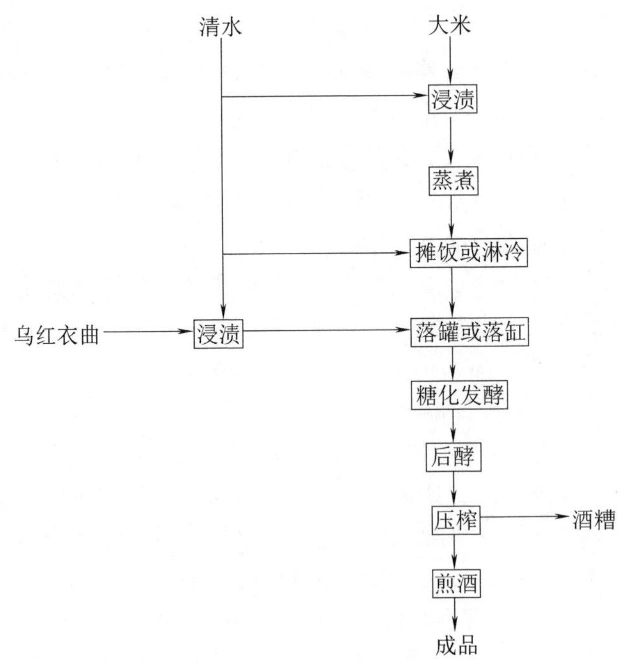

②酿造操作

a. 浸米：浸米时间一般早籼米为48h，粳米、糯米为24~36h，但也要视气温高低而缩短或延长浸米时间。

b. 蒸饭：浸好的米缓慢、均匀地流入振动筛，同时打开喷水管进行淋米，至流出的水清为止。淋清的米入木甑或蒸饭机进行蒸煮。籼米装甑待全部上汽后停2~3min进行淋水，要求淋水的水温在60℃以上，淋水量为20%左右，淋好后继续蒸20~25min即可出甑，出饭率一般在160%左右，糯米则不需淋水，上汽后蒸20min即可，出饭率一般在145%左右。

由于籼米原料蒸煮困难，采取先浸米、后粉碎的方法效果较好。把浸好的米粉碎成粉，用甑或蒸饭机把米粉蒸熟，并打散团块，摊凉备用。

c. 发酵：采用浸曲法培养酒母，一般用5倍于曲重量的清水浸渍，其目的是将淀粉酶浸出，使酵母预先繁殖。浸曲是重要的一环，关系到酒的质量和出酒率。曲是否浸好的标准有以下5个方面：一看温度，外观不同的乌衣红曲采用不同的水温，一般调节在24~26℃；二看气泡，一般在24h左右为大泡，到30h左右转为小泡，40h以上已看不出明显的气泡；三听声音，在24h声音最响，到40h以上声音已很微弱；四看化验，曲水酸度在0.75~1.35g/L，酵母数在0.5~0.9亿个/mL，出芽率在10%~15%；五看下池表现，下池后12h，升温到30℃左右，酒醅为苦涩味，略带甜味，说明曲已浸好，如果升温很慢或酒醅是甜淡味的，则浸曲太嫩或过老。根据季节不同，浸曲的时间和条件也不同，一般秋、夏酿酒浸曲30h左右，不调节浸曲水温，气温高时还要冷却降温；冬、春酿酒浸曲40~44h，调节浸曲水温在24~26℃。浸曲时为了防止杂菌的生长和有利于酵母的繁殖，应加入适量乳酸调节pH在4左右，这样即可保障酵母的纯粹培养，又可改善酒的风味。

曲浸好后加入摊凉的米饭（或米粉），总重量控制在320%左右。为了控制发酵温度，不少厂采用喂饭操作法，一般在发酵24h进行，这对提高出酒率和酒的质量有一定的作用。前酵一般4~5d。整个发酵过程酒醪的品温最高不超过30℃。后酵一般控制在22~24℃，后酵时间视气温高低与酒醪检验结果而定，一般10~15d。

d. 压榨、煎酒、贮存。

二、半干型黄酒的酿造

半干型黄酒总糖含量为15.1~40.0g/L，这类黄酒的许多品种，由于酿造精良，酒质优美，风味独特，素为国内外消费者喜爱。特别是绍兴加饭酒，酒色黄亮有光泽，香气浓郁芬芳，口味鲜美醇厚，甜度适口，在国内外享有盛誉。下面以绍兴加饭酒为代表，对半型黄酒的酿造加以介绍。

加饭酒实质上是以元红酒生产工艺为基础，在配料中减少加水量，即相当于增加了饭量，进一步提高工艺操作要求酿制而成的。

1. 配料

配料为每缸糯米 144kg、麦曲 25kg、水 68.5kg、浆水 50kg、淋饭酒母 8～10kg、50% vol 糟烧 5kg。现在多数酒厂不加浆水，加水量也增加至 145～148kg。

2. 工艺流程

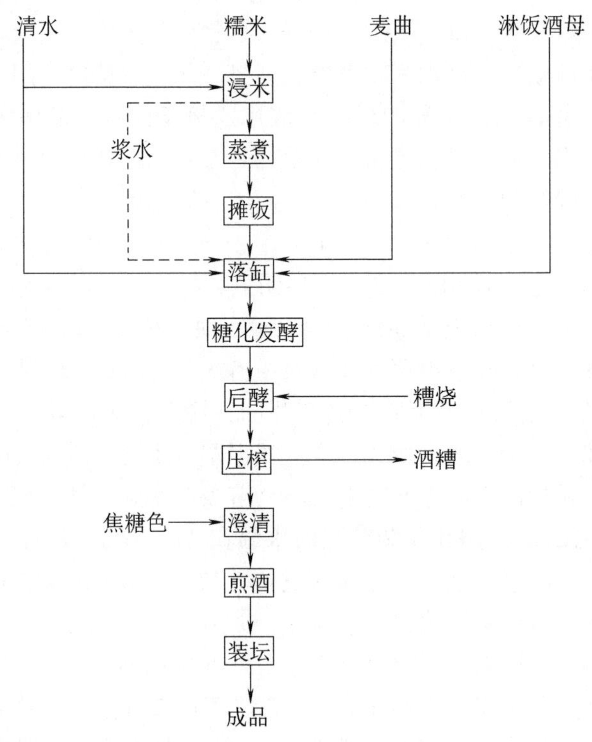

3. 酿造操作

操作基本上与元红酒相同，以下仅作简单说明。

（1）落缸　根据气温将落缸品温控制在 25～28℃，并及时做好酒缸的保温工作，防止升温过快或降温过快。

（2）糖化、发酵及开耙　物料落缸后，由于麦曲的糖化作用，酵母便有足够的营养开始繁殖，此时温度上升缓慢，应注意保温。一般缸口盖以草编缸盖，缸壁围以草包，然后覆上尼龙薄膜进行保温。注意关好门窗，以免冷空气侵入，影响缸内物料的升温。由于绍兴加饭酒的物料浓度较高，水分较少，一般经 6~8h 要对每缸料用木楫进行撬松、翻动，一方面可调节温度，均匀酒醅，更重要的是可提供一定的新鲜空气，以加快升温。经 12~16h，品温上升至 35℃左右时，酒醅进入主发酵阶段，便可开头耙，一般头耙温度为 35~37℃，因缸中心与缸边、缸底酒醅的温度相差较大，开耙后缸中品温会下降 5~10℃，这时仍需保温。

头耙后大约间隔 4h 左右开二耙，二耙品温一般不超过 33.5℃，并根据品温渐渐去掉保温物。以后根据缸面酒醅的厚薄、品温情况及时开三耙、四耙。通常情况下四耙以后品温逐渐下降，主发酵基本完成。为提高酵母活力，每天用木耙搅拌 3~4 次，4~5d 以后灌入 25kg 的陶坛进行后发酵。后发酵灌坛前要加入陈年糟烧，以增加香味，提高酒精度，保证后酵 80~90d 的正常发酵。为保证后酵养醅发酵的均匀一致，堆往室外的半成品坛应注意适当控制向阳和背阴堆放处理。

在糖化发酵及开耙这一重要的酿造过程中，应十分重视以下几点。

①严格控制品温变化：及时用开耙搅拌和去掉保温物进行调节。

②注意酒精度的变化：根据开耙时感觉，前四耙有明显的酒精度变化，四耙结束时酒精浓度达到 10%以上，前酵结束灌坛时须在 13%以上，后发酵结束应超过 19%。

③密切注意酸度变化：酸度是衡量酒质优劣、发酵正常与否的重要指标。头耙时总酸在 3.0~4.5g/L，前酵结束灌坛前在 6.0g/L 左右，后酵结束时最好控制在 7.0g/L 以内，否则影响风味。

④酒醅中的糖分变化是进行控制发酵、调节品温的一个依据，头耙时含糖量在 80~100g/L，四耙后降至 40g/L 左右，前酵结束时应保持在 30g/L 左右，以后糖分消耗与增长大致平衡，至后酵结束时一般在 10~30g/L。

⑤注意酒醅中酵母数的增减情况：一般以主发酵四耙结束时为依据，此时酵母细胞数在 5~10 亿个/mL，太少表明主发酵不正常。以后基本保持在这一范围，直至后酵结束。由于绍兴黄酒酒药中的酵母活力较强，虽是后酵长时间静止养醅，酵母死亡率也低于 10%。

三、半甜型黄酒

半甜型黄酒在酿制时，以陈年干黄酒代水下缸，使酒醪开始糖化发酵之时，就存在较高的酒精含量，借以抑制酵母菌的生长繁殖速度，减缓发酵，造成酒醪发酵的不彻底状态，致使部分糖分在发酵结束时仍能残留于酒液之中。

该类黄酒的含糖量在 40.1~100g/L，酒香浓郁，酒精度适中，酒味甘甜醇厚可口。由于以酒代水下缸，故成本较高，产量不大，被视为黄酒中的珍品。此酒在贮藏过程中，所含的糖分与氨基酸会发生美拉德反应，使类黑物质增多，引起酒色褐变，故不适于久贮。

绍兴善酿酒、无锡惠泉酒等属于半甜型黄酒。无锡惠泉酒以糯米、陈年糯米黄酒、糟烧或食用酒精、麦曲及1/2罐经48h发酵的江苏老酒发酵醪酿制而成。传统工艺绍兴善酿酒是以元红酒代水酿制而成。鲜酿酒是一种类似善酿酒的半甜型黄酒，以淋饭酒的上清液代替元红酒酿制而成，比善酿酒更鲜甜，但不及善酿酒柔和醇厚。下面以善酿酒为例介绍一下半甜型黄酒的生产方法。

1. 传统工艺

（1）配料

配料为每缸糯米144kg、麦曲27.5kg、淋饭酒母15kg、浆水50kg、陈元红酒100kg。

（2）酿造操作

善酿酒的操作与元红酒基本相同。原料糯米经过15d左右浸渍，汲取其酸浆水，稀释至总酸为3.8~6.5g/L（各厂有差异），澄清过夜，备用。湿米经冲洗、沥干，常压蒸熟、摊凉，然后与麦曲、淋饭酒母、陈元红酒等同时投入已盛有浆水的酿缸中去。由于加入了元红酒，落缸时酒精度已达6%vol以上，使酵母的生长繁殖受到抑制，发酵缓慢。为促进酵母繁殖和发酵，要求落缸品温比元红酒提高2~3℃，一般为30~31℃，并注意加强保温。

落缸后20h左右，随着糖化发酵的进行，品温升到30~32℃，便可开头耙。头耙后品温下降4~6℃，继续做好保温工作。再经10~14h，品温升到30~31℃时，即开二耙。这时要根据气温、品温的高低和酒醪的成熟程度，采取适当的保温措施。

再经4~6h，品温升到28~30℃时，开三耙，并根据发酵情况做好降温工作。此后要注意开冷耙降温，以免发酵过度，糖分降低过多。一般经4d主发酵后，将酒醪分装在酒坛中，使醪温进一步降低，进行缓慢的后发酵。经70d左右，即可压榨。由于发酵不完全，压榨速度较慢。

压榨后的酒液经澄清、煎酒、灌装，入库贮存数月，即可作为成品出售。

在善酿酒的酿造中，浆水对发酵的影响很大。如不加浆水，发酵极为缓慢，品温基本不升高，只需每隔24h开耙一次，并重视保温工作即可。

2. 机械化工艺

各厂的机械化善酿酒配方和酿造操作存在较大差异，这里以某厂为例。

（1）配料

以糯米100kg计，麦曲18kg、酒母7kg、元红酒70kg、水40kg，48h加饭酒发酵醪60kg

（2）工艺流程

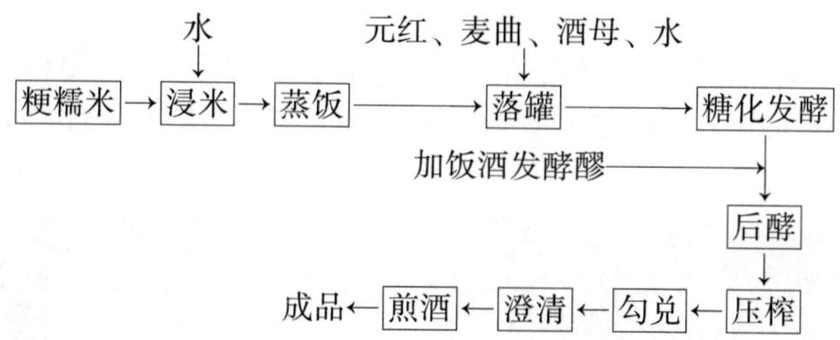

（3）酿造操作

落罐时将水、元红酒、饭、麦曲和酒母一次性投入到前酵罐中，控制落罐品温 29~32℃。落罐后 30h 开头耙，之后每 8h 开耙一次，2d 后每 12h 开耙一次，前酵品温控制不超过 33℃。发酵 4~5d 后，加入加饭酒发酵醪并打入后发酵罐，后发酵温度控制在 15~18℃。经过 25d 左右后发酵，酒精度达到 15%~16%vol，糖度达 60~80g/L，就可压榨。

四、甜型黄酒

甜型黄酒的生产，一般采用淋饭法酿制，即在饭料中拌糖化发酵剂，当糖化发酵达到一定程度时，加入酒精度为 40%vol~50%vol 的米白酒或糟烧，抑制酵母菌的发酵作用，以保持酒醪中较高的糖含量。由于该类酒生产时糖度、酒精度均相当高，不怕杂菌污染，故可以安排在气温较高的季节生产，如绍兴香雪酒一般安排在 5~6 月份和 9~10 月份生产。甜型黄酒糖分在 100g/L 以上，最高可达 400g/L 左右，甜美可口，营养丰富。江苏丹阳封缸酒、福建龙岩沉缸酒、绍兴香雪酒、江西九江封缸酒等均属于此类黄酒的佼佼者。

1. 封缸酒

封缸酒呈琥珀色、醇香浓郁、味鲜甜醇厚，目前在甜型黄酒中品质最优。封缸酒采用上等精白糯米为原料，经小曲（纯种根霉甜酒曲）糖化，加入经贮存半年后的优质小曲米白酒，封存于缸中发酵而成。

（1）配料

每缸糯米 100kg、小曲 0.75kg，50%vol 米白酒 90kg。

（2）酿造操作

①浸米：一般春天浸 8h，夏天浸 3~4h，秋天浸 5~6h，冬天浸 10h 左右。要求吸水率达到 25%~30%，用水捻之即碎为度。

②蒸饭：浸好的米，经淋清沥干后，送入蒸饭机蒸饭。饭的要求是熟而不烂，散而不硬，内无生心。

③淋水：同一般淋饭法操作，将米饭淋冷至 30~32℃，沥去余水。

④落缸搭窝、糖化发酵：拌入小曲搭窝（图3-36），盖上缸盖保温糖化发酵（图3-37），经24h窝中出现甜液，此时品温不超过30~32℃，反复取甜液浇洒饭面，48h后品温逐渐下降至24~26℃，一般经72h甜液满窝（图3-38），糖度达到最高，这时加入米白酒抑制发酵（图3-39）。

图3-36　搭窝

图3-37　保温糖化

图3-38　甜液

图3-39　加白酒

⑤养醅（后发酵）：现已将封缸养醅改为大罐养醅。加白酒后用木耙搅拌均匀，合并打入后酵罐中养醅，前期每隔10~15d翻罐一次，翻3次后静置养醅，经100d左右养醅后压榨。

2. 沉缸酒

沉缸酒色泽鲜艳、酒香浓郁、味甜醇厚，品质优美，曾与绍兴加饭酒一道被评为国家名酒。沉缸酒以上等糯米和优质小曲米白酒为原料，以古田红曲、特制小曲为糖化发酵剂酿制而成。

（1）配料

每缸（容量约 100kg）用糯米 30kg、53%vol 米白酒 25kg、古田红曲 1.5kg、药曲 0.1kg、厦门白曲（散曲）0.05kg、根霉曲（以白曲根霉 2 号纯种培养的甜酒曲）0.05kg、水（包括全部用水）22~25kg。

配料中各项需根据气温变化和曲的质量好坏适当增减。气温较高时，米烧酒用量适当增加；药曲糖化力和发酵力高、酸度低时，应减少散曲及根霉曲的用量。

（2）酿造操作

①浸米：浸米时间一般夏秋浸 10~14h，冬春 12~16h，以用手指捻米粉碎为度，吸水率为 33%~36%。

②冲洗：先冲去米面泡沫，放掉浸米水，将米轻轻捞入竹箩内，每箩米为每甑米量的一半（干米 15kg，湿米 20~20.5kg），冲洗至流出的水清时为止，沥干。

③蒸饭：将沥干水的米倒入甑桶内扒平，待蒸汽全部透出米面后再倒入一箩米。等蒸汽再透出米面，即盖上麻袋和甑盖，闷蒸 30~40min。如米质硬，米粒大，应适当延长蒸煮时间。之后每甑浇淋 1~1.5kg 温水，再继续蒸 15~20min。要求饭粒熟透均匀，软而不烂，无生心。蒸饭过程吸水率在 14% 左右。

④淋饭、下缸搭窝：饭蒸熟后，抬至搁有木架的缸上，立即用冷水冲淋。冷水用量视气温、水温高低及下缸品温要求而酌量增减。淋水后的饭再抬至另一缸上，取缸内温水 30kg 复淋，目的是使米饭上下和米粒内外温度均匀一致。将饭抬至缸口，边下饭边撒曲，然后迅速将缸内的饭上下翻拌均匀。再在饭中央挖一“V”形窝，冬季窝宜小些，洞口直径 20cm 左右；夏季窝宜大些，洞口直径 25cm 左右。然后用手将饭面轻轻抹光，以不使饭下塌为度。盖好缸盖，冬天要做好保温工作。落缸后的品温要求参考表 3-12 。

表 3-12　沉缸酒淋饭搭窝品温控制

室温/℃	10~15	15~20	20~25	25 以上
落缸后品温/℃	32~34	30~32	28~30	28 以下

⑤第一次加酒：下缸后 12~24h，饭粒上长出白色菌丝，并有嘶嘶响声，这时应特别注意品温的测定。24~36h，饭粒表面似有水珠，用手轻压饭面便向下陷，气泡外溢，留下指凹的痕迹，此时整个饭粒已软化，并在窝底出现了酒液，品温升到 35~37℃。经 36~48h 后，甜酒液已达窝高的 4/5，品温也降

到 33℃左右，酒醅的酒精含量达到 3%~4%，这时就进行第一次加酒。

加酒前将红曲倒入缸内，加清水洗涤，以除去表面孢子、灰尘、杂质等，立即捞入箩内沥干，一般洗涤时红曲的加水量控制在 100%以下。加酒时先打开缸盖，擦净缸壁凝结水，将红曲倒入缸中，再倒入配料规定用量的 20%的米白酒（每缸约 5kg），用手将红曲及米白酒翻拌均匀，揩净缸壁饭粒，测定品温，盖上缸盖。

⑥翻醅：加酒后约 24h（气温高时 12h 左右）进行第一次翻醅，翻醅前记下品温，然后用手将缸四周醪盖向下压入液下，将中间酒醅翻向四周，使中心成为一锅形洞，上、中、下的醅温差控制在 2℃以下，一般室温 25℃以上时每天翻醅两次，室温在 25℃以下每天翻醅一次，如室温在 15℃以下，应两天翻一次。翻醅应品尝醅液的口味，一般以醅液逐渐清甜，苦涩味逐渐减少，酸度适宜为佳，并记下翻醅后的品温。

⑦第二次加酒：下缸后第 7~8d（秋夏 5~6d），酒醅糖浓度在 280g/L 以上，酒精度 9%vol 以上，总酸在 7.6g/L 左右即进行第二次加酒。将余下的白酒（每缸约 20kg）全部倒入醅内，搅拌均匀，揩净缸壁，加盖密封。若产量大，发酵缸不够使用，可进行并缸或将酒醅分盛于已洗净的酒坛中，加坛盖并用两层纸扎紧坛口，堆叠整齐。

⑧养醅：第二次加酒后即静止养醅，其目的是利用微弱的糖化发酵作用，使酒增加芳香、醇厚和消除强烈的白酒味，增加柔和感及协调感。养醅期的长短应根据气候灵活掌握，一般都在 40~60d。养醅期间必须加强检验，当酒醅糖浓度达到 250~270g/L，酒精含量降至 20%以下，酸度上升到 6g/L 左右时，就可进行压榨。

⑨抽酒、压榨、澄清：用分离筛将发酵醅的清酒液与糟分离叫抽酒。发酵好的酒醅用泵或用勺桶打至另一个已杀菌好的空缸木架上的分离筛内，使酒液与糟缓慢分离，流出的清酒液打入澄清桶内进行澄清，糟醅送至压榨间压榨，压出的酒液并入沉淀桶内，加入适量糖色，搅拌均匀，澄清 5~7d。

⑩煎酒、陈酿：将酒加热至 86~90℃，装入经灭菌的酒坛内，每坛装酒 25~30kg，坛口立即盖上瓦盖，以减少酒的挥发损失。待坛内酒稍冷时（一般第二天早晨）取下瓦盖，加上木盖，用三层棉纸、三层报纸涂以猪油石灰浆密封坛口，贮存期一般为 3 年。

3. 绍兴香雪酒

(1) 传统工艺

①配料：香雪酒每缸用糯米 100kg、麦曲 10kg、50%vol 糟烧 100kg、酒药 0.2~0.25kg。

②工艺流程

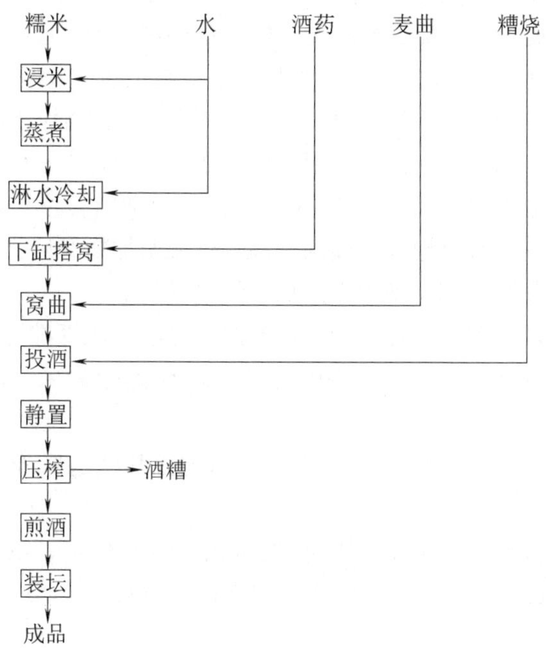

③酿造操作：香雪酒采用淋饭法制成酒酿，再加麦曲继续糖化，然后加入糟烧，进行3~5个月养醅，最后经压榨、煎酒而成。下缸搭窝以前的操作与淋饭酒母相同。

a. 蒸饭：要求熟而不糊，饭蒸熟了，吸水多，淀粉糊化彻底，这就有利于淀粉糖化酶的分解作用，把更多的淀粉变为糖，但是饭也不能蒸得太烂，否则淋水困难、搭窝不疏松，影响糖化菌的生长，不利于糖分的形成。

b. 窝曲、投酒：窝曲的作用一方面是补充酶量，有利于淀粉的液化和糖化，另一方面是赋予麦曲特有的色、香、味。窝曲过程中，酒醅中的酵母大量繁殖并继续进行酒精发酵，消耗糖分，所以窝曲后，糖化作用达到一定程度时，便要加入糟烧以提高酒精含量，抑制酵母的发酵作用。窝曲糖化作用的适当与否，也就是糟烧加入是否适时，对香雪酒的产量、质量影响很大。各厂掌握的标准有所不同，但一般是酒窝满至九分，窝中糖液味鲜甜时，投入麦曲，并充分拌匀，继续保温糖化。经12~14h，酒醅固体部分向上浮起，形成醪盖，其下面积聚醅液约15cm左右的高度时，便投入糟烧，充分搅拌均匀，仍后加盖静置。糟烧加入太早或太迟都不好，加入太早，虽然糖分高些，但是麦曲中酶的分解作用没有充分发挥，酒醅黏厚，造成压榨困难，出酒率低，而且酒的生麦味重，影响风味；相反，如加糟烧太迟，则因酒精发酵过分，消耗过多的糖分，造成糖分较低，酒的鲜味也差，同样影响酒的质量。

c. 酒醅的堆放和榨煎：加糟烧后的酒醅，经一天静置，即可灌坛养醅。灌坛时，用耙将缸中的酒醅充分捣匀，使灌坛固液均匀，灌坛后坛口包扎好荷叶箬壳，3~4 坛为一列堆于室内，最上层坛口封上少量湿泥，以减少酒精挥发。如用缸封存，则加入糟烧后每隔 2~3d 捣醅一次，捣拌 2~3 次后，便可用洁净的空缸覆盖，两缸口衔接处，用荷叶衬垫，并用盐卤拌泥封口。

香雪酒的堆放养醅时间长达 3~5 个月，其间酒精含量会稍有下降，主要由于挥发所致，而总酸及糖分仍逐渐升高，这说明加糟烧后，糖化酶的作用虽被钝化但并未全部被破坏，糖化作用仍在缓慢进行。

经长时间的堆放养醅，各项指标达到规定标准，便可进行压榨。香雪酒由于酒精含量和糖分都比较高，无杀菌的必要，但经煎酒后，胶体物质被凝结，使酒清澈透明。

(2) 机械化工艺　各厂的机械化香雪酒配方和酿造操作差异不大，这里以某厂为例。

①配料：以糯米 100kg 计，块曲 11. 5kg、熟麦曲 5kg、酒母 11. 8kg、38%vol 糟烧或食用酒精 96. 3kg、95%vol 食用酒精 16. 6kg。

②工艺流程：

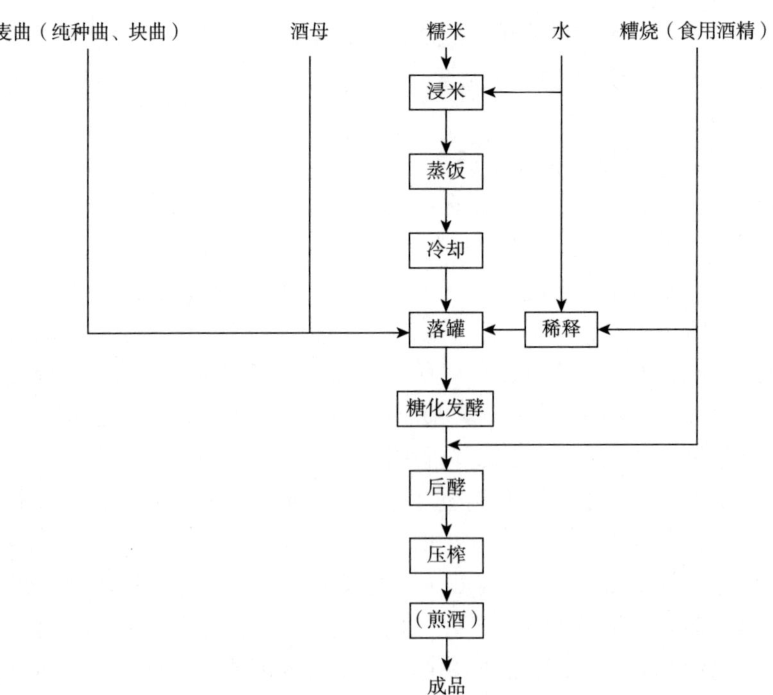

③酿造操作：机械化香雪酒采用摊饭法生产，浸米时间延长至 3~4d。投料时如酒精度过高，会影响酵母发酵和麦曲中酶的活力，因此配入的糟烧或食用酒精的酒精度以 35%~40%vol 为宜。落罐温度控制在 28~31℃，落罐后 24h 左右开头耙，之后每天开耙一次，4d 后加入 95%vol 食用酒精，打入后酵罐，糖化发酵 100d 左右即可压榨。

五、清爽型黄酒

各厂的清爽型黄酒配方和酿造操作差异较大，有的用喂饭法，有的用摊饭法；用摊饭法生产时，多数用高温糖化酒母，且用量很大，也有用速酿酒母的，这里以某厂为例。

1. 配料

速酿酒母和黄酒配料如表 3-13 所示。

表 3-13　　速酿酒母和黄酒配料（以米量为 100kg 计）

名称	酒母（10~次年 3 月）	酒母（4~9 月）	黄酒
粳米/kg	100	100	100
麦曲/ kg	13	6.5	5%~12%
水/ kg	220	220	160
种子或酒母/ kg	2~4	2~4	≥10%
5 万单位糖化酶/ kg	—	0.12	0~0.069
6000 单位淀粉酶/ kg	0.007	0.06~0.07	0.013~0041
食用乳酸/mL	0~80	0~80	—

2. 工艺流程

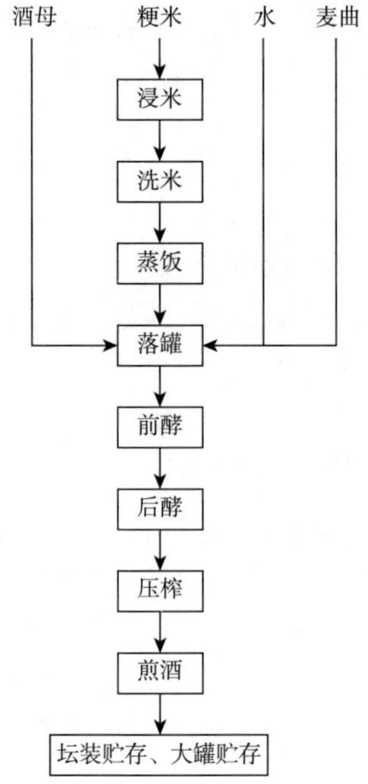

3. 操作方法

①浸米：将水温调至35~50℃，在外壁包有保温材料的罐中浸泡36~50h，总酸达到5~6g/L。

②冲洗、蒸饭：浸后的米在输送带上冲洗后，进入卧式蒸饭机蒸饭，蒸饭过程中喷淋85~95℃的热水。

③落罐：速酿酒母落罐温度29~30℃，黄酒落罐温度25-26℃。

④发酵：酒母落罐后10~14h开头耙，开耙温度不超过31℃，培养温度31~26℃，最高不超过31℃，培养时间2~3d；黄酒落罐后8~12h开头耙，开耙温度不超过31℃，前发酵温度33~25℃，最高不超过33℃，3~4d后打入后发酵罐，再在25℃以下发酵12~18d。

第六节　黍米黄酒的酿造

我国北方黄酒多采用黍米为原料，其中以产自山东即墨县的即墨老酒最为有名，是北方黄酒的典型代表。即墨老酒呈黑褐色，香味独特，焦香、味纯和适口，微苦而回味深长。即墨老酒的生产方法与南方大米黄酒有很大区别。

即墨老酒选用大粒黑脐的黄色黍米（俗称龙眼黍米，大黄米）为原料，这种黍米蒸煮时容易糊化。如使用白色黍米或红色黍米酿酒，因米质较硬，蒸煮困难，易产生硬心的黍米粒。

1. 工艺流程

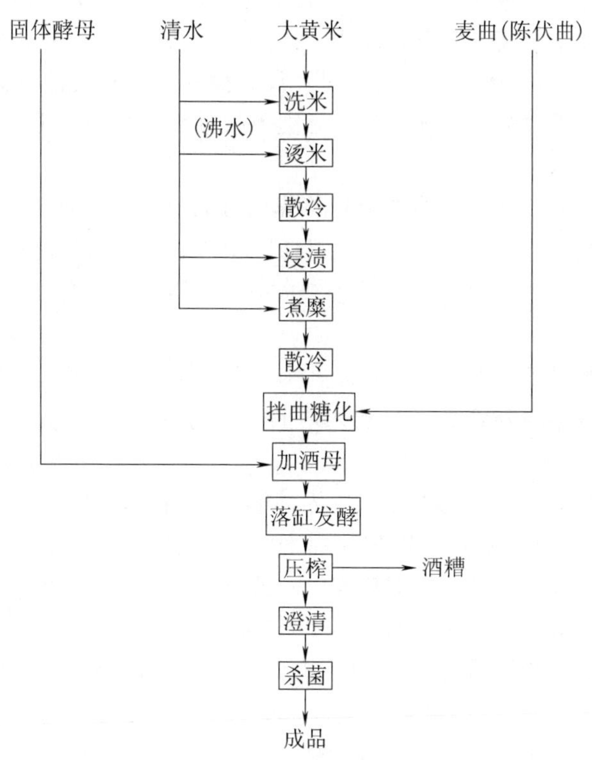

2. 酿造操作

①洗米：把干米95kg倒入缸内，加入清水。在洗米时，先用木锨将缸内的米搅动起来，捞出水面上的浮杂物，用两把笊篱循环把米捞到另一缸内，捞米时以水沥至滴点为佳。

②烫米：由于黍米的外壳较厚，颗粒较小，单纯靠浸渍，不易使黍米充分吸水，会给糊化造成困难。因此，必须将黍米浸烫，通过烫米，使黍米外壳软化裂开吸水，颗粒松散，以利于糊化铲糜。烫米，就是将洗好的米根据季节不同适当加入底浆（即清凉水），再倒入沸水，立即用木锨搅动起来。此时缸内温度在60℃左右，待10min，再将缸内的米用木锨搅动一次。

③散凉：烫米时，如直接凉水浸泡会造成米粒“大开花”现象，以致淀粉损失。为此，应有一个搅动散凉的过程，即让烫米水温降到40℃左右，再加水浸渍。

④浸渍：按不同季节掌握浸渍时间、温度以及换水次数，浸至手捏能碎为度，然后用清水冲洗，沥干待煮。

⑤煮糜：煮熟的黍米醪俗称“糜”，故这一操作称为煮糜。在大铁锅内先倾入清水，其数量为每千克干原料加 2kg 水，煮水至沸腾，备用，然后将洗后的米渐次投入，并不断翻拌。现在一般用搅拌机（电动铲）进行翻拌。先用猛火煮至呈黏性，再盖上锅盖，改用文火慢煮，每隔 15~20min 搅拌一次。煮糜历时共 1.5~2h。对糜的质量要求是：没有糊米，米质变色不变焦，无锅渣，无烟味，不稠，锅底的疙渣无糊米。煮糜不仅使淀粉糊化，还使大黄米变色，产生独特的焦香味。

⑥散冷、拌曲、糖化：即墨老酒的糖化曲采用小麦为原料的生块曲，多在夏季中伏天踏制，陈放一年以上，故又叫陈伏曲。先将这种砖状的块曲粉碎成 2~3cm 见方小块，在煮糜铁锅中焙炒 20min，使部分有轻度焦化，然后粉碎成粉状使用。

将煮好的糜置于经开水烫过的糜案上，开动电风扇，用木铲不断翻拌，使其迅速降温，待品温降到 60℃，放入块曲，进行糖化。在加曲时要把曲拌匀，糖化时间为 1h。

⑦加酒母：即墨老酒的酒母采用固体酒母。将锅内的糜煮到将要变色时，取出 1kg，散冷至适宜温度，即加麦曲 1kg，加菌根（种子）200g，拌匀后做成圆馍形。根据气候条件，保温培养，一般开始品温 28~34℃，最后发酵成熟的品温在 37~39℃，保温培养时间为 12~20h。

糖化后的糜，继续散冷至 30℃左右时，拌入固体酒母。固体酒母用量为原料米的 0.5%。

⑧发酵：在糜米入缸前，先将发酵缸用开水杀菌、揩干。糜入缸后一般到 22h 左右，即可开头耙，此时品温比入缸时品温高 2~3℃。此后应每天检查一次品温，以便及时发现问题，采取措施。

⑨压榨、澄清、杀菌：由于采用了分段糖化和发酵的方法，糖化发酵迅速，整个发酵期短，一般经过 7d 发酵即可压榨，出酒率为 120%。

第七节　黄酒酿造新思路

一、大米焙炒糊化技术

1988 年，日本宝酒造株式会社率先将大米焙炒技术引入清酒生产中，并开发出新型的焙炒清酒。焙炒糊化的原理是利用高温气流（300℃）对大米进行流化处理，使大米内部的水分瞬间蒸发，从而破坏淀粉之间的氢键，在数十秒内使大米淀粉糊化。焙炒糊化设备结构与原理见图 3-40。与传统的蒸饭糊化法相比，省去了浸米工序，从而减少了浸米废水的排放。此外，在焙炒过程中，大米中的淀粉、蛋白质在高温下的热降解产物互相之间发生了剧烈的美拉德反应，从而形成了大量的吡嗪、吡咯、噻吩、噻唑等杂环类香味化合物，赋予大米一种特殊的奶油香味。

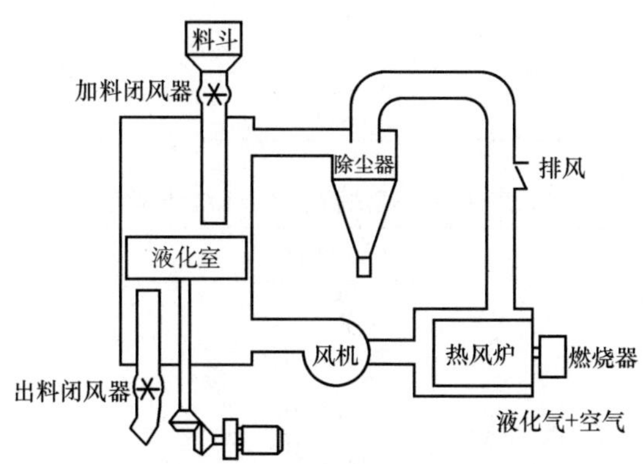

图 3-40 焙炒糊化设备结构图

江南大学在利用大米焙炒糊化技术生产黄酒方面做了研究工作。糯米经焙炒糊化，可获得与蒸饭相同或相近的糊化效果，焙炒糊化与蒸煮糊化各指标的比较见表 3-14。

表 3-14 糯米焙炒糊化与蒸煮糊化各指标的比较 单位：%

项目	未处理	焙炒	蒸煮
水分	14.74	3.19	38.45
糊化率	—	91.83	93.15
绝干淀粉含量	85.78	86.23	86.32
绝干脂肪含量	0.839	0.386	0.278
绝干含氮量	1.22	1.23	1.24

以焙炒糊化法糯米进行酿酒试验，酿成的黄酒与蒸煮糊化法比较见表 3-15～表 3-17。与蒸饭法相比，焙炒糊化法酿成的黄酒具有两个明显的特点：一是氨基酸含量较低，可能是在高温处理时，部分蛋白质和氨基酸与糖类发生美拉德反应所致；二是具有美拉德反应产生的令人愉快的香气。

表 3-15 焙炒法与蒸煮法黄酒各常规指标的比较

项目	蒸煮法黄酒	焙炒法黄酒
酒精度/%vol	14.1	14.2
残糖/（g/L）	4.02	4.00
总酸/（g/L）	5.45	4.35
氨基氮/（g/L）	1.092	0.815
挥发酸/（g/L）	0.506	0.253
挥发酯/（g/L）	0.371	0.389

表 3-16 焙炒法与蒸煮法黄酒氨基酸含量比较 单位：mg/L

氨基酸	蒸煮法黄酒	焙炒法黄酒
天冬氨酸	150.68	124.36
苏氨酸	322.86	277.12
丝氨酸	140.40	118.59
谷氨酸	418.73	385.47
甘氨酸	125.30	100.32
丙氨酸	371.75	351.34
缬氨酸	277.61	233.59
蛋氨酸	112.73	98.85
异亮氨酸	162.59	146.85
亮氨酸	305.91	270.17
酪氨酸	278.61	230.33
苯丙氨酸	252.00	204.32
赖氨酸	157.16	121.72
组氨酸	42.63	35.29
精氨酸	223.05	49.92
总计	3342.01	2748.24

表 3-17 焙炒法与蒸煮法黄酒感官比较

项目	蒸煮法黄酒	焙炒法黄酒
色泽	淡黄色	金黄色
香气	正常黄酒香气	特殊的类似奶油的香气
口感	苦涩鲜味较强	口味较为清爽

二、大米挤压膨化糊化技术

挤压膨化技术现已广泛应用于食品、饲料、酿造、油脂加工等方面。挤压膨化的原理：物料在挤压机机腔中依靠螺旋的推动曲折前进，在推进力和摩擦力作用下受压变热，使得淀粉粒解体，同时机腔内温度、压力升高（温度可达 150~200℃、压力可达 1MPa 以上），然后物料从一定形状的模孔瞬间挤出，由高温、高压突然降到常温、常压，其中游离水分急剧汽化、膨胀（水的体积可膨化大约 2000 倍），使物料淀粉体积膨大，迅速变成片层状疏松的海绵体结构，同时生淀粉（β-淀粉）转化为熟淀粉（α-淀粉）。

江南大学将挤压膨化技术应用于黄酒生产中的糯米原料的处理，通过挤压膨化使糯米淀粉获得较高的糊化度，省去浸米和蒸煮工序，从而节约能源和减少废水排放。糯米经挤压膨化（螺杆转速 650rpm）后各项指标的变化见表 3-18。

表 3-18 糯米膨化前后指标变化

项目	膨化前	膨化后
水分/%	12.89	8.28
淀粉/%	83.04	76.23
还原糖/%	0.68	1.89
蛋白质/%	11.40	10.61
氨基酸/（mg/L）	59.68	76.79
脂肪/%	0.966	0.585
糊化度/%	13.00	89.93

用挤压膨化糯米酿造黄酒，能提高原料利用率，并缩短生产周期，酿成的黄酒各项指标与传统蒸饭法比较见表 3-19~表 3-21，具有口味清爽、焦香味、氨基酸和醇酯类物质含量较低的特点。造成焦香味和氨基酸含量较低的原因，可能是因膨化过程中部分蛋白质和氨基酸与还原糖在高温、高压、高剪切力下发生了美拉德反应。

表 3-19 膨化法与蒸煮法黄酒各指标的比较

项目	蒸煮法黄酒	膨化法黄酒
酒精度/%vol	16.7	16.0
残糖/（g/L）	4.64	2.28
总酸/（g/L）	5.60	5.13
氨基氮/（g/L）	1.32	1.62
原料利用率/%	65.23	76.12

表 3-20　膨化法与蒸煮法黄酒氨基酸含量比较　单位：mg/L

氨基酸种类	蒸煮法黄酒	膨化法黄酒
天冬氨酸	524.84	491.14
苏氨酸	1252.96	838.22
丝氨酸	535.52	476.19
谷氨酸	1008.13	810.13
甘氨酸	444.43	345.74
丙氨酸	1139.03	642.59
胱氨酸	118.02	174.14
缬氨酸	495.78	427.64
蛋氨酸	211.33	133.39
异亮氨酸	273.70	228.66
亮氨酸	765.72	571.35
酪氨酸	421.41	266.07
苯丙氨酸	502.96	328.92
赖氨酸	246.61	198.90
组氨酸	76.71	80.55
色氨酸	23.77	19.72
精氨酸	623.14	347.97
脯氨酸	747.92	628.37
合计	9411.98	7009.69

表 3-21　膨化法与蒸煮法黄酒风味物质比较　单位：mg/L

化合物名称	蒸煮法黄酒	膨化法黄酒
丙醇	16.29	60.71
异戊醇	295.55	261.55
异丁醇	150.63	109.19
苯乙醇	43.85	18.57
己醇	1.18	1.60
乙酸乙酯	39.69	34.35
乳酸乙酯	42.92	46.72

续表3-21

化合物名称	蒸煮法黄酒	膨化法黄酒
己酸乙酯	0.27	0.35
琥珀酸二乙酯	1.50	0.47
乙酸异戊酯	10.48	10.52

三、清液发酵纯生黄酒酿造技术

清液发酵纯生黄酒酿造技术由浙江古越龙山绍兴酒股份有限公司开发成功，其显著特点是采用先糖化后发酵、清液发酵和无菌过滤灌装。

1. 工艺流程

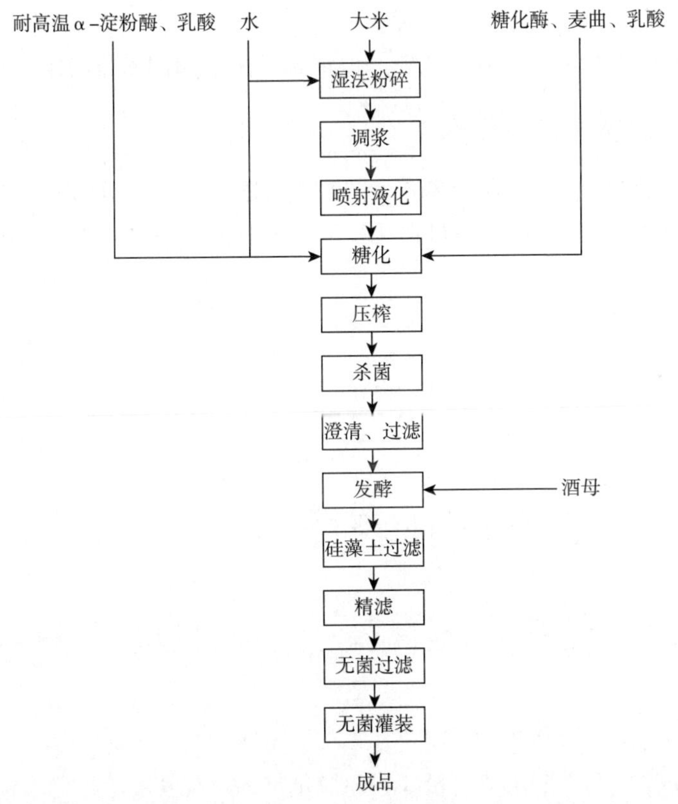

2. 产品质量标准

清液发酵纯生黄酒质量标准见表3-22。

表 3-22　清液发酵纯生黄酒标准

项目	指标
酒精度/%vol	8.5~9.5
总糖（以葡萄糖计）/（g/L）	8~25
总酸（以乳酸计）/（g/L）	≤5.0
感官	色泽清，口味清爽、鲜洁，香气淡雅

与传统酿造技术相比，清液发酵纯生黄酒酿造技术具有以下优点。

（1）省去浸米和蒸煮工序，从而节约能源和减少废水排放。

（2）有利于实现自动化、管道化和高效化生产。

（3）不受季节性限制，可实现全年生产。

（4）工艺参数易于控制，能较好保证各批次之间的质量稳定性。

四、液化法黄酒酿造技术

液化法黄酒酿造技术在兰溪芥子园酒业有限公司成功应用，其特点是原料粉碎后先液化，再加麦曲和酒母糖化发酵，酿制的黄酒理化指标与传统工艺黄酒较接近。

1. 工艺流程

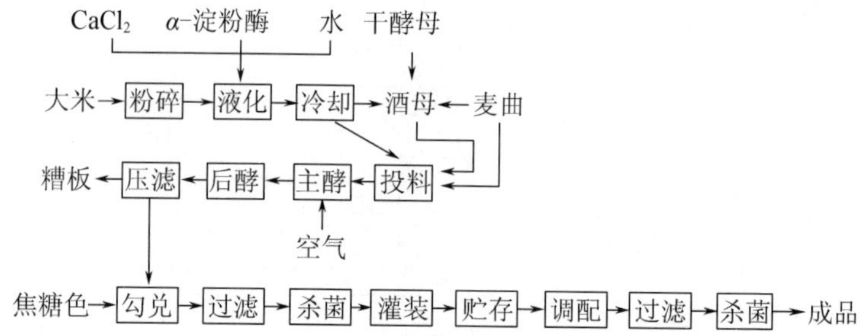

2. 酿造操作与工艺要求

（1）粉碎　大米采用干法粉碎，粉碎细度 40~60 目。

（2）液化　料水比 1∶2，投料温度 50℃，α-淀粉酶用量 30U/g 大米（其中 65℃时加 5U /g 大米，80℃时加 25U /g 大米），食用级 $CaCl_2$2500g/t 大米，调 pH5.8~6.0。液化工艺如下。

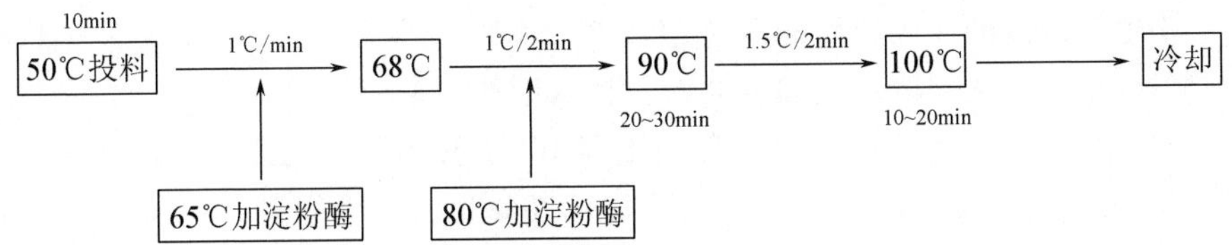

（3）冷却　以螺旋式换热器为冷却设备，将液化液冷却至 25～28℃（入罐时 25～28℃）。

（4）投料　发酵罐容量 40t，分 3 次投料，每次投入液化液 10.5t，24h 后第 2 次投料，3～5h 后第 3 次投料。

（5）加麦曲和酒母　麦曲用量为原料量的 5%，第 1 次和第 2 次投料时各添加 2.5%。酒母量为原料量的 8%～10%，第 1 次投料时全部加入。添加时用空气搅拌使混合均匀。

（6）主酵　主酵温度 27～30℃，最高不超过 32℃，主酵时间 5～6d，每 8h 通风搅拌 10min，主酵结束时酒精度 15.5%～17.0%vol，总酸 5.0～6.8g/L。

（7）后酵　后酵温度控制 15～25℃，后酵时间 15～20d。

3. 酒母扩培

（1）工艺流程

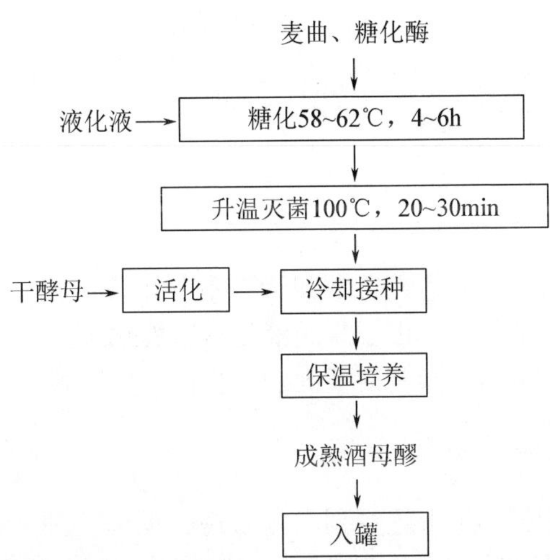

（2）操作方法

①糖化：将液化液冷却到 60～65℃，加入原料量 6～8% 的麦曲进行糖化，糖化温度 58～62℃、时间 4～5h。

② 灭菌：糖化结束后升温至100℃，保温20~30min灭菌。

③冷却、接种：灭菌后的糖化醪冷却至60℃，调至pH4.0左右、外观糖度15°Bx左右，继续冷却至28~30℃，接入原料量1%的干酵母。

④保温培养：接种后在28℃左右培养16~20h即可使用，成熟酒母质量要求：酵母数1.5×10^8个/mL以上，芽生率20%左右，细胞健壮、整齐、气味正常，无异味。

4. 成品酒理化指标和感官质量

成品酒理化指标符合GB/T 13662—2018《黄酒》国家标准要求，31批次成品酒理化指标平均值见表3-23。感官质量与传统工艺黄酒相比，口味清新淡雅、苦涩味较小、麦曲味较轻。

表3-23 成品酒理化指标

项目	指标
总糖（以葡萄糖计）/（g/L）	3.6
酒精度/%vol	16.6
总酸（以乳酸计）/（g/L）	5.9
氨基酸态氮/（g/L）	0.55
pH	4.0
固形物（除糖）/（g/L）	32.0
β-苯乙醇/（mg/L）	127.0

液化法酿造技术具有清液发酵酿造技术利于清洁化和自动化生产等优点，与清液发酵酿造技术相比，由于采用液化后边糖化边发酵工艺，省去中间压榨环节，原料利用率更高，酿制的黄酒理化指标与传统黄酒较接近。

五、黄酒的增酸发酵技术

近年来，低度黄酒越来越受到市场欢迎，低度黄酒多都采用稀释法生产，正常发酵的黄酒稀释后由于酸度降低，口感寡淡，目前采用发酵异常或贮存过程酸败的黄酒调酸，影响产品的口感和安全性。

初步试验结果表明，利用从黄酒发酵醪中分离出的高产乳酸且低产生物胺乳酸菌进行强化发酵，可酿造出风味较好且生物胺含量较低的调酸用高酸黄酒。

1. 工艺流程

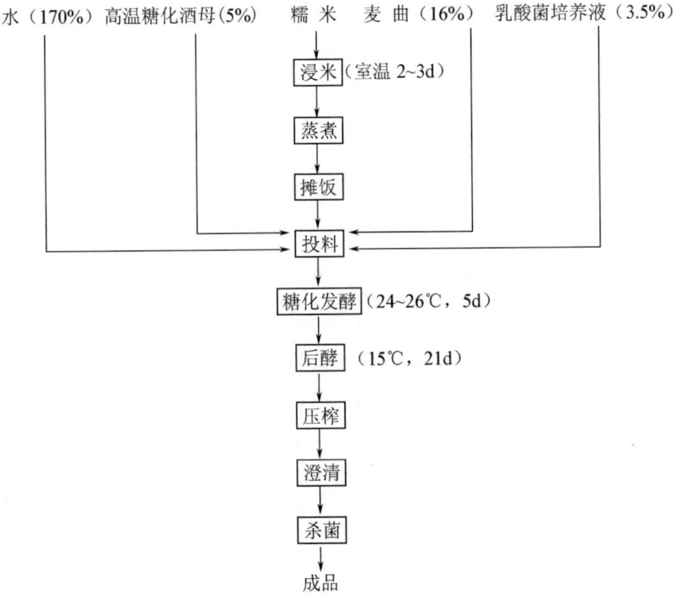

2. 成品酒理化指标和感官质量

成品酒无不良气味，香气与传统黄酒较接近，理化指标见表 3-24。

表 3-24 成品酒理化指标

项目	指标
总糖（以葡萄糖计）/（g/L）	5.2
酒精度/%vol	15.8
总酸（以乳酸计）/（g/L）	14.6
氨基酸态氮/（g/L）	0.71
pH	3.6
固形物（除糖）/（g/L）	30.7

强化乳酸菌发酵酿造的高酸黄酒与正常生产的黄酒相比，具有酯含量较高、高级醇和生物胺含量较低、乳酸占总有机酸的比例较高等特点。以高酸黄酒代替酸败黄酒勾兑调酸，能明显提高低度黄酒的品质。

第四章 成品黄酒

严格来说，新酿成的黄酒还不能称为成品酒，还必须经过贮存、勾兑和后处理。贮存的目的是提高黄酒的品质，使黄酒由新酿成时的口感辛辣粗糙、香气不足变得醇厚柔和、醇香浓郁；勾兑是将不同质量特点的原酒进行组合和调整，其主要目的是使出厂产品的质量保持稳定；黄酒是极不稳定的胶体溶液，在存放过程中易产生浑浊、沉淀，通常采用下胶、冷冻、过滤等处理手段来延长其澄清期。此外，黄酒是供人们饮用的，其质量的优劣，除了理化分析鉴定外，还离不开感官品评鉴定。

第一节 黄酒的贮存

新酿成的黄酒，酒中各种成分之间不够协调，口感辛辣粗糙，香味不足，需要经过一定时期的贮存来提高品质，此过程称为黄酒的老熟或陈酿。

一、黄酒贮存过程中的变化

1. 主要成分的变化

(1) 醇类物质的变化　黄酒中醇类物质，首先是主体物质乙醇。新酒在陶坛中贮存，随着贮存年份的增加，乙醇含量呈下降趋势，以酒精度为 19%vol 的新酒为例，乙醇含量前 3 年下降至 18%vol 左右，之后下降速度变缓，经过 15~20 年的贮存，酒精度下降至 15.5%~16%vol。减少的乙醇去向大体可分为三部分：部分被氧化成乙醛和乙酸；部分发生酯化反应，以有机酸乙酯的形式存在；部分与形成的有机酸乙酯一起挥发逸出。

另外，高级醇类物质，如丁醇类、戊醇类、芳香醇类（苯乙醇、对羟基苯乙醇等）、丙醇等，是黄酒的主要香气成分之一，在贮存过程中也会参与氧化和酯化反应，其含量应呈下降的趋势，但目前缺乏对同一批酒样的跟踪检测数据。从表 4-1 的数据看，不同贮存期黄酒中高级醇含量的变化没有规律，但是表 4-1 中的酒样为不同年份酿造，并非同一批酒样，初始值本身存在差异。

表 4-1　　不同贮存期黄酒中主要高级醇的含量　　单位：mg/L

醇类	3 年	4 年	6 年	8 年	9 年	11 年	12 年
苯乙醇	81.275	63.351	60.571	93.599	84.646	69.918	64.807
异戊醇	96.654	101.662	110.775	80.892	70.890	71.176	91.152
异丁醇	40.893	54.165	75.551	18.615	18.940	76.055	41.536
总计	218.822	219.178	246.897	193.106	174.476	217.149	197.495

注：数据引自参考文献［20］，检测方法为顶空固相微萃取与气质联用法。

（2）醛、酸的变化　黄酒在贮陈过程中，醛被氧化成酸，酸与各种醇反应形成酯，但因醇不断被氧化成醛和酸，使醛和酸的量得到补充，加上美拉德反应生成的醛，使醛和酸的新生成量大于损失量，因此黄酒中醛和酸的含量随着贮存期的延长呈上升趋势。如图表 4-2 和表 4-3 所示，虽然酒样的初始值本身存在差异，但总的来说，醛和酸呈现上升趋势。

表 4-2　　不同贮存期黄酒中主要醛类物质的含量　　单位：mg/L

醛类	3 年	4 年	6 年	8 年	9 年	11 年	12 年
苯甲醛	2.707	4.765	8.643	6.083	7.899	15.935	15.983
糠醛	0.900	2.329	3.011	3.674	3.426	4.920	5.900
乙醛	0.665	0.714	0.790	0.882	0.865	1.346	1.124
总计	4.272	7.808	12.444	10.639	12.19	22.201	23.007

注：数据引自参考文献［20］，检测方法为顶空固相微萃取与气质联用法。

表 4-3　　不同贮存期黄酒中的总酸含量　　单位：g/L

贮存期	A 厂		贮存期	B 厂	
	总酸	年均增加量		总酸	年均增加量
1 年	6.3	—	1 年	5.1	—
4 年	6.9	0.20	3 年	6.1	0.50
7 年	7.2	0.15	4 年	6.3	0.40
10 年	7.5	0.13	12 年	6.5	0.13

注：数据引自参考文献［24］。

（3）酯的变化　酯是黄酒的主要香气成分之一。黄酒在贮存过程中，有机酸与醇类反应生成酯，使酯的含量逐年增加，这是黄酒越陈越香的主要原因。由于酯类物质主要的香气是水果香，经过 60 年贮存的黄酒呈浓水果香。不同贮存期黄酒中主要酯类物质的含量见表 4-4。

表 4-4　　不同贮存期黄酒中主要酯类物质的含量　　单位：mg/L

酯类	A厂				B厂			C厂	
	新酒	3年	5年	10年	新酒	1年	10年	3年	5年
甲酸乙酯	9.21	17.52	20.51	33.05	3.91	11.73	29.15	5.67	7.03
乙酸乙酯	177.96	183.01	213.99	238.55	44.67	93.63	104.41	154.90	172.40
丙酸乙酯	1.48	1.88	1.83	3.79	0.30	1.31	1.39	0.59	0.69
乳酸乙酯	427.90	531.86	804.97	917.51	341.29	362.58	451.46	403.92	413.42
丁二酸二乙酯	35.69	83.94	87.47	101.18	19.09	22.28	23.19	57.76	64.75
总计	652.24	818.21	1128.77	1294.08	409.26	491.53	609.6	622.84	658.29

注：数据引自参考文献［25］，检测方法为吹扫捕集与气质联用法。

（4）固形物的变化　黄酒特别是绍兴黄酒的固形物含量较高，固形物主要包括还原糖、糊精、蛋白质、肽、氨基酸、有机酸盐、无机元素和酚类物质等成分。在贮存过程中，虽然部分固形物沉淀析出，但由于酒液挥发而浓缩，以及一些有机酸盐的生成，使黄酒固形物随着贮存期的延长而增加。不同贮存期黄酒的固形物含量见表 4-5。

表 4-5　　不同贮存期黄酒的固形物含量　　单位：g/L

贮存期	A厂		贮存期	B厂	
	固形物	除糖固形物		固形物	除糖固形物
1年	59.4	36.9	1年	58.7	33.2
4年	65.0	38.0	3年	65.6	40.6
7年	64.8	40.8	4年	66.8	42.3
10年	81.6	59.6	12年	87.4	62.4

注：数据引自参考文献［24］。

（5）氨基酸的变化　黄酒中游离氨基酸含量很高，种类达 20 种以上。在贮存过程中，部分氨基酸参与了酯化反应和美拉德反应，部分参与黄酒凝聚物的产生，因此黄酒中的游离氨基酸总体呈逐年减少的趋势。表 4-6 为不同贮存期黄酒中氨基酸态氮的含量，从氨基酸态氮的变化，可以反映出游离氨基酸的总体变化。

表 4-6　　不同贮存期黄酒中氨基酸态氮的含量　　单位：g/L

贮存期	氨基酸态氮（A厂）	贮存期	氨基酸态氮（B厂）
1年	1.27	1年	1.09

续表4-6

贮存期	氨基酸态氮（A厂）	贮存期	氨基酸态氮（B厂）
4年	1.00	3年	1.01
7年	0.93	4年	1.00
10年	0.92	12年	0.65
13年	1.07	—	—

注：数据引自参考文献［24］。

2. 电导率、氧化还原电位的变化

（1）电导率的变化 黄酒的电导率随贮存期的延长而增高，但可能不与贮存期成正比关系，开始时变化较大，以后变化较小。据有关报道，贮存3年和60年的黄酒电导率分别为 $1.42\times10^3\mu\Omega/cm$ 和 $2.20\times10^3\mu\Omega/cm$。电导率的增高可能是由于醇类氧化使酸含量增高所致。另外，酒中的其他组分，尤其是乙醇与水分子的缔合作用，也使黄酒电导率有所提高。电导率可从一个侧面反映酒的老熟程度。

（2）氧化还原电位的变化 黄酒的氧化还原电位随贮存期的延长而下降，据有关报道，贮存3年和60年的黄酒氧化还原电位分别为290mV和185mV。这是由于酒中氧化物质减少，还原物质增加的结果。陈酒对比新酒呈氧化状态，这意味新酒被氧化而变成陈酒的。

3. 色香味的变化

（1）色的变化 酒色随贮存期的延长而变深，主要是酒中的糖分与氨基酸、肽类发生美拉德反应，生成类黑精所致。糖和氨基酸含量高的黄酒色易变深。甜型黄酒由于含糖量高，虽然不加焦糖色，经一段时间的贮存后酒色也会变得较深。此外，贮存温度较高时，酒色变深的速度加快。

（2）香气的变化 黄酒贮存过程中，有机酸与醇类发生酯化反应，酒中的酯类物质不断增加，使黄酒的香气变得浓郁。经过长期贮存后，由于酯类物质的增加和醇类物质的减少，使黄酒呈幽雅的陈香。甜型和半甜型黄酒经过较长时间贮存后，由于生成了较多的美拉德反应产物，会产生较浓的焦香。

（3）味的变化 黄酒在贮存过程中，酒中各种成分发生一系列化学反应和物理变化，如乙醇的氧化、醇与酸的酯化、乙醛与乙醇的缩合、乙醇与水分子的缔合，使黄酒的口味从辛辣变成醇厚、柔和。但经过几十年的贮存后，黄酒的口味反而会变淡。此外，甜型、半甜型黄酒如果贮存时间过长，会给酒带来焦苦味。

二、贮存管理

1. 酒龄概念

根据 GB/T　13662—2018《黄酒》国家标准的定义，酒龄是指发酵后的成品原酒在酒坛、酒罐等容器中贮存的年限，而销售包装上标注的酒龄，以勾调所用原酒的酒龄加权平均计算。新酿成的绍兴黄酒在酒坛上用墨喷突出酿制年份，在泥头内还有一张“酿单”，上面印有产品说明和酿制年份，由此可推算出该酒的酒龄。

值得注意的是，并不是所有黄酒都经得住长期贮存，优质绍兴加饭酒由于酒精度较高、酒质特别醇厚，且糖分较低，能够长期贮存且越陈越香，故又名“老酒”。

2. 贮存容器

以陶坛贮酒是黄酒的特色之一，绍兴酒基本采用容量为 23kg 左右的陶坛作为贮酒容器，如图 4-1 所示。陶坛贮酒存在以下优点。

（1）陶坛系黏土烧结而成，内外表面涂以釉质，陶坛材料分子间排列疏松、空隙大，具有一定的透气性，贮存在陶坛中的黄酒可以通过坛壁上的空隙吸收氧气，适量的氧气有利于黄酒的氧化。此外，陶坛采用荷叶、箬壳和黏土封口，这些材料也具透气性。

图 4-1　陶坛贮酒

（2）陶土中所含的镍、钛、铜、铁、锰等变价金属元素在高温烧结时形成高价态，对黄酒的老熟具有良好的催化作用。

（3）陶土具有与高岭土类似，能够对黄酒起到澄清作用。

但陶坛贮酒也存在缺点：一是贮酒成本高，万吨黄酒必须灌装成近 44 万只陶坛贮存，不但人工费用高，运输和贮存过程中的损耗大，而且需要较大的贮酒场地；二是搬运、堆幢（堆成 3~4 坛一叠）和翻幢的劳动强度大；三是由于采用泥头封口，影响生产车间和仓库环境卫生。

3. 存储环境

贮酒的仓库要求通风良好、高大、宽敞、阴凉、干燥。长期贮酒的仓库温度最好能保持在 5~20℃之间，过冷会减慢陈酿的速度；过热会使酒精挥发损耗，促使 EC 的形成，以及发生浑浊变质的危险。此外，堆叠好的黄酒应避免阳光辐射或直接照射，酒坛之间要留一定距离，以利通风和翻幢。

4. 贮存管理

成品黄酒在仓库内一般以 3~4 坛为一叠进行贮存，每年夏天或适当时间，应翻幢一二次，即将上层的酒坛移位翻到下层，下层翻到上层，减少因上、下层温度和空气流通情况的差异造成的陈酿程度上的不一致。如果仓库条件容许的话，还应把通道边的酒翻到里面，把里面的酒翻到通道口来。此外，利用翻幢机会，将有渗漏的酒坛挑拣出来，及时处理以减少损耗。

三、黄酒贮存技术的发展

1. 大罐贮酒

早在 20 世纪 70 年代初，大罐贮酒技术在福州酒厂试验成功。1988 年，绍兴黄酒大罐贮存试验成功，贮酒罐为不锈钢材料，采用分级冷却，热酒进罐，补充无菌空气的工艺路线。1994 年在绍兴黄酒企业中正式推广应用，大罐容量为 50m^3，但是贮存的黄酒质量出现问题，很快停止了这项技术的应用。据了解内情的专家分析，主要原因是推广应用时对不锈钢材质没有把好关，大罐贮存后黄酒带有金属味，影响了黄酒品质。近年来，经过不断试验改进，大罐贮酒技术在一些黄酒厂推广应用，贮酒罐材质为 304 不锈钢冷轧板，容量已扩大到 250~400m^3，如图 4-2 所示。

大罐贮酒最关键的问题是在保证风味的前提下，防止酒的酸败，为此必须注意以下几点。

（1）清洗、灭菌　贮酒罐、管道、输酒设备应进行 CIP 清洗并严格灭菌。黄酒厂常用蒸汽灭菌（也有用 75%vol 酒精喷淋灭菌的），灭菌时要特别注意死角和蒸汽冷凝水的排除，为防积液，贮酒罐最好采用锥底罐。灭菌结束时应立即通入无菌空气，否则冷却过程中产生较大的负压，造成罐体内凹变形。

图 4-2　大罐贮酒

（2）进罐　煎酒后，先将酒温冷却到 65℃左右再进罐，这样既使酒保持无菌状态，又避免酒在高温下停留太久而影响酒质。贮酒罐的容积大时，可采用多台薄板换热器同时煎酒，以缩短进罐时间。

（3）降温　因罐的体积大，自然冷却时间过长，对酒质影响较大，进酒完毕应立即封罐降温至 30℃以下，罐上安装带空气无菌过滤装置的呼吸阀，空气经无菌过滤后进入罐内，能起到自动维持罐压的作用。

（4）无菌空气　如补充的无菌空气带菌会引起酸败，因此必须保证无菌空气质量。

（5）检测　CIP 清洗后，对末次洗涤水进行微生物检测，以检查清洗效果；贮存过程中，要定期检测酒的总酸、pH 和微生物指标（包括厌氧菌），一旦发现不正常情况，要及时采取措施，避免造成损失。此外，要定期对无菌空气进行微生物检测，防止无菌空气成为贮酒的污染源。

从目前的应用情况看，大罐贮存在 1～2 年内的陈酿效果较好，普通黄酒因为贮存期相对较短，采用大罐贮存各方面的优势明显。但是需要长期贮存黄酒时，还是以陶坛贮存为好。从理论上讲，通过补充氧气和添加陶坛碎片可以达到陶坛贮酒的效果，今后要进一步研究加以完善。

2. 人工催陈

由于黄酒贮存过程中氧化、酯化反应速度非常缓慢，依靠自然老熟需要较长的贮存期，因此酒库占地面积大，积压资金多，酒的自然损耗也大。如何通过人为的手段加快黄酒的陈酿速度，缩短黄酒的贮存期，引起许多研究人员的兴趣。

目前，采用激光、辐射、高压、红外、微波、纳米工艺、化学催化剂等方法进行黄酒的人工催陈，已取得了一些研究成果，但是采用单一的催陈方法效果有限，因此组合式催陈成为今后人工催陈技术的研究方向。

第二节 黄酒的化学成分与色香味

一、黄酒的成分

黄酒的酿造是以曲和酒母糖化发酵、多种微生物参与作用的复杂的生物转化过程，因此黄酒的化学成分十分复杂，包括糖类、氨基酸和肽类、有机酸、无机盐、维生素、醇类、酯类、醛类、呋喃类、吡嗪类、酮类、酚类等。黄酒中各成分的含量很难得出一个平均值，因为它受原料配方、糖化发酵剂、酿造工艺与气候条件、贮存期等多种因素的影响。研究黄酒成分，目的在于控制和提高产品质量。表 4-7 至表 4-9 为黄酒成分的分析数据。

表 4-7　　黄酒（古越龙山加饭酒）的成分

成分	含量	成分	含量
酒精度/%vol	17.3	**矿物质/（mg/L）**	
总酸/（以乳酸计，g/L）	5.5	Zn	3.29
总糖/（以葡萄糖计，g/L）	26.0	Fe	3.60
除糖固形物/（g/L）	36.1	Mn	4.57
氨基酸态氮/（g/L）	0.85	Cu	0.27
氧化钙/（g/L）	0.18	K	391
挥发酯/（g/L）	0.36	Mg	203
pH	4.1	Ca	270
游离氨基酸/（g/L）	4.49	Na	20
水解氨基酸/（g/L）	17.62	Se	0.04
有机酸/（mg/L）		**酚类物质/（mg/L）**	
酒石酸	401.8	原儿茶酸	1.52
丙酮酸	63.4	儿茶素	24.60
苹果酸	567.2	绿原酸	4.66
乳酸	4167.7.	咖啡酸	1.24
乙酸	1439.8	表儿茶素	1.97
柠檬酸	648.5	丁香酸	6.87

续表4-7

成分	含量	成分	含量
琥珀酸	750.8	p-香豆酸	2.94
富马酸	57.4	芦丁	3.73
酮戊二酸	26.7	阿魏酸	2.29
糖类/（g/L）		**醇醛类/（mg/L）**	
果糖	0.25	丙醇	35.27
葡萄糖	15.52	2-丁醇	2.57
麦芽糖	3.76	2-甲基丙醇	35.97
异麦芽糖	2.67	3-甲基丁醇	56.53
潘糖	3.56	2-甲基丁醇	21.93
异麦芽三糖	1.25	乙缩醛	9.04
维生素/（mg/L）		**酯类/（mg/L）**	
维生素 B_1	0.69	乙酸乙酯	33.7
维生素 B_2	1.50	丁酸乙酯	0.19
维生素 PP	0.86	乳酸乙酯	248.1
维生素 B_6	4.21	己酸乙酯	0.12
维生素 C	37.35	乙酸异戊酯	0.041

注：醇、醛、酯检测采用液液萃取与气质联用法；酚类物质数据引自参考文献［21］，样品为古越龙山3年陈加饭；硒为中国食品发酵工业研究院采用ICP-MS法测得。

表4-8　黄酒（古越龙山加饭酒）中的游离氨基酸含量　单位：g/L

氨基酸	含量	氨基酸	含量
天冬氨酸	0.268	酪氨酸	0.262
谷氨酸	0.386	胱氨酸	0.041
天冬酰胺	0.130	缬氨酸	0.204
丝氨酸	0.232	蛋氨酸	0.058
组氨酸	0.090	色氨酸	0.059
甘氨酸	0.259	苯丙氨酸	0.278
苏氨酸	0.173	异亮氨酸	0.160
丙氨酸	0.577	亮氨酸	0.300
精氨酸	0.359	赖氨酸	0.197
γ-氨基丁酸	0.126	脯氨酸	0.339

表 4-9　　黄酒中挥发性香气成分含量　　单位：μg/L

成分	会稽山 5 年陈	金枫 5 年陈	沙洲优黄 5 年陈	锡山老酒 5 年陈	即墨老酒
醇					
丙醇	32345. 81	22249. 79	18898. 89	13081. 17	18912. 67
2-甲基丙醇	46314. 56	74120. 27	53789. 87	33573. 42	17494. 98
丁醇	1962. 93	ND.	1499. 77	1281. 12	1656. 02
2-甲基丁醇	21289. 12	16397. 47	16714. 74	20481. 83	7928. 03
3-甲基丁醇	154200. 63	140616. 86	114049. 72	95079. 82	87068. 36
戊醇	ND.	95. 19	ND.	ND.	ND.
己醇	463. 99	199. 05	213. 22	341. 74	172. 46
1-辛烯-3-醇	22. 58	20. 29	19. 27	35. 21	18. 83
庚醇	50. 02	26. 61	39. 44	51. 17	26. 86
酯					
乙酸乙酯	97404. 91	66115. 63	38070. 37	64399. 93	41042. 26
丙酸乙酯	730. 84	725. 95	129. 02	307. 87	883. 69
2-甲基丙酸乙酯	222. 12	425. 68	191. 88	207. 74	156. 6
丁酸乙酯	860. 77	1766. 51	388. 9	424. 02	438. 36
乙酸异戊酯	102. 57	172. 04	114. 28	76. 27	38. 82
戊酸乙酯	ND.	284. 51	ND.	15. 12	2. 03
己酸乙酯	84. 53	177. 3	68. 66	89. 04	61. 22
辛酸乙酯	109. 28	95. 29	94. 26	102. 28	91. 53
丁二酸二乙酯	23892. 91	9172. 58	4991. 4	10929. 7	1505. 96
酸					
乙酸	270150. 28	142428. 99	75490. 66	134113. 02	150366. 21
2-甲基丙酸	594. 93	954. 51	456. 99	607. 85	534. 58
丁酸	1907. 98	1526. 18	ND.	957. 82	334. 28
3-甲基丁酸	3873. 18	2797. 03	2555. 12	2913. 34	2787. 2
戊酸	ND.	1451. 29	ND.	ND.	436. 25
己酸	1519. 51	4156. 58	979. 1	1477. 12	1275. 96
庚酸	71. 06	ND.	ND.	ND.	ND.
辛酸	105. 76	204. 69	285. 41	142. 6	140. 09

续表4-9

成分	会稽山 5年陈	金枫 5年陈	沙洲优黄 5年陈	锡山老酒 5年陈	即墨老酒
芳香族化合物					
苯甲醛	1495.59	652.96	409.38	1393.95	395.29
苯乙醛	80.74	57.25	39.91	76.15	64.42
乙酰基苯	190.92	48.58	3.67	89.86	ND.
苯甲酸乙酯	66.69	26.48	13	38.76	12.78
苯乙酸乙酯	180.98	62.73	27.92	67.36	40.17
乙酸苯乙酯	68.89	50.53	83.61	40.54	22.36
苯甲醇	670.9	6708.38	432.25	1181.65	427.54
苯丙酸乙酯	48.99	8.12	20.73	15.82	14.18
苯乙醇	97535.53	61371.81	75390.88	74575.3	48622.88
（2*Z*）-2-苯基-2-丁烯醛	3117.24	576.87	ND.	1187.82	ND.
萘	ND.	0.5	0.54	1.18	0.5
酚及其衍生物					
苯酚	47.47	ND.	ND.	46.38	674.26
4-甲基苯酚	ND.	_	_	_	715.45
4-乙基苯酚	78.11	110.88	27.29	24.39	71.33
4-乙烯基愈创木酚	_	ND.	ND.	ND.	—
呋喃类化合物					
糠醛	18144.91	10367.91	4493.96	13151.66	10895.97
2-乙酰基呋喃	ND.	ND.	ND.	ND.	1845.9
5-甲基糠醛	87.46	68.47	65.32	73.28	152.64
糠酸乙酯	11.64	11.59	4.86	9.66	58.96
2-乙酰基-5-甲基呋喃	89.98	37.65	31.56	60.53	175.72
糠醇	ND.	ND.	ND.	2089.67	6869.91
内酯化合物					
γ-壬内酯	209.11	57.36	10.15	115.59	52.59
醛					
己醛	21.47	31.08	ND.	16.7	ND.

续表4-9

成分	会稽山 5年陈	金枫 5年陈	沙洲优黄 5年陈	锡山老酒 5年陈	即墨老酒
硫化物					
二甲基三硫	88.43	90.59	85.17	89.75	ND.
3-甲硫基丙醇	20438.77	3053.17	ND.	7268.28	ND.
含氮化合物					
2-乙酰基吡咯	ND.	ND.	ND.	148.37	1069.08
2，5-二甲基吡嗪	ND.	—	—	—	26.57
2，6-二甲基吡嗪	ND.	—	—	—	22.45

注：本表数据引自参考文献［26］，检测方法为顶空固相微萃取与气质联用法；ND. 表示未检测到该物质。

二、黄酒的色香味

1. 黄酒的色泽

黄酒的色泽因品种不同而异，主要来自酿造原辅料的自然色、曲中霉菌微生物分泌的微生物色素、黄酒贮存过程中发生美拉德反应产生的类黑精、某些金属离子，以及添加的焦糖色等。此外，有的产品使用了炒焦的原料，使酒色变深，如即墨老酒。

2. 黄酒的香气

黄酒的香气，不是指某一种化合物的突出香气，而是一种由多种挥发性成分组成的复合香。

（1）酯类　目前已从黄酒中检测出的酯类物质有149种，主要为乳酯乙酯、乙酸乙酯、丁二酸二乙酯、甲酸乙酯、丙酸乙酯、丁酸乙酯、葫芦巴内酯等。酯类物质大多呈水果香，这也是黄酒越陈越香的气味原因。

（2）醛类　黄酒中的醛类主要有乙醛、乙缩醛、糠醛、苯甲醛、异戊醛等，醛类主要呈果香和花香。乙缩醛由乙醛与乙醇缩合而成，具有愉快的清香味，也是黄酒的陈香气味。

（3）醇类　黄酒中除了乙醇外，含有异戊醇、异丁醇、苯乙醇、2-甲基丁醇、丙醇、仲丁醇（2-丁醇）等高级醇。高级醇是各种酒类的主要香味和口味物质之一，其中苯乙醇具有玫瑰花香和蜂蜜香。

3. 黄酒的滋味

黄酒中的风味物质非常丰富，从大量的感官品评和理化分析得出，主要由甜、酸、苦、辣、涩、鲜六味融合在一起，形成一种醇和、柔顺、丰满、浓郁、圆润、浑厚、悠长的感觉形象，兼有香、醇、柔、绵、爽的综合风味，令人回味无穷。

（1）甜味物质　黄酒中的甜味物质，一是糖类，主要为单糖、二糖和三糖，其中葡萄糖占总糖量的50%～70%。此外，黄酒中发现一种叫乙基-α-D-葡萄糖的糖，简称α-EG糖，系葡萄糖与乙醇脱水缩合而成，分子式$C_8H_{16}O_6$，相对分子质量208，极易溶于水和无水乙醇，属非还原性糖，口味与葡萄糖相似，在绍兴加饭酒中的含量为4.2g/L，善酿酒中的含量为11.4g/L，陈年封缸酒中的含量为1.2g/L；二是甜味氨基酸，如甘氨酸、丙氨酸、丝氨酸、苏氨酸、脯氨酸、组氨酸；三是某些醇类，如乙醇、2，3-丁二醇、丙三醇（甘油），其甜度随羟基数增加而加强。

（2）酸味物质　俗话说："无酸不成味"。酸是黄酒的重要口味之一，可增加酒的爽快和浓厚感。黄酒中的酸味物质主要是有机酸，已定量分析的有机酸有10余种，含量较高的有机酸为乳酸、乙酸、琥珀酸、柠檬酸、苹果酸等。

（3）鲜味物质　黄酒中的主要鲜味物质是氨基酸，谷氨酸、天门冬氨酸等氨基酸具有鲜味。此外，蛋白质水解生成的多肽和含氮碱、琥珀酸、酵母自溶产生的5′-核苷酸等物质也具有鲜味。这些物质与氨基酸一起赋予黄酒入口鲜爽、后味鲜长的独特风味。

（4）苦味物质　黄酒中的苦味物质包括某些氨基酸（如组氨酸、精氨酸、缬氨酸、异亮氨酸、亮氨酸、苯丙氨酸、色氨酸）和肽、酚类化合物、类黑精、焦糖、某些高级醇（如异丁醇、异戊醇、酪醇、苯乙醇、正丙醇）、糠醛、丙烯醛、5′-甲硫基腺苷和胺类等物质。此外，用曲量多和贮存期长会给酒带来苦味。苦味是黄酒的诸味之一，在极其轻微的情况下赋予黄酒刚劲爽口的风味，但苦味过重则破坏酒的协调。

（5）涩味物质　黄酒中的涩味物质主要是乳酸、乳酸乙酯、醛类（如乙醛、糠醛）、某些高级醇（如异丁醇、异戊醇、苯乙醇、正丙醇）、某些氨基酸（如酪氨酸、缬氨酸、亮氨酸）和酚类化合物等，这些物质过量时涩味难耐。此外，发酵醪酸度过高而添加过量石灰中和，以及曲的质量差也会给酒带来涩味。黄酒中需要保持适量涩感，以增加其浓厚调和感。

（6）辣味物质　黄酒的辣味物质主要是乙醇、高级醇和醛类。新酿的黄酒辛辣味较明显，在陈酿过程中，这些物质经过酯化、缩合和分子缔合作用，使酒质由辛辣、刺激变得柔和、爽适。

第三节 黄酒的品评

一、品评的意义和作用

鉴定黄酒质量的方法，总的来说，可分为理化分析和感官品评两种。黄酒的感官品评，习惯称之为评酒，是运用人的视觉、味觉、嗅觉来评定黄酒感官性质优劣的一种方法。品评大致可分为四步：首先是运用感觉器官对黄酒进行色、香、味、体（风格）的鉴定；其次是对大脑收到的信息进行归纳、分析并加以描述；然后将品评结果与感官标准进行比较；最后对黄酒进行评定。

黄酒是供人们饮用的，尽管理化分析法能对黄酒中各成分含量数据化，但仅仅根据理化分析的结果来评定黄酒的质量是不够充分的，经常会出现这样的情况：理化分析数据上十分接近的酒样，风味上可能存在一定或明显的差异。因此，对黄酒质量的鉴定，不但要进行理化分析，还必须经过人们的感官品评。

感官品评是最便捷、最普通、采用面最广的国际通用方法，能在接触产品后的很短时间内迅速确定产品的质量状况，比理化分析所得的结果快。感官品评的作用如下。

（1）通过感官品评，可以及时发现产品质量缺陷，找出产生原因并提出改进措施。

（2）品评可以判定产品质量的等级，是分级入库的依据，而在黄酒的贮存过程中，通过品评，可获得酒质的变化情况和掌握陈酿老熟的规律。

（3）品评可作为制订勾兑方案的依据，又用来检验勾兑的效果，品评水平，决定勾兑产品水平。

（4）品评是控制最终出厂产品质量的关键性措施，是把住产品质量关的重要手段。

（5）品评在酿酒工艺技术的创新中起指导和评价作用。

（6）品评是搜集市场反应，了解消费爱好的手段，用于指导产品的改进和新产品开发。

（7）品评是商品流通领域中对酒类实行质量监督、管理的常用手段。

二、品评原理

1. 嗅觉

人的嗅觉器官是鼻腔。嗅觉是有气味的物质的气体分子或溶液在口腔内挥发后，随着空气进入鼻腔的嗅觉部位而产生的。嗅觉区位于鼻腔的最上部，即鼻黏膜的深处，称为嗅膜（也叫嗅觉上皮，因有黄色色素，又称嗅斑），大小为2.7~5cm^2。嗅膜上的嗅细胞呈杆状，一端在嗅膜表面，附有黏膜的分泌液；另一端为嗅球部分与神经细胞相联系。当有气味的分子接触到嗅膜后，被溶解于嗅腺分泌液中，借化学作用而刺激嗅细胞，嗅细胞因刺激而发生神经兴奋，通过传导至大脑中枢，遂发生嗅觉。

人的鼻腔结构，前部称为鼻前庭，后部称为固有鼻腔。固有鼻腔衬以黏膜，上部为嗅膜区，侧鼻上生出上、中、下三个鼻甲，各鼻甲下的狭缝，称为上、中、下三个鼻道。当我们平静呼吸时，被吸入的空气通常多通过下鼻道和中鼻道进入鼻咽部，在这种情况下，带有气味物质的空气，只能以弥散的状态（极少量而缓慢）进入上鼻道接触嗅膜区，所以只能感到有轻微的气味，甚至感觉不到气味。当人有意作吸气动作，气流进入鼻腔的速度加快时，便在鼻道中形成空气涡流带着有气味的物质分子进入嗅膜区，对嗅觉的刺激就加强了。所以为了获得明显嗅觉，就必须作适当用力的吸气（收缩鼻孔）或煽动鼻翼作急促的呼吸。但这样加强的嗅觉，仍然很快就变得十分轻微。人们为了嗅得一种有味物质的充分气味，最好的方法是头部稍微低下，把被嗅物质放在鼻下，收缩鼻孔，让气味自下而上地进入鼻腔，这样就较易使气流在上鼻道产生涡流，气味分子接触嗅膜增多，从而加强了嗅觉。

有气味的物质分子还有的是通过鼻咽部的途径而进入上鼻道的，例如进入口腔中的食物或饮料中气味所挥发的分子，进入鼻咽后，与呼出的气体一起通过两个鼻后孔进入鼻腔，这时吸气也能感到食物的气味。人们在吞咽食物和饮料时，可以造成对气体进入鼻腔的有利条件。因为当食物或饮料经过咽喉时，由于软腭下垂、喉咽与鼻咽的通路中断，这种反射可以阻挡食物进入鼻腔和上呼吸道。当食物或饮料下咽至食管后，便发生有力的呼气动作，而带有气味的分子的空气便由鼻咽急速向鼻腔推进，此时人对食物或饮料的气味感觉会特别明显，这是气味与口味的复合作用。有些食物和饮料的气味不但可以通过喉咽达到鼻腔，而且咽下以后还会再返回来，一般称为回味。回味有长短，并可分辨出是否纯净（有无邪杂气味）、有无刺激性。由此可见，香与味是密切相关的。

有关味觉的几个问题如下。

（1）嗅觉灵敏度　人的嗅觉是非常灵敏的，即空气中的有味气体能引起嗅觉细胞兴奋的浓度是极其微小的，例如在50mL空气中有2.2×10^{-12}g乙硫醇、3×10^{-8}g麝香或2.88×10^{-4}g乙醇就能被人嗅出。在一定条件下，人们对某一物质的气味能感觉到的最低浓度称为该物质的气味阈值。某人对某物质的气味阈值越低，就是表明某人对某物质的嗅觉灵敏度越高。由于人的嗅觉灵敏度不同，气味阈值应根据大多数人的感觉而定。

（2）嗅觉疲劳　嗅觉极容易疲劳，对某一气味嗅的时间稍长些，就会迟钝不灵，这叫“有时限的嗅觉缺损”。古人所说的“入芝兰之室，久而不闻其香；入鲍鱼之肆，久而不闻其臭”，就是指嗅觉易于迟钝。但人对某一种气味的嗅觉迟钝之后，对其他气味的嗅觉灵敏度，仍可保持不变。

评酒时，嗅闻酒的香气时间不宜过长，要有间歇，以保持嗅觉的灵敏度。当评酒时间较长，嗅觉疲劳时，应休息片刻再进行品评，才能得出准确的判断。

（3）人的嗅觉差别　嗅觉灵敏度的个体差异很大，同一个人的嗅觉灵敏度的变动范围也是很大的，如人在感冒、身体疲倦或营养不良时，嗅觉灵敏度降低。

嗅觉还与经验有关，有的气味由于不熟悉往往容易被忽略。如果没有接触过某种气味，在该气味很浓时，就不能准确地表达它；在该气味很轻时，就难以捕捉到它。所以作为评酒员，各种食品或与食品有关的物质（如中药材）都要嗅一嗅，并要把它记住，这样当一种气味出现时，你能马上捕捉到它。

（4）香味物质之间的相互影响

①中和反应：两种不同性质的香味物质相混合失去各自单独香味现象。

②抵消反应：两种不同性质的香味物质相混合各自独有的香味有减弱现象。

③掩盖反应：两种不同性质的香味物质相混合，只有一种香味物质呈现香味现象，另一种香味物质的呈香全部被掩盖。

④间段反应：两种不同性质的香味物质，初嗅是混合的，继嗅是单一的，有分段感觉。

⑤加强反应：在一种香味物质中，添加了另一种香味物质，使原香味物质的香味有加强的感觉。

⑥不同浓度的反应：香味物质浓度不同，使嗅觉有不同的反应。酪酸浓度变高时呈腐败的酯臭气，稀薄时具水果样香气；丙酮浓度高时有特异的丙酮臭，稀薄时呈果实样香气。

2. 味觉

人的味觉器官是舌，同时口腔的腭、咽等部位也有味觉功能。舌之所以能产生各种味觉，是由于舌面上的黏膜分布着众多不同形状的味觉乳头。在味觉乳头的四周存在着味蕾，味蕾是味的感受器，也就是在黏膜上皮层下的神经组织。味蕾的外形很像小的蒜头，由味觉细胞和支持细胞组成。味觉细胞是与神经纤维相连的，味觉神经纤维联成小束，通入大脑味觉中枢。当有味的物质溶液由味孔进入味蕾，刺激味觉细胞使神经兴奋，传入大脑，经过味觉中枢的分析，产生各种味觉。味蕾大部分分布在味觉乳头上，少数分布于软腭、咽后壁及会厌上，因此这些部位也有味感能力。

由于舌头上味觉乳头的分布和味觉乳头的形状不同，各部位的感受性也不相同。舌尖对甜味最敏感，舌尖和舌前侧边缘对咸味最敏感，舌后侧靠腮的两边对酸味最敏感，舌根部对苦味最敏感。在舌头的中央和背面没有味觉乳头，就不受有味物质的刺激兴奋，因而无辨别滋味的能力，但对压力、冷、热、光滑、粗糙、发涩等有感觉。四种基本味觉甜、酸、苦、咸在舌面上最敏感的分布部位见图 4-3。

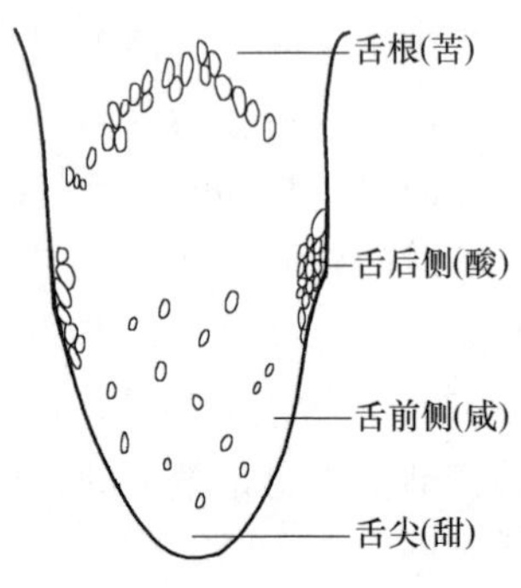

图 4-3　味觉在舌头上分布部位

从味觉的敏锐和持久的时间来区别，舌的前后部分有明显的差异：味觉最敏感、反映迅速而细致、消失也很快的是舌尖部，其次为前部，而舌的后部（包括腭、喉等）味感则来得较慢，但持续时间较久，这也是我们吃中药时常感到留有后苦的原因。

有关味觉的几个问题如下。

（1）基本味　我们常说的“五味调和”，“五味”是指甜、酸、苦、辣、咸。但从生理学角度讲，基本味只有甜、酸、苦、咸四种，其他味是触觉或这四种基本味掺合而成的，如：辣味是刺激口腔黏膜引起的疼痛感觉；涩味是一种舌体黏膜的收敛感。对于四种基本味具有较高灵敏度是作为一名评酒员所应具备的基本技能，因此，要成为一名合格的评酒员，必须加强这方面的训练。

（2）味觉与温度的关系　味觉与温度的关系很大。最能刺激味觉的温度在 10~40℃，其中以 30℃时味觉最敏感，即接近舌温对味的敏感性最大，高于或低于此温度，味觉都稍有减弱，如甜味在 50℃以上时，感觉明显迟钝。温度对味觉的影响表现在味阈值的变化上。感觉不同味道的最适温度有明显差别。甜味和酸味的最佳感觉温度在 35~50℃，咸味的最适感觉温度为 18~35℃，而苦味则是 10℃。

（3）味觉与年龄、生理等的关系　味蕾是味觉感受器，其数量的多少决定了味觉的敏感性。味蕾数量随年龄的增长而减少，因而味觉会逐渐衰退。味觉衰退首先表现在专门鉴别甜、咸的味蕾上，相比之下，那些鉴别苦、酸的味蕾的衰退现象要迟得多。

味蕾的兴奋程度，与饥、饱有关。人在饥饿的时候，味蕾呈兴奋状态，因而吃任何东西都觉得很香；饱餐以后，味蕾多半处于抑制状态，感觉也渐迟钝了。因此，评酒的时间应选择在不饱不饥时为宜。

此外，味觉的敏感性受健康、心理状态的影响。生病、心理紧张会引起人的味觉下降。有些病人吃了某种药后会失去味觉，经研究发现，这是因为所服用的药物中的某些成分干扰了人体中某些微量元素，特别是铜、锌缺少。当给患者补充若干铜和锌制剂后，病人的味觉功能很快恢复正常。

（4）味觉间的相互影响　味觉间的相互影响分为互补作用和抵消作用。以咸味为例：咸味的咸度会因为添加砂糖而降低，在1%~2%的食盐溶液中添加7~10倍砂糖，咸味几乎完全消失，咸汽水没有咸味感觉也就是这个道理。同样，在甜食中少量添加食盐不但不会降低甜度，相反可以增加甜度，在10%糖液中添加0.15%食盐（相当于砂糖量的0.015%）甜度最高；咸味与酸味关系较为复杂。在极少量加酸的情况下会提高其咸度，如在1%~2%的食盐液中加0.01%的醋酸，咸度明显提高。但在添加较多量的酸时，反而会降低咸度，如在1%~2%食盐中添加0.05%以上（pH3.4以下）的醋酸时，会使咸度明显下降。此外，苦味对咸度有降低作用。

三、评酒员需具备的素质与注意事项

1. 评酒员需具备的素质

评酒员分两个层次：一般评酒员的主要职能是裁判员；分析型评酒员职能则既要当裁判员，又要当教练员。分析型评酒员能指出产品存在的优点或缺陷，仔细区分这些优点或缺陷的微小差别，并分析出造成这些优点或缺陷的原因，包括水质、原料、配方、工艺过程、贮藏条件等。还能指出成分中多了些什么？少了一些什么？分析型评酒员需要渊博的知识和丰富的实践经验。

作为一个评酒员，需具备以下四个基本素质。

（1）健康素质　身体健康，有正常的视觉、嗅觉和味觉，抵抗感冒能力强，无色盲、重性鼻炎和肠胃炎。

（2）品德素质　评酒员要实事求是、认真负责、公平公正，且要将个人爱好的倾向性降低到最低程度，不得以个人爱好参加品评。

（3）酿酒专业素质　评酒员要通晓酒类生产业务知识，准确、牢固地掌握产品质量标准和本型酒应具备的风格典型性。不仅要熟悉本单位、本地区酒类生产情况，还要了解和比较熟悉国内同类型产品的风格、质量标准、工艺特点。

（4）评酒技能素质　评酒员必须热爱评酒工作，不断学习评酒知识，反复锻炼感官分辨能力，练好评酒基本功，并具有准确的品评语言表达能力。

2. 评酒员注意事项

在评酒期间，评酒员应注意以下几点。

（1）评酒时不准抽烟，以免影响味觉和嗅觉的灵敏性。

（2）评酒期间饮食应清淡、简单，不要进食香浓、辛辣、油腻的食物，不得饮酒，以免影响评酒判断力。

（3）评酒期间应停止使用香水等一切带香味的化妆品，以免干扰评酒工作。

（4）评酒期间应注意休息和保暖，避免伤风感冒。

四、品评组织工作

1. 评酒杯要求

评酒杯采用无色透明、无花纹的高级玻璃杯，杯型为郁金香型，满杯容量约为 60mL。酒杯要求厚薄均匀、无气泡，并且大小、高矮应完全一致。即使同一工厂、同型产品，也要进行选择，方可用于评酒。

2. 评酒顺序安排

组织评酒，应讲究评酒顺序的合理安排。在评酒的轮次（同时评的一组酒为一轮）顺序安排上，应遵循下列原则：酒精度先低后高；香气先淡后浓；滋味先干后甜；酒色先浅后深。

3. 酒样品种、数量、倒酒

根据以上评酒顺序安排，同一组酒样必须有可比性。品评酒样的多少，以不使评酒员的感觉器官产生疲劳为原则。一般情况下，每组酒样以 4 个为宜。有时在轮次安排上有困难，一组酒样安排 6 个酒样，这种情况以少出现为好，频繁出现会加速感官疲劳。一天之内品评的酒样数为 24~32 个为宜。

每轮的酒样确定后，工作人员可将酒样取好，进行编号，酒样号与酒杯号要相符。倒酒操作必须谨慎、小心，要做到：

（1）取酒样的动作要轻稳、垂直，减少酒的震荡。黄酒国家标准允许瓶底有少量聚集物，因此，倒酒时只倒上清液，要防止瓶底的聚集物泛起。

（2）小心地开启瓶盖、瓶塞，不使任何异物落入。

（3）倒酒时瓶口与杯口距离要近，让瓶中酒液缓缓流向酒杯，不要引起酒液冲激和飞溅。

（4）酒液在杯中盛满高度为 3/5 左右，同时注意每杯酒注入数量必须相同。酒液不充满杯的目的是为了使杯中有足够的空间，以便品评时转转酒杯或轻微摇晃酒杯。

4. 酒样温度

酒的温度不同，香与味的感觉区别较大。一般说来，温度在 10~38℃时，人的味觉最敏感。黄酒最适宜的品评温度 20~25℃，虽然黄酒在 38℃左右最好喝，但这样高的温度组织集体评酒，又用小杯子，是难以保持的。

调温工作，有时因准备时间不够充分或衔接不好，或设备条件受限，只能做到接近于上述规定的温度，那么必须严守这样一条原则：同一次评酒的酒样温度必须一致。

5. 评酒时间安排

评酒最佳时间是：上午9~11时，下午3~5时。选定这样的评酒时间的理由是：每天早上，我们的头脑和感觉器官已获得充分的休息，所以在这个时候一般人都具备最大限度的敏感性；中午有足够时间休息，以利评酒员去除疲劳、恢复精力。此外，这个时间避开了胃部过饱、过饿的时间。因此，这样的时间安排为评酒员获得正确的、可靠的嗅觉和味觉印象提供了条件。

五、评酒操作

评酒操作，包括四个方面：观色、嗅香、尝味、品格。掌握正确的操作方法是至关重要的。其中还有一些技巧问题，也需要掌握。

1. 观色

观色是评外观，用手指夹住酒杯的杯柱，举杯于适宜的光线下，进行直观或侧观。这种对光观察必须逐只进行，一点微细现象也不能放过，再用白纸作背景观察一组酒中杯与杯的比较情况。还可用俯视的方法，置一组酒杯于白纸上，从上往杯底俯视，观察澄清度。观色的项目有下列各项。

（1）呈色（色泽、色调、颜色）　是否具备应有的色泽，具备应有色泽也叫“正色”，否则是“异色”，与黄酒应有色泽不符。

（2）清浑　酒的澄清度是酒体健康的标志。标准是澄清、透明。

（3）光泽　对光检查酒液的亮度，是发暗、失光，还是晶亮。对颜色较深的酒，对光检查还是应有反光的。

（4）杂质　有无悬浮物、沉淀物。

（5）流动度　反映酒液的浓厚程度，黏稠性，酒液挂杯情况，应予观察检查。

2. 嗅香

置酒杯于鼻下两寸处，头略低，轻嗅其气味，这是第一印象，应特别注意。嗅了第一杯，就立刻记下香气情况；接着嗅第二杯，避免各杯的相互混淆。稍稍休息一会，再从逆次序各嗅一次，并核对记录。有出入者，打好存疑记号。

稍停，再作第二轮闻香。第二轮闻香可以说是深嗅。深嗅的措施是，酒杯可以接近鼻孔，同时可转动或轻轻摇动酒杯，以增加香气的逸发量，可扇动鼻翼，扩大鼻孔接受气流的容积，作短促呼吸，用心辨别气味。先顺次序嗅一遍，再逆次序嗅一遍，这样就能对该组酒列出淡、浓、优、劣的次序了。剩下来的问题是：是否还有疑点和相同或相近的两杯，是否还有微小差别。为了解决这两个问题，经休息一会后，针对性地找有关杯，进行第三轮嗅香。这时用手将酒捂一捂，以提高酒温，增加香气逸发量，用鼻子深深吸气，细心地进行辨别，记好特点，以消除疑点，排出一组酒的优劣次序，评出分数。

嗅香时要注意的几个问题如下。

（1）嗅香前要先呼气，然后再拿杯于鼻下吸气，不能对酒杯呼气，吸气时间、间歇、吸入气量要尽可能相等。

（2）每杯与鼻的距离都应一致，以使嗅入量保持相等。

（3）嗅香气不能忽快忽慢，忽远忽近，忽多忽少，要有一定的节奏性，还要注意鼻子有一定的间歇休息时间，不要一下子搞得很疲劳。

3. 尝味

尝味应掌握下列要点。

（1）尝味次序一般根据香气浓淡排列，先尝香淡的，后尝香浓的，再尝异杂气酒，以免异杂气味酒对口腔感觉产生干扰。由淡到浓尝了以后，再由浓到淡进行复尝。

（2）尝味要慢而稳，使酒液先接触舌头（味觉最灵敏部位），次两侧，再至舌根部，然后鼓一下舌头，使酒液铺展到舌的全面，进行味觉全面判断。并有少量酒液入喉，以辨别后味，不能将酒液全部吐掉。尝味最珍贵的是第一印象，要立即做好记录。

（3）尝味的量要一致，先是小尝，黄酒每口应为 4mL。小尝一遍后，再增量尝一遍，但一般不超过 10mL。

（4）酒液在口中停留时间，以 9~10s 为好。时间过短难以细致分辨味觉，而时间过长，酒液掺和唾液后，具有稀释与缓冲作用，影响判断结果，同时还会加速评酒员的疲劳。

（5）酒含在口中，要从各个角度去探讨其滋味，一般经历四个阶段。

①初感：获得主味感，如甜黄酒在 1~6s 内主要有甜味感受，6~7s 出现酸味。

②触感：7~9s 时获得酒体感觉，如粗糙、细致、柔软、绵和。

③刺激感：在 9s 以后，露出苦味和收敛（涩口）、辣口的感觉。

④回味：接着检查回味长短，尾子是否干净，是回甜还是后苦、生涩，有无余香，有无刺喉和不快感等。

（6）尝味后要漱口　用相等于体温或比体温稍低的开水或蒸馏水漱口，可将口中的残余香味除去。

（7）要注意顺序效应和后效应。

顺序效应：人的嗅觉和味觉经过较长时间的刺激兴奋，就会逐渐降低灵敏度而迟钝，甚至麻木，这样对于最后评的一、两个酒就会受到影响，称为顺序效应。顺序效应分两种情况，如评 1 号、2 号、3 号三种酒，先评 1 号酒、再评2号酒和3号酒，会发生偏爱1号酒的心理现象，为正的顺序效应；有时则相反，偏爱3号酒，则为负的顺序效应。

后效应：评两个以上的酒时，品评了前一个酒，往往会影响后一个酒的正确性，例如评了一个酸涩味很重的酒，再评一个酸涩较轻的酒，就会感到没有酸涩味或很轻，称为后效应。

为了避免这些影响，评酒时，应先按1、2、3……顺序品评，再按……3、2、1顺序品评，如此反复几次，再体会感受。每评一个酒后，要稍稍休息一下，以消除感觉疲劳。特别是评完一轮次后，要有适当的间歇，并漱口。

4. 品格

品格，指综合判断酒的风格，包括以下三个方面。

（1）检查酒体是否协调　酒体是由包括色、香、味感官情况和理化成分的统一体，要互相协调，如一只酒尝味有酸度偏高的感觉，但理化指标测定，酸度没有超过规定，这是因为酒体其他成分偏少，酒体不能承载酸度，使人有偏酸的感觉，这也是一种酒体不协调。

（2）检查是否“落型”、“入格”　如标注是半干酒，但尝起来酒体很淡薄，与半干酒的要求“醇厚”相去甚远，这叫作不入格。有的半干酒总糖含量超过40g/L，就不能落入半干型。

（3）检查典型性　典型性是由原料、配方、工艺、贮存年份以及上述“落型”、“入格”等方面形成的。如山东即墨老酒，其典型性是由大黄米原料、使用陈伏曲、采用煮糜的工艺形成的，主要表现在：呈深褐色，有焦香，后口有焦苦味，但不留口，余味清爽。

六、评酒打分

黄酒品评是采用记分品评法，满分为100分，其中色泽10分、香气25分、口味50分、风格15分。打分的依据是根据品评酒样的色、香、味、格的优劣差异的评语情况，依规定项目的分数，进行打分。

1. 色泽（10分）

橙黄（或符合本类型黄酒应有色泽，如橙红、黄褐、深褐等），清亮透明，有光泽。

有下列情形者进行扣分：

清亮透明，但光泽略差，或者色泽过深或过浅者。

微浑，或者失光者。

浑浊，或者缺乏黄酒应有的色泽者。

有沉淀物、悬浮物，其他杂质者。

2. 香气（25分）

具有黄酒特有的香气，醇香浓郁，无其他异香异气。

有下列情形者进行扣分：

有黄酒应有的香气，有醇香，但不浓郁者。

有黄酒应有的香气，但醇香不明显者。

缺乏黄酒应有的香气，有异杂气者。

有黄酒不应有的香气，有不愉快的异香者。

有严重的臭气或异杂怪气者。

3. 口味（50分）

醇厚（半干型以上黄酒），醇和（干型普通黄酒），鲜甜（半甜型和甜型黄酒），柔和、爽口（鲜爽）、无其他异杂味。

有下列情形者进行扣分：

醇厚、醇和、甜润，但不够柔和者。

尚醇和、清爽、但酒味较淡薄者。

酒味淡薄，略带苦涩味，或有弱味者。

酒味淡薄，有苦涩、暴辣味者。

淡而无味，苦涩味重，有酸感者。

酸败，异杂怪味者。

4. 风格（15分）

具有本类型黄酒的独特风格，酒体组分协调。

有下列情形者进行扣分：

有本类型黄酒的风格，酒体组分较协调。

典型性不明显，酒体组分尚协调者。

缺乏典型性，酒体组分不协调者。

以上各项应予扣分的缺陷排列方式是由轻到重。

七、品评术语

品评术语（简称“评语”）是酒类品评的常用语。由于黄酒种类、风格不同，使用的术语也不同。但不同的术语不少是概念性的词汇或比较性的形容词。所以，在选用时必须正确理解它的意义，恰如其分的使用。

1. 色泽的术语

黄酒品评常用的色泽术语，主要有以下几种。

（1）橙黄　是指大多数黄酒应有的色泽。

（2）橙红　是指酒色黄中带红。

（3）黄褐　是指酒色黄而带褐。

（4）深褐　是指酒液近似黑色。

（5）清亮透明　是指光线能通过酒液，清澈明亮。

（6）有光泽　是指在正常光线下，酒液像水晶体一样高度晶亮。

（7）失光　是指酒液失去光泽。

（8）微浑　是指光束不能通过酒液，酒体轻微浑浊。

（9）浑浊　是指酒液像浊泥水一样。

（10）悬浮物　是指酒液中有粒状、絮状、片状、纤维状、浮油状等悬浮物质。

（11）沉淀物　是指酒液中有粒状、片状、块状等沉淀物质。

2. 香气的术语

黄酒的香气是比较复杂的，各类型的黄酒有各种不同的香气。因此，香气的术语，一是形容香气的浓、淡、优、劣程度；二是表示各种类型黄酒的香气特点。常用的香气术语，主要有以下几种。

（1）黄酒特有的香气　是指酒香纯正、自然。

（2）醇香浓郁　是指酒中香气浓而馥郁。

（3）醇香欠浓郁　是指酒中有醇香，但不够浓郁。

（4）醇香不明显　是指酒中醇香低弱，在若有若无之间。

（5）无醇香　是指酒中醇香不能嗅出，失去黄酒应有的香。

（6）焦（糖）香　是指酒中有一种焦（糖）香味。

（7）暴香　是指酒香刺鼻、不自然。

（8）异香　是指黄酒中不应有的香气。

（9）异（杂）气　是指酒中不应有的杂气味。

（10）臭气　是指酒中有腐臭气。

3. 口味的术语

口味术语是表示味感的用语。其味感是极为复杂的，各类型的黄酒有不同的味感，选用术语也应不同。常用的口味术语，有以下几种。

（1）醇和　指酒味纯正而柔和，无刺激性。适用于干型黄酒的术语。

（2）醇厚　指酒味醇润而浓厚。适用于半干型以上黄酒。

（3）甜润　指酒味甘润而不腻。适用于半甜、甜型黄酒。

（4）柔和　指酒味柔绵而润和，无刺喉、辛辣、粗糙的味感。

（5）鲜洁　也称鲜灵，指酒味鲜而爽净。

（6）清爽　指酒无其他异杂味。

（7）爽口　指酒中的甜、酸、酒诸味协调、爽净、适口。

（8）淡薄　指酒味寡淡单薄，缺乏醇厚感。

（9）苦味　指酒有苦味感。可分为苦重、后苦、苦涩等。

（10）涩味　指酒中有涩味感。

（11）弱味　指酒软弱无劲，缺乏“刚骨”的味感。

（12）酸感　是指酒有酸的味感。

（13）酸败　指酒的酸味过高，压倒了其他味感，酒体开始败坏。

（14）异杂味　是指酒中有异常的怪杂味。

4. 风格的术语

（1）酒体组分协调　指酒中的糖、酒、酸及各种微量成分平衡协调。

（2）酒体组分欠协调　是指酒中的诸味尚欠协调。

（3）酒体组分不协调　是指酒的诸味不协调。

（4）具有本类型黄酒的典型风格　指典型性明显、酒质完美、独具一格。

（5）具有本类型黄酒的风格　指酒质尚优，有典型性。

（6）典型性不明显　指缺少本类型酒应有的典型性，酒质一般。

（7）失去典型性　指不具备本类型酒应有的典型性。

第四节　黄酒的勾兑

黄酒的勾兑是指对不同质量特点或不同品种的发酵原酒进行组合和调整，以达到稳定和提高产品质量、增加品种和产品档次的目的。黄酒的勾兑包括压榨前成熟酒醪的搭配、生清酒的调配和装瓶前原酒的组合与调整三方面，但一般说的勾兑是指装瓶前原酒的组合与调整。

一、黄酒勾兑的目的和作用

不同车间、不同批次以及不同酿造年份的发酵原酒之间质量上存在差异，这是因为在整个生产过程中原料质量、气候条件、工艺操作、发酵周期等有差别；在贮存后熟期间又受到贮存条件和贮存期长短的影响，使酒质发生不同的变化。这种质量各异的黄酒，需要采取组合、调整、分档等措施。其目的和作用表现在以下三个方面。

（1）提高产品合格率和优质率。

（2）稳定出厂产品的质量，确保其固有的特色和风格。

（3）增加品种和产品档次来满足不同消费需求，提高经济效益。如咸亨酒店推出的特色产品太雕酒，以陈年香雪、善酿和加饭酒等品种勾兑而成，受到消费者喜爱，产生了良好的经济效益。

二、勾兑的基本原理

勾兑是将具有不同特点的原酒，重新进行组合，调整各种成分之间的比例，其基本原理如下。

1. 长短互补机理

不同生产批次的原酒，其感官、理化指标等均存在着一定差异。以酒精度、总糖、总酸三个主要理化指标为例来说，酒精度偏高，有辣口，酒体不够柔和；酒精度偏低，有柔弱无刚之感；总酸高了有酸感；低了又觉得木口和不鲜爽。同样，总糖的高低也各有其长短之处。另外，黄酒的微量成分相当复杂，各种成分含量的多少及其成分之间的比例关系都会影响酒的风味，有的成分少了是一种缺陷，多了也是一种缺陷。而勾兑可以取长补短，A 酒的某长处弥补 B 酒的某短处，这就是长短互补机理。

2. 优点带领机理

某原酒具有某种明显的优点，而需要勾兑的大宗酒却缺乏这种优点，为具备这种优点，就让那种具有明显优点的酒（称为带酒）起带头作用，从而使酒质获得提高。这种机理，称之为“带领机理”，也可以理解为优势强化机理。如大宗酒陈香味不足，掺入少量的多年陈酒，陈酒味就带出来了。又如有的大宗酒口味较木，掺入部分鲜爽的好酒，鲜爽味就带出来了。

3. 缺点稀释机理

某原酒具有某些明显的缺点，又无法矫正，如酸度过高的酒，带有异杂味的酒，又黑又苦的陈年甜黄酒，这些酒在仓库里，如不利用损失很大，但又无法出售，这种酒称为“搭酒”。勾兑时可以用稀释机理，把它的缺点稀释到“许可程度”，这个“许可程度”必须遵守：理化指标不能超标；感官指标不能降低要求。通常说的“酸不挤口”“甜不腻口”“苦不留口”“咸不露头”是比较笼统的概念，搭配时慎之又慎，别因小失大，损害了大批酒的质量。

4. 平衡协调机理

勾兑的目标之一是实现酒体的平衡协调。如有的酒酸度并不超标，但喝起来有酸感，查其原因是酒体较薄，负荷不起酸度，对这种酒除用降酸的办法以外，还可以采用增加酒体的醇厚度，使它载得起酸度，使酸度与酒体相协调。如酒体比较弱的酒，加一些较老口的酒使之刚劲。总之，要用平衡协调的机理，把酒体变得协调、平衡、丰满、结实，使之成为完整的酒。

三、勾兑人员的任务与素质

勾兑是一项技术性、艺术性和原则性很强的工作，勾兑人员要明确任务，掌握质量把关的原则，不断提高自己的业务素养，才能搞好勾兑工作。

1. 勾兑工作的任务

（1）保证质量　勾兑酒样必须和标准酒样对照，与标准酒样相符的合格酒方能出厂，低于或高于标准酒样都是不对的。

（2）提高经济效益　勾兑人员应从库存酒的实际出发，通过合理组合，创造出较好的经济效益。

2. 勾兑人员的素质

具有相当的文化程度；熟悉黄酒生产工艺；要练就过硬的评酒功夫；身体健康，感觉器官灵敏；坚持原则，实事求是。

四、勾兑的基础工作

1. 建立库存酒的质量档案

每批次黄酒在入库之前，要建立质量档案。质量档案包括该批次产品的名称、数量、生产部门、生产日期、理化指标、感官品评等信息。

2. 实时掌握库存酒信息

在贮存过程中，每年要进行一次理化指标测定和感官品评（可在翻幢时进行），并将结果记入质量档案。同时，每年必须对贮酒仓库中各档黄酒的库存情况进行实地盘点，并将结果记录档案。

3. 制备标准酒样

为保持出厂产品质量的一致性，需要在进行勾兑之前，制定标准酒样作为对照酒。在制定标准酒样时应听取相关部门的意见，并经领导批准。制定标准酒样以后作为勾兑和质量监督的依据。当然，标准酒样是有时限性的，需要定期进行更换。

4. 对库存酒进行质量分类

勾兑工作的第一步是充分了解库存黄酒的质量和数量情况。根据库存黄酒的质量档案，把存酒进行质量分类。

（1）带酒　带酒是库存合格酒中具有独特香和味的好酒，带酒又可分：

①陈香带酒：具有 4 年以上的酒龄，陈香纯正、浓郁、酒味甘顺、酒体协调，典型性明确、完整，用作增香酒。

②骨子带酒：具有 2 年以上的酒龄，酒体结实、刚劲，色、香、味正常、良好，用作调整酒体骨子的酒。

③鲜长带酒：具有 2 年以上的酒龄，酒味柔和、鲜长、清爽，用作调味酒。

（2）大宗酒　大宗酒是库存合格黄酒，它的感官评尝总分是合格的，但各批酒有不同的优点和缺陷。大宗酒可以是同一批次，也可以是几个批次。为了保持产品质量的长期稳定，尽可能以多批次、按比例混合为好。

（3）搭酒　搭酒可按其特征进行细分，如：总酸超标的，氧化钙超标的，酒精度不合格的，固形物不合格的，氨基酸态氮不合格的，有异气的，有邪杂味的。搭酒也往往是一分为二，有缺陷，也有作用。如总酸超标的搭酒，当用在勾兑甜酒时，可以稀释甜酒的甜腻感，变得鲜灵爽口了；氧化钙超标的搭酒，用于调整氧化钙含量低的酒体，对克服散口感有作用。

五、勾兑

1. 确定初步方案

勾兑人员根据所需勾兑产品的要求及原酒库存情况，确定初步的勾兑方案。在确定初步勾兑方案时，应正确处理好以下各原酒的比例关系。

（1）陈酒与新酒的比例　要根据质量要求和库存情况来决定，使用陈酒要有分寸，不能在短时间内把陈酒用完。在使用陈酒的同时，应有一个贮存陈酒的计划，保持适当数量的各年陈酒，以保证产品质量的长期稳定。

（2）优质酒与大宗酒的比例　优质酒一般都能担当带酒角色，显然其比例是小于大宗酒的。大宗酒按不同品牌的要求，一般都占50%以上。

（3）机械化工艺酒与传统工艺酒的比例　在同时存在两种工艺的企业，这两种酒可以互相勾兑，其比例可按实际情况而定。

（4）大宗酒内部的比例　不同车间、不同批次、不同年份的酒，其质量是有差别的。为了取长补短、稳定出厂产品的质量，以由几批酒组成为好。因此，勾兑人员要掌握本厂生产情况，做到勾兑前心中有数，这样就能制订出恰到好处的勾兑方案来。

2. 小型勾兑

小型勾兑是以从酒库中抽来的酒样进行勾兑的，酒样是否具有代表性关系重大，应多抽几个样，按适当比例混合成为勾兑酒样。小型勾兑应多搞几个方案，从中选优。勾兑的全过程要有文字记录，以便于检查，防止差错，也便于总结经验。

小型勾兑的步骤大致如下：

大宗酒组合⟶试加搭酒⟶添加带酒⟶测定理化指标是否合格⟶确定配方

3. 正式勾兑

在正式勾兑前，需进行中型试验。中型试验可在陶缸中进行，先加入大宗酒，再加搭酒，再加带酒，每加一种酒，搅拌均匀，品尝一下，发现与小样勾兑出入很大时，则要找出原因，加以校正后，方可加入后一道原酒。中型试验与小型试验相符后，才可进行正式生产勾兑。

正式勾兑时，按配方准确加入原酒。待全部酒混合后，搅拌5~10min，静止后取样化验、品尝，如与标准酒样尚有一些差距，可进行必要的调整。

六、勾兑计算

1. 理化指标的平衡计算

各原酒与成品酒之间的主要理化指标可按下式计算：

$$V_1 \times A_1 + V_2 \times A_2 + \cdots\cdots + V_n \times A_n = V \times A \qquad 式(1)$$

$$V_1 + V_2 + \cdots\cdots + V_n = V \qquad 式(2)$$

式中 V——勾兑后目标酒的总体积，L

A——勾兑后目标酒的某项理化指标

V_1、V_2……V_n——各原酒的体积

A_1、A_2……A_n——各原酒的某项相同理化指标

例 1：有酒精度为 18%vol 和 15%vol 的黄酒两种，欲勾兑成 100L 酒精度为 16%vol 的黄酒，问要实现该勾兑需上述两种原酒各多少升？

解：设需酒精度为 18%vol 的黄酒 V_1（L），需酒精度为 15%vol 的黄酒 V_2（L）。则根据式（1）、式（2）列出以下方程：

$$V_1 \times 18\% + V_2 \times 15\% = 100 \times 16\%$$

$$V_1 + V_2 = 100$$

解该方程后可得：

$$V_1 = 33.33(\mathrm{L})$$

$$V_2 = 66.67(\mathrm{L})$$

答：需酒精度为 18% vol 的黄酒 33.33L，需酒精度为 15% vol 的黄酒 66.67L。

例 2：今有总糖为 230g/L 的浓甜型黄酒 100L，欲勾兑成总糖为 140g/L 的甜型黄酒，拟用总糖为 70g/L 的半甜型黄酒勾兑，问需半甜型黄酒多少升？

解：设需半甜型黄酒 V（L），则最终勾兑后甜型黄酒总量为（100+V）（L），根据公式可列出以下等式：

$$230 \times 100 + 70 \times V = (100 + V) \times 140$$

$$V = 128.57(\mathrm{L})$$

答：需总糖为 70g/L 的半甜型黄酒 128.57 L。

2. 过高、不足的平衡计算

黄酒中的总糖、总酸、酒精度等理化指标，其缺陷不外乎是过高（包括数值上的超标和口感上的过头）与不足，通过勾兑，达到符合质量要求的平衡点，其计算方法是：

设：A 为勾兑目标指标，B 为原酒实测指标，C 为调整酒的实测指标，V 为原酒体积（L），X 为需要调整酒的数量（L）。

平衡过高公式，即原酒某项指标过高，求需要低指标调整酒的数量：

$$X = \frac{B - A}{A - C} \times V$$

平衡不足公式，即原酒某项指标不足，求需要高指标调整酒的数量：

$$X = \frac{A - B}{C - A} \times V$$

例：有原酒1000L，实测其氧化钙含量为0.8g/L，为改善其风味，拟把氧化钙含量降低到0.6g/L，仓库中另有一批原酒实测氧化钙为0.3g/L，可作调整酒，问需该调整酒多少升？

解：设需调整酒为X（L）

根据平衡过剩计算公式

$$X = \frac{B - A}{A - C} \times V$$

列出以下等式：

$$X = \frac{0.8 - 0.6}{0.6 - 0.3} \times 1000 \approx 666.67(\mathrm{L})$$

答：需氧化钙为0.3g/L的调整酒666.67L。

第五节　黄酒的非生物浑浊沉淀

黄酒的非生物浑浊沉淀是指不是由于微生物污染而产生的浑浊沉淀现象。经过过滤后澄清透明的黄酒仍是极不稳定的胶体溶液，它含有大量的大分子物质，如蛋白质、多肽、糊精、多酚。这些胶体物质在O_2、光线、振动及黄酒存放过程中会发生一系列变化——化合、凝聚等使胶体溶液稳定性破坏，形成浑浊沉淀，主要表现为酒体遇冷浑浊、自然存放过程中沉淀物析出并聚于瓶底。俗话说：黄酒有“千层脚”。指的就是黄酒存放过程中会不停的产生沉淀。由于缺乏深入研究，目前对黄酒浑浊沉淀机理的认识还十分粗浅。

一、黄酒的蛋白质沉淀

1. 黄酒蛋白质沉淀的组成

有关研究认为，引起黄酒非生物浑浊沉淀的主要物质是蛋白质、多酚、糊精、焦糖色、铁离子等。瓶装黄酒沉淀物成分中，粗蛋白占干重的50.56%，其中高、中、低分子蛋白的比例分别为72.62%、2.32%、25.06%。瓶装黄酒沉淀物成分见表4-10。

表 4-10　　瓶装黄酒沉淀物成分表

单位:%（质量分数，以干基计）

成分	含量	成分	含量
粗蛋白	50.56	还原糖	14.70
粗纤维	1.11	灰　分	6.73
总多酚	2.08	铁	0.27
糊　精	4.53	其他	20.29

蛋白质是瓶装黄酒沉淀物的主要成分。提取沉淀物和酒体中的蛋白质，测定其氨基酸组成，结果见表 4-11。沉淀蛋白质的谷氨酸含量最高，占总氨基酸含量的 20.48%，其次为脯氨酸和天冬氨酸，分别占 10.12%和 8.54%。与酒体蛋白质的氨基酸组成存在差异。

表 4-11　　瓶装黄酒沉淀物和酒体中蛋白质的氨基酸组成

单位:%（质量分数）

氨基酸	占沉淀蛋白质总氨基酸比例	占酒体蛋白质总氨基酸比例
天冬氨酸	8.54	8.67
谷氨酸	20.48	31.98
丝氨酸	4.73	7.53
组氨酸	2.20	3.05
甘氨酸	6.06	6.17
苏氨酸	4.05	3.89
精氨酸	7.59	3.94
丙氨酸	6.07	4.26
酪氨酸	3.56	1.44
半胱氨酸	3.81	1.11
缬氨酸	5.10	5.25
甲硫氨酸	1.76	7.64
苯丙氨酸	3.51	3.57
异亮氨酸	3.06	3.84
亮氨酸	7.00	4.86
赖氨酸	2.34	2.48
脯氨酸	10.12	7.31

采用双向电泳（2-DE）和基质辅助激光解析电离飞行时间串联质谱（MALDI-TOF/TOF MS）分析瓶装黄酒沉淀物中蛋白质的种类和来源，双向电泳图谱和48个蛋白质点的鉴定结果分别见图4-4和表4-12。

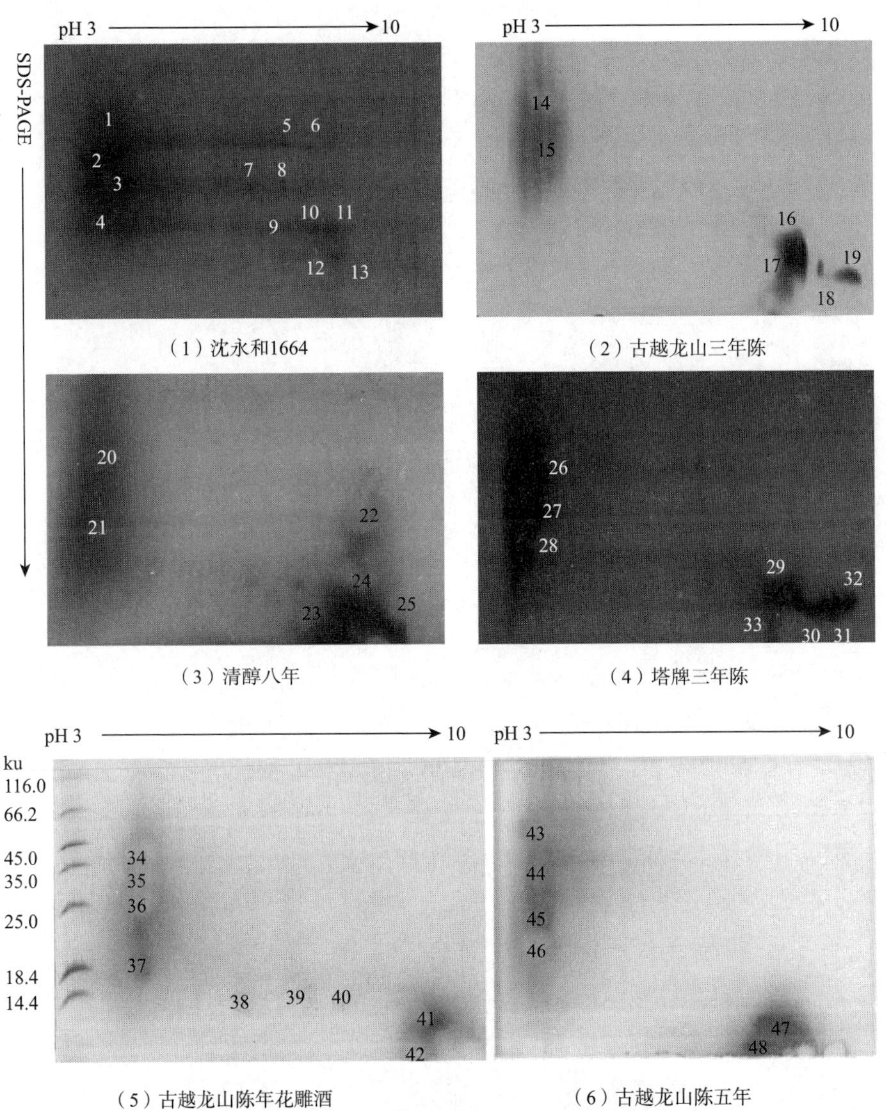

图4-4 瓶装黄酒沉淀蛋白双向电泳图谱（7cm，pH 3~10，NL）

表 4-12 黄酒沉淀蛋白质图谱鉴定结果

取点	鉴定结果	理论等电点	理论分子质量/ku	来源
1	类燕麦蛋白 B	7.8	33.3	小麦
2	二聚 α-淀粉酶抑制剂	5.8	15.6	小麦
3	二聚 α-淀粉酶抑制剂	5.7	13.9	小麦
4	二聚 α-淀粉酶抑制剂	5.8	15.6	小麦
5	胰蛋白酶前体	5.06	26.9	小麦
6	类燕麦蛋白 A	8.42	19.2	小麦
7	类燕麦蛋白 A	8.42	19.2	小麦
8	二聚 α-淀粉酶抑制剂	5.8	15.7	小麦
9	类燕麦蛋白前体	8.42	20.7	小麦
10	假定蛋白 OSJ_04535	10.36	29.7	水稻
11	假定蛋白 OSJ_04535	10.36	29.7	水稻
12	假定蛋白 OSJ_04535	10.36	29.7	水稻
13	假定蛋白 OSI_17439	8.95	36.3	水稻
14	二聚 α-淀粉酶抑制剂	5.8	15.6	小麦
15	二聚 α-淀粉酶抑制剂	5.8	15.6	小麦
16	类燕麦蛋白前体	8.42	20.7	小麦
17	类燕麦蛋白前体	8.42	20.7	小麦
18	蛋白 H0313F03.18	8.88	36.1	水稻
19	假定蛋白 OSI_17439	8.95	36.3	水稻
20	二聚 α-淀粉酶抑制剂	5.8	15.7	小麦
21	二聚 α-淀粉酶抑制剂	5.8	15.7	小麦
22	类燕麦蛋白前体	8.42	20.7	小麦
23	假定蛋白 OSJ_04535	10.36	29.7	水稻
24	假定蛋白 OSJ_04535	10.36	29.7	水稻
25	假定蛋白 OSI_17439	8.95	36.3	水稻
26	二聚 α-淀粉酶抑制剂	5.8	15.7	小麦
27	二聚 α-淀粉酶抑制剂	5.8	15.7	小麦
28	二聚 α-淀粉酶抑制剂	5.7	13.9	小麦
29	假定蛋白 OSJ_04535	10.36	29.7	水稻
30	类燕麦蛋白前体	8.42	20.7	小麦

续表4-12

取点	鉴定结果	理论等电点	理论分子质量/ku	来源
31	假定蛋白 OSI_17439	8.95	36.3	水稻
32	假定蛋白 OSI_17439	8.95	36.3	水稻
33	类燕麦蛋白前体	8.42	20.7	小麦
34	类燕麦蛋白 b1	8.08	33.8	小麦
35	类燕麦蛋白	6.84	33.4	水稻
36	类燕麦蛋白	7.83	33.4	小麦
37	二聚 α-淀粉酶抑制剂	5.58	15.1	小麦
38	病程相关蛋白（Wheatwin1）	5.8	13.9	小麦
39	病程相关蛋白-4	6.28	13.4	小麦
40	病程相关蛋白	6.97	14.0	小麦
41	病程相关蛋白-4	7.0	13.4	小麦
42	二聚 α-淀粉酶抑制剂	8.03	13.5	小麦
43	β-淀粉酶	5.29	55.4	水稻
44	β-淀粉酶 2	5.84	46.6	水稻
45	二聚 α-淀粉酶抑制剂	5.58	15.1	小麦
46	二聚 α-淀粉酶抑制剂	6.86	13.3	小麦
47	几丁质酶 II	8.66	28.6	小麦
48	二聚 α-淀粉酶抑制剂	8.03	13.5	小麦

黄酒沉淀蛋白质主要来源有小麦的二聚 α-淀粉酶抑制剂、类燕麦蛋白、病程相关蛋白、胰蛋白酶前体、几丁质酶Ⅱ等，以及来源于水稻的假定蛋白 OSJ_04535、假定蛋白 OSI_17439、β-淀粉酶和蛋白 H0313F03.18 等。二聚 α-淀粉酶抑制剂是 α-淀粉酶抑制剂的二聚体。α-淀粉酶抑制剂最早发现于小麦种子中，对不同来源的 α-淀粉酶都有强烈的抑制作用，具有抗病虫害的作用。α-淀粉酶抑制剂具有较广泛的酸碱耐受性，并由于耐热性较好，在煎酒的过程中只有少部分变性凝固析出，大部分存留于酒中，经过长时间的贮存，逐渐析出形成沉淀；病程相关蛋白是植物在病理环境下诱导产生的一类水溶性蛋白质总称，参与植物抗病反应，能耐低 pH、重金属、蛋白酶和高温；燕麦蛋白是小麦贮藏蛋白，来源于小麦胚乳，属于低分子质量谷蛋白，含有高冗余的半胱氨酸残基，通过分子内和分子间二硫键形成聚合体。类燕麦蛋白分为 A 亚型和 B 亚型两种蛋白质。A 亚型蛋白质所含的 168 个氨基酸中谷氨酸有 36 个，占氨基酸总量的 21%，B 亚型蛋白质所含的 284 个氨基酸中谷氨酸有 80

个，占氨基酸总量的28%，这与沉淀蛋白氨基酸分析中谷氨酸含量占有较高比例相符合。

以上只是初步研究，由于不同瓶装黄酒样品存在原料、酿造工艺、贮存期和后处理上的差异，沉淀蛋白质种类和数量必然存在差别，有待更全面深入的研究。

2. 黄酒蛋白质浑浊沉淀的成因

一般认为，多酚和高分子蛋白质结合是黄酒浑浊沉淀的主体。单体多酚与蛋白质结合形成可溶性多酚-蛋白质复合物，结合力很弱，属可逆反应，遇冷浑浊，加热复溶，称其为冷浑浊。但多酚经氧化聚合成分子质量更大的聚多酚后，更容易与蛋白质结合，造成黄酒的永久浑浊。

$$\text{多酚 P + 蛋白质 T} \rightleftharpoons \text{可溶性复合物 PT} \longrightarrow \text{浑浊性聚合物 PPTT}$$

多酚与蛋白质之间主要通过氢键或疏水键结合。多酚相对分子质量的大小是多酚和蛋白质结合能力的决定因素。一般来说，相对分子质量在500以下的多酚几乎不能使蛋白质沉淀，当相对分子质量在500~1000时，蛋白质的沉淀量随着多酚相对分子质量的增加而增加，但是当相对分子质量大于1000时，对蛋白质的沉淀量几乎不变。因为多酚相对分子质量的增大会使其水溶性降低而减少与蛋白质反应的机会，许多相对分子质量大于3000的多酚就不具有沉淀蛋白质的能力。同时，在多酚与蛋白质形成浑浊沉淀的过程中，还受蛋白质的分子结构的影响。一般来说，氨基酸残基中脯氨酸残基或其他疏水性氨基酸含量高的蛋白质对多酚的亲和力强；蛋白质的相对分子质量越大，对多酚的亲和力越强；结构比较松散的蛋白质与多酚的结合能力强。

（1）蛋白质　黄酒中的蛋白质主要来源于大米和麦曲原料，另外还有少量的微生物蛋白质和酶蛋白，这些蛋白质在酒液中以胶体状态存在。

①冷浑浊：酒中的β-球蛋白和醇溶蛋白在温度较高时和水形成氢键，成水溶性，但在温度较低时，它们又可以和多酚结合，和水结合的氢键断裂，以肉眼看不见的微小颗粒析出，使黄酒失光、浑浊，加热后浑浊又会消失，故也称为可逆浑浊。

②氧化浑浊：又称为永久浑浊，黄酒长期放置时，含硫基蛋白质在氧作用下发生$R-SH+R'-SH+1/2O_2 \rightarrow R-S-S-R'+H_2O$反应，聚合成高分子蛋白质。多酚物质也发生聚合，变成聚多酚。聚多酚与氧化聚合蛋白结合，先以小颗粒析出，随着存放时间的延长，聚合度增大，颗粒也随之增大，最后形成沉淀。铁离子是氧化浑浊的催化剂。

③热浑浊：高分子蛋白质在黄酒加热时，水膜破坏，发生变性、絮凝，又和多酚结合、聚合而引起的。

（2）多酚物质　多酚主要来自原料小麦。多酚不但对黄酒的色泽、口味等有显著的影响，且会引起黄酒的非生物浑浊。

多酚物质按照相对分子质量可以区分如下：

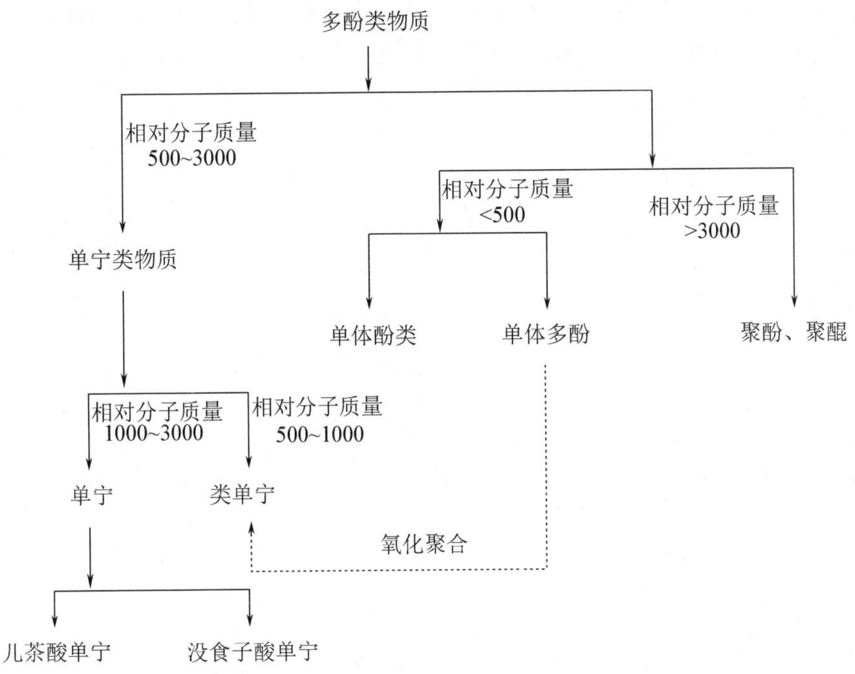

① 相对分子质量<500 的单体酚类，如阿魏酸，广泛存在于植物细胞壁中，特别在米糠和麦麸中含量比较丰富。有一定涩味，具还原性，对黄酒浑浊的影响很小。

② 相对分子质量<500 的单体多酚，有黄酮醇类和黄烷醇类，其中影响黄酒浑浊沉淀的主要是黄烷醇类。黄烷醇类主要是儿茶酸类及花色素、花色苷、花色素原等，它们易氧化聚合，与黄酒中蛋白质结合形成浑浊沉淀物质。

③ 相对分子质量在 1000~3000 单宁类物质，有极强的收敛性，涩味很大，具有很强的和蛋白质结合能力。

（3）铁离子　黄酒中的铁离子主要来自原料和生产过程中与铁的接触。铁离子在多酚的氧化聚合时起催化作用，因而对黄酒浑浊沉淀有促进作用。有人认为，酒中的 Fe^{3+} 与 $H_2PO_4^-$ 形成磷酸铁胶体，此胶体带负电荷，容易和带正电荷的物质如蛋白质、焦糖色等发生凝聚而沉淀。

3. 黄酒蛋白质浑浊沉淀倾向的预测

用于酒类稳定性快速预测的方法主要有冷热循环法、热处理法、乙醇浊度法和冷冻处理法。乙醇浊度法为浙江大学化学系与浙江古越龙山绍兴酒股份有限公司提出，其原理为：黄酒中加入乙醇，当加入量为40%～60%时，酒体的浊度存在着一个突变范围，如图4-5所示。在这个突变范围内，加入等量的乙醇（一般加入量为50%），如酒体的浊度低，则其非生物稳定性好。酒样浊度以分光光度计测定，即以800nm为测定波长，以澄清未处理的同种酒样为参比，将待测酒样迅速摇匀测定透光率 T，以 $1-T$ 作为黄酒的浊度。

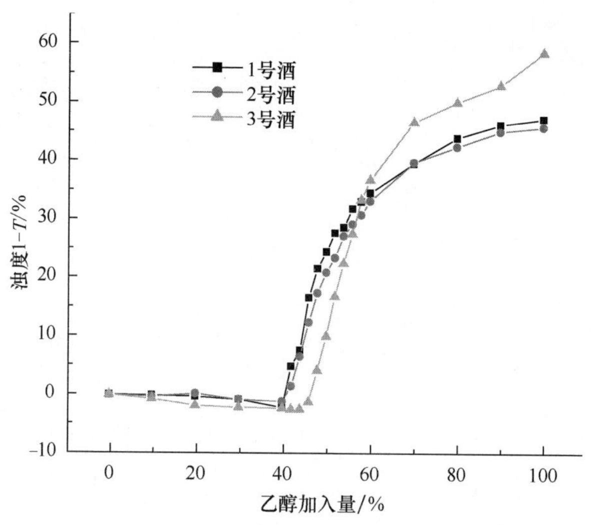

图4-5　3种成品酒样的乙醇-浊度变化曲线图

提取经以上方法处理得到的黄酒沉淀物中的蛋白质，并进行 *N*-三（羟甲基）甘氨酸-十二烷基硫酸钠-聚丙烯酰胺凝胶电泳（Tricine-SDS-PAGE）分析，结果见图4-6。两种酒样中自然沉淀蛋白质都主要分布在分子质量为14.4ku（条带b1和c2）和27ku（条带a1和b2）处。冷热循环法和热处理法沉淀蛋白与自然沉淀蛋白的分布相同。乙醇-浊度法和冷冻处理法沉淀出的蛋白质多出条带c1和a2，经鉴定分别为病程相关蛋白-4（PR-4）和丝氨酸蛋白酶抑制剂-Z1C。病程相关蛋白-4虽是自然沉淀蛋白的组成成分，但在自然沉淀蛋白的电泳图谱中该条带并不明显，这说明其不是自然沉淀蛋白中的主要成分；丝氨酸蛋白酶抑制剂-Z1C来源于小麦，但在自然沉淀蛋白中并不存在。因此，冷热循环法和热处理法与黄酒沉淀倾向可能相关性相对较高。但由于不同黄酒样品的差异很大，建立适于黄酒浑浊沉淀预测的方法难度很大，有待今后系统深入地研究。

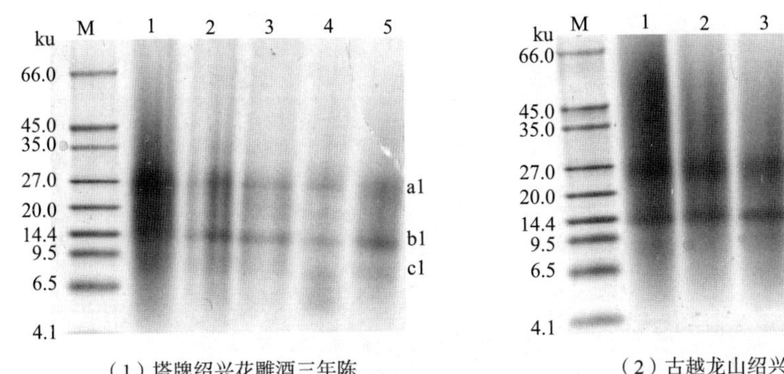

（1）塔牌绍兴花雕酒三年陈　　（2）古越龙山绍兴花雕酒

图 4-6　不同预测方法沉淀蛋白质的 Tricine-SDS-PAGE 图谱

泳道 1 为自然沉淀蛋白　泳道 2~5 分别为冷热循环法、热处理法、乙醇浊度法、冷冻处理法沉淀出的蛋白质

二、黄酒的草酸钙沉淀

笔者在实际生产中发现，黄酒中还存在着另外一种非生物浑浊沉淀——草酸钙沉淀。

1. 黄酒中草酸钙沉淀的特征

草酸钙沉淀在黄酒中呈有光泽、很细的砂粒状（图 4-7），在 15×10 倍显

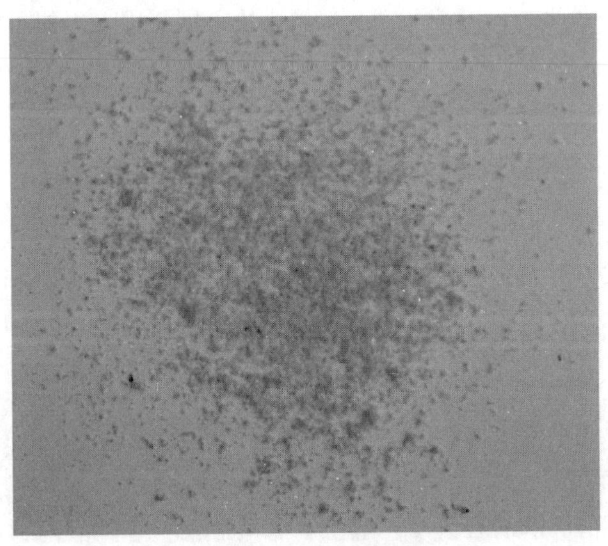

图 4-7　沉淀物外观

微镜下观察到较大的菱形晶体（图 4-8），能在 0.5mol/L 的盐酸中溶解。

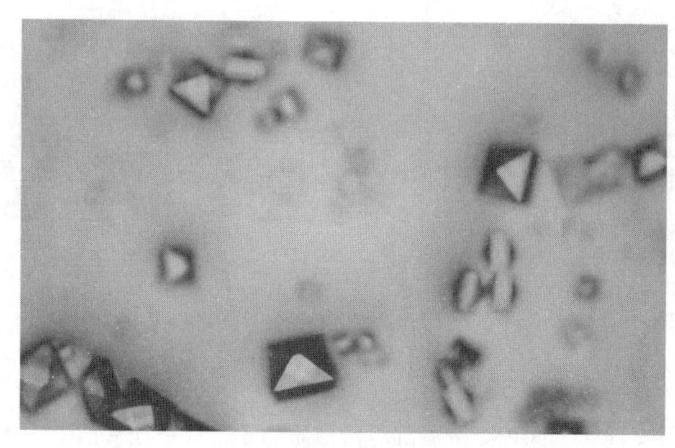

图 4-8　沉淀物在 15×10 倍显微镜下的形状

2. 草酸钙沉淀的成因

黄酒醪在压榨前如果总酸过高，压榨时需要降酸。醪液的总酸越高，降酸时带入的钙越多，反之则少，因此基酒中钙含量有高有低。按国家标准要求，黄酒中氧化钙含量应控制在 1.0g/L 以内。大坛装新酒在贮存过程中，酒中的草酸和钙会发生反应并沉淀析出，两者达到暂时的平衡。由于不同新酒中钙含量不同，贮存过程中沉淀出的草酸量也不一样，因此不同基酒中钙和草酸的含量也不同。对 20 多个大坛加饭酒样品的检测结果表明，草酸含量为 9～56mg/L，差异较大。而瓶装黄酒一般都是由不同年份、不同车间、不同批次的大坛基酒勾兑而成，各种基酒勾兑后酒体中草酸和钙的平衡就有可能打破，从而使瓶装酒产生草酸钙沉淀。

三、提高黄酒非生物稳定性的措施

要提高黄酒非生物稳定性，首先要从原料、发酵过程等源头上加以控制，如，保证糖化发酵正常进行，使发酵完全，减少酒中易引起浑浊沉淀的大分子物质；在保证正常糖化发酵的情况下，适当减少麦曲用量，因为小麦的蛋白质含量尤其是醇溶蛋白和谷蛋白的含量较高，不利于黄酒的稳定性。

对于成品黄酒，要进行后处理。后处理方法主要有冷处理法、澄清剂处理法和微滤法。冷处理法将在第五章介绍，这里介绍澄清剂处理法和微滤法。

1. 澄清剂法

酒类常用的澄清剂有单宁、皂土、海藻酸钠、海藻酸丙二醇酯、PVPP、硅胶等。澄清剂使用效果易受用量、酒体成分、pH、作用时间等因素的影响，有的澄清剂如果使用不当，不仅会对黄酒的风味、理化指标产生一定的影响，而且会造成酒体的二次浑浊，因此必须对澄清剂的特性有较好了解，并在使用前先做好详细的小试工作。当然，澄清剂一旦用好了，其效果也是相当明显的。

（1）单宁　单宁能与高分子蛋白质形成络合物沉淀。要使用天然的高纯度没食子酸单宁（棓酸单宁），添加量应通过小试确定，添加时应防止接触氧和氧化。

（2）PVPP　PVPP 是一种不溶性的高分子交联的聚乙烯聚吡咯烷酮，分子中有大量酰胺键（ —CO—NH— ），酰胺中氢键能高度选择性地吸附和蛋白质交联的多酚，PVPP 的分子式及其对多酚的吸附如图 4-9 所示。目前工业上使用的 PVPP 分为一次性 PVPP 和再生型 PVPP。

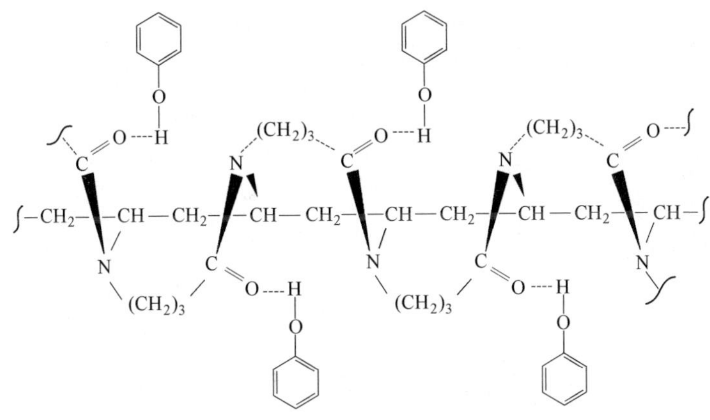

图 4-9　PVPP 的分子式及其对多酚的吸附

（3）硅胶　硅胶（$H_2Si_2O_5$）含 Si30%～40%，粉剂是高研磨产品，平均粒度只有数几微米，比表面积巨大，而且是多孔性的，孔径为 40～90μm。与皂土相比，硅胶能选择性吸附酒中的高分子蛋白质，而皂土对蛋白质的吸附没有选择性。

（4）皂土　皂土是由天然膨润土精制而成的无机矿物凝胶，化学成分是水合硅酸铝。皂土遇水膨胀，能吸附自身 10 倍质量的水，形成带负电荷的胶体悬浮液。由于其巨大的吸附能力，对黄酒的处理效果优于硅胶，但对酒的口感有一定影响，并且会使酒的色泽变浅。

采用单一澄清剂处理难以达到理想的效果，实际生产中一般采用多种澄清剂进行处理。近年来开发的一些复配黄酒专用澄清剂在黄酒企业中得到应用，效果较好。但在采用新型澄清剂时，要注意其安全性，必须是经过审批的。

2. 微滤法

现代膜分离技术的发展，使膜孔径的控制变得相当容易，微滤膜过滤能直接滤去黄酒中影响非生物稳定性的部分大分子物质，使黄酒不易产生浑浊沉淀。笔者首次采用0.18μm错流膜过滤结合冷冻处理，使黄酒的非生物稳定性大大提高，该处理方法已在行业推广应用。

黄酒经过0.18μm错流膜过滤后，常规理化指标除OD值下降16.0%、除糖固形物下降2.1%外，其余指标保持不变，且黄酒的风味几乎保持不变。蛋白质是引起黄酒非生物浑浊沉淀的主要原因，经过膜过滤后，黄酒中的蛋白质含量下降17.3%，且除去的蛋白质分子质量在5000u以上。采用流动注射光度法（凝胶层析结合Bradford法）测定膜过滤前后酒样的蛋白质图谱见图4-10。

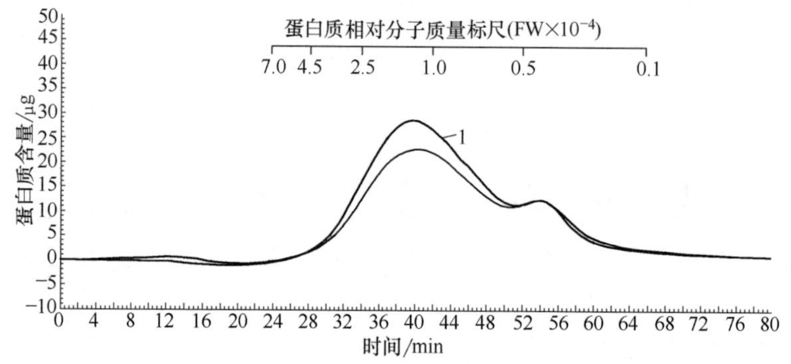

图4-10　过滤前后酒样蛋白质图谱（1为过滤前酒样）

关于黄酒草酸钙沉淀防治，目前尚缺乏研究。在啤酒酿造中，通过糖化过程中添加氯化钙来保证麦汁中钙离子含量，从而达到降低啤酒中草酸含量以防止瓶装啤酒草酸钙沉淀。笔者推测，在氧化钙含量低的生清酒中添加适量的氯化钙来增加酒中的钙含量，使大坛基酒在贮存过程中事先除去过量的草酸，可能对防止瓶装黄酒草酸钙沉淀有一定效果。

第六节　黄酒的污染微生物

黄酒的污染微生物主要有乳酸菌、醋酸菌、芽孢杆菌、霉菌、酵母等，这些微生物会引起酒的酸败或酸败且浑浊，有时会出现异味、异气，严重的甚至发臭。但目前对黄酒污染微生物的研究还十分欠缺。

毛青钟等对贮存酸败坛装黄酒中微生物研究发现：对于非漏坛、包装完好的酸败黄酒，乳酸乙酯含量明显高于正常酒。在贮存2年的这类酒中已无活菌，镜检发现微生物以细菌（杆菌）为主，初步鉴定为乳酸杆菌；在漏坛或包装损坏的黄酒中检测到酵母，初步鉴定为产膜酵母和裂殖酵母等，在检测过程中还发现有白色菌丝的霉菌。

章银珠从贮存酸败的江苏坛装干型黄酒中初步鉴定出 5 株乳酸杆菌（ML、MDx、MC、LBx、LZY）、4 株酵母和 4 株霉菌。乳酸杆菌在改良 MRS 平板上生长菌落细小，有的呈针尖状，白色，多为透明或半透明。ML 菌落镜检呈短杆状，较细，成链，有的形成长链。MDx 呈短杆状，较细，单个或成对出现。MC 呈长杆状，单个或成对出现。LBx 呈短小棒杆状，单个或成链出现。LZY 呈杆状，单个不成链，少数成对出现；4 株酵母为酵母属、汉逊氏酵母属、毕赤酵母属和酒香酵母属，镜检形态分别为圆形或椭圆形、腊肠形、卵形、长柱形。汉逊酵母、毕赤酵母和酒香酵母为产膜酵母，在酒的表面生长形成菌蹼，并引起酒的浑浊。毕赤酵母和酒香酵母能耐较高的酒精度，酒香酵母甚至能在 14~15%vol 的酒精度下生长繁殖；4 株霉菌为侧孢霉、曲霉和 2 株青霉。将分离到的微生物接到未变质的无菌黄酒中，经加速陈化后，发现乳杆菌 MDx 和 LZY 能明显提高乳酸或乙酸的含量，毕赤酵母能明显提高乙酸的含量，是引起黄酒酸败的主要腐败菌，而其余菌株对黄酒的酸败无明显影响。高酒精度（>14%vol）、低温（<15℃）能较有效抑制 3 株腐败菌的生长，低 pH（<3.8）能显著抑制 2 株腐败乳杆菌的生长。

张遐耘从浑浊干型袋装黄酒中检测出乳酸菌。该菌镜检细胞呈杆状，个体大小为（0.5~1.2μm）×（1.0~7.5μm）。采用普通营养肉汤培养基（蛋白胨 5g，牛肉膏 3g，氯化钠 5g，琼脂 20g，加蒸馏水至 1000mL，调 pH 至 7.2）检测，48h 内看不见菌落，72h 后菌落仍然非常小。而采用乳酸菌培养基（酵母膏 5g，蛋白胨 7.5g，葡萄糖 10g，磷酸二氢钾 2g，番茄汁 100mL，吐温-80 0.5g，琼脂 20g，加蒸馏水至 1000mL，调 pH 至 7.0）培养，48h 菌落数达 104 个/mL。

肖连冬等从南阳产瓶装酸败黄酒中初步鉴定出 2 株醋酸菌和 1 株酵母。2 株醋酸菌产酸，酵母不产酸，在黄酒中均产菌醭。

笔者从酸败大罐贮存黄酒中鉴定出乳酸杆菌和短乳杆菌；从卫生指标不合格的瓶装黄酒中分离出 6 株不同菌落形态的酵母和 4 株细菌。酵母镜检呈圆形或椭圆形。细菌经分子鉴定，为乳链球菌、戊糖片球菌、短芽孢杆菌和类芽孢杆菌。对于类芽孢杆菌，生产上曾试验用 90℃、50min 杀菌仍无法杀灭，但受这种微生物污染的瓶装黄酒不变质，且微生物数量会随存放时间延长而逐渐减少。各细菌的显微形态见图 4-11。

为防止黄酒微生物污染的发生，应做好以下几项工作。

（1）按工艺规定严格控制煎酒的温度及时间。

（2）认真做好酒坛的清洗和灭菌工作。

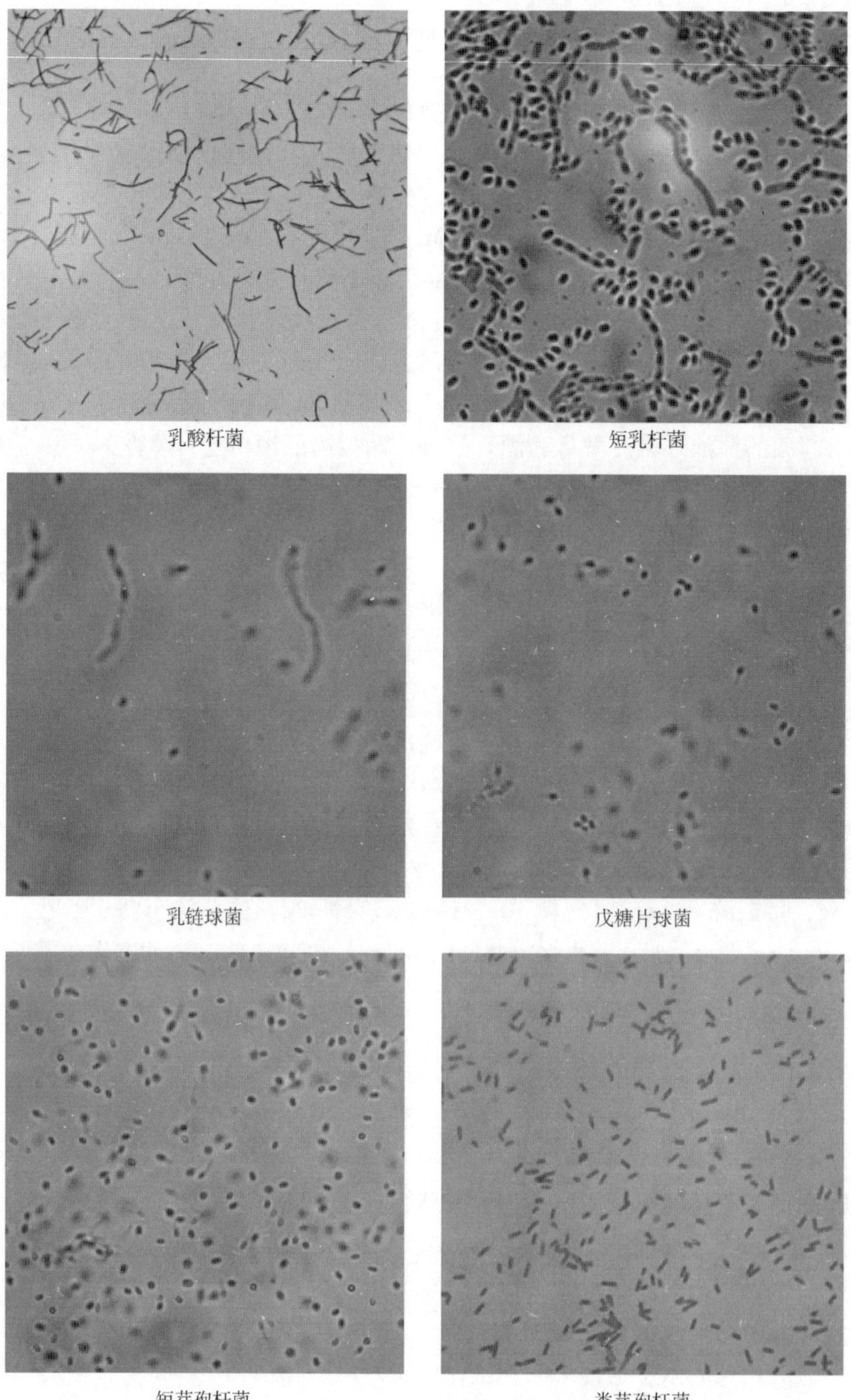

图 4-11　细菌的显微形态

（3）按工艺规定做好包扎坛口的荷叶、箬壳、竹丝的灭菌工作。

（4）不用漏坛装酒。

（5）煎酒灌坛后应立即封口。

（6）用于贮存的黄酒酒精度应在 16%vol 以上。

（7）防止瓶装酒生产过程的微生物污染。

①勾兑完的酒在罐中存放时间不宜过长，必要时进行冷冻处理。

②认真做好与酒接触的设备、容器、管道等的清洗和消毒工作。

③保持灌酒区域的洁净，使之符合生产规定要求。

④严格控制杀菌的温度及时间。

第五章 瓶装黄酒的生产

小包装黄酒主要指的是将经过一定时间贮存的坛装黄酒，经重新勾兑、澄清、过滤、灌装、杀菌、装箱后再进行出售的一种新型包装形式。相对于大坛酒而言，小包装黄酒具有运输、携带、保存方便，包装干净、卫生，外观漂亮，形式多样等优点，大大提高了传统黄酒的质量、花色品种、产品附加值等。近年来，包装精美的小包装黄酒销量增长迅猛，使得古老的黄酒由于采用新型的包装形式而使其重新焕发出勃勃生机。据初步估计，目前小包装黄酒的销量已占全国黄酒销量的三分之二以上。

本章讲述瓶装黄酒的生产，实际上是讲述小包装黄酒的生产，即容量在3000mL以下的以玻璃瓶、瓷瓶、陶坛及塑料壶等为容器的黄酒生产工艺。因为在小包装黄酒中玻璃瓶的比例最大，所以本章主要讲述瓶装黄酒的生产，对于其他形式的小包装黄酒将适当简述，并以瓶装黄酒来统称小包装黄酒。

第一节 瓶装黄酒生产概述

一、瓶装黄酒的发展历程

瓶装黄酒从出现至今只不过几十年的时间，但其发展速度却相当快。1956年，绍兴酒厂作为展示样品首次采用玻璃瓶装黄酒。20世纪70年代，商品化的瓶装黄酒开始批量生产，由于产量小，因此都采用手工灌装。1985年，绍兴市酿酒总公司从当时的西德引进了一套年产1万千升的全自动玻璃瓶灌装线，之后东风酒厂也从日本引进了一套小包装黄酒全自动灌装线，使瓶装黄酒的产量迅速得到了提升。20世纪90年代以来，瓶装黄酒外包装用的纸箱、纸盒等的不断改进和发展，使瓶装黄酒的包装更趋多样化，瓶酒的包装容器也由单一的玻璃瓶，发展成如今的陶瓷瓶、塑料袋（桶）、小陶坛（以500mL、250mL、1500mL装居多）、金属易拉罐等。

二、瓶装黄酒的生产工艺

瓶装黄酒生产线虽然在生产规模和所采用的机器设备上存在差别，还会因为包装要求的不同而在某些环节上有一定的差异，但其大致生产工艺还是一致的，主要按以下步骤进行：

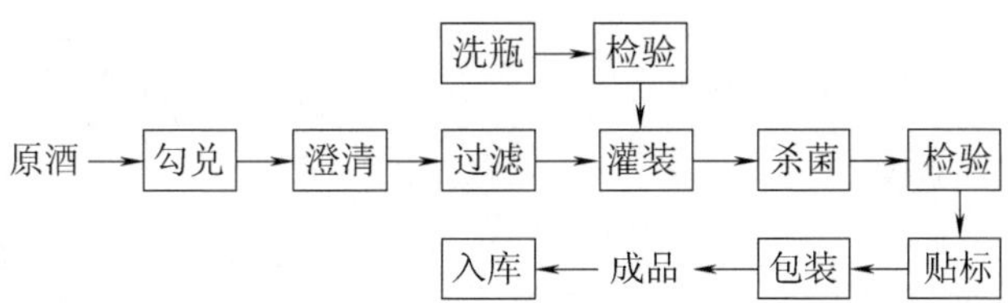

一般情况下，瓶装黄酒的生产线可以分为手工灌装线、半自动灌装线和全自动灌装线。但是由于一些设备的交叉使用，所谓的手工灌装线、半自动灌装线和全自动灌装线的区分有时并不是十分明显。所以在本章，我们将按照工艺流程的顺序在下面进行介绍。

第二节 瓶装黄酒的勾兑、澄清、过滤

勾兑、澄清、过滤在瓶装黄酒的生产中称为清酒处理，所以在本节中集中讲述。

一、勾兑

瓶装黄酒的勾兑是按照一定的产品质量标准，将不同品种、不同酒龄的坛装黄酒进行组合和调整，勾兑出不同档次、不同年份、不同风格的黄酒，以满足不同市场、不同消费层次的需求。

一般来说，在一个黄酒企业中，为保证各品种黄酒的内在品质的稳定性，首先应确定配方。在配方中设定了各档基酒的使用比例以及理化指标的控制要求。然后再根据配方的要求来进行勾兑。

勾兑的方法、步骤、计算等详见第四章。

瓶装黄酒的勾兑还需要将不同产品的特色体现出来。现在的黄酒企业为了迎合市场不同消费者的不同需求，开发出了许许多多的不同产品。在这些产品中，某些是比较接近或类似的但是又存在着一定的区别，这就需要通过勾兑来体现出不同产品的特色来。

所以勾兑是一项表面看起来简单易懂的操作，只是将两种或两种以上的黄酒进行混合，但是要想得到最佳效果却并非易事，需要有丰富和精湛的感官能力，这种能力必须来自日积月累的经验。

其操作流程如下：

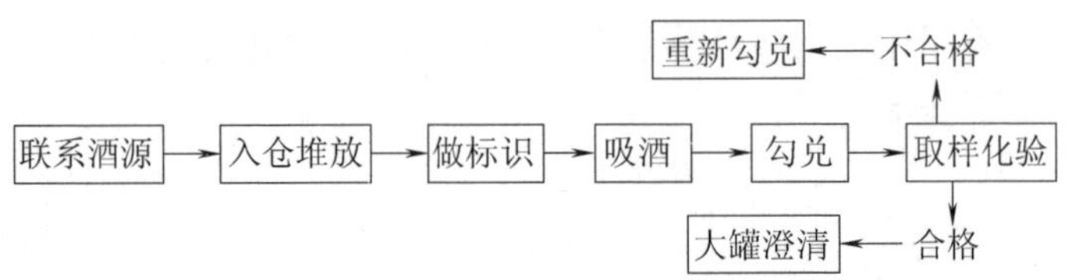

具体操作简述如下。

1. 取酒

黄酒在贮存过程中，由于各种原因，坛底会产生很多沉淀物，俗称“酒脚”。所以，当坛酒从仓库运抵瓶酒车间后，由于运输过程中的摇晃，这些“酒脚”又会悬浮在酒体中，所以在取酒前应预先静止4d以上，尽量将“酒脚”沉淀于坛底，从而在取酒时，只是将上清液取出。

在黄酒的酿造中，同一年份中不同的车间酿造的黄酒或者同一个车间的不同批次的黄酒，可能有一定的差异。所以在取酒前勾兑工最好能够先将同一批次的坛酒进行化验，对理化指标做到心中有数，尽量避免出现不合格情况再重新勾兑。

由于种种原因，坛装黄酒在贮存过程中，可能会有少量的酸败酒出现。所以在开坛后取酒前用pH试纸（pH2.8~5.0）测定黄酒的pH，发现pH不正常的酒要拣出。

取酒，一般是将正常的黄酒用虹吸管从坛内吸取到槽罐（桶）内，注意虹吸管的吸口位置以不吸入沉淀物为宜。具体的操作一般是取长约70cm的不锈钢管，一端将口封住，在约3cm处开一小口，插入坛底，这样坛底的“酒脚”就不会被吸出，不锈钢管的另一端做成圆弧状使管口朝下，与食用橡胶管相连。已吸取的黄酒泵入勾兑罐（池）内进行勾兑，沉淀物可以收集起来，及时用绢袋过滤、压滤或真空过滤等方法进行过滤，滤液仍可用于勾兑。

2. 勾兑

根据配方的要求将几种酒吸取并充分混合后，应及时进行理化分析和感官品尝，根据结果可作适当调整，直到完全符合标准。合格后进行澄清，如果不合格就需要重新进行勾兑。

二、澄清

黄酒成分相当复杂，其酒体是一个极不稳定的胶体。不同贮存年份、不同品种以及同一品种坛与坛之间的黄酒，都有其各自稳定的pH和等电点，以达到胶体平衡。当这些黄酒进行重新勾兑时，酒体原有的胶体平衡被破坏而呈不稳定状态。因此瓶装黄酒在勾兑后必须有一定时间的澄清期，通过某些成分的析出沉降，使酒体重新达到胶体平衡，以提高成品黄酒的非生物稳定性和改善其风味。黄酒的澄清可以采用自然澄清法、冷冻澄清法和添加澄清剂法。

1. 自然澄清法

黄酒勾兑后，即在一底部有锥体的澄清罐中进行自然澄清。在澄清期内，各种粒子在本身重力以及粒子间相互电荷吸附、化学键合等作用下形成较大颗粒后析出沉降于容器底部，进行二次“割脚”。自然澄清的效果取决于酒体温度的高低、澄清时间的长短、各种勾兑用原酒性状的溶合性（即 pH、等电点较接近）等因素。

2. 冷冻澄清法

冷浑浊是黄酒胶体不稳定性的重要表现之一。黄酒的冷浑浊与黄酒非生物性沉淀物的形成有着密切的内在联系。经研究，黄酒的冷浑浊物是形成黄酒永久性浑浊沉淀的前驱体。因此在较短时间内将酒体温度下降，加速引起黄酒不稳定性物质的析出沉降，有利于提高黄酒的非生物稳定性。其方法是将黄酒冷却至-6～-2℃，并维持 3～5d。

黄酒的冷却方式主要有以下 3 种。

一种是在冷冻罐内安装冷却蛇管和搅拌设备，用冷媒对酒直接冷却。此方法适用于产量较小的企业。

一种是将澄清罐内的黄酒通过制冷机循环冷却，直到达到所需温度。

一种是通过制冷机一次性将酒冷却到所需温度。

以上 3 种方法各有优缺点，且电耗较大，建议在夜晚低谷电制冷以节约电费，降低生产成本。

由于冷冻处理对延长瓶装黄酒稳定期的效果明显，且可改善黄酒的风味，因此目前有许多黄酒厂正在积极引进冷冻处理方法。

3. 添加澄清剂澄清法

澄清剂澄清方法见第四章。

目前黄酒行业中的规模企业，所采用的澄清处理方法是综合上述 3 种方法的混合法。具体操作是在第一天将黄酒根据要求勾兑合格后，按照比例添加澄清剂后自然澄清 1d，采用速冷机器将酒体冷至-6～-2℃，然后再自然澄清 3～5d 以上。采用这样的混合方法，澄清的效果更加理想。

三、过滤

勾兑后的黄酒，虽然在澄清罐中大部分沉淀物析出并沉降于容器底部被除去，但仍有一部分悬浮粒子存在于酒体中，影响酒液的澄清透明度，这必须通过过滤的方法加以除去。

黄酒的过滤方法有：棉饼过滤法（目前已经很少使用）、硅藻土过滤法、微孔膜过滤法。一般前 2 种为粗滤，而膜过滤由于孔径较小，可作为精滤。当前较先进的工艺为两种过滤方法联用，即先粗滤再精滤相结合的工艺，如棉饼过滤+膜过滤；硅藻土过滤+膜过滤等。目前黄酒企业最常用的过滤方法为硅藻土过滤或硅藻土过滤+膜过滤。

1. 过滤机理

酒液中悬浮粒子被阻留主要基于以下三方面的作用。

（1）阻挡作用（筛分作用或表面过滤）　这是一种物理过程。比过滤介质孔隙大的颗粒不能通过，被阻挡在介质一侧。这些颗粒可能增加也可能减少过滤能力。如果是硬质或多孔性颗粒，它便附着于滤层进滤液而一侧形成粗滤层，以减少滤层内部结构的负担。如果酒液中颗粒是可变形或黏性的，则附着于过滤介质间隙形成阻塞，降低过滤效率。

（2）深度效应（机械网罗作用）　过滤介质中细长曲折的微孔途径对悬浮粒子产生阻滞作用，因此，要求介质充满迷宫式的槽沟，它对微小颗粒也能网罗。它除了机械网罗外还有静电滞留效应。棉饼和硅藻土都有深度效应。

（3）静电吸附作用　比介质微孔更小的粒子，也可能由于多种分子间力产生的吸附作用而滞留，其中最重要的是 ζ-电位。黄酒的 pH 大都在 3.8~4.6，在此 pH 范围内，石棉的 ζ-电位为阳性，即石棉带有阳电荷，故能吸附酒液中带阴电荷的粒子。

过滤的三种作用示意图如图 5-1 所示。

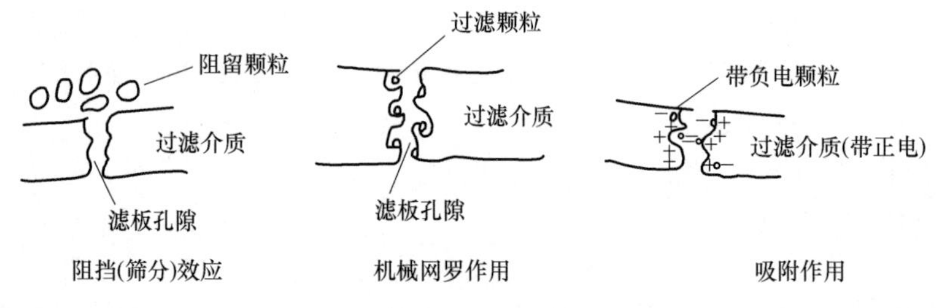

图 5-1　过滤的三种作用示意图

过滤的机理即为上述三种作用联合发挥效能，将酒液中的悬浮颗粒从酒体中分离。

2. 棉饼过滤

棉饼过滤的介质是由一种精制木浆添加 1%~5%的石棉组成。棉滤法除了阻挡作用和深度效应外，还包括石棉的吸附作用。石棉吸附性很强，加量多，则棉饼吸附力强，但滤速慢。因此在选择滤棉时应考虑其中石棉的含量。

棉饼过滤的操作过程如下。

（1）洗棉　新棉和回收棉都要先经过漂洗。然后再用 80~85℃ 热水保持 45~60min 杀菌。对于回收棉，每次洗棉时应添加 1%~2%的新棉，以补充滤棉使用后纤维变短造成的流失，并增加滤棉强度与滤速。

滤棉如经长时间使用，色泽污暗，则可利用盐类、碱类处理，而后以适量漂白粉或重亚硫酸钠漂白约 30min，再以清水洗去残留的酸、碱、漂白剂等，即可使滤棉恢复洁白如新。但这一方法对滤棉损伤也较大，故不常采用。

（2）滤棉压榨　滤棉经洗涤、杀菌后，利用压棉机压榨。压棉机压力为 0.35~0.5MPa，滤饼厚度应与滤框深度一致，一般为 4.0~4.5cm。压好的滤饼最好当天使用，否则久置易被杂菌污染，影响酒质。放置时应用清洁的布盖好，放置时间最长不得超过 36~48h。

（3）过滤　棉滤机清洗干净后，将滤饼装入滤框（同时注意橡胶密垫有否损坏、放好），并按顺序装好滤框后用螺杆顶紧备用。然后将棉滤机与清洗干净的其他设备连接后开启酒泵进行过滤。

因滤饼中含有清水，因此要先送酒液顶残水 5~10min，然后再开始正常的滤酒。在过滤过程中要不断调节过滤压力，以保证滤液的澄清及过滤速度。过滤结束后，用压缩空气顶出残酒后，取出滤棉，并将棉滤机、管道、阀门等清洗干净后备用。

3. 硅藻土过滤

硅藻土过滤的介质是一种较纯的二氧化硅矿石。其过滤特点是可以不断添加助滤剂，使过滤性能得到更新、补充，因此过滤能力很强，可以过滤很混浊的酒，没有像棉饼那样有洗棉和拆卸的劳动，省汽省水省工，酒损也较低。目前黄酒企业大都采用硅藻土过滤来替代棉饼过滤。

硅藻土过滤机型号很多，根据其关键性部件——支承单元，可分为三种类型：板框式硅藻土过滤机、加压叶片式硅藻土过滤机（卧式和立式）、柱式（烛柱式）过滤机。目前黄酒企业使用的以前两种为主，其结构分别如图 5-2、图 5-3、图 5-4 所示。

硅藻土过滤的大致操作工艺如下。

（1）过滤前准备　过滤前必须对接触酒液的过滤机、阀门、管路、贮酒罐等进行十分严格的清洗，在确认无异物、异气后，连接好管路并关闭相关阀门。

（2）预涂　硅藻土过滤机的预涂分两层。

第一层预涂为粗粒硅藻土助剂。其粒度略大于过滤机支承的孔径，避免细粒进入支撑介质深层空间，造成孔隙阻塞。第一层预涂质量，可直接影响周期

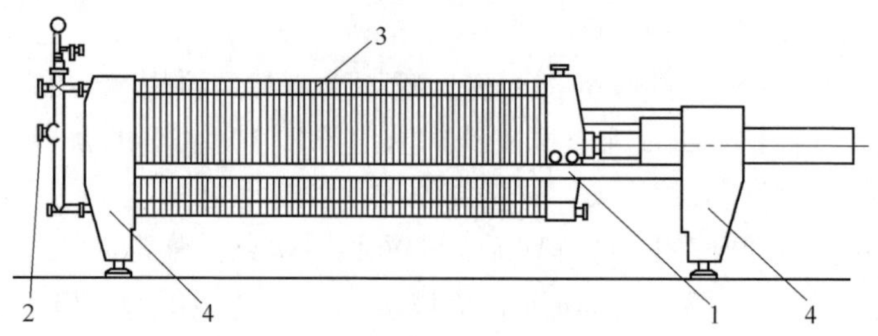

图 5-2　板框式硅藻土过滤机

1—板框支承轨　2—混酒入口　3—板和框　4—机座

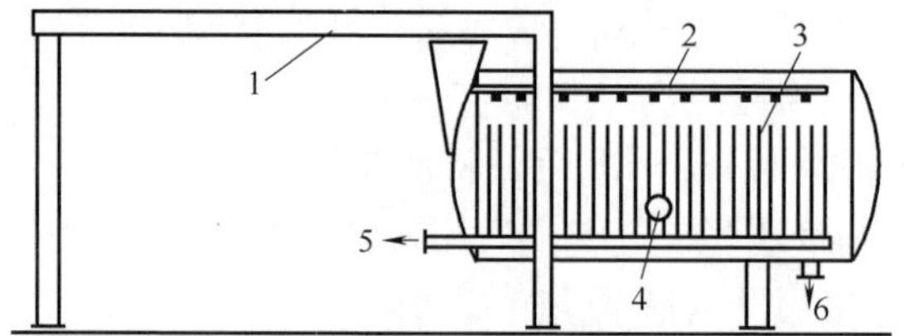

图 5-3　立式叶片硅藻土过滤机（卧式罐）

1—机台框架　2—摆动喷水管　3—过滤叶片　4—黄酒进口　5—清酒出口　6—滤渣出口

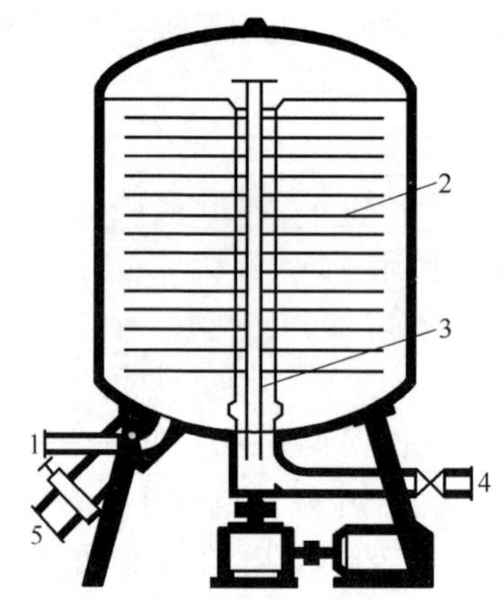

图 5-4　圆形叶片水平硅藻土过滤机（立式罐）

1—黄酒进口　2—过滤叶片　3—空心轴　4—清酒出口　5—滤泥出口

过滤产量及过滤介质的使用寿命。

第二层为粗细混合的硅藻土（其中细硅藻土为60%~75%），为高效滤层，对黄酒澄清度的提高有重要作用。

预涂用的硅藻土量一般为0.8~1.5kg/m^2，预涂厚度为1.8~3. 5mm。具体操作时，先将硅藻土在添加槽中按一定比例（硅藻土：滤清液=1：8~

1∶10）配成预涂浆，开启预涂循环泵循环 15min 左右，直至视镜中液体澄清透明。

在过滤过程中补添的硅藻土其粗细土比例同第二次预涂用硅藻土相似。

硅藻土的预涂工艺如图 5-5 所示。

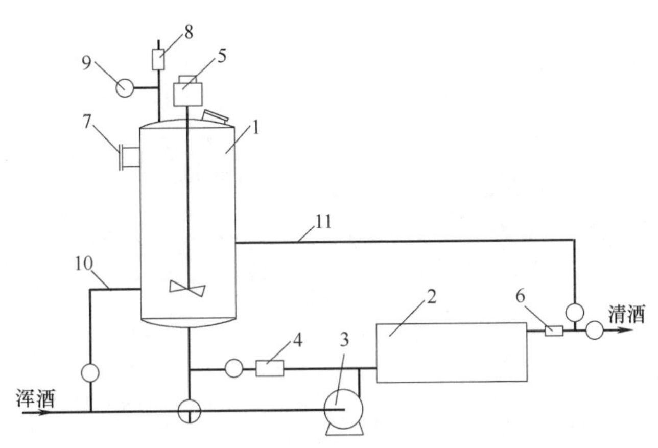

图 5-5　硅藻土过滤机预涂工艺

1—硅藻土混合罐　2—硅藻土过滤机　3—黄酒泵　4—硅藻土供料泵　5—搅拌电动机　6—视镜　7—硅藻土进料口　8—通风口　9—压力表　10—进酒管　11—循环管

（3）过滤　预涂结束后，就可以开始正式过滤。在过滤过程中，为维持滤层的通透能力，需不定时地添补预涂层 20%左右的新硅藻土。随着过滤的进行，滤层中所积累的固形物越来越多并最终占满滤网（柱）之间的空间，使过滤的阻力迅速增大，主要表现为过滤压力急剧升高，流量急剧下降。此时必须停止过滤，并排出废硅藻土，更换新土。

由于硅藻土过滤的原理是通过硅藻土粒子之间的“搭桥”作用，形成滤网，一旦过滤压力超过滤网能承受的力量，就会产生漏土现象。因此为保证过滤质量，最好在硅藻土过滤机后设置精过滤器或硅藻土捕集器。

4. 微孔膜过滤

微孔膜过滤是以用生物和化学稳定性很强的合成纤维和塑料制成的多孔膜作为过滤介质。由于微孔膜过滤具有分离效率高、除浊效果好、自动化程度高、操作简单、使用费用低廉等优点，因此在葡萄酒、啤酒行业中的应用已相当普遍。而在黄酒行业，近年来由于企业技改速度加快，用微孔膜过滤设备来替代传统过滤方式将是大势所趋。

微孔膜过滤分为并流过滤和错流过滤两种方式。并流过滤指料液垂直于膜表面通过滤膜，对于比较浑浊的黄酒，容易造成膜通量快速衰减；错流过滤指料液以切线方向通过膜表面，以料液快速流过膜表面时产生的高剪切力为动力，在实现固液分离的同时，将沉积于膜表面的颗粒状浑浊物不断扩散回主体流，从而保证膜表面不会快速形成污染层，可有效遏制膜通量快速衰减。两种过滤模式的过滤效果见示意图 5-6。

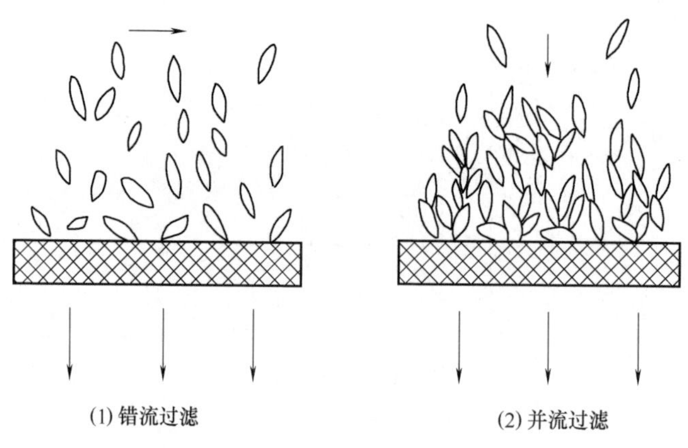

图 5-6　不同过滤模式过滤效果示意图

以错流中空微孔膜过滤系统为例，一般该过滤系统由袋式预过滤器、滤膜、膜后保护过滤器、液体输送系统及智能控制电气系统五部分组成，其大致操作工艺如下。

（1）过滤前准备　过滤前必须对接触酒液的过滤机、阀门、管路、贮酒罐等进行十分严格的清洗，在确认无异物、异气后，连接好管路并用压缩空气顶出管路中的残留清水。

（2）过滤　准备工作结束后，即可开始正式过滤。为避免过滤过程中膜通量的快速衰减，可根据黄酒的浑浊情况，设定定时的自动反冲程序。

（3）清洗　过滤结束后，打开排液阀，将设备、管路中的残酒排出，并用清水进行正向和反向的清洗。当用清水清洗后膜通量不能恢复到理想状态时，可用 1%~2%的 NaOH 进行化学清洗。

（4）保养　为延长滤膜的使用寿命，清洗结束后的膜必须采取正确的保存方法：若设备停机时间在 5d 以内，可用清水加以保存，并每天用清水冲洗一次设备；若停机在 5d 以上，应在设备清洗完毕后注入 2% $NaHSO_3$ 水溶液作为保护液体；夏季若停机在 10d 以上，应在设备清洗完毕后注入 0.5%的甲醛水溶液作为保护液体。

第三节 洗 瓶

在本节将描述各种黄酒包装容器的清洗方法。重点讲述玻璃瓶的清洗，对于其他包装容器将加以简单介绍。

一、玻璃瓶的清洗

玻璃瓶的清洗方法有多种，根据所采用的机器不同，可以分为手工清洗、半自动清洗和全自动清洗。下面重点讲述使用全自动洗瓶机的全自动清洗方法。

1. 手工洗瓶

手工洗瓶方法，一般适用于产量较小的手工灌装线，主要用于对异型瓶、陶坛、回收旧瓶等的清洗。

以前往往用碳钢板制作两只洗瓶池，但是由于碳钢容易生锈，锈泥会进入瓶中造成二次污染，所以现在多采用不锈钢板制作洗瓶池。

首先将两只池中注入适量的清水，以倒入瓶子后水没有溢出为准，为增加洗瓶效果，在冬天用蒸汽适当将水加温；特别的如果是清洗旧瓶，还需要添加固体碱来增加清洗效果，注意控制碱液浓度在2%~3%，并且要及时补充固体碱。然后把需要清洗的瓶子倒入第一只水池，注意在运送空瓶及倒瓶时，动作要轻，避免动作幅度过大造成瓶子的破损。在手工洗瓶时掌握先外后内的原则。在清洗瓶子外部时，如果是新瓶子，只要用带水的湿毛巾将瓶子外壁全部抹到、擦去浮尘即可；如果是旧瓶子，需要先用钢丝球用力将外表的商标和其他污渍擦洗干净后再用带水的湿毛巾将瓶子外壁全部抹到。在清洗瓶子内部时，洗瓶工一手拿瓶，一手拿长柄瓶刷，通过瓶刷的移动来摩擦瓶子内壁，使瓶子内壁黏附的异物剥落，在此操作过程中注意要不断更改瓶刷进出角度，从而保证内壁各处均被擦到。然后将瓶子放入第二只水池中进行漂洗，再次将瓶中的水沥干，控制瓶口朝下10s的滴水小于3滴为准。这样洗瓶结束，备用。

2. 半自动清洗

所谓的半自动清洗方法，是介于手工清洗和全自动清洗之间的一种方法。半自动清洗因为采用了简单的机械，所以效率比手工洗瓶要高了许多，同时还可以大大降低劳动强度。

半自动洗瓶与手工洗瓶的区别在于添加了一个小电机，与小电机相连有数只瓶刷，瓶刷随电机的转动而转动，操作工以瓶口对准瓶刷然后送进去使瓶刷达到瓶子底部，并上下左右摇动瓶子，从而使瓶刷可以摩擦到瓶子内壁的各处，从而达到洗瓶的目的，其余的操作和要求与手工洗瓶相同。

无论是手工洗瓶还是半自动洗瓶，为保证瓶内的清洁，在灌装前还需要用清水进行冲洗。一般有一个特制的架子，将瓶子倒置，用自来水反冲 20s 左右，再将水沥干。这样可以有效避免瓶内有洗涤液的残留。

3. 全自动清洗

全自动洗瓶是采用全自动洗瓶机这样一种工艺先进、生产效率高的瓶子清洗设备来洗瓶的一种方式。主要有双端式（图 5-7）与单端式两种。

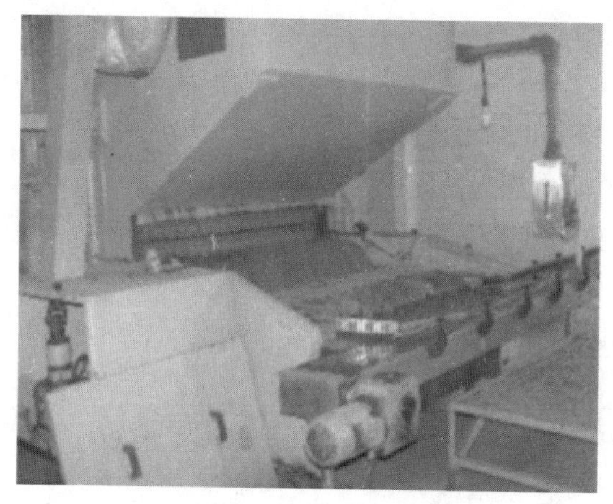

图 5-7　双端式全自动洗瓶机

所谓双端式是指瓶子从洗瓶机的一端进，从另一端出；单端式是指瓶子的进出口均在机器的一端。两种洗瓶机虽然形式不同，但其工艺过程相同，主要可分为以下 5 部分。

（1）预泡部分　瓶子进入洗瓶机后，首先在预泡槽中进行初步清洗和消毒。预泡槽内有温度 30~40℃的洗涤液。除了预洗功能外，预泡时还对瓶子进行了充分的预热，以避免瓶子进行后道高温清洗时受热破裂。

（2）浸泡部分　瓶子从预泡槽出来后，即进入放有温度为 70~75℃洗涤液的浸泡槽。瓶子最终清洗效果的好坏，就主要取决于瓶子在浸泡槽中浸泡时间与温度。在浸泡槽中，黏附于瓶子上的大部分污杂物被洗脱下来，瓶子也进行了消毒。

（3）喷冲部分　瓶子经浸泡后，还有少部分难以洗脱的污杂物必须借助于机械力将其除去。进入喷冲部分后，瓶子被倒置，经过几组固定外喷淋管和固定内喷淋管，用高温（75℃左右）高压（0.25MPa 以上）的洗涤剂对瓶子的内外进行强力喷冲，此时所有的污物被彻底除去，瓶子也受到了进一步的消毒。

特别对于旧瓶，由于瓶底有凝固物、瓶外有商标，仅依靠浸泡和喷淋或许达不到清洗的效果，但是全自动洗瓶机特别设计了 2 个轴流泵，使水槽中的水产生急速的水流，在这种急速的水流产生的强力摩擦之下，瓶子内外的附着物被彻底清除了。

（4）清洗降温部分　在这一部分，瓶子内外被 55℃热水、35℃的温水及常温冷水依次喷冲，附着于瓶子内外壁上的残余洗涤液被全部洗脱，并使瓶温接近室温后进入灌装线。

在这部分，特别设计了旋转跟踪喷淋装置。当链条带动瓶盒前进时，星轮会带动喷淋管跟着瓶盒做同步运动，这样喷出的水会跟随瓶盒做旋转跟踪喷射，并且由于水流在跟踪时的角度变换，从而可以彻底冲洗瓶子的内壁和底部，从而增加了冲洗的效果。

（5）自动液位调节和显示　在机器的水槽外装有液位自动调节装置，用于保证水槽中的液位高度，该装置设有最小液位和最大液位。

当无瓶运行时液位低于最小液位或有瓶运行时低于最大液位，就会自动打开液位气动补充蝶阀来补充液位，直到液位达到设定的要求，各液位补充阀自动关闭。从而保证浸泡的效果。

下面举例来说明某种全自动洗瓶机的操作程序和操作要求。

①作业程序。

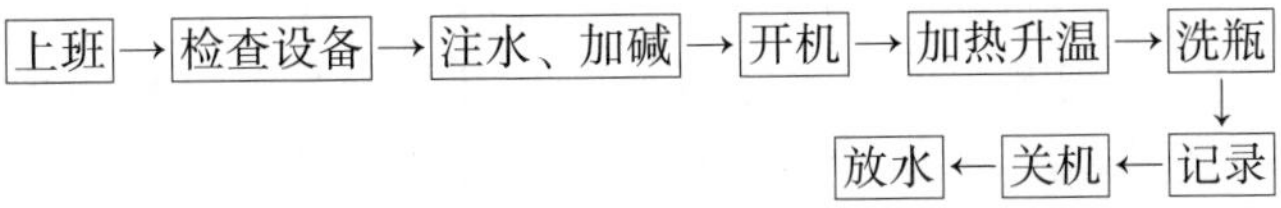

上班 → 检查设备 → 注水、加碱 → 开机 → 加热升温 → 洗瓶 → 记录 → 关机 → 放水

②操作要求。

a. 开机前必须对机器的限位开关，感光器等安全装置作全面检查，必须处于良好的工作状态才能开机。

b. 关闭人孔门，开启水阀给各清洗池注水，一般控制各水池的冷水量为 60%左右即可。然后给碱 1 池加 4 包片碱、给碱 2 池加 2 包片碱，使 pH 应在 10 左右。

由于瓶子在运行过程中，会有一些碱液从碱 1 池带入碱 2 池，所以要给碱 1 池中多加片碱。

c. 开启电源总开关，打开蒸汽阀门开始加热。待各清洗池的水温升至设定值后，开始洗瓶。

d. 开启主机进瓶清洗，保持进瓶、出瓶同步；处理进出瓶时发现卡住的瓶子或碎玻璃应先停止机器，然后用专用开关或工具进行处理。

e. 对清洗后的瓶定时用 pH 试纸进行碱性测定，当池水 pH 小于等于 8 则需给 1 号池加苛性碱，以增加清洗能力，并对清洗结果作岗位记录。

f. 当最后一排瓶从洗瓶机出来后，关掉主机，同时关掉水阀、蒸汽阀及进瓶输送带，最后等出瓶输送带上瓶走完后关掉出瓶输送带。

g. 放出各清洗池的水，并将各水池冲洗干净，再做好周围环境的卫生工作。

二、塑料壶的清洗

由于塑料制品的特殊性，所以清洗的方法也比较特殊。

首先要求采购的塑料壶包装一定要完整。由于塑料制品厂所生产的产品是成型后及时包装的，所以要求厂家要做到二层包装，并且要注意运输过程中避免包装物受损，从而避免塑料壶被污染。在使用前的清洗时，使用75%的食用酒精来清洗，主要目的在于杀菌，然后竖放倒置，将酒精沥干。要注意第一不要使用包装物破损的塑料壶，因为包装物破损后容易沾上灰尘，在清洗时混入清洗用的酒精造成洗涤液的污染。第二是一定要竖直倒置，这样才能够将清洗用的酒精充分沥干，否则会影响灌装后黄酒的品质。

第四节　空瓶检验

本节讲述的是经过清洗的瓶在灌装前的检验步骤。

无论采取什么方法的洗瓶，在灌装前都需要进行检验。将其中的不合格品剔除，避免不必要的浪费，其操作程序和操作要求如下。

1. 操作程序

开启输送带→开灯检器→灯检→疏通输送带→处理次瓶→搞卫生→做记录

2. 操作要求

①上班时先开启输送带，调整输送带两侧拦板的距离，使瓶子能够在输送带上正常被输送，然后打开灯检器的开关。

②灯检时，对破瓶、脏瓶等不符合灌装要求的瓶子及歪瓶、异形瓶、外观不光洁，有气泡、结石等质量不好的瓶子应尽量挑尽，装入空箱，不得遗留到下道工序。

③对瓶子输送带上跌倒或卡住的瓶子应及时扶正，保证瓶子输送的正常运行。

④倒掉挑出的次瓶并做好岗位记录，并做好每班每周瓶子输送带及工作环境的清洁卫生工作。

第五节 灌 装

灌装机是将酒液根据需要的容量定量地灌入酒瓶的机器。

灌装机的形式有各种各样的，根据机器的原理和特点，可以分为正压灌装、负压灌装、直线式灌装、旋转式灌装、液位灌装、时间灌装、定量杯灌装等等。根据生产规模的大小，有手工灌装、半自动灌装和全自动灌装之分。

1. 手工灌装

手工灌装一般采用定量杯灌装的方法。清酒被泵入高位槽后因重力的作用流入长方体形状的中间罐，中间罐的底部开有数个出口。同时有相同数量的管子，一端与中间罐焊接相连，一端与定量杯螺纹相连。定量杯容量的大小是根据需要制作的，上下均有手动球阀，上面的阀门是进酒的，下面的阀门是出酒的，旁边有用透明橡胶管制作的液位显示管。

瓶装黄酒的生产车间，往往有不同规格的定量杯。生产时根据产品需求的容量将相应的容量杯通过螺纹与中间罐连接。生产时打开上面的进酒阀、关闭下面的出酒阀，使中间罐的酒液靠重力流进容量杯，然后将空瓶放在容量杯的下面，使瓶口对准容量杯的出口。观察液位显示管，当显示容量杯已经注满酒液后关闭进酒阀，再打开出酒阀，使容量杯中固定体积的酒液注入瓶中。当容量杯流空后，关闭出酒阀、打开进酒阀，使酒液重新注入容量杯，在注酒过程中将灌好的满瓶移开同时将空瓶放在容量杯的下面。

在生产过程中要注意以下几点：

（1）班前班后要检查进、出酒阀的密封性。如果阀门滴漏的话会影响容量准确性。

（2）在确保容量杯已经流空后关死出酒阀，确保容量杯注满后关死进酒阀，否则都会影响到容量准确性。

（3）因为工作环境是敞开式的，所以要做好工作现场的卫生工作和防虫工作，避免有异物进入酒瓶而影响产品的质量。

2. 半自动灌装

半自动灌装采用时间灌装的方法。

灌装机带有电脑控制模块，前后都有输送带相连。可以设定一系列相关的时间参数和其他参数，如灌装时间 t_1、出瓶时间 t_2、进瓶滞后时间 t_3、进瓶数 n 等，同时灌装机还带有一系列的气动开关和气动阀门。

工作时根据瓶子的形状、容量等设定好时间参数。启动机器开始工作，输送带开始运转，自动打开进瓶气动开关、关闭出瓶气动开关，在进瓶处的光电管开始计数。当读数达到设定的 n 时，进瓶气动开关关闭、输送带停止运转，控制酒阀的气动开关打开，开始注酒。灌装时间达到 t_1 后，酒阀关闭，输送带开始运转，同时出瓶的气动开关打开，酒瓶被送出。经过出瓶时间 t_2 后，出瓶气动开关关闭。当出瓶气动开关打开后，经过进瓶滞后时间 t_3，进瓶气动开关再次打开，重复以上动作。

在生产过程中要注意以下几点。

(1) 每种瓶型的一些参数要做好记录，以便下次使用，从而减少摸索参数的时间。

(2) 如果第一次使用一种新的瓶型，可以根据经验初步设定参数，然后进行调整，直到取得最合理的参数为止，并做好记录。

(3) 影响时间灌装可靠性的最大因素在于中间罐的液位，因为液位的高低会影响到出酒的流酒速度，从而影响到产品的容量，所以操作工人工作中要多加注意。

采用时间灌装的灌装机都是直线式的。

3. 全自动灌装

采用玻璃瓶为容器且销量大的产品，可以应用全自动灌装机。

黄酒行业应用的全自动灌装机，实际是从啤酒灌装机引申过来的。因为国外对啤酒的研究非常透彻，所以全自动灌装机的技术是相当成熟的。但是考虑黄酒与啤酒的差异，所以黄酒灌装机还是具有自身的特点。

(1) 为提高灌装速度，可以采用正压灌装，就是提高酒缸的压力从而提高注酒速度。

(2) 采用负压灌装，就是用真空泵使玻璃瓶内部产生负压，这样也可以提高注酒速度。

(3) 采用液位灌装，使瓶内酒液的液面比较稳定。

(4) 采用时间灌装，使瓶内酒液的容量比较稳定。

(5) 还可以采用组合技术，比如负压时间灌装、负压液位灌装等。

玻璃瓶全自动流水灌装线见图 5-8。

4. 进行灌装操作时应注意事项。

(1) 搞好与灌装相关所有设备、用具、场所、工作人员的卫生工作。

(2) 正式灌装前先用酒液顶出管道内残余水，待灌装机出来的酒液各项指标均达到标准要求后再进行灌装。

(3) 灌装过程中要不时检查实际灌装容量是否与标准要求相符。一般规定一个小时抽查一次，从而做到及时发现问题并及时整改。

(4) 灌装结束后将容器、管道内的余酒放出，并分别用碱液（或次氯酸钠溶液)、热水、清水等清洗干净。如设备较长时间不用，需在容器、管道中打入 1%~2%甲醛水溶液或 2%次氯酸钠溶液加以保存。

图 5-8 玻璃瓶全自动流水灌装线

第六节 压（封）盖

灌装后的瓶酒需要及时封口，避免异物进入瓶内而出现质量问题。

封口的形式各种各样，有压盖、螺旋盖、木塞等形式。

1. 皇冠盖压盖

灌装后的瓶酒应及时压盖。压盖时应注意瓶盖压得松紧程度，压好后瓶盖周围的齿形突起应紧贴瓶口，不得有隆起或歪斜现象，否则易于脱落或漏酒。

压盖机应随瓶子的大小高低加以调节。如发现瓶盖压不紧，可将压盖机上部向下调节，如易轧碎瓶口，太紧造成咬口，则可稍稍升高。

在压盖机上，瓶盖传送装置附设压缩空气装置，既可帮助送盖，又可除去瓶盖垫片上附着的异物等，以防混入酒内。

2. 螺旋盖封盖

这种封盖多用铝制，事先未加工出螺纹。封口时，用滚轮同向滚压铝盖，使之出现与螺纹形状相同的螺纹而将容器密封，这种封盖在封口时，封盖下端被滚压扣紧在瓶口凹棱上，启封时将沿其裙部周边的压痕断开而无法复原，故又称“防盗盖”。该包装多用于高档瓶装黄酒。图 5-9 为防盗盖封盖机。

防盗盖的封口过程大致可分为送盖、定位夹紧、滚纹和复位等四步，并用专门的测定器对封盖进行检测。

（1）送盖　散装在料斗中的铝制瓶盖由理盖机构整理，并按正确位向送到滚纹机头处。

图 5-9　防盗盖封盖机

（2）定位夹紧　铝盖套装由送瓶装置及时送到瓶子口部，经滚纹机头上的导向罩定位后，压头下压瓶盖，并施加一定的压力，使瓶盖和瓶口在滚压过程中不发生相对运动。

（3）滚纹封口　要实现滚纹封口，滚压螺纹装置必须完成下述运动：其一，滚纹机头相对于封口机主轴向直线运动（即螺旋运动）；其二，滚纹和封边滚轮相对瓶体完成径向进给运动。这样，在滚纹滚轮的作用下，铝盖的外圆上滚压出与瓶口螺纹形状相同的螺纹，使铝盖产生永久变形，并与瓶口螺纹完全吻合。而封边滚轮则滚压铝盖的裙边，使其周边向内收缩并扣在瓶口螺纹下沿的端面上，从而形成以滚压螺纹形成连接的封口结构。

（4）复位　完成封口后，滚纹滚轮和封边滚轮沿径向离开铝盖，封盖封头上升复位。与此同时，瓶子离开封盖工位，从而完成了一次工作循环。

（5）封盖检测。

①封盖的酒瓶固定于测定器上，把转矩测定器指针拨到 0 上，再用手抓住瓶盖，向开瓶角度拧（即按逆时针方向拧动），这时要注意测定器指针的运行刻度。

②首先听有“嘎吱”的声响，这是第一转矩；再次拧动听到同样的声响，这是第二转矩；最后再次拧动并听到铝盖断开声，这就是第三转矩。第一转矩的标准值为（12 ± 4）kg/cm^2，第二转矩为（16 ± 4）kg/cm^2，第三转矩

为（10±4）kg/cm^2。

③开盖转矩值测定完后，再用转矩测定器检测瓶盖的封盖质量，检测方法如下：顺时针拧瓶盖，此时瓶盖的螺纹开始破裂，瓶盖只能空转，查看它的数值，即为返转拧矩。返转拧矩的标准值为20kg/cm^{2}以上。

第七节 杀　　菌

1. 手工水浴杀菌

将灌装后的瓶酒装入特制的杀菌篮（其中一瓶不封口，用来插温度计以观察杀菌温度）后，再将篮子吊入杀菌槽（池）中进行水浴杀菌。水浴的液面高度应与瓶内黄酒液面高度基本持平，并注意水浴槽（池）中的水受热膨胀后不能漫过瓶口。将杀菌篮放入水浴槽（池）后即可用蒸汽缓慢加热升温至杀菌温度（一般为80~85℃），整个杀菌过程大约持续40min。

在杀菌过程中为充分利用热能，并减少酒瓶因受热温差过大而造成破裂，杀菌槽可分为三组：第一组为预热槽，将酒预热到45℃左右；第二组为升温槽，将酒升温到70℃左右；第三组为杀菌槽，将酒加热到杀菌温度后维持5~10min即可出篮。为降低能耗，减少高温杀菌对黄酒风味的负面影响，在保证卫生指标合格的情况下，杀菌时间尽可能短，杀菌温度尽可能低。

2. 全自动步移式杀菌机

瓶装黄酒在通过灭菌机通道过程中、利用六挡或八挡不同温度喷淋杀菌。第一挡：预热区，喷淋50~60℃温水；第二挡：升温区，喷淋70~75℃热水；第三挡：杀菌区，喷淋80~85℃热水；第四挡：保温区，喷淋80℃热水；第五挡：降温区，喷淋60~70℃热水；第六挡：冷却区，喷淋50~55℃温水。瓶装黄酒通过杀菌机通道约45min，其中杀菌区和保温区约25min。

喷淋水分配箱底部钻有筛孔，每班刷洗，水泵也有滤网，以保证喷淋水量充足与畅通。均匀充分喷洒于每瓶酒上，防止“死角”，即热水喷不到的地方，造成有漏杀菌的现象。

杀菌机开车时，准备工作要做好。循环水泵与喷淋水分配箱各档温度均达到要求后，先运转几分钟，待正常后一齐进入杀菌机通道，可防止瓶酒跌倒。喷淋杀菌机链条传送部分应经常添加润滑油，保持运转灵活，喷淋水量畅通均匀无“死角”，温度达到工艺要求，才能保证灭菌质量。

杀菌后瓶酒还须有专人检查，在灯光下检验，由于瓶子和酒液的放大作用，细小的颗粒可以很明显地被发现。另外，如有瓶盖未轧实，密封不好，酒液满至瓶口或发现漏酒等现象，均应拣出。

杀菌操作重点控制内容如下：

（1）各区温度符合工艺条件。

（2）喷淋压力要求 0.2~0.3MPa。

（3）喷淋头畅通，不得阻塞。

（4）运转平稳，每班要走完全部瓶子，不得在杀菌机内积存过夜。

3. 下面以某品牌杀菌机为例来说明操作程序和操作要求。

（1）操作程序

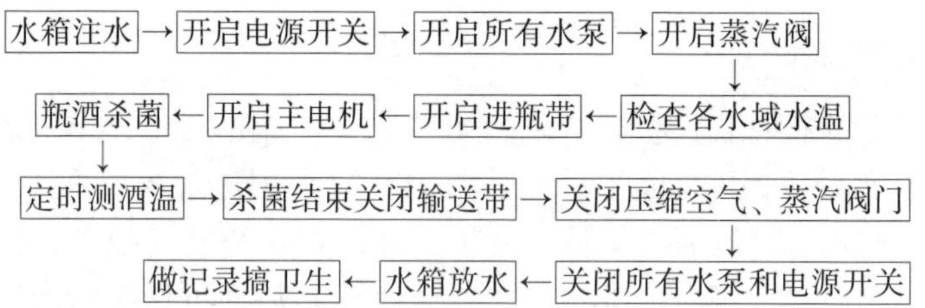

（2）操作要求

①上班后首先打开水阀，向水箱中注水。

②开启电源开关，开启所有水泵，开启手动蒸汽阀进行加温。

③检查各水域水温，当高温区水温接近设定值时，关闭手动蒸汽阀。当各水域水温均达到设定值时，开启进瓶输送带。

④开动主机，使瓶酒通过步移来依次通过各温区。要定时检测酒温，在高温区与保温区的交界处开有窗口，一般控制每小时取样，检测酒温，确保杀菌温度，并做好记录。检查出酒输送带，对跌倒或卡住的瓶子应及时扶正、拣出出瓶输送带上破碎的瓶子，并及时倒掉。

⑤工作结束后依次关闭压缩空气、蒸汽阀门、水泵开关。

⑥水箱放水，搞卫生。

⑦工作过程中要经常检查各槽喷淋情况，发现喷头堵塞的情况后，在工作结束后要及时更换、疏通或清洗，定期清洗各喷淋槽的插入式滤网。

第八节　检　　验

本节所讲的检验，是指在经过杀菌之后、贴标之前的检验。一般来说，只有在全自动生产线上单独有这道工序。在手工灌装线或半自动生产线上，并不是说不需要检验了，只不过是没有单独的检验人员，而是操作工在手工贴标时兼有了检验职能。本节只讲述全自动生产线上的检验。

在全自动生产线上，对检验员要求将杀菌后裂口、无盖、酒中含有异物、容量不足、太满等瓶酒应尽数拿掉，不得遗留到下道工序。

瓶酒经过杀菌后，可能会出现以下情况的不合格产品。

(1) 无盖、瓶盖裂开 瓶酒在杀菌机中受热，在封口严密的情况下，瓶内压力升高。如果采用皇冠盖来封口，有可能由于承受不住压力导致皇冠盖被顶开，所以会产生无盖现象。如果采用防盗盖来封口的，由于个别盖子在加工时刀纹割得较深，盖子受热产生的拉力增加使盖子相连部分断开，从而出现盖子裂口现象。

(2) 酒中含有异物 发生这种情况有两种可能：一是在每天生产的开始阶段，由于灌装机的清洗不够彻底，灌装机内的微生物及代谢产物（已经凝结成块状，可以肉眼观察到）随酒液进入瓶内；二是由于盖子在制作过程中没有处理干净，一些铝屑或密封材料颗粒可能由于静电作用吸附在盖内，杀菌过程中静电消除后进入酒液。

(3) 液位太满或太浅 由于瓶子的满口容量存在一定的偏差，采用定量灌装的方法时，瓶内液面也会产生高低。经过高温杀菌，瓶内液体受热膨胀，液面上升，而瓶颈部分的直径越来越小，导致视觉上液面高低相差比较明显。还有一种情况是瓶酒在杀菌机内倒翻，如果封口不严密，盖子与玻璃的膨胀系数不一致，就会出现渗漏，也会导致瓶内液面偏低。

(4) 瓶盖变形 对于产生的以上情况，检验员要仔细把关，彻底剔除。剔除的瓶酒在岗位附近定点放置，堆放要整齐。由于理化指标没有问题，所以将这些次酒拉到次酒堆放处，等冷却后进行处理，酒液经过重新勾兑仍然可以继续使用。

检验员还需要将输送带上跌倒或卡住的瓶子及时扶正、疏通，保证生产的连续进行。

第九节 贴 标

贴标有两种方法：手工贴标和机器贴标。

一般在手工生产线上，由于量小，相应采用手工方法来贴标，就是手工将黏合剂均匀涂抹在商标背面，然后根据位置要求贴在瓶壁上。

要注意在商标和瓶壁之间不得有明显的黏合剂痕迹，同时用半干湿的抹布将黏附于瓶壁的杂物擦净。

贴标机又称贴标签机，它是将预先印刷好的标签贴到包装容器特定部位的机器。贴标机种类较多，有直线式、回转式、压捺式、转鼓式、刷贴式、压敏式等，另外还有单标机、双标机、多标机等，各企业可根据实际生产需要加以选择。

贴标机操作包括取标、送标、涂胶、贴标、整平等工序，其工艺控制要求主要有以下几点。

（1）机器开动前先检查各部件是否正常，并加好润滑油。

（2）确认商标、批号与产品是否一致，并校正好生产日期。

（3）通过试贴调整好商标粘贴效果，要求是商标端正美观，紧贴瓶身与瓶颈处，不褶皱、不歪斜、不翘角、不重叠、不脱落。其中的正标要求双标上下标签的中心线和瓶子中心线对中度，允许偏差≤3mm；单标要求标签的中心度与瓶子对中度允许偏差≤2.5mm。

贴标的效率和质量不仅决定于机械的好坏，还取决于纸标机的质量和粘贴剂的质量。纸标要求横向拉力强，厚度、软硬适中，黏后易于伏贴。黏着剂要求接触玻璃黏力强、流动性好，但贴后易于干燥等性能。使用前纸标宜贮于湿度较大的地方，以防止过干不适合机械操作。

第十节　包　　装

小包装黄酒基本是都是采用纸箱包装。装入纸箱的方法有两种：一种是手工装入纸箱，一种使用自动装箱机来完成。

黄酒的生产企业大多采用手工装箱的方式。手工装箱是用人工的方法将经过化验已经合格并且已经贴好商标的小包装黄酒按照要求装入纸箱的操作过程。包装工首先将纸箱折好，底部用胶带粘贴，然后根据要求将一定数量的小包装黄酒装入纸箱，再将纸箱顶部用胶带粘贴。在操作中要特别注意以下几点。

（1）不能缺瓶（即少装）。

（2）装箱时要检查商标，将缺标、破标、歪标的黄酒剔除。

（3）要轻拿轻放、避免擦破商标。

（4）每箱中要放合格证，合格证的生产日期要与瓶盖或商标上的日期一致。

自动装箱机一般适用于生产规模比较大且单一品种产量比较大的全自动黄酒生产线。使用自动装箱机可以节省大量的人力并且大幅度降低劳动强度。装箱机有若干抓头，预先要调整好抓头的位置。工作时，抓头中的气囊因充气而膨胀从而将瓶口裹紧，通过机械臂的转动将酒瓶移入纸箱中，然后排气，气囊与瓶口分离。使用自动装箱机，对商标和黏合剂的要求比较高。如果商标太嫩会导致商标容易擦破，黏合剂不容易干会导致商标打皱。

第十一节　热灌装技术

近几年来，热灌装技术在黄酒行业的瓶装酒生产中得以应用并逐渐普及。

前面所述的瓶装黄酒的生产是经过灌装、封口后经过杀菌（手工水浴杀菌或全自动步移杀菌），使成品瓶装黄酒中的微生物彻底死亡，达到灭菌效果。因为是常温的酒液或经过冷冻的酒液先灌装再杀菌，所以可以称为冷灌装。

所谓的热灌装技术是相对于上述的冷灌装而言，它是先对酒液加热杀菌，然后再灌装封口，其大致生产工艺主要按以下步骤进行。

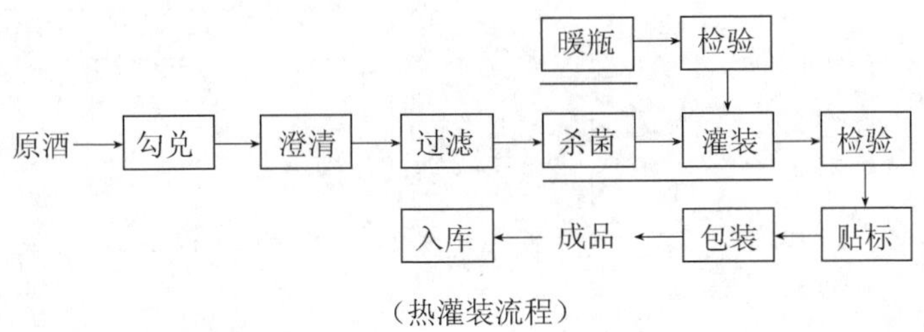

（热灌装流程）

与本章第一节所述的工艺步骤。

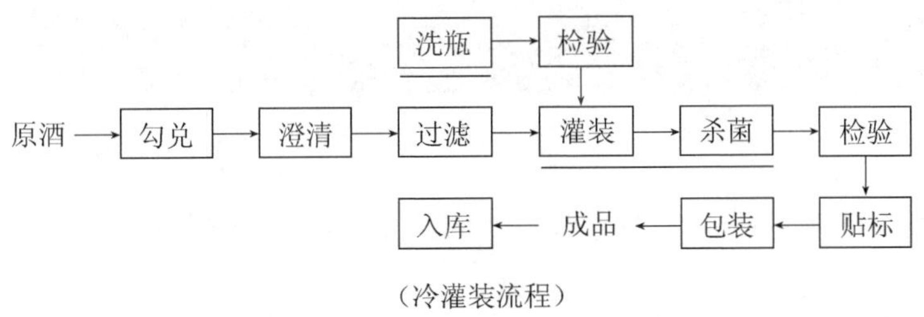

（冷灌装流程）

二者相比较，主要的区别在有下划线的几点，下面分别说明。

1. 暖瓶

热灌装技术要求所使用的瓶子的生产日期与瓶子的使用日期在两周内，并且瓶子是包装完好的。因为玻璃瓶在制作时，经过高温，绝对是无菌的，且瓶子用塑料薄膜包装，只要包装完好，两周内是不会被污染的。

因为瓶子干净，所以不需要洗瓶这一步骤，但需要暖瓶，就是瓶子用蒸汽吹一吹，使瓶子的玻璃温度升高，避免热的酒液进瓶时温差过大出现爆瓶。

如图 5-10，输送带上安装一个箱体，箱体连接蒸汽，打开蒸汽阀门，蒸汽进入箱体，为了保证蒸汽在箱体内均匀，还安装了一个鼓风机来增加蒸汽的流动性。瓶子在输送带上移动时，通过这个箱体，玻璃被蒸汽加热。

2. 杀菌

热灌装技术使用板框式热交换器，对酒液进行瞬时高温杀菌。板框式热交换器的每一块板子，一面是热水，另一面是酒液，工作时二者都在流动。当酒液在板子之间流动时，不断与板子另一面的热水进行热交换而升温，调节好水

图 5-10　暖瓶

温，就能满足酒液通过热交换器后达到设定的温度，达到杀菌的目的。

3. 灌装

热灌装技术的灌装实际分为两部分。

（1）冲瓶　冲瓶就是将瓶子倒置，用热水反冲，一般水温控制在 70～80℃。冲瓶的主要目的是使瓶子玻璃的温度进一步升高。每一只玻璃瓶经过暖瓶和冲瓶两个步骤，玻璃的温度可以达到 60℃以上，这样可以避免酒液灌入瓶内不会出现爆瓶的现象。另外，热水冲到瓶底，沿内壁留下来，如果瓶内有异物的话，异物可以被水带走。

生产时要注意热水的喷头要伸入瓶口，这样才能够保证在喷水时，水会沿内壁留下来并从瓶口流出，避免热水在瓶内的残留。

喷头如图 5-11，冲瓶如图 5-12。

（2）灌装　因为热灌装技术是热酒，所以特别要注意各个部件所使用的密封圈要耐高温，否则长时间的高温工作，会使密封圈受热变形或快速老化，容易给生产带来故障。

应用热灌装技术，特别要注意以下方面：生产前后相关设备的清洗工作。酒液经过板式热交换器的加热杀菌，只要达到温度的要求，能够达到无菌的状态。但是因为与冷灌装相比较，减少了杀菌机这个步骤，所以在热灌装前还要

图 5-11 喷头

图 5-12 冲瓶

对从板式热交换器到灌装机的所有管道进行彻底消毒杀菌，保证杀菌后的酒液不会被第二次污染。一般采用的方法是在程序上将灌装机包含在热交换器清洗中，生产前在对热交换器清洗消毒时，也把从板式热交换器到灌装机的所有管道、灌装机等与酒液接触的部分进行清洗消毒，确保处于无菌状态。

一般每天生产前后的清洗采用95℃的热水，每周要用70℃的热碱液清洗一次，既可以避免结垢，影响热水的清洗效果，同时热碱液还可以大大提高杀菌效果。

与冷灌装技术相比较，热灌装技术主要有以下优点。

①降低能耗：冷灌装技术生产时，生产前先要将浴池的水或杀菌机水箱的水加热升温，生产结束后，还要将这些水排放掉。同时生产过程中因为是敞开式或半敞开式，热量外泄，而热灌装技术则可以减少这些热量的损失。

②质量更加稳定：热酒灌装后迅速封口，瓶内基本没有残留的空气。同时待酒液冷却后，瓶内产生负压，这种压力能够提高盖子内垫片与瓶口的吻合，从而提高密封程度。这样都能够更好地保证瓶装酒在到达消费者手中之前的稳定性。

③提高劳动效率：冷灌装时每天生产前要将浴池的水或杀菌机的喷淋水加热，这一过程将近一个小时，一年下来要300个小时，基本上要40个工作日，而热灌装技术则可以节省这40个工作日。

④降低损耗：采用冷灌装技术，如果封口质量差，在贮存时可能因为漏气而变质，也可能在搬运过程中酒液泄露而影响外观。如果封口质量好，在加热杀菌时，瓶内酒液受热膨胀，瓶内压力升高，如果瓶子的质量稍差，很容易破碎，造成瓶子、盖子和酒液的损耗。而采用热灌装技术，就可以避免这一损耗。

第十二节　瓶装黄酒的包装材料

瓶装黄酒最基本的包装构成包括酒瓶、瓶盖、酒标三部分，一些高档礼盒装黄酒还在瓶子外包装纸盒、木盒等。包装精美的瓶装黄酒不仅给予消费者物质上的美味享受，同时也满足了消费者视觉上的审美需求。

一、酒瓶及材质

目前瓶装黄酒的酒瓶真可谓是丰富多彩、琳琅满目，从酒瓶的造型上有圆形瓶、方形瓶、扁圆形瓶、多角瓶、异形瓶等；从酒瓶的材料上则有陶瓷瓶、玻璃瓶、塑料桶（袋）、金属易拉罐等，但是不管瓶装黄酒采用何种形式包装，其材料必须满足以下要求。

（1）对人体无毒害，包装材料中不得含有危害人体健康的成分。

（2）具有一定的化学稳定性，不能与黄酒发生作用而影响质量。

（3）加工性能良好，资源丰富，成本低，能满足工业化的需求。

（4）有优良的综合防护性能，能较好保持黄酒色、香、味的特色。

（5）耐压、强度高、重量轻、不易变形破损，而且便于携带和装卸。

（一）玻璃瓶

黄酒包装广泛采用的形式是玻璃瓶。

瓶装黄酒用的玻璃瓶除了相应的技术规定外，还应满足下列基本要求。

1. 玻璃质量

玻璃应当熔化良好均匀，尽可能避免结石、条纹、气泡等缺陷；无色玻璃瓶透明度要高，带颜色玻璃其颜色要稳定，并能吸收一定波长的光线。

2. 玻璃的物理化学性能

（1）应具有一定的化学稳定性，不能与黄酒发生作用而影响其质量。

（2）应具有一定的热稳定性，以降低杀菌以及其他加热、冷却过程中的破损率。

（3）应具有一定的机械强度，以承受内部压力和在搬运与使用过程中所遇到的震动、冲击力和压力等。

3. 成型质量

应按一定的容量、重量和形状成型，不应有扭歪变形，表面不光滑平整和裂纹等缺陷，玻璃分布要均匀，不允许有局部过薄或过厚，特别是口部要圆滑平整，尺寸标准，以保证密封的质量和便于开启。

4. 容量

容量分公称容量（即灌装容量）和满口容量。满口容量一般为灌装容量的105%，这是为瓶装黄酒因加热杀菌引起酒液膨胀而设定的。

（二）陶瓷瓶

我国是使用陶瓷制品历史最悠久的国家。陶瓷制品用作食品包装容器主要有瓶、罐、缸、坛等，它主要用于酒类等传统食品的包装。

陶瓷包装容器耐火、耐热与隔热性能比玻璃包装容器好，且耐酸性能优良，透气性极低，历经多年不变形、不变质。原材料资源丰富，废弃物不污染环境，与塑料、复合材料制作的包装容器相比，陶瓷更能保持黄酒的风味。用陶瓷容器包装的食品常给消费者纯净、天然、传统的感觉。陶瓷包装容器的优点是可利用其特有的色彩和造型来塑造商品形象，体现悠久的黄酒文化和传统的民族特色。缺点是与玻璃容器一样，陶瓷包装容器重容比大，且易破碎，容器不透明，生产率低，且一般不再重复使用，故成本较高。

1. 瓷瓶的制造工艺

原料配比 → 泥坯成型 → 干燥 → 上釉 → 焙烧

2. 瓷瓶的设计

陶瓷瓶的设计必须满足以下要求。

（1）陶瓷瓶应与被包装黄酒档次相适应，作为包装容器，首先应满足其包装功能，然后考虑其包装的艺术性。一般的包装采用陶土、河土等为主要原料制成的陶器，高档的则采用以高岭土、长石和石英为原料制成的瓷器并加以装饰。

（2）造型应具有陈列价值，且便于集装运输。因此，要避免造型上的重复，还要节省空间，并具有良好的强度和刚度。

（3）厚薄适宜，瓶口标准，封口后密封可靠，且便于加工和包装。满口容量能满足灌装容量及膨胀需要。

（4）商标与装饰应与陶瓷容器风格一致。

（5）便于批量生产与运输，包装成本低。

3. 陶瓷瓶的卫生安全性

陶瓷瓶的卫生安全性，主要指上釉陶瓷表面釉层中，重金属元素铅或镉的溶出。一般认为陶瓷瓶与玻璃瓶一样，无毒、卫生、安全，不会与食品发生任何不良反应，但长期的研究观察表明，釉料，特别是各种色釉中所含的有害金属，如铅和镉等，会溶入到包装的酒液中去，造成对人体健康的危害。因而应选用无色的釉料，特别是瓶体内部表面的釉料。表 5-1 为 GB 14147—1993 中对陶瓷包装容器铅、镉溶出量允许极限。

表 5-1　陶瓷包装容器铅、镉溶出量允许极限

溶出物	铅（Pb）	镉（Cd）
指标/（mg/L）	≤1.0	≤0.10

（三）小陶坛

小陶坛也是瓶装黄酒的重要包装容器，其所用原料、生产工艺、卫生要求等与贮存陈酿黄酒用的大陶坛基本相同，但外观形式却丰富多彩。小陶坛比较有代表性的产品是最早于 1959 年由山东淄博陶厂烧制的一种腹大、底小、短颈、小口的异形彩陶小坛（容量为 1500mL），坛肩装有四个耳环，用于吊红绸带，坛身有稻穗浮雕图案装饰，用木塞封口，外套鸡皮套。由于此坛产于山东，因此俗称“山东坛”。

二、瓶盖

由于黄酒的酒瓶形式多种多样，因此与其相配套的瓶盖无论从样式上还是材质上其品种也较多，有金属制的皇冠盖，木头或木屑压制成的软木塞，金属或塑料制的螺旋盖等。

1. 皇冠盖

皇冠盖又称王冠盖、齿轮式瓶盖。盖紧后形如锯齿，盖在酒瓶上形如王冠。盖内有衬垫，与瓶口接触紧密，形成密封。皇冠盖材料为普通马口铁板，经印刷、冲压成型后粘接或胶注衬垫。衬垫应平整无缺陷，与瓶盖黏接牢固，同时具有一定的弹性和韧性，既要保证密封，又不能成为污染源，一般要求无毒、无异味、无异臭、其浸泡液不应有着色、臭味及荧光等现象，瓶盖应具有良好的耐腐蚀性，漆膜有良好的耐磨性。

2. 螺旋盖

螺旋盖用于螺旋口的瓶子，与瓶口螺旋相配合，盖内有衬垫，瓶口上沿必须平整才能保证密封。螺旋盖一般用铝或塑料等材料制成，根据瓶型和用途决定。衬垫分为嵌入衬垫、滴型衬垫和模塑衬垫三种。螺旋盖分为普通螺旋盖、扭断螺旋盖和止旋螺旋盖。黄酒包装上一般采用扭断螺旋盖。

在扭断螺旋盖的下部有间断刻线，将盖分为两个部分，扭断刻线可开启，并留下开启痕迹，不能复原，因此这种盖又称防盗盖。被扭断的残盖又成为普通螺旋盖仍可进行再密封，因此这种盖具有防盗性和再密封性，扭断螺旋盖一般适用于瓶口直径 18~38mm 的瓶子。

3. 软木塞

软木塞有两种，一种以栎树的树皮为软木制成的木塞，也称天然软木塞。一种是以软木屑黏合加工制成的软木塞，也称合成软木塞。

软木密度低，可压缩，不透水且与液体接触也能长期不腐，表面可以抛光，因此很适宜做瓶塞。尤其是天然软木塞更以它优越的密封性和微氧化透气性的完美结合，而被众多酒厂使用。但天然软木塞产量较低，价格较高，而合成软木塞其弹性及封闭性能均能达到要求，况且具有操作不掉渣，价格低的优点，因而被越来越多的酒厂使用。

软木塞的质量要求及检验方法尚未有一个统一的标准，一般应掌握如下几个原则。

（1）规格　长度为 30~45mm，误差为（±0.5）mm，可以根据酒厂要求定制，直径一般为瓶口内径的 125%~128%，（±0.2）mm，有时根据软木塞密度的不同而有微小变化。

（2）密度　260~320kg/m^3，一般不超过 340kg/m^3。

（3）水分　含水 8%~12%，其机械性能最好，干燥的软木塞容易发脆。

三、酒标

1. 酒标的定义

酒标是表示酒的品名、品牌、性能、容量及生产企业的一种标记。酒装入玻璃瓶、陶瓷瓶或其他容器后，贴上印刷的标签或直接印上标签、标记，挂上标牌，用来说明内容物，这种专用于酒的标签或标记，统称酒标。

2. 酒标的分类

酒标可根据在瓶身上的不同部位分为封口标、顶标、全圈颈标、胸标、颈标、前标、背标、全身包标、腹标、肩标、身标。酒标在酒瓶上的不同部位如图 5-13 所示。

图 5-13　酒标的部位示意图

单独含义：E—身标（前标）　GU—颈标　CO—背标　SI—封口标（骑马标）　LU—肩标

（1）封口标（又称骑马标）　从瓶盖的一面通过瓶盖顶贴在瓶盖的另一面，起到保护商品原装的作用。

（2）顶标　贴在瓶盖的顶部，也有直接冲压或注塑或印在瓶盖上的，顶标大部分用商标或生产厂的专用标记。

（3）全圈颈标　贴在瓶颈一圈的，有封口、保护原装和美化的作用。

（4）胸标　有些酒标造型突出胸部。

（5）前标、背标　有部分酒在瓶身上贴两个标，前者为酒名、厂名等装潢图案，后者为说明或配方，大部分玻璃瓶装黄酒采用此类酒标。

（6）全身包标　在瓶身上贴一圈，内容多包括品名、厂名、装潢图案及说明、配方等。

（7）腹标　贴在瓶腹部的标签。

（8）肩标　贴在前标、背标以上，颈标以下。

（9）身标　贴在瓶身部的标签，也有直接印在瓶身上的，是酒必不可少的商品标记。

3. 酒标的表现形式

酒标大多数为纸质，印刷工艺高级，印工精细讲究。根据不同品种需求，大致可分为粘贴（纸张类）、丝网印（漆印）瓶身、瓶身彩绘、瓶身浮雕、陶瓷贴花等五种表现形式。

4. 酒标的作用及特点

酒标不仅告诉消费者酒的品质、容量、产地等，还可使人们在酒标上领略酒的风味及品格。酒标的优劣，往往决定我们对酒质量好坏的感性评价，在市场竞争中，将直接影响产品的销售与企业的声誉。

从商品装潢效果看，一件好的酒标一般具有以下特点。

（1）从大的效果来看，有远看的效果　一瓶酒放在五彩缤纷的同类酒中间时，有某种特色会令人注意。具体来说在橱窗或货架上形象鲜明，风格独特。

（2）从小的效果研究，有近看效果　当消费者把酒瓶放在手里细看时，酒标上的画面经得起欣赏玩味，使人乐于接受。

（3）从长远效果考虑　有经久耐看的效果，能达到保存收藏的要求。

第六章 黄酒物料消耗与副产物的综合利用

掌握黄酒生产的基本参数和物料消耗是进行生产管理和经济核算所必需的。黄酒生产的副产物主要指酒糟，另外还有浸米产生的米浆水、煎酒时产生的汗酒等。利用好这些副产物，有利于减少排放，提高企业经济效益。

第一节 黄酒物料消耗

一、黄酒生产的基本参数（如表 6-1 所示）

表 6-1 黄酒生产的基本参数

项目	计算单位	数值	备注
酒药出药率	干药重 kg/100kg 米粉	85	—
生麦块曲出曲率	干曲重 kg/100kg 小麦	80	—
熟麦曲出曲率	出房曲 kg/100kg 小麦	100 左右	熟麦曲含水分以 25%计
淋饭酒母出产率	酒母重 kg/100kg 糯米	220	—
摊饭糯米出饭率	饭重 kg/100kg 糯米	145 左右	粳米为 150 左右
糯米传统元红酒出酒率	酒重 kg/100kg 糯米	≤205	含酒母用糯米
机械化元红酒出酒率	酒重 kg/100kg 糯米	≤215	含酒母用糯米
元红酒出糟率	板糟 kg/100kg 糯米	28~29	含酒母用糯米

二、干型黄酒的物料消耗

每吨干型黄酒的物料消耗如表 6-2 所示。

表 6-2 每吨干型黄酒的物料消耗

项目	单位	数值	备注
投料糯米	kg	475	传统法元红酒
制曲用小麦	kg	93	传统法元红酒
制淋饭酒母用糯米	kg	15	传统法元红酒
制淋饭酒母用小麦	kg	5.7	传统法元红酒
制淋饭酒母用酒药	kg	0.03	传统法元红酒
焦糖色	kg	1~2	传统法元红酒
包口用荷叶	kg	0.8~1	—
包坛口用箬壳	kg	0.8~1	—
包坛口用篾丝	根	44	长 105~110cm
盖坛口灯盏盖	只	44	—
贮酒用陶坛	只	44	容量 23kg 左右
拌泥用砻糠	kg	1~2	—
黏土	m^3	0.25	糊泥头用
酒库仓位	m^2	1.4	堆 4 坛一叠、加走道

第二节 酒糟的综合利用

一、酒糟的成分

发酵成熟后的黄酒醪经压榨，分离出酒液后的固形物，称为酒糟（因成板状，故常称为板糟）。黄酒的出糟率因酒的品种、原料和操作方法不同而有较大的差别，如使用熟麦曲比使用生麦曲出糟率低；发酵正常的酒醪比酸败的酒醪出糟率低。此外，压榨设备和压榨时间也会影响出糟率。一般元红酒的出糟率为 28%~29%，加饭酒的出糟率为 30%~31%。

酒糟成分主要来自酿酒原料和在糖化、发酵过程中发生的一系列复杂生物化学变化产生的代谢产物。此外,发酵醪中的大量酵母细胞压榨后残留在酒糟中。酒糟的主要成分为淀粉、蛋白质、纤维素、酒精、水,以及残余的各种酶,其含量因酒的品种、原料和操作方法不同差别较大。绍兴黄酒由于大量使用生麦曲和控制较低的出酒率,酒糟中的粗淀粉含量高达 25%~30%。对于普通的麦曲类黄酒,其酒糟成分可参考表 6-3。

表 6-3 黄酒的酒糟成分 单位:%

成分	糯米酒糟	粳米酒糟
挥发性组分	53.00	52.08
酒精	4.5	4.0
粗淀粉	14.80	16.06
蛋白质	14.17	12.79
粗纤维	5.97	6.02
灰分	0.83	0.87
总酸	1.04	1.08
不挥发酸	0.75	0.92

注:挥发性组分主要指水分、酒精、挥发酸和挥发酯等物质;总酸、不挥发酸以琥珀酸计。

二、酒糟的综合利用

酒糟含有大量活性的酵母细胞、酶、残余淀粉和糖分、蛋白质等,营养成分比较丰富,并有特殊的糟香,主要用途有以下几方面。

1. 蒸馏白酒

酒糟中不但含有多量的酒精和淀粉,而且还带有黄酒的香味成分,因此可利用它生产白酒。以酒糟生产的白酒俗称“糟烧”,其芳香浓郁、风味独特,是一种比较高级的蒸馏酒。许多地方酒糟只发酵蒸馏一次,而绍兴黄酒的酒糟由于淀粉含量较高,为充分利用,一般进行第二发酵蒸馏,得到的白酒称为复制糟烧。复制糟烧的生产方法有液态法和固态法两种,现在基本上采用液态法。经前后两次发酵,一般 100kg 酒糟可蒸馏得到酒精度为 50%vol 的白酒 51kg 左右。

(1) 工艺流程

酒糟制白酒的工艺流程见图 6-1。

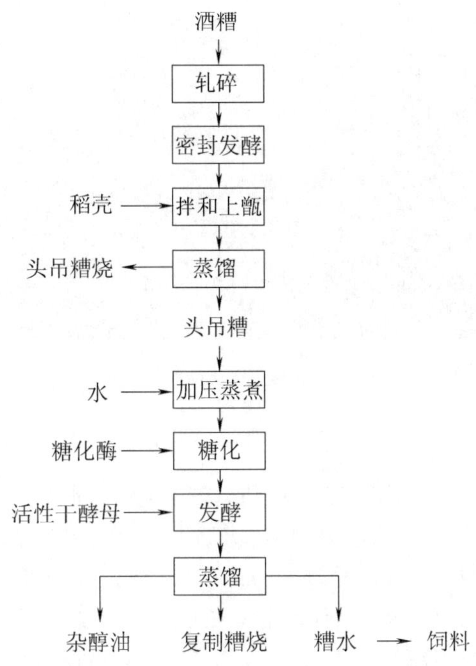

图 6-1 酒糟制白酒的工艺流程图

（2）工艺简要说明

①头吊糟烧：头吊糟烧采用固态发酵法生产，其工艺操作要点如下。

a. 轧碎：酒醪压滤完毕，取出板糟，用轧碎机将板糟轧碎呈疏松细粒状。这就要求压滤时要尽可能将酒糟压干，否则糟板不易被粉碎均匀，影响出酒率。

b. 密封发酵：将轧碎的酒糟投入大缸或池中，稍加压实后密封，让酒糟中残存的淀粉酶和酵母菌继续糖化发酵一个月左右。

c. 蒸馏：将发酵成熟的酒糟取出，拌入适量的谷壳，然后装入甑桶（图 6-2）中蒸馏。操作中要注意：上甑前酒糟与谷壳要充分拌匀，消除疙瘩；上甑要撒得疏松均匀，装得平，不压汽，不能装太满；供汽需均匀；流酒温度要控制在 35℃以下。为提高糟烧质量，最好使用不经粉碎的谷壳，使用前将谷壳清蒸除去杂味。但是，如果采用液态法生产复制糟烧，则以采用粉碎的谷壳为宜，以避免造成堵塞管道。

②复制糟烧：复制糟烧的生产方法有液态法（酒精生产方法）和固态法（麸曲白酒生产方法）两种。固态法出酒率低，但酒的风味较好。液态法生产效率和出酒率高，但酒的风味差。现将两种生产方法简单介绍如下。

图 6-2　甑桶

a. 液态法。

ⓐ拌料蒸煮：头吊糟出甑后趁热送往拌料池，加 2~2.5 倍的水（加水量以糖化后醪液的浓度 8~10°Bx 为宜），并搅拌均匀后进行高压蒸煮糊化。

ⓑ糖化：糊化醪冷却至 62℃后，加入糖化酶，在 60℃下糖化 10~20min。

ⓒ发酵：糖化结束后将醪液冷却到 32℃左右，加入活化后的活性干酒母，入罐发酵，控制品温不超过 35℃，经 72h 左右即可进行蒸馏。

ⓓ蒸馏：采用双塔式酒精蒸馏塔进行蒸馏。蒸馏过程中要重视杂醇油的提取和挥发性杂质的排除。

b. 固态法：头吊糟出甑后冷却至 30℃左右，加入麸曲（或糖化酶）、纯种酒母（或活性干酵母）和水，充分拌匀，入池（或缸）密闭发酵 5~7d 取出，拌入预先清蒸的谷壳，上甑蒸馏即得到复制糟烧。

此外，江苏南通白蒲黄酒有限公司利用优质红粮和新鲜黄酒糟作为主要原料，生产出优质芝麻香型白酒。

2. 香糟

用香糟来加工和保藏食品是我国传统的食品加工技术之一，具有民族特色。各地香糟的制法不尽相同，其大致工艺如下：将新鲜的酒糟，拌入预先炒热的麸皮 15%~20%及香料（茴香、花椒、陈皮、肉桂、丁香等）2%~3%，装入坛中，压实密封发酵数月至一年不等，制成香味浓郁的香糟。用香糟作为肉、鱼、鸡、鸭、蛋等食品以及烹饪调味，可使食品风味更加芳香鲜美。

3. 香醋

将新鲜酒糟经扬渣机打碎成 0.5~1cm 的颗粒，加入一部分麦曲或麸曲和少量的橘皮、丁香、花椒等香料（种类和数量可根据实际需要增减）。此外，为提高香醋质量，还可加入生香酵母培养液或已酸菌发酵液，混合拌匀后装入缸中，用少量白酒盖面，然后密封发酵 3 个月以上即可使用。以此香醋，利用串香法来提高液态法白酒的质量。

4. 饲料

经过第一次蒸馏后的头吊糟，是家畜、家禽、鱼类等的优良饲料。经固态法生产复制糟烧后的酒糟，仍可作为饲料出售。

液体法生产复制糟烧后的糟水，由于水分含量高、运输不便，近年来销售不畅。但经压榨、烘干后，由于粗蛋白含量高达 30%（玉米酒精糟为 27%），受到饲料企业的欢迎。其缺点是粗纤维含量高达 23%（玉米酒精糟为 9%），使其应用范围受到限制。

此外，利用酒糟还可制醋、制曲、培养菌体蛋白和生产其他发酵制品。

第三节 其他副产物的综合利用

一、浸米浆水的利用

浸米浆水中含有较多的淀粉、乳酸、氨基酸、维生素等有机物，并且化学需氧量（COD）含量很高，其中绍兴黄酒浸米浆水的 COD 高达 25000mg/L。如作为废水处理，将花费很高的处理成本，因此最好加以回收利用。浸米浆水除可作为黄酒酿造的配料外，浙江古越龙山绍兴酒股份有限公司在米制酒精生产中以浸米浆水代替 70%的投料用水使用，取得良好的效果。在既有传统法生产线，又有膨化法或液化法生产线的黄酒企业，将传统法产生的浸米浆水用作膨化法或液化法生产的配料用水，既可使前者产生的浸米浆水得到利用，又可起到调节后者 pH 的作用。此外，浸米浆水用于高温糖化酒母配料，既可起到调节 pH 的作用，又能增加酵母生长所需的营养物质。今后还可考虑缩短浸米时间，降低浸米浆水的酸度，这样在发酵醪达到所需的 pH 的情况下，就能提高浸米浆水用于配料的比例。

二、汗酒的利用

汗酒（或称“老酒汗”）是黄酒在煎酒过程中，酒体中的低沸点物质受热挥发后，通过冷凝收集到的液体。汗酒的酒精度为 50%~70%vol，含有丰富的香味物质如醇类、酯类、醛类、挥发酸。作为黄酒的重要副产物，汗酒的用途也比较多，主要有以下三个方面：一是经过勾兑后可作为白酒直接出售；二是可与糟烧一起作为绍兴香雪酒酿造中的投料用白酒使用，对改善香雪酒的风味有一定的好处；三是作为提高黄酒酒精度的勾兑用酒，能与黄酒很好融合。

第七章 黄酒的分析检测

黄酒的分析检测就是运用感官、物理、化学和生物的基本理论和技术，对黄酒及其酿造原料的组成成分、发酵过程、感官特性、理化性质和卫生状况等进行分析检测的过程。通过对黄酒及其酿造原料的分析检测，可以使生产者对黄酒的酿造过程进行有效控制，对产品质量的优劣进行科学评判、对产品的食品安全进行严格监控等。

近年来，随着气相色谱仪、气-质联用仪、液相色谱仪、原子吸收仪、自动电位滴定仪等先进仪器设备在黄酒分析检测中的应用，使得黄酒的分析检测技术有了较大的进步。

第一节 黄酒原料的分析

黄酒的酿造原料种类比较多，包括淀粉质原料大米、小麦、小米、黍米、玉米等，酿造用水，用作糖化发酵剂的麦曲、麸曲、小曲（酒药）以及酶制剂等。

一、大米与小麦的分析

（一）物理分析

1. 感官

（1）原理 取一定量的样品，去除其中的杂质，在规定条件下，按照规定方法借助感觉器官鉴定其色泽、气味、口味，以“正常”或“不正常”表示。

（2）用具 天平（分度值1g）、谷物选筛、广口瓶、水浴锅。

（3）色泽鉴定 分取20~50g样品，放在手掌中均匀摊平，在散射光线下仔细观察样品的整体颜色和光泽。

黄酒原料大米以米色洁白无杂色，略有光泽者为良品，呈暗黄色或失去光泽者不适于酿酒。夹有杂色的大米，常含有较多的蛋白质和脂肪，也不利于酿酒。

制曲用原料小麦，以当年产红皮软质小麦为最佳。小麦应籽粒饱满，粒状均匀，外皮薄，呈淡红色，不得有呈褐色、灰色和虫蛀者。

（4）气味鉴定　分取20~50g样品，放在手掌中用哈气或摩擦的方法，提高样品的温度后立即嗅其气味。对气味不易鉴定的样品，分取20g样品，放入广口瓶中，置于60~70℃的水浴锅中，盖上瓶塞，保温8~10min，开盖嗅其气味。

优质大米应具有新鲜的米香，绝不应有腐败气味及霉味。

（5）结果表示　色泽、气味鉴定结果以“正常”或“不正常”表示，对“不正常”的应加以说明。

2. 小麦的杂质、不完善粒

杂质是指混在原料中没有利用价值的，甚至影响黄酒品质的物质。

不完善粒是指受到损伤但尚有使用价值的小麦颗粒，包括虫蚀粒、病斑粒、破损粒、生芽粒和生霉粒。

（1）仪器和用具　天平（感量0.01g、0.1g、1g）、谷物选筛、电动筛选器、分样器或分样板、分析盘、镊子等。

（2）照明要求　操作过程中的照明条件应符合GB/T 22505的要求。

（3）样品制备　检验杂质的试样分大样、小样两种。大样用于检验大样杂质，包括大型杂质和绝对筛层的筛下物；小样是从检验过大样杂质的样品中分出少量试样，检验与粮粒大小相似的并肩杂质。小麦杂质检验中大样用量约500g，小样用量约50g。

（4）筛选

①电动筛选器法：按质量标准中规定的筛层套好（大孔筛在上，小孔筛在下，套上筛底），按规定称取试样放在筛上，盖上筛盖，放在电动筛选器上，接通电源，打开开关，选筛器自动在左右各转动1min（110~120r/min），筛后静止片刻，将筛上物和筛下物分别倒入分析盘内。卡在筛孔中间的颗粒属于筛上物。

②手筛法：按电动筛选器法中的方法将筛层套好，倒入试样，盖好筛盖。然后将选筛置于玻璃板或光滑桌面上，用双手以110~120次/min的速度，顺时针和逆时针各转动1min。筛动的范围掌握在选筛直径扩大8~10cm。筛后的操作同电动筛选器法。

（5）大样杂质检验

①操作方法：从平均样中称取大样用量500g，精确至1g，分两次进行筛选，然后拣出筛上大样杂质和筛下物合并称重（m_1），精确至0.01g（小麦大样杂质在4.5mm筛上拣出）。

②结果计算：大样杂质含量（M）以质量分数（%）表示，按以下公式

计算。

$$M = \frac{m_1}{500} \times 100$$

式中 m_1——大样杂质质量，g

500——大样质量，g

在重复条件下，获得的两次独立测试结果的绝对差值不超过 0.3%，求其平均数，即为测试结果。测试结果保留到小数点后一位。

（6）小样杂质检验

①操作方法：从检验过大样杂质的试样中，称取小样用量 50g，精确至 0.01g，倒入分析盘中，按质量标准的规定拣出杂质，称重（m_2），精确至 0.01g。

②结果计算：小样杂质含量（N）以质量分数（%）表示，按以下公式计算。

$$N = (100 - M) \times \frac{m_2}{50}$$

式中 m_2——小样杂质质量，g

50——小样质量，g

在重复条件下，获得的两次独立测试结果的绝对差值不超过 0.3%，求其平均数，即为测试结果。测试结果保留到小数点后一位。

（7）杂质总量计算　杂质总量（B）以质量分数（%）表示，按以下公式计算。

$$B = M + N$$

计算结果保留到小数点后一位。

（8）不完善粒

①操作方法：在检验小样杂质的同时，按质量标准的规定拣出不完善粒，将不完善粒称重（m_3），精确至 0.01g。

②结果计算：不完善粒（C）以质量分数（%）表示，按以下公式计算。

$$C = (100 - M) \times \frac{m_3}{50}$$

式中 m_3——不完善粒质量，g

50——小样质量，g

在重复条件下，获得的两次独立测试结果的绝对差值不超过 0.5%，求其平均数，即为测试结果。测试结果保留到小数点后一位。

3. 小麦容重

小麦容重是小麦颗粒在单位容积内的质量，以 g/L 表示。通常容重大的，其颗粒饱满整齐，淀粉含量也高。

（1）原理　用特定的容重器按规定的方法测定固定容器（1L）内可盛入小麦的质量。

（2）仪器和用具　谷物容重器、天平（感量 0.1g）、谷物选筛（筛孔孔径：上筛层 4.5mm，下筛层 1.5mm）、分样器或分样板。

（3）试样制备　从平均样中分取试样约 1000g，用谷物选筛分 4 次进行筛选，拣出上层筛上的大型杂质并弃除下层筛筛下物，合并上、下层筛上的小麦颗粒混匀作为测定容重的试样。

（4）测定　按所选容重器的说明书检测试样容重。

（5）结果表示　两次测定结果的允许差不超过 3g/L，求其平均值，即为测定结果，测定结果取整数。

4. 互混

绍兴黄酒酿造用的大米原料为糯米，因此糯米的互混主要检测其中非糯性大米所占的比例。互混高的酿造原料中支链淀粉含量低，会对成品绍兴黄酒的品质造成一定的不良影响，应加以控制。

（1）原理　直链淀粉遇碘显蓝色，支链淀粉遇碘显棕红色。因糯米中支链淀粉含量达 98%左右，遇碘显棕红色，而一般粳米中直链淀粉占 8.7%～17.2%，籼米中直链淀粉占 17.2%～28.5%，遇碘变蓝色，因此可用此方法区分原料大米中糯性米与非糯性米。

（2）试剂　0.1%碘-乙醇溶液。

（3）测定　随机从平均样中取出 200 粒完整米粒，用清水洗涤后，再用 0.1%碘-乙醇溶液浸泡 1min 左右，然后用蒸馏水洗净，观察米粒着色情况。拣出混入的非糯性米，并记录粒数（n）。

（4）结果计算　互混按下式计算。

$$R = \frac{n}{200} \times 100$$

式中　R——互混，%

n——异类粒数

在重复条件下，获得的两次独立测试结果的绝对差值不超过 1%，求其平均数，即为测试结果。测试结果保留到整数位。

5. 碎米

碎米是指长度小于同批次试样米粒平均长度 3/4，留存 1.0mm 圆孔筛上的不完善粒。碎米率的高低影响原料大米浸泡时淀粉的损耗、蒸饭的质量等。

（1）原理　以筛分法和人工挑选相结合的方法，分选出样品中的碎米，计算碎米含量。

（2）仪器和设备

天平：感量 0.01g

筛选器：转速 110~120r/min，可自动控制以 1min 为间隔按顺时针或逆时针各转动 1 次。

谷物选筛：1.0mm、1.2mm、1.5mm 和 2.0mm 圆孔筛，配有筛底和筛盖，可配合筛选器使用。

分样板：长方形平整木板或塑料板，厚约 2mm，一条长边加工成斜口，以便于分样。

电动碎米分离器。

表面皿、分析盘、镊子等。

（3）测定　称取除去杂质样品平均 50g，放入直径 2.0mm 圆孔筛内，下接直径 1.0mm 圆孔筛和筛底，盖上筛盖，安装于筛选器上进行自动筛选，或将安装好的谷物选筛置于光滑平面上，用双手以约 100r/min 左右的速度，顺时针和逆时针各转动 1min，控制转动范围在选筛直径的基础上扩大 8~10cm。将选筛静止片刻，收集留存在 1.0mm 圆孔筛上及卡在筛孔中的碎米，称量（m_1），即为小碎米。

将留存于 2.0mm 圆孔筛及卡在孔筛上的米粒倒入碎米分离器，根据粒形调整碎米斗的倾斜角度，使分离效果最佳，分离 2min。将初步分离后的整米与碎米倒入分析盘中，用木棒轻敲分离筒，将残留在分离筒中的米粒并入碎米，拣出碎米中不小于整米平均长度 3/4 的米粒并入整米中，拣出整米中小于整米平均长度 3/4 的米粒并入碎米，将分离出的碎米与小碎米合并称重（m_2）。

如无碎米分离器，则将留存于 2.0mm 圆孔筛及卡在孔筛上的米粒倒入分析盘，手工拣出小于整米平均长度 3/4 的米粒，与小碎米合并称重（m_2）。

（4）计算　小碎米率 X_1 按下式计算。

$$X_1 = \frac{m_1}{m} \times 100\%$$

式中　X_1——小碎米率，%

m_1——小碎米质量，g

m——试样质量，g

碎米率 X_2 按下式计算：

$$X_2 = \frac{m_2}{m} \times 100\%$$

式中 X_2—— 碎米率,%

m_2—— 碎米质量，g

m—— 试样质量，g

测定结果以双试验结果的平均值表示，保留小数点后一位。双试验结果绝对差不得超过 0.5%。

6. 水分的测定

方法一：105℃恒重法（国标方法）

（1）仪器和用具 电热恒温鼓风干燥箱、电子天平（感量 0.001g）、实验室用电动粉碎机、谷物选筛、干燥器、称量瓶（外径 5cm，高 3cm）。

（2）样品处理 取 30~60g 去除杂质和矿物质的样品，用实验室用电动粉碎机粉碎，使粉碎度为通过 1.5mm 圆孔筛的样品不少于总样品质量的 90%。

（3）测定

①取干净的称量瓶 1 只，放入（105±2）℃电热恒温鼓风干燥箱中烘 30min 至 1h，置于干燥器中冷却至室温，取出称重，再烘 30min，冷却后再次称重，使两次称重之差值不超过 0.005g，即为恒重。

②取经过处理后的样品约 5g（W_1），均匀平铺于烘至恒重的称量瓶（W_0）中，于（105±2）℃电热恒温鼓风干燥箱中烘 3h，取出后于干燥器中冷却至室温，称量（W_2）。

③计算

$$\text{水分}(\%) = \frac{W_1 - W_2}{W_1 - W_0} \times 100$$

式中 W_0——称量瓶重，g

W_1 ——烘干前试样+称量瓶重，g

W_2 ——烘干后试样+称量瓶重，g

100——换算成百分含量

测定结果以双试验结果的平均值表示，保留小数点后一位。双试验结果绝对差不得超过 0.2%。

方法二：快速水分测定仪测定法

快速水分测定仪能够快速检测各类有机及无机固体、液体、气体样品中的含水率，按照测定原理可分为物理测定法和化学测定法两大类。目前黄酒酿造用大米、小麦中水分快速测定主要是物理测定法中的失重法。

常见的失重法快速水分测定仪有卤素快速水分测定仪、红外快速水分测定仪、微波快速水分测定仪等。由于快速水分测定仪测定原料中的水分为非国标方法，因此该方法只能作为企业进行原料验收时的内部方法，其测定结果与国标方法相比一般偏小。检测方法可按不同仪器的操作说明进行测定。

（二）化学分析

1. 粗淀粉的测定

（1）原理　淀粉经酸或酶水解后生成葡萄糖。由于葡萄糖具有还原性，故能用测定还原糖的方法进行测定，再换算成淀粉含量。这里还原糖采用廉-爱农法。斐林溶液与还原糖共沸，生成氧化亚铜沉淀。以次甲基蓝为指示液，用试样水解液滴定沸腾状态的斐林溶液。达到终点时，稍微过量的还原糖将次甲基蓝还原成无色。

（2）仪器　电子天平（感量0.01g、0.0001g）、电炉、电热恒温鼓风干燥箱，实验室用电动粉碎机。

（3）试剂

①2%盐酸溶液：量取4.5mL浓盐酸（相对密度1.19）倒入适量水中，加水稀释至100mL。

②20%氢氧化钠溶液：称取氢氧化钠20g，用水溶解并稀释至100mL。

③pH试纸。

④次甲基蓝指示液（10g/L）：称取次甲基蓝1.0g，加水溶解并定容至100mL。

⑤斐林甲液：称取硫酸铜（$CuSO_4 \cdot 5H_2O$）69.28g，加水溶解并定容至1000mL。

⑥斐林乙液：称取酒石酸钾钠346g及氢氧化钠100g，加水溶解并定容至1000mL，摇匀，过滤，备用。

⑦葡萄糖标准溶液（2.5g/L）：称取经103~105℃烘干至恒重的无水葡萄糖2.5g（精确至0.0001g），加水溶解，并加浓盐酸5mL，再用水定容至1000mL。

（4）标定斐林溶液

①标定斐林溶液的预滴定：准确吸取斐林甲、乙液各5mL于250mL锥形瓶中，加水30mL，混合后置于电炉上加热至沸腾。滴入葡萄糖标准溶液，保持沸腾，待试液蓝色即将消失时，加入次甲基蓝指示液两滴，继续用葡萄糖标准溶液滴定至蓝色消失为终点。记录消耗葡萄糖标准溶液的体积（V）。

②斐林溶液的标定：准确吸取斐林甲、乙液各5mL于250mL锥形瓶中，加水30mL。混匀后，加入比预滴定体积（V）少1mL的葡萄糖标准溶液，置于电炉上加热至沸，加入次甲基蓝指示液2滴，保持沸腾2min，继续用葡萄糖标准溶液滴定至蓝色刚好消失为终点，并记录消耗葡萄糖标准溶液的总体积

(V_1)。全部滴定操作应在 3min 内完成。

斐林甲、乙液各 5mL 相当于葡萄糖的质量，按下式计算。

$$F = \frac{m_1 \times V_1}{1000}$$

式中 F——斐林甲、乙液各 5mL 相当于葡萄糖的质量，g

m_1——称取葡萄糖的质量，g

V_1——正式标定时消耗葡萄糖标准溶液的总体积，mL

(5) 测定

①样品处理：取一定量的试样，用实验室用电动粉碎机充分粉碎混匀，准确称取粉碎样 2g，放入 250mL 三角瓶中，加 2%盐酸溶液 100mL，轻轻摇动，使试样充分湿润。在瓶口装上具有 1m 长玻璃管的塞子，置于沸水浴中回流水解 3h。立即冷却后用 20%氢氧化钠溶液中和至中性或微酸性。瓶中溶液用滤纸滤入 500mL 容量瓶中，用水充分洗涤残渣，洗液并入容量瓶，然后用水定容，摇匀，即为供测定糖液。

②测定：以上述供测定糖液代替葡萄糖标准溶液按斐林溶液标定的方法进行测定。

(6) 结果计算

$$粗淀粉(\%) = \frac{500 \times F}{V \times m} \times 0.9 \times 100$$

式中 F——斐林甲、乙液各 5mL 相当于葡萄糖的质量，g

V——滴定消耗糖液的体积，mL

m——试样的质量，g

500——滤液总体积，mL

0.9——葡萄糖与淀粉的换算系数

(7) 注意事项

①本法应严格要求在规定的操作条件下进行，加热电炉以 600W 电炉为好。

②由于次甲基蓝也能被空气氧化为蓝色，同时反应生成 Cu_2O 也易被氧化，因此滴定操作必须在试液沸腾状况下进行，以逐出瓶中的空气，故不能从电炉上取下滴定。

③葡萄糖与斐林溶液反应需一定时间，因此滴定速度不能过快，一般以 2s/滴为宜。

④试样经水解、中和后，应立即测定，不能久置，否则糖易腐败而导致结果偏低。

⑤葡萄糖与淀粉换算系数来源如下。

$$(C_6H_{10}O_5)_n + nH_2O = nC_6H_{12}O_6$$

淀粉相对分子质量为 162，葡萄糖相对分子质量为 180，故换算系数为 $\frac{162}{180}=0.9$，即 0.9g 淀粉水解后生成 1g 葡萄糖。

2. 粗蛋白质的测定

原料中适量的蛋白质为黄酒发酵过程中微生物的生长与繁殖提供了氮源，但含量过高则易使成品酒产生沉淀，同时蛋白质在多种酶及酵母菌的作用下最终生成高级醇，其含量过高影响黄酒品质。

食品中蛋白质通常用凯氏定氮法测定，但由于凯氏定氮时，原料中的一些非蛋白质氮如硝基氮、氨氮、氨基酸、酰胺氮以及核酸中的氮一并计算在内，故测得的结果为粗蛋白质含量。

（1）原理　试样中的蛋白质在催化加热条件下被分解，产生的氨与硫酸结合生成硫酸铵。碱化蒸馏使氨游离，用硼酸吸收后以硫酸或盐酸标准滴定溶液滴定，根据酸的消耗量乘以换算系数，即为蛋白质的含量。

（2）试剂

①硫酸铜（$CuSO_4 \cdot 5H_2O$）。

②硫酸钾（K_2SO_4）。

③浓硫酸（H_2SO_4，密度为 1.84g/L）。

④硼酸溶液（20g/L）：称取 20g 硼酸，加水溶解后稀释至 1000mL。

⑤氢氧化钠溶液（400g/L）：称取 40g 氢氧化钠加水溶解后，放冷，并稀释至 100mL。

⑥硫酸标准滴定溶液（0.0500mol/L）或盐酸标准滴定溶液（0.0500mol/L）：按 GB/T 601—2016 中的方法配制与标定。

⑦A 混合指示液：2 份甲基红乙醇溶液（1g/L）与 1 份亚甲基蓝乙醇溶液（1g/L）临用时混合。

⑧B 混合指示液：1 份甲基红乙醇溶液（1g/L）与 5 份溴甲酚绿乙醇溶液（1g/L）临用时混合。

（3）仪器设备

①定氮蒸馏装置（图 7-1）。

②电子天平（感量 0.0001g）。

（4）测定步骤

①样品消化：准确称取充分混匀的粉碎试样 1～2g，精确至 0.001g，移入干燥的 250mL 定氮瓶中，加入 0.2g 硫酸铜、6g 硫酸钾及 20mL 硫酸，轻

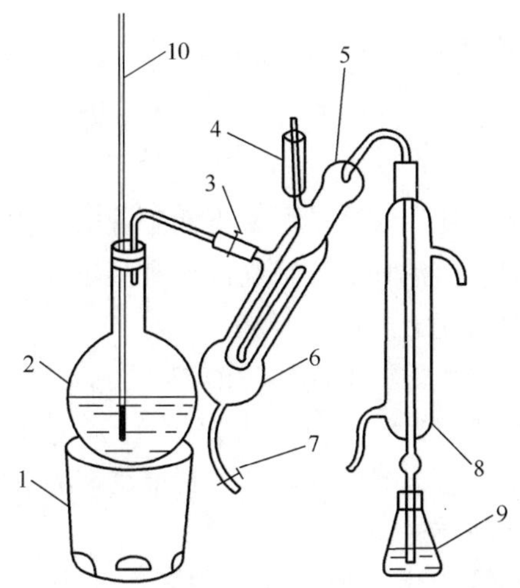

图 7-1 定氮蒸馏装置图

1—电炉 2—水蒸气发生器（2L 烧瓶） 3—螺旋夹 4—小玻杯及棒状玻塞 5—反应室 6—反应室外层 7—橡皮管及螺旋夹 8—冷凝管 9—蒸馏液接收瓶 10—温度计

摇匀后于瓶口放一小漏斗，将瓶以 45°角斜支于电炉上，在通风橱内消化，先小火缓慢加热至内容物完全炭化，泡沫完全停止后，再加强火力，消化至液体呈蓝绿色并澄清透明。取下漏斗，继续加热 0.5h 后冷却至室温。取下放冷，小心加入 20mL 水。放冷后，移入 100mL 容量瓶中，并用少量水洗定氮瓶，洗液并入容量瓶中，再加水至刻度，混匀备用。同时做试剂空白试验。

②测定：按图 7-1 装好定氮蒸馏装置，向水蒸气发生器内装水至 2/3 处，加入数粒玻璃珠，加甲基红乙醇溶液（1g/L）数滴及数毫升浓硫酸，以保持水呈酸性，加热煮沸水蒸气发生器内的水并保持沸腾。

向接收瓶内加入 10.0mL 硼酸溶液及 1～2 滴 A 混合指示液或 B 混合指示液，并使冷凝管的下端插入液面下，根据试样中氮含量，准确吸取 2.0～10.0mL 试样处理液由小玻杯注入反应室，以 10mL 水洗涤小玻杯并使之流入反应室内，随后塞紧棒状玻塞。将 10.0mL 氢氧化钠溶液倒入小玻杯，提起玻塞使其缓缓流入反应室，立即将玻塞盖紧，并水封。夹紧螺旋夹，开始蒸馏。蒸馏 10min 后移动蒸馏液接收瓶，液面离开冷凝管下端，再蒸馏 1min。然后用少量水冲洗冷凝管下端外部，取下蒸馏液接收瓶。尽快以硫酸或盐酸标准滴定溶液滴定至终点，如用 A 混合指示液，终点颜色为灰蓝色；如用 B 混合指示液，终点颜色为浅灰红色。同时作试剂空白。

（5）结果计算

试样中蛋白质的含量按下式进行计算。

$$蛋白质含量(\%) = \frac{(V_1 - V_2) \times c \times 0.0140}{m \times V_3/100} \times F \times 100$$

式中　V_1——试液消耗硫酸或盐酸标准滴定液的体积，mL

V_2——试剂空白消耗硫酸或盐酸标准滴定液的体积，mL

V_3——吸取消化液的体积，mL

c——硫酸或盐酸标准滴定溶液浓度，mol/L

0.0140——1.0mL 硫酸［c（$1/2H_2SO_4$）= 1.000mol/L］或盐酸［c（HCl）= 1.000mol/L］标准滴定溶液相当的氮的质量，g

m——试样的质量，g

F——氮换算为蛋白质的系数（一般原料为 6.25，玉米为 6.24，大米为 5.95，小米为 5.83）

分母中的 100——消化液的总体积

结果以重复性条件下获得的两次独立测定结果的算术平均值表示。在重复性条件下获得的两次独立测定结果的绝对差值不得超过算术平均值的 10%。

二、小曲（酒药）的分析

1. 感官鉴定

（1）色泽　小曲剖面应呈一致的颜色（如传统绍兴酒药应为白色或淡黄色），如有其他杂色，皆非好曲。

（2）气味　具有小曲的清香味，不得带有霉酸味。

（3）菌丝　曲块应疏松，曲块中心应有足量的菌丝生长。

2. 原始酸度测定

（1）试剂

①0.1mol/L 氢氧化钠溶液：按 GB/T 601 中的方法配制与标定。

②1%酚酞指示剂：称取 1g 酚酞溶于 100mL 95%乙醇中。

（2）测定

①称取经粉碎后过 40 目筛混匀的小曲 10g，放入烧杯中，加 100mL 水在 30℃恒温水浴锅中浸泡 1h（中间每隔 15min 搅拌 1 次），用滤纸或脱脂棉过滤。

②吸取滤液 20mL 于 150mL 三角瓶中，加 2 滴 1%酚酞指示剂，用 0.1mol/L 氢氧化钠标准溶液滴至呈微红色，半分钟内不褪色为止。

（3）结果计算　原始酸度：以 100g 小曲消耗 1mol/L 氢氧化钠标准溶液的

体积（mL）表示。

$$原始酸度 = c \times V \times \frac{100}{20} \times \frac{100}{10}$$

式中 c——氢氧化钠标准溶液的摩尔浓度，mol/L

V——20mL 滤液消耗氢氧化钠标准溶液的体积，mL

$\frac{100}{20}$——20 为测定时吸取滤液的体积，mL；100 为小曲总浸出液的体积，mL

$\frac{100}{10}$——10g 小曲换算成 100g 小曲的倍数

3. 发酵酸度测定

（1）试剂 同本章小曲原始酸度测定。

（2）测定

①扩大培养：称取 50g 大米于 500mL 三角瓶中，加水 50mL，浸渍 10h 后瓶口用棉塞塞紧并用油纸包裹，于常压下蒸料 40min（或 0.1MPa 灭菌 20min）。取出，稍冷，在无菌室中用玻璃棒搅散饭团。待冷却至 30℃时，小心撒入小曲粉末 0.25g，搅拌均匀，置于 30℃恒温培养箱中培养 26~30h。

②测定：首先观察瓶内生长状态和气味，如米饭黏成棉絮似的团状，一般为良曲。如米粒松散，则质量欠佳。

在扩大培养后的大米醅中加入 100mL 水，浸泡 1h（中间每隔 15min 搅拌 1 次），用滤纸或脱脂棉过滤。吸取滤液 25mL 于 250mL 三角瓶中，加入 1%酚酞指示剂 2 滴，用 0.1mol/L 氢氧化钠标准溶液滴定至微红色，半分钟内不消失为止。

（3）结果计算 发酵酸度：100g 大米经小曲作用后生成的酸量，以 1mol/L 氢氧化钠溶液的体积（mL）表示。

$$发酵酸度 = c \times V \times \frac{100}{25} \times \frac{100}{50}$$

式中 c——氢氧化钠标准溶液的摩尔浓度，mol/L

V——25mL 滤液消耗氢氧化钠标准溶液的体积，mL

$\frac{100}{25}$——25 为测定时吸取滤液的体积，mL；100 为小曲总浸出液的体积，mL

$\frac{100}{50}$——50g 大米换算成 100g 大米的倍数

（4）注意事项　撒入小曲时勿使小曲粉黏在三角瓶壁上；灭菌后的饭粒易结成团状，必须用玻璃棒搅散，使饭粒间有空隙，让菌丝均匀繁殖。

4. 发酵力（淀粉利用率）测定

（1）试剂　碳酸钠（粉末）、1%酚酞指示剂。

（2）测定方法

①扩大培养：方法同本节发酵酸度测定。在 30℃ 恒温培养箱中培养 26~30h 后，取出，加 100mL 无菌水，再继续培养至全部时间为 120h。

②测定：将三角瓶中的酒醅倒入 1000mL 圆底烧瓶中，用 100mL 水洗涤三角瓶，洗液并入圆底烧瓶中，加 2 滴 1%酚酞指示剂，用碳酸钠粉末中和至微酸性后，连接好酒精蒸馏装置进行蒸馏。待 100mL 接收容量瓶中馏出液达 95mL 时停止蒸馏。加水定容至刻度，摇匀，测定酒精度。

（3）结果计算

$$\text{发酵力}(\%) = \frac{\text{纯酒精}(g)}{50 \times \text{大米淀粉含量}(\%) \times 0.5678} \times 100$$

式中　50——大米质量，g

0.5678——1g 淀粉理论上产生纯酒精的量，g

100——换算成百分率

三、麦曲的分析

1. 感官鉴定

（1）自然培养块曲　曲块坚韧而疏松，敲断曲块要求内部菌丝茂密且均匀，菌丝呈白色或黄绿色，无霉烂的黑心，曲香正常，无霉味和其他杂味。

（2）纯种培养麦曲　菌丝精壮稠密，无明显的黄绿色，曲香明显，无酸味和其他的霉臭味。

2. 水分的测定

同本章原料中水分的测定方法。

3. 原始酸度的测定

（1）试剂　同本章小曲原始酸度测定。

（2）测定方法　称取粉碎麦曲试样 10g（以绝干曲计），放入 500mL 烧杯中，加水 100mL 于 30℃ 水浴锅中浸泡 1h（每隔 15min 搅拌 1 次），用滤纸或脱脂棉过滤。吸取滤液 20mL 于 250mL 三角瓶中，加 1%酚酞指示剂 2 滴，用 0.1mol/L 氢氧化钠标准溶液滴至呈微红色，半分钟不消失为终点。

（3）结果计算　原始酸度：以 100g 绝干曲消耗 1mol/L 氢氧化钠体积（mL）表示。

$$原始酸度 = c \times V \times \frac{100}{20} \times \frac{100}{10}$$

式中 c——氢氧化钠标准溶液的摩尔浓度，mol/L

V——20mL 滤液消耗氢氧化钠标准溶液的体积，mL

$\frac{100}{20}$——20 为测定时吸取滤液的体积，mL；100 为麦曲总浸出液的体积，mL

$\frac{100}{10}$——10g 干麦曲换算成 100g 绝干麦曲的倍数

4. 糖化力的测定

（1）原理　淀粉在一定操作条件下受糖化酶的作用，生成葡萄糖，然后测得葡萄糖的含量来计算糖化力的大小。

（2）试剂

①斐林溶液：见本章原料分析中粗淀粉的测定。

②1%次甲基蓝指示剂：见本章原料分析中粗淀粉的测定。

③2.5g/L 葡萄糖标准溶液：见本章原料分析中粗淀粉的测定。

④0.1mol/L 氢氧化钠溶液。

⑤0.2mol/L 乙酸-乙酸钠缓冲溶液（pH4.6）。

乙酸溶液：吸取冰乙酸溶液 11.8mL，加水定容至 1000mL。

乙酸钠溶液：称取乙酸钠（$CH_3COONa \cdot 3H_2O$）27.2g。加水定容至 1000mL。

将乙酸溶液与乙酸钠溶液等体积混合即为 pH4.6 的缓冲溶液。

⑥20g/L 可溶性淀粉溶液：称取 2.00g 经 100～105℃烘 2h 的可溶性淀粉，加 10mL 水调匀，然后加入 60mL 沸水，搅匀，煮沸至透明，冷却后用水定容至 100mL（此溶液需现配现用）。

⑦麦曲浸出液的制备：称取以绝干曲计的粉碎麦曲 5.0g，加水 90mL，加乙酸-乙酸钠缓冲溶液 10mL，搅拌均匀后于 30℃恒温水浴中浸泡 1h（每隔 15min 搅拌 1 次），用滤纸或脱脂棉过滤，取滤液备用。

（3）测定

①糖化液制备：吸取 25mL 20g/L 可溶性淀粉溶液于 50mL 容量瓶中，加乙酸-乙酸钠缓冲溶液 5mL，于 30℃恒温水浴中预热 10min，准确加入 5mL 麦曲浸出液，立即计时摇匀，于 30℃恒温水浴中糖化 1h 后，立即加入 15mL 0.1mol/L 氢氧化钠溶液终止反应。取出冷却至室温后用水定容至刻度，摇匀，得到糖化液。

同时做空白试验：吸取 25mL 20g/L 可溶性淀粉溶液于 50mL 容量瓶中，

加乙酸-乙酸钠缓冲溶液 5mL，先加 15mL 0.1mol/L 氢氧化钠溶液，再加 5mL 麦曲浸出液，加水定容至刻度，摇匀。

②糖化液定糖：吸取斐林溶液甲、乙液各 5mL 于 250mL 三角瓶中，加水 30mL，准确加入 5mL 糖化液。用滴定管加入适量的 2.5g/L 葡萄糖标准溶液（使滴定时消耗葡萄糖标准溶液在 1mL 之内），摇匀后置于电炉上加热至沸，并保持 2min。加 2 滴 1%次甲基蓝指示剂，继续用 2.5g/L 葡萄糖标准溶液滴定至蓝色消失，记录消耗的葡萄糖标准溶液体积为 V_1。

空白液测定：吸取 5mL 空白液替代 5mL 糖化液，其余操作同上，记录空白液测定时消耗的葡萄糖标准溶液体积为 V_0。

（4）结果计算　糖化力：1g 绝干麦曲在 30℃ 糖化 1h 所产生的葡萄糖的质量（mg）。

$$\text{糖化力} = \frac{(V_0 - V_1) \times 2.5}{5} \times \frac{50}{5} \times \frac{100}{5}$$

式中　V_0——5mL 空白液消耗的葡萄糖标准溶液体积，mL

V_1——5mL 糖化液消耗的葡萄糖标准溶液体积，mL

2.5——葡萄糖标准溶液的浓度，mg/mL

5——绝干麦曲称取量，g

$\frac{50}{5}$——5 为测定时糖化液的体积，mL；50 为总糖化液的体积，mL

$\frac{100}{5}$——5 为测定时麦曲浸出液的体积，mL；100 为总麦曲浸出液的体积，mL

（5）注意事项

①要严格控制糖化温度与时间，以免影响结果。

②空白试验用以消除糖化酶本身和可溶性淀粉中所含还原物质的影响。

③糖化酶活性与所用可溶性淀粉质量有关，故需注明淀粉品牌与厂名。

5. 液化力的测定（碘反应法）

（1）原理　α-淀粉酶（淀粉 1,4-糊精酶）能将淀粉水解产生大量糊精及少量麦芽糖和葡萄糖，使淀粉浓度下降，黏度降低。由于碘液对不同相对分子质量的糊精呈不同颜色，因此在水解过程中，对碘液的呈色反应为蓝色→紫色→红色→无色。常以蓝色消失所需时间来衡量液化力的大小。

（2）试剂

①20g/L 可溶性淀粉：见本章糖化力测定。

②原碘液：称取 2.2g 碘与 4.4g 碘化钾，加少量水溶解后，加水定容至 100mL，贮于棕色试剂瓶中避光保存。

稀碘液：吸取原碘液 0.4mL，添加碘化钾 4g，加水定容至 100mL，贮于棕色试剂瓶中避光保存。

③标准终点色溶液

甲液：准确称取 40.2439g 氯化钴（$CoCl_2 \cdot 6H_2O$），0.4873g 重铬酸钾（$K_2Cr_2O_7$）溶于水中，加水定容至 500mL。

乙液：准确称取 40mg 铬黑 T（$C_{20}H_{12}N_{13}NaO_7S$）溶于水中，加水定容至 100mL。

使用时吸取甲液 40mL 与乙液 5mL 混合。此混合液宜冰箱保存，使用 7d 后需重新配制。

④麦曲浸出液的制备：见本章糖化力测定。

（3）测定

①取 2 滴标准终点色溶液于白瓷板空穴内，作为比较颜色的标准。

②准确吸取 20g/L 可溶性淀粉溶液 10mL 及水 35mL 于大试管（25mm×200mm）中，置于 30℃恒温水浴中保温 10min。

③准确吸取酶液 5mL 于上述保温淀粉溶液中，立即计时，摇匀。以后定时取出液化液 1 滴于预先充满稀碘液 1 滴的白瓷板空穴内。颜色由紫色逐渐变为红棕色，当与标准终点色相同时，即为反应终点，记录所需时间（min）。

（4）结果计算　液化力：以每克绝干曲在 30℃作用 1h 能液化淀粉的质量（g）表示。

$$液化力 = \frac{60}{t} \times \frac{0.2}{0.25}$$

式中　t——加酶液后至遇碘呈标准终点色所需的时间，min

60——换算成 1h 作用时间

0.2——10mL 20g/L 可溶性淀粉溶液相当于 0.2g 淀粉

0.25——5mL 麦曲浸出液相当于 0.25g 绝干曲

（5）注意事项

①麦曲中液化酶与糖化酶同时存在，碘反应时间随糖化酶含量增加而缩短，故结果有一定的误差。但由于此法简便、迅速，常被各大酿酒企业采用。

②液化酶活性与所用可溶性淀粉质量有关，故需注明淀粉品牌与厂名。

6. 蛋白质分解力（蛋白酶活性）测定

（1）原理　福林-酚试剂在碱性条件下可被酚类化合物还原呈蓝色（钼蓝和钨蓝混合物）。蛋白酶能将酪蛋白水解成含酚基的酪氨酸，酪氨酸在碱性条件下将福林-酚试剂还原成蓝色化合物，用比色法测定。

（2）试剂　除另有说明，所有试剂均为分析纯。

①福林-酚试剂：取钨酸钠($NaWO_4 \cdot 2H_2O$)50g、钼酸钠（$NaMoO_4 \cdot 2H_2O$）12.5g与水350mL于1000mL磨口圆底烧瓶中，溶解后加入85%磷酸25mL及浓盐酸50mL，装上磨口回流冷凝管，以小火沸腾回流10h，结束后再加入50g的硫酸锂（Li_2SO_4）、25mL水及数滴浓溴水（99%）。摇匀后开口继续沸腾15min，以驱除过量的溴（在通风柜中进行），冷却后滤液呈金黄色（如仍带绿色，于冷却后再滴加溴水数滴，再煮沸除溴），加水定容至500mL，混匀，过滤，滤液置于棕色试剂瓶中，贮于冰箱中可长期保存备用。

福林-酚试剂稀释液：取1份福林-酚试剂与2份蒸馏水混匀。

②0.4mol/L碳酸钠溶液：称取无水碳酸钠（Na_2CO_3）42.4g，用水溶解，加水定容至1000mL。

③0.4mol/L三氯乙酸溶液：称取65.4g三氯乙酸，用水溶解，加水定容至1000mL。

④0.05mol/L乳酸-乳酸钠缓冲溶液（pH为3）

乳酸溶液：称取10.6g乳酸（80%~90%），加水溶解并定容至1000mL。

乳酸钠溶液：称取16.0g乳酸钠（70%~80%），加水溶解并定容至1000mL。

取乳酸溶液8mL与乳酸钠溶液1mL，混匀后用水稀释1倍，即成pH为3的缓冲溶液。

⑤2%酪素溶液：称取酪素2.000g，用几滴乳酸湿润，加入适量的乳酸-乳酸钠缓冲溶液，在沸水浴中使之完全溶解，冷却后移入100mL容量瓶中，用乳酸-乳酸钠缓冲溶液定容至刻度。

⑥酶液制备：称取10.0g绝干曲试样，加乳酸-乳酸钠缓冲溶液100mL，30℃恒温浸出1h（每隔15min搅拌1次），用滤纸或脱脂棉过滤。

⑦酪氨酸标准溶液（100μg/mL）：精确称取经105℃烘2~3h的L-酪氨酸0.1g，逐步加1mol/L盐酸6mL，使其溶解，用0.2mol/L盐酸溶液定容至100mL。吸取此溶液10mL，用0.2mol/L盐酸溶液定容至100mL，即成100μg/mL酪氨酸标准溶液。

⑧0.2mol/L盐酸溶液：量取1.7mL浓盐酸（相对密度1.19），用水稀释至100mL。

⑨1mol/L盐酸溶液：量取8.4mL浓盐酸（相对密度1.19），用水稀释至100mL。

（3）仪器　72型分光光度计。

（4）测定方法

①标准曲线绘制：取7支试管，按表7-1稀释酪氨酸标准溶液。

表 7-1 稀释酪氨酸标准溶液

编　号	0	1	2	3	4	5	6
100μg/mL 酪氨酸溶液/mL	0	1	2	3	4	5	6
水/mL	10	9	8	7	6	5	4
酪氨酸溶液浓度/（μg/mL）	0	10	20	30	40	50	60

从上述各试管中吸取 1mL 于另 7 支试管中，分别准确加入 5mL 0.4mol/L 碳酸钠溶液、1mL 福林-酚试剂稀释液，于 40℃恒温水浴中显色 20min，在 680nm 波长下测定各试管中酪氨酸溶液的吸光度。

以吸光度为纵坐标，酪氨酸浓度为横坐标，绘制标准曲线，求出斜率 K，即标准曲线中吸光度为 1 时相当的酪氨酸的量（μg/mL）。

②试样测定

a. 吸取 5mL 酶液，用水稀释（2~5 倍）成酶液稀释液。

b. 分别吸取 1mL 酶稀释液于 3 支编号试管中，放入 40℃恒温水浴中预热 3~5min，然后严格按表 7-2 顺序加入试剂。加入三氯乙酸溶液后，立即摇匀，以停止酶的作用。

表 7-2 溶液加入顺序

试剂＼编号	空白	试样	
	0	1	2
0.4mol/L 三氯醋酸/mL	2	0	0
2%酪素溶液/mL	1	1	1
40℃恒温水解 10min			
0.4mol/L 三氯醋酸/mL	0	2	2

③分别吸取 1mL 滤液于另 3 支试管中，各管准确加入 0.4mol/L 碳酸钠溶液 5mL 及福林-酚试剂稀释液 1mL，摇匀，于 40℃恒温水浴中显色 20min，在 680nm 波长下，以 0 号管为空白，测定吸光度，取其平均值。

（5）结果计算　蛋白质分解力：1g 绝干曲在 40℃每分钟分解酪蛋白为酪氨酸的质量（μg）。

$$\text{蛋白质分解力} = \frac{K \times OD \times 100 \times 4 \times n}{10 \times 10}$$

式中　K——标准曲线中吸光度为 1 所相当的酪氨酸的量，μg/mL

OD——试样管的平均吸光度

100——麦曲总浸出液的体积，mL

4——酶水解时总体积，mL

10——绝干麦曲称取量，g

10——酶水解时间，min

n——酶液稀释倍数

（6）说明

①黄酒麦曲酶系中吸收高峰为 pH3 及 pH6 左右。如考虑到酿酒 pH 条件，可采用 pH3。也可根据具体情况选定合适 pH，但在测定结果中必须注明。

②测定时，水解温度、时间、吸取量都需准确，以减小误差。

③配制酪素定容时，泡沫过多，可滴加几滴酒精消泡。酪素溶液应保存于 4℃冰箱中。发现变质，应重新配制。

④需注明酪素的品牌、厂名。

第二节　黄酒半成品的分析

一、米饭

1. 水分测定

（1）原理　试样中水分超过 16%时，一是粉碎困难，二是粉碎时水分损失较多。因此常将试样先在 60℃恒温干燥箱内干燥至水分在 16%之下，测出水分称为前水分。再将试样进行粉碎，在 100~105℃恒温干燥箱中烘至恒重，测出水分称为后水分。由前水分及后水分计算出总水分。

（2）测定方法

①前水分：称取试样 10g 于 60℃恒温干燥箱内烘 3~4h，使其干燥至含水分 16%以下，测出前水分（%）。

②后水分：将测定前水分后的试样，进行粉碎，在 100~105℃干燥箱中烘至恒重，测出后水分（%）。

（3）计算

$$\text{米饭总水分(\%)} = \text{前水分} + \text{后水分} \times \frac{100 - \text{前水分}}{100}$$

2. 出饭率及吸水率测定

出饭率及吸水率在传统工艺中可用称重法测定。在机械化连续生产中可用千粒重法测定。

（1）称重法

①测定方法：称取白米重 m，蒸煮成饭后称重为 m_1。

②结果计算：

$$出饭率(\%)=\frac{m_1}{m}\times 100$$

$$吸水率(\%)=\left(\frac{m_1}{m}-1\right)\times 100$$

（2）千粒重法

①测定方法：白米千粒重：称取白米 m（约 20g），分出整粒米数 a 和碎米 b，分别称出整粒米重 A 及碎米重 B。

$$碎米系数\ K=\frac{\frac{B}{b}}{\frac{A}{a}}$$

$$白米千粒重=\frac{m\times 1000}{b\times K+a}=\frac{m\times 1000}{\left(\frac{B}{A}+1\right)\times a}$$

蒸饭千粒重：抽取蒸饭约 28g 放入称量瓶中，并迅速盖闭，称其质量为 m_1（准确至 0.01g）。数出其中整粒饭的数值 a_2，称出其质量 A_2，碎饭重量为 B_2。由于操作过程中米饭水分的蒸发，因此要折算成初始质量 A_1 和 B_1，使 $A_1+B_1=m_1$。

$$初始整粒饭重\ A_1=\frac{A_2}{A_2+B_2}\times m_1$$

$$初始碎饭粒重\ B_1=\frac{B_2}{A_2+B_2}\times m_1$$

$$蒸饭吸水率(\%)=\left(\frac{蒸饭千粒重}{白米千粒重}-1\right)\times 100$$

$$蒸饭千粒重=\frac{m\times 1000}{\left(\frac{B_1}{A_1}+1\right)\times a_2}$$

②结果计算：

$$蒸饭出饭率(\%)=\frac{蒸饭千粒重}{白米千粒重}\times 100$$

$$蒸饭吸水率(\%)=\left(\frac{蒸饭千粒重}{白米千粒重}-1\right)\times 100$$

③说明：一个批量的整粒米与碎粒米的碎米系数 K 是一个常数，只需标

出一个 K 值即可。

3. 生心率的测定

（1）试剂

①1%次甲基蓝溶液：按本章原料分析中粗淀粉的测定（即 10g/L 次甲基蓝指示剂）。

②1%溴甲酚蓝指示剂：称取 1g 溴甲酚蓝溶于 100mL 20%乙醇中。

（2）测定

①将欲测定的米饭放在培养皿中，加入 1%次甲基蓝溶液（或 1%溴甲酚蓝指示剂），使米饭浸没。

②1min 后倒去次甲基蓝或溴酚蓝溶液，将每粒米饭用刀切成两段，看其中心染色情况，在未糊化处不能染上颜色。

（3）结果计算　计算 100 粒米饭中其内心未染色的百分数即为生心率。

二、发酵醪的测定

（一）显微镜检查

1. 酵母细胞数测定

（1）仪器设备

①显微镜。

②血球计数板：血球计数板是一块特制玻片，中间为一个大格称为计数室，长和宽各为 1mm，深度为 0. 1mm ，其体积为 0. 1mm^3。大格中共刻有 400 个小方格，其结构见图 7-2。

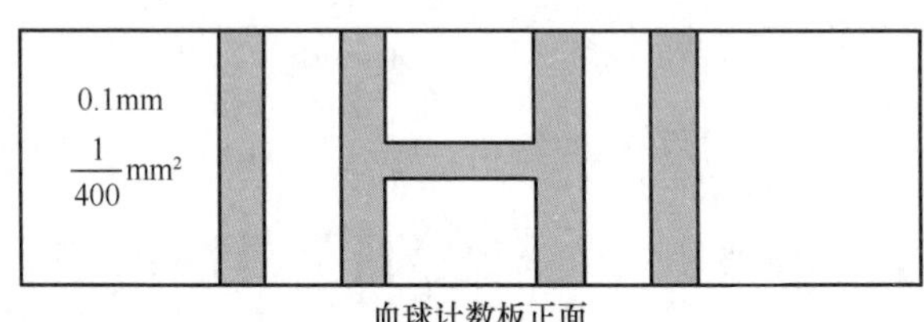

血球计数板正面

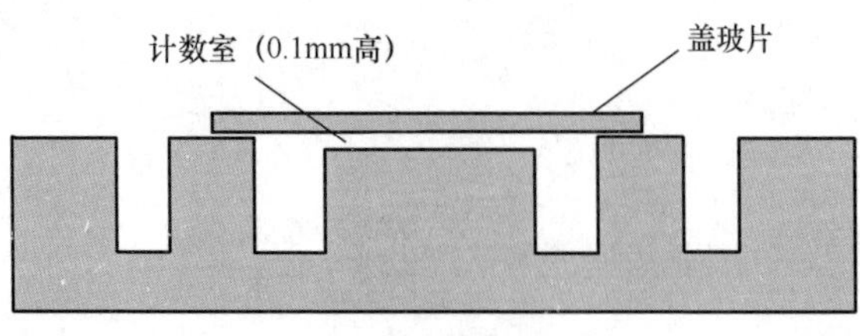

血球计数板侧面

图 7-2　血球计数板结构图

血球计数板常用的规格有两种，一种为 16 中格×25 小格（称为汤麦式，见图 7-3）；另一种是 25 中格×16 小格（称为希列格式，见图 7-4）。两者都是 400 个小格。

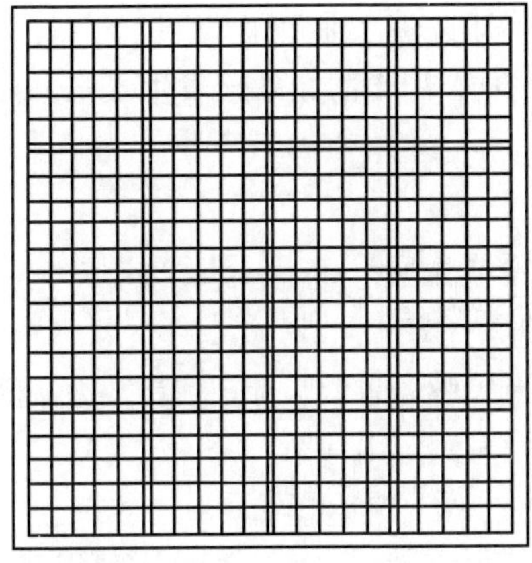

图 7-3 汤麦式血球计数板

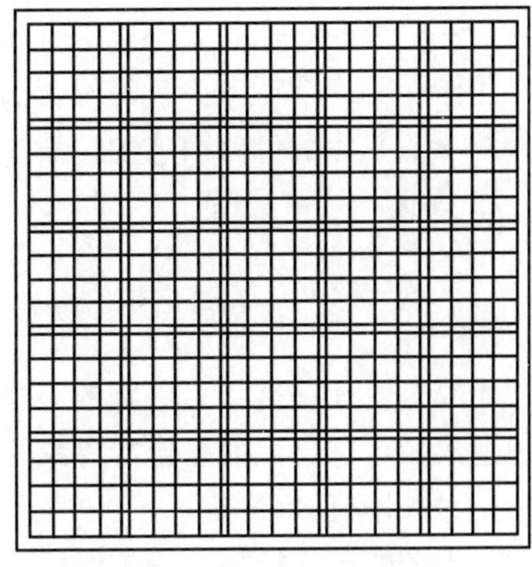

图 7-4 希列格式血球计数板

（2）测定

①将所取醪液通过双层纱布过滤（酿缸不过滤），然后进行适当稀释（一般酿缸样品稀释 10 倍，前、后酵样品稀释 100 倍，以每一小格含 4~5 个酵母为宜），摇匀。

②将血球计数板用擦镜纸擦净，在中央的计数室上加一专用的厚盖玻片。

③将稀释后的发酵醪液用吸管取 1 滴置于盖玻片的边缘，醪液自行渗入，多余的醪液用吸水纸吸去，稍待片刻，当酵母细胞全部沉降到计数板表面时，置于显微镜下观察。

（3）计数　在 16×25 规格的计数板上，数左上、右上、左下、右下四个中格（即共 100 个小格）酵母。

在 25×16 规格的计数板上，除上述四个中格外，还需加数中央的一个中格。

每个样品应重复计数 3 次，取其平均值。

计数公式：

16×25 的计数板：

$$\text{酵母细胞数(个 /mL)} = \frac{\text{100 个小格内酵母细胞数}}{100} \times 400 \times 10000 \times \text{稀释倍数}$$

25×16 的计数板：

$$酵母细胞数(个/mL) = \frac{80个小格内酵母细胞数}{80} \times 400 \times 10000 \times 稀释倍数$$

（4）说明

①位于中格线上的酵母，一般只计数上方及右方线上的细胞。

②凡酵母的芽孢其大小达酵母一半时，即按两个细胞计。

③稀释时，常加入少量的稀硫酸（1∶9），用来防止醪液发生气泡，抑制酵母繁殖，并使酵母分散均匀。

2. 酵母出芽率测定

$$酵母出芽率(\%) = \frac{出芽酵母细胞数}{总酵母细胞数} \times 100$$

计数时，凡芽孢小于细胞的一半，而尚未脱离者均为芽孢。计数方法同酵母细胞数测定，也可以测定酵母细胞数的同时测定出芽率。

3. 酵母死亡率测定

取干净的玻璃棒蘸1滴未经稀释的醪液于载玻片上，滴加0.1%的次甲基蓝染色剂（0.1g次甲基蓝溶于100mL水中）1滴，混合均匀，染色3~5min，盖上盖玻片，用滤纸吸去多余水分，在显微镜下观察，染成蓝色者为死细胞，在2~3个视野中，计算酵母总数及染色酵母数。

$$酵母死亡率(\%) = \frac{染色酵母数}{酵母总数} \times 100$$

（二）化学分析

发酵醪理化指标主要监测酒精度、还原糖、总酸三项指标。检测前样品应进行预处理。检测酒精度、还原糖时，发酵醪用双层纱布过滤即可；检测总酸时，样品经双层纱布过滤后，需再进行离心处理。

1. 酒精度的测定

酒精度的测定方法可参照成品黄酒的测定。样品量可用100mL，收集馏出液约95mL，定容至100mL，用分度值为0.2%vol的酒精计测定。蒸馏时需加菜籽油或消泡剂，以防溢出。

2. 还原糖的测定

还原糖的测定方法参照成品黄酒总糖的测定，样品根据含糖量高低进行适当稀释。

3. 总酸的测定

（1）试剂

①1%酚酞指示剂：按GB/T 603规定进行。

②0.1mol/L氢氧化钠标准溶液：按GB/T 601规定进行。

（2）试样的测定　吸取经离心后的上层清液 5mL 于 150mL 三角瓶中，加 50mL 蒸馏水，滴入 2~3 滴 1%酚酞指示剂，用 0.1mol/L 氢氧化钠标准溶液滴至溶液呈微红色，半分钟内不褪色为终点。记录消耗 0.1mol/L 氢氧化钠标准溶液的体积（V），同时做空白实验。

（3）计算　试样中总酸含量按下式计算：

$$X = \frac{(V - V_0) \times c \times 0.090}{5} \times 1000$$

式中　X——试样中总酸的含量，g/L

V——测定试样时，消耗 0.1mol/L 氢氧化钠标准滴定溶液的体积，mL

V_0——空白试验时，消耗 0.1mol/L 氢氧化钠标准滴定溶液的体积，mL

c——氢氧化钠标准滴定溶液的浓度，mol/L

0.090——乳酸的摩尔质量的数值，g / mol

5——吸取试样的体积，mL

传统工艺黄酒发酵醪的检测频率为 2d、7d、14d、30d、榨前；新工艺黄酒发酵醪的检测频率为 2d、4d、14d、榨前。具体检测频率、监控指标等内容，各黄酒酿造企业因酿造原料、工艺等不同而略有差异。

第三节　成品黄酒的分析检测

根据 GB/T 13662《黄酒》及 GB/T 17946《地理标志产品 绍兴酒（绍兴黄酒）》国家标准的规定，黄酒产品的出厂检验项目包括理化指标中的总糖、非糖固形物、酒精度、总酸、氨基酸态氮、pH、挥发酯（仅限于执行 GB/T 17946—2008 标准中的加饭酒、花雕酒）。同时在新修订的 GB/T 13662—2018《黄酒》国家标准理化指标中去掉了 β-苯乙醇，增加了黄酒发酵、贮存过程中自然产生的苯甲酸本底值，卫生指标中的菌落总数已不作要求，但各企业仍将其作为内部控制指标。

一、理化指标的测定

1. 总糖的测定

第一法：廉-爱农法（Lane Evnon method），适用于甜酒和半甜酒。

（1）原理　斐林溶液与还原糖共沸，生成氧化亚铜沉淀。以次甲基蓝为指示液，用试样水解液滴定沸腾状态的斐林溶液。达到终点时，稍微过量的还原糖将次甲基蓝还原成无色为终点，依据试样水解液的消耗体积，计算总糖含量。

(2) 试剂

①斐林甲液:称取硫酸铜($CuSO_4 \cdot 5H_2O$)69.28g,加水溶解并定容至1000mL。

②斐林乙液:称取酒石酸钾钠346g及氢氧化钠100g,加水溶解并定容至1000mL,摇匀,过滤,备用。

③葡萄糖标准溶液(2.5g/L):称取经103~105℃烘干至恒重的无水葡萄糖2.5g(精确至0.0001g),加水溶解,并加浓盐酸5mL,再用水定容至1000mL。

④次甲基蓝指示液(10g/L):称取次甲基蓝1.0g,加水溶解并定容至100mL。

⑤盐酸溶液(6mol/L):量取浓盐酸50mL,加水稀释至100mL。

⑥甲基红指示液(1g/L):称取甲基红0.10g,溶于乙醇并稀释至100mL。

⑦氢氧化钠溶液(200g/L):称取氢氧化钠20g,用水溶解并稀释至100mL。

(3) 仪器

①分析天平:感量0.0001g。

②分析天平:感量0.01g。

③电炉:300~500W。

(4) 分析步骤

①标定斐林溶液的预滴定:准确吸取斐林甲、乙液各5mL于250mL锥形瓶中,加水30mL,混合后置于电炉上加热至沸腾。滴入2.5g/L葡萄糖标准溶液,保持沸腾,待试液蓝色即将消失时,加入次甲基蓝指示液两滴,继续用葡萄糖标准溶液滴定至蓝色消失为终点,记录消耗葡萄糖标准溶液的体积(V)。

②斐林溶液的标定:准确吸取斐林甲、乙液各5mL于250mL锥形瓶中,加水30mL。混匀后,加入比预滴定体积(V)少1mL的2.5g/L葡萄糖标准溶液,置于电炉上加热至沸,加入次甲基蓝指示液两滴,保持沸腾2min,继续用葡萄糖标准溶液滴定至蓝色刚好消失为终点,并记录消耗葡萄糖标准溶液的总体积(V_1),全部滴定操作应在3min内完成。

斐林甲、乙液各5mL相当于葡萄糖的质量按下式计算。

$$m_1 = \frac{m \times V_1}{1000}$$

式中 m_1——斐林甲、乙液各5mL相当于葡萄糖的质量,g

m——称取葡糖糖的质量,g

V_1——正式标定时,消耗葡萄糖标准溶液的总体积,mL

③试样的测定：吸取试样 2～10mL（控制水解液总糖量为 1～2g/L）于 500mL 容量瓶中，加水 50mL 和 6mol/L 盐酸溶液 5mL，在 68～70℃水浴中加热 15min。冷却后，加入甲基红指示液两滴，用 200g/L 氢氧化钠溶液中和至红色消失（近似于中性）。加水定容，摇匀，用滤纸过滤后备用。

测定时，以试样水解液代替葡萄糖标准溶液，操作步骤同斐林溶液的标定。

（5）结果计算　试样中总糖含量按下式计算。

$$X = \frac{500 \times m_1}{V_2 \times V_3} \times 1000$$

式中　X——试样中总糖的含量，g/L

m_1——斐林甲、乙液各 5mL 相当于葡萄糖的质量，g

V_2——滴定时消耗试样稀释液的体积，mL

V_3——吸取试样的体积，mL

所得结果表示至一位小数。

（6）精密度　在重复性条件下获得的两次独立测定结果的绝对差值不得超过算术平均值的 5%。

第二法：亚铁氰化钾滴定法，适用于干黄酒和半干黄酒。

（1）原理　斐林溶液与还原糖共沸，在碱性溶液中将铜离子还原成亚铜离子，并与溶液中的亚铁氰化钾络合而呈黄色。以次甲基蓝为指示剂，达到终点时，稍微过量的还原糖将次甲基蓝还原成无色为终点。依据试样水解液的消耗体积，计算总含糖量。

（2）试剂

①甲溶液：称取硫酸铜（$CuSO_4 \cdot 5H_2O$）15.0g 及次甲基蓝 0.05g，加水溶解并定容至 1000mL，摇匀备用。

②乙溶液：称取酒石酸钾钠 50g、氢氧化钠 54g、亚铁氰化钾 4g，加水溶解并定容至 1000mL，摇匀备用。

③葡萄糖标准溶液（1g/L）：称取经 103～105℃烘干至恒重的无水葡萄糖 1g（精确至 0.0001g），加水溶解，并加浓盐酸 5mL，用水定容至 1000mL，摇匀备用。

（3）仪器　同第一法。

（4）分析步骤

①空白试验：准确吸取甲、乙溶液各 5mL 于 100mL 锥形瓶中，加入 1g/L 葡萄糖标准溶液 9mL，混匀后置于电炉上加热，在 2min 内沸腾，然后以 4～5s 一滴的速度继续滴入葡萄糖标准溶液，直至蓝色消失立即呈现黄色为终点，记

录消耗葡萄糖标准溶液的总量（V_0）。

②试样的测定

a. 吸取试样 2~10mL（控制水解液含糖量在 1~2g/L）于 100mL 容量瓶中，加水 30mL 和 6mol/L 盐酸溶液 5mL，在 68~70℃ 水浴中加热水解 15min。冷却后，加入甲基红指示液两滴，用 200g/L 氢氧化钠溶液中和至红色消失（近似于中性），加水定溶至 100mL，摇匀，用滤纸过滤后，作为试样水解液备用。

b. 预滴定：准确吸取甲、乙溶液各 5mL 及试样水解液 5mL 于 100mL 锥形瓶中，摇匀后置于电炉上加热至沸腾，用 1g/L 葡萄糖标准溶液滴定至终点，记录消耗葡萄糖标准溶液的体积。

c. 滴定：准确吸取甲、乙溶液各 5mL 及试样水解液 5mL 于 100mL 锥形瓶中，加入比预滴定少 1.00mL 的 1g/L 葡萄糖标准溶液，摇匀后置于电炉上加热至沸腾，继续用葡萄糖标准溶液滴定至终点。记录消耗葡萄糖标准溶液的体积（V）。接近终点时，滴入的葡萄糖标准溶液的用量应控制在 0.5~1.0mL。

（5）结果计算　试样中总糖含量按下式计算。

$$X = \frac{(V_0 - V) \times c \times n}{5} \times 1000$$

式中　X——式样中总糖的含量，g/L

V_0——空白试验时，消耗葡萄糖标准溶液的体积，mL

V——试样测定时，消耗葡萄糖标准溶液的体积，mL

c——葡萄糖标准溶液的浓度，g/mL

n——试样的稀释倍数

所得结果保留至一位小数。

（6）精密度　在重复性条件下获得的两次独立测定结果的绝对差值不得超过算术平均值的 5%。

第三法：斐林试剂-间接碘量电位滴定法

（1）原理　用中性乙酸铅将试样澄清处理，斐林溶液与还原糖共沸，在碱性溶液中将铜离子还原成亚铜离子，亚铜离子可将 I^- 还原为 I_2，用氧化还原电极测出氧化还原反应中电动势的变化，电动势变化斜率最大时为反应终点，根据硫代硫酸钠溶液的使用量计算试样中总糖的含量。

（2）试剂和溶剂

①斐林甲液：同第一法。

②斐林乙液：同第一法。

③葡萄糖标准溶液（2.5g/L）：同第一法。

④硫代硫酸钠溶液（0.1mol/L）：按照 GB/T 601 配制，也可使用商品化的产品。

⑤盐酸溶液（6mol/L）：同第一法。

⑥甲基红指标液（1g/L）：同第一法。

⑦硫酸溶液（1+5，体积比）：按 1∶5（体积比）的比例用水稀释浓硫酸。

⑧氢氧化钠溶液（500g/L）：同第一法。

⑨碘化钾溶液（200g/L）：称取碘化钾 20g，用水溶解并定容至 100mL。

⑩中性乙酸铅（近饱和）溶液（500g/L）：称取中性乙酸铅[$Pb(CH_3COO)_2 \cdot 3H_2O$] 250g，加沸水至 500mL，搅拌至全部溶解。

⑪磷酸氢二钠溶液（70g/L）：称取 70g 磷酸氢二钠，用水溶解并定容至 1000mL。

（3）仪器

①电位滴定仪：配加液器、磁力搅拌。

②复合铂电极。

③电子恒温水浴锅。

④电炉：功率 300~500W。

（4）分析步骤

①葡萄糖标准溶液的滴定：准确吸取 10mL 葡萄糖标准溶液、斐林甲液和斐林乙液各 5mL 于 150mL 烧杯中，加入 20mL 水，煮沸 2min，冷却后加入 10mL 碘化钾溶液、5mL 硫酸溶液摇匀，在合适的搅拌转速下用硫代硫酸钠溶液进行电位滴定，电动势变化斜率最大时为反应终点，记录硫代硫酸钠溶液的消耗体积 V。

②试样制备：准确吸取一定量的试样（控制水解液含糖量在 1~5g/L）于 100mL 容量瓶中，加水至 50mL，混匀后加入 2mL 中性乙酸铅溶液摇匀，静置 5min 后加入 3mL 磷酸氢二钠溶液摇匀，用水定容至 100mL，放置至试样澄清。准确吸取 10mL 试样上清液于 150mL 烧杯中，加入 5mL 盐酸和 5mL 水，于（68±1）℃水浴 15min，冷却后，用氢氧化钠溶液调至 pH 为 6~8。

③试样滴定：准确加入斐林甲液和斐林乙液各 5mL 于制备的试样中，煮沸 2min，冷却后加入 10mL 碘化钾溶液、5mL 硫酸溶液摇匀，在合适的搅拌转速下用硫代硫酸钠溶液进行电位滴定，电动势变化斜率最大时为反应终点，记录硫代硫酸钠溶液的消耗体积 V_1。

④空白试验：准确加入斐林甲液和斐林乙液各 5mL 于 150mL 烧杯中，加 30mL 水，煮沸 2min，冷却后加入 10mL 碘化钾溶液、5mL 硫酸溶液摇匀，在合适的搅拌转速下用硫代硫酸钠溶液进行电位滴定，电动势变化斜率最大时为

反应终点，记录硫代硫酸钠溶液的消耗体积 V_0。

（5）结果计算　试样中总糖按下式计算。

$$X = \frac{V_0 - V_1}{V_0 - V} \times c \times n$$

式中　X——试样中总糖含量，g/L

V——葡萄糖标准溶液滴定时，消耗硫代硫酸钠溶液的体积，mL

V_1——测定试样时，消耗硫代硫酸钠溶液的体积，mL

V_0——空白试验时，消耗硫代硫酸钠溶液的体积，mL

c——葡萄糖标准溶液的浓度，g/L

n——样品稀释倍数

（6）精密度　在重复性条件下获得的两次独立测定结果的绝对差值不得超过算术平均值的 5%。

2. 非糖固形物的测定

第一法：重量法（仲裁法）

（1）原理　试样经 100~105℃ 加热，其中的水分、乙醇等可挥发性物质被蒸发，剩余的残留物即为总固形物。总固形物减去总糖即为非糖固形物。

（2）仪器

①天平：感量 0.0001g。

②电热干燥箱：温控（±1）℃。

③干燥器：内装盛有效干燥剂。

（3）分析步骤　吸取试样 5mL（干、半干黄酒直接取样，半甜黄酒稀释 1~2 倍后取样，甜黄酒稀释 2~6 倍后取样）于已知干燥至恒重的蒸发皿（或直径为 50mm、高 30mm 称量瓶）中，放入（103±2）℃ 电热干燥箱中烘干 4h，取出称量。

（4）结果计算　试样中总固形物含量按下式计算。

$$X_1 = \frac{(m_1 - m_2) \times n}{V} \times 1000$$

式中　X_1——试样中总固形物的含量，g/L

m_1——蒸发皿（或称量瓶）和试样烘干至恒重的质量，g

m_2——蒸发皿（或称量瓶）烘干至恒重的质量，g

n——试样稀释倍数

V——吸取试样的体积，mL

试样中非糖固形物含量按下式计算。

$$X = X_1 - X_2$$

式中 X——试样中非糖固形物的含量，g/L

X_1——试样中总固形物的含量，g/L

X_2——试样中总糖含量，g/L

所得结果表示至一位小数。

（5）精密度 在重复性条件下获得的两次独立测定结果的绝对值差不得超过算术平均值的5%。

第二法：仪器法

（1）原理 利用仪器测定试样脱醇馏出液密度和试样的原始密度，仪器自动换算总固形物的含量，总固形物含量减去总糖的含量，即得非糖固形物的含量。

（2）试剂

①消泡剂。

②氧化钙。

③氧化钙溶液（12%）：称取12.00g氧化钙于烧杯中，加水至100g，混匀呈乳浊液。

（3）仪器

①快速蒸馏器。

②全自动天平密度仪（或其他同等功能仪器）：精度0.00005kg/L，测量范围0.5~2.25kg/L。

③恒温水浴锅：温控（±0.2）℃。

④容量瓶：100mL。

（4）分析步骤

①样品蒸馏：使用100mL容量瓶取试样100mL（液温20℃），全部移入快速蒸馏器的蒸馏瓶中，用100mL水分3次洗涤容量瓶，洗液并入蒸馏瓶中，在蒸馏瓶中依次加入约1mL氧化钙溶液（12%）。选择酒精蒸馏模式，将快速蒸馏器的馏出液质量设置为85g，开启冷却水（冷却水温度宜低于15℃），启动仪器，用原100mL容量瓶接收馏出液。蒸馏结束后，待馏出液恢复至20℃，使用20℃的水将馏出液定容至刻度，摇匀，待测。

②样品测定：将校正后的全自动天平密度仪调至固形物测定模式，将试样（液温20℃）注入全自动天平密度仪测定其密度ρ_s；用蒸馏水将仪器冲洗干净后注入该试样蒸馏定容后的待测液测定其密度ρ_e，之后仪器自动换算并显示试样中总固形物，待计数稳定后记录测定值。

（5）结果表达 根据仪器测定的试样总固形物含量，减去试样总糖含量，即为试样中非糖固形物含量。

（6）精密度 在重复性条件下获得的两次独立测定结果的绝对差值不得

超过算术平均值的5%。

3. 酒精度的测定

第一法：酒精计法

（1）原理　以蒸馏法去除样品中不挥发性物质，用酒精计测得酒精体积分数示值，用温度计测得蒸馏液温度，按酒精计温度、酒精度换算表进行温度校正，求得在20℃时乙醇含量的体积分数，即为酒精度。

（2）仪器

①电炉：500~800W。

②全玻蒸馏器：500mL。

③酒精计：标准温度20℃，分度值为0.1%vol。

④水银温度计：50℃，分度值为0.1℃。

⑤容量瓶：200mL。

（3）分析步骤　用一洁净、干燥的200mL容量瓶，准确量取200mL（具体取样量应按酒精计的要求增减）样品（液温20℃）于500mL或1000mL蒸馏瓶中。用100mL水分三次冲洗容量瓶，洗液并入蒸馏瓶中，加几颗沸石（或玻璃珠），连接蛇形冷凝管，以取样用的原容量瓶作接收器（外加冰浴），开启冷却水（冷却水温度宜低于15℃），缓慢加热蒸馏，收集馏出液。当接近刻度时，取下容量瓶，盖塞，于20℃水浴中保温30min，再补加水至刻度，混匀，倒入200mL量筒中，静置数分钟，待酒中气泡消失后，放入洁净、擦干的酒精计，再轻轻按一下，不应接触量筒壁，同时插入温度计，平衡约5min，水平观测，读取与弯月面相切处的刻度示值，同时记录温度。按测得的实际温度和酒精度标示值查换算表，换算成20℃时的酒精度。

（4）计算　所得结果表示至一位小数。

（5）精密度　在重复性条件下获得的两次独立测定结果的绝对差值不得超过算术平均值的5%。

第二法：振荡密度计法

（1）原理　试样经过蒸馏，用振荡密度计测定馏出液中酒精的含量。

（2）仪器

①电炉：500~800W。

②冷凝管：玻璃，直形。

③振荡密度计：0.0001g/cm^3。

④烧杯：100mL。

⑤5mL注射器。

（3）分析步骤　蒸馏、定容过程同第一法。馏出液倒入100mL烧杯中，用5mL注射器吸取一定量的馏出液注入振荡密度计中读取20℃时相对密度，根据密度查换算表，换算成20℃时的酒精度（大部分振荡密度计均内置了密度、酒精度换算表，检测时可直接读出酒精度）。

（4）计算　所得结果表示至一位小数。

（5）精密度　在重复性条件下获得的两次独立测定结果的绝对差值不得超过算术平均值的5%。

4. pH测定

（1）原理　将玻璃电极和甘汞电极浸入试样溶液中，构成一个原电池。两极间的电动势与溶液的pH有关。通过测量原电池的电动势，即可得到试样溶液的pH。

（2）仪器　酸度计，精度0.01，备有玻璃电极和甘汞电极（或复合电极）。

（3）分析步骤

①按仪器使用说明书调试和校正酸度计。

②用水冲洗电极，再用试液洗涤电极两次，用滤纸吸干电极外面附着的液珠，调整试液温度至（25±1）℃，直接测定，直至pH读数稳定1min为止，记录。或在室温下测定，换算成25℃时的pH，所得结果保留至小数点后一位。

（4）精密度　在重复性条件下获得的两次独立测定结果的绝对差值不得超过算术平均值的1%。

5. 总酸及氨基酸态氮的测定

（1）原理　氨基酸是两性化合物，分子中的氨基与甲醛反应后失去碱性，而使羧基呈酸性。用氢氧化钠标准溶液滴定羧基，通过氢氧化钠标准溶液消耗的量可以计算出氨基酸态氮的含量。

（2）试剂

①甲醛溶液：36%～38%（无缩合沉淀）。

②无二氧化碳的水：按GB/T 603制备。

③氢氧化钠标准滴定溶液（0.1mol/L）：按GB/T 601配制和标定。

（3）仪器

①酸度计或自动电位滴定仪：pH精度0.01。

②磁力搅拌器。

③分析天平：感量0.0001g。

（4）分析步骤　按仪器使用说明书调试和校正酸度计。吸取试样10mL于150mL烧杯中，加入无二氧化碳的水50mL。烧杯中放入磁力搅拌棒，置于电磁搅拌器上，开启搅拌，用0.1mol/L氢氧化钠标准滴定液滴定，开始时可加速滴加氢氧化钠标准滴定溶液，当滴定至pH7.00时，放慢滴定速度，每次加半滴氢氧化钠标准滴定液，直至pH8.20为终点。记录消耗0.1mol/L氢氧化钠标准滴定溶液的体积（V_1）。加入甲醛溶液 10mL，继续用氢氧化钠标准滴定溶液滴定至 pH9.20，记录加甲醛后消耗氢氧化钠标准滴定溶液的体积（V_2）。同时做空白试验，分别记录不加甲醛溶液及加入甲醛溶液时，空白试验所消耗氢氧化钠标准滴定溶液的体积（V_3、V_4）。

（5）结果计算　试样中总酸含量按下式计算。

$$X_1 = \frac{(V_1 - V_3) \times c \times 0.090}{V} \times 1000$$

式中　X_1——试样中总酸的含量，g/L

V_1——测定试样时，消耗 0.1mol/L 氢氧化钠标准滴定溶液的体积，mL

V_3——空白试验时，消耗 0.1mol/L 氢氧化钠标准滴定溶液的体积，mL

c——氢氧化钠标准滴定溶液的浓度，mol/L

0.090——乳酸的摩尔质量的数值，g/mol

V——吸取试样的体积，mL

试样中氨基酸态氮含量按下式计算。

$$X_2 = \frac{(V_1 - V_4) \times c \times 0.014}{V} \times 1000$$

式中　X_2——试样中氨基酸态氮的含量，g/L

V_2——加甲醛后，测定试样时消耗 0.1mol/L 氢氧化钠标准滴定溶液的体积，mL

V_4——加甲醛后，空白试验时消耗 0.1mol/L 氢氧化钠标准滴定溶液的体积，mL

c——氢氧化钠标准滴定溶液的浓度，mol/L

0.014——氮的摩尔质量的数值，g/mol

V——吸取试样的体积，mL

所得结果表示至一位小数。

（6）精密度　在重复性条件下获得的两次独立测定结果的绝对差值不得超过算术平均值的 5%。

6. 氧化钙的测定

GB/T 13662《黄酒》国家标准中氧化钙的测定方法有三种。其中第一法为原子吸收分光光度法，为仲裁测定方法。第二法为高锰酸钾滴定法，企业很少采用。目前黄酒企业普遍采用第三法 EDTA 滴定法作为氧化钙的测定方法。

第一法：原子吸收分光光度法

（1）原理　试样经火焰燃烧产生原子蒸气，通过从光源辐射出待测元素具有特征波长的光，被蒸汽中待测元素的基态原子吸收，吸收程度与火焰中元素浓度的关系符合朗伯比尔定律。

（2）试剂

①浓硝酸：优级纯（GR）。

②浓盐酸：优级纯（GR）。

③氯化镧溶液（50g/L）：称取氯化镧 5.0g，加去离子水溶解，并定容至 100mL。

④钙标准贮备液（1mL 溶液含有 100μg 钙）：精确称取于 105～110℃干燥至恒重的碳酸钙（GR）0.250g，用浓盐酸 10mL 溶解后，移入 1000mL 容量瓶中，用去离子水定容。

⑤钙标准使用液：分别吸取钙标准贮备液 0.00mL、1.00mL、2.00mL、4.00mL、8.00mL 于 5 个 100mL 容量瓶中，各加 50g/L 氯化镧溶液 10mL 和浓硝酸 1mL，用去离子水定容，此溶液每毫升分别相当于 0.00μg、1.00μg、2.00μg、4.00μg、8.00μg 钙。

（3）仪器

①原子吸收分光光度计。

②高压釜：50mL，带聚四氟乙烯内套。

③电热干燥箱：温控（±1）℃。

④天平：感量 0.0001g。

（4）分析步骤

①试样的处理：准确吸取试样 2～5mL（V_1）于 50mL 聚四氟乙烯内套的高压釜中，加入硝酸 4mL，置于电热干燥箱（120℃）内，加热消解 4～6h。冷却后转移至 500mL（V_2）容量瓶中，加 50g/L 氯化镧溶液 5mL，用去离子水定容，摇匀。同时做空白试验。

②光谱条件：测量波长为 422.7nm，狭缝宽度为 0.7nm，火焰为空气乙炔气，灯电流为 10mA。

③测定：将钙标准使用液、试剂空白溶液和处理后的试样液依次导入火焰中进行测定，记录其吸光度（A）。

④ 绘制标准曲线：以标准溶液的钙含量（μg/mL）与对应的吸光度（A）绘制标准工作曲线（或用回归方程计算）。

分别以试剂空白和试样液的吸光度（A_0），从标准工作曲线中查出钙含量（或用回归方程计算）。

（5）结果计算　试样中氧化钙的含量按下式计算。

$$X=\frac{(A-A_0)\times V_2\times 1.4\times 1000}{V_1\times 1000\times 1000}=\frac{(A-A_0)\times V_2\times 1.4}{V_1\times 1000}$$

式中 X—— 试样中氧化钙的含量，g/L

A—— 从标准工作曲线中查出（或用回归方程计算）试样中钙的含量，μg/mL

A_0—— 从标准工作曲线中查出（或用回归方程计算）试样空白中钙的含量，μg/mL

V_2—— 试样稀释后的总体积，mL

1.4——钙与氧化钙的换算系数

V_1—— 吸取试样的体积，mL

所得结果表示至一位小数。

（6）精密度 在重复性条件下获得的两次独立测定结果的绝对差值不得超过算术平均值的5%。

第二法：高锰酸钾滴定法

（1）原理 试样中的钙离子与草酸铵反应生成草酸钙沉淀。将沉淀滤出，洗涤后，用硫酸溶解，再用高锰酸钾溶液滴定草酸根，根据高锰酸钾溶液的消耗量计算试样中氧化钙的含量。

（2）试剂

①甲基橙指示液（1g/L）：称取0.10g甲基橙，用水溶解并稀释至100mL。

②饱和草酸铵溶液。

③浓盐酸。

④氢氧化铵溶液（1+10）：1体积氢氧化铵加入10体积的水，混匀。

⑤硫酸溶液（1+3）：1体积硫酸+3体积水。

⑥高锰酸钾标准溶液（0.01mol/L）：按GB/T 601配制与标定。临用前，准确稀释10倍。

（3）仪器

①电炉：300~500W。

②滴定管：50mL。

（4）分析步骤 准确吸取试样25mL于400mL烧杯中，加水50mL，再依次加入甲基橙指示液3滴、浓盐酸2mL、饱和草酸铵溶液30mL，加热煮沸，搅拌，逐滴加入氢氧化铵溶液（1+10）直至试液变为黄色。

将上述烧杯置于约40℃温热处保温2~3h，用玻璃漏斗和滤纸过滤，用500mL氢氧化铵溶液（1+10）分数次洗涤沉淀，直至无氯离子（经硝酸酸化，用硝酸银检验）。将沉淀剂及滤纸小心从玻璃漏斗中取出，放入烧杯中，加沸水100mL和硫酸溶液（1+3）25mL，加热，保持60~80℃使沉淀完全溶解。用高锰酸钾标准溶液（0.01mol/L）滴定至微红色并保持30s为终点。记录消耗的高锰酸钾标准溶液的体积（V_1）。同时用25mL水代替试样做空白试验，记录消耗高锰酸钾标准溶液的体积（V_0）。

（5）结果计算 试样中氧化钙的含量按下式计算。

$$X = \frac{(V_1 - V_0) \times c \times 0.028}{V_2} \times 1000$$

式中 X——试样中氧化钙的含量，g/L

V_1——测定试样时，消耗0.01mol/L高锰酸钾标准溶液的体积，mL

V_0——空白试验时，消耗0.01mol/L高锰酸钾标准溶液的体积，mL

c——高锰酸钾标准溶液的实际浓度，mol/L

0.028——氧化钙的摩尔质量的数值，g/mol

V_2——吸取试样的体积，mL

所得结果表示至一位小数。

（6）精密度 在重复性条件下获得的两次独立测定结果的绝对差值不得超过算术平均值的5%。

第三法：EDTA滴定法

（1）原理 用氢氧化钾溶液调整试样的pH至12以上。以盐酸羟胺、三乙醇胺和硫化钠作掩蔽剂，排除锰、铁、铜等离子的干扰。在过量EDTA存在下，用钙标准溶液进行反滴定。

（2）试剂

①钙指示剂：称取1.00g钙羧基［2-羟基-1（2-羟基-4-磺基-1-萘偶氮）3-萘甲酸］指示剂和干燥研细的氯化钠100g于研钵中，充分研磨呈紫红色的均匀粉末，置于棕色瓶中保存、备用。

②氯化镁溶液（100g/L）：称取氯化镁100g，溶解于1000mL水中。

③盐酸羟胺溶液（10g/L）：称取盐酸羟胺10g，溶解于1000mL水中。

④三乙醇胺溶液（500g/L）：称取三乙醇胺500g，溶解于1000mL水中。

⑤硫化钠溶液（50g/L）：称取硫化钠50g，溶解于1000mL水中。

⑥氢氧化钾（5mol/L）：称取氢氧化钾280g，溶解于1000mL水中。

⑦氢氧化钾（1mol/L）：吸取5mol/L氢氧化钾溶液20mL，用水定容至100mL。

⑧盐酸溶液（1+4）：1体积浓盐酸加入4体积的水。

⑨钙标准溶液（0.01mol/L）：精确称取于105℃烘干至恒重的基准级碳酸钙1g（精确至0.0001g）于小烧杯中，加水50mL，用10g/L盐酸溶液使之溶解，煮沸，冷却至室温。用1mol/L氢氧化钾溶液中和至pH6～8，用水定容至1000mL。

⑩EDTA溶液（0.02mol/L）：称取EDTA（乙二胺四乙酸二钠）7.44g溶

于1000mL水中。

（3）仪器

①电热干燥箱：（105±2）℃。

②滴定管：50mL。

（4）分析步骤　准确吸取试样2~5mL（视试样中钙含量的高低而定）于250mL锥形瓶中，加水50mL，依次加入氯化镁溶液1mL、盐酸羟胺溶液1mL、三乙醇胺溶液0.5mL、硫化钠溶液0.5mL，摇匀，加1mol/L氢氧化钾溶液5mL，再准确加入0.02mol/EDTA溶液5mL、钙指示剂一小勺（约0.1g），摇匀，用0.01mol/L钙标准溶液滴定至蓝色消失并初现酒红色为终点。记录消耗钙标准溶液的体积（V_1）。同时以水代替试样做空白试验，记录消耗钙标准溶液的体积（V_0）。

（5）结果计算　试样中氧化钙的含量按下式计算。

$$X = \frac{c \times (V_0 - V_1) \times 0.0561}{V} \times 1000$$

式中　X——试样中氧化钙的含量，g/L

c——钙标准溶液的浓度，g/L

V_0——空白试验时，消耗钙标准溶液的体积，mL

V_1——测定试样时，消耗钙标准溶液的体积，mL

0.0561——1mmol氧化钙的质量，g

V——吸取试样的体积，mL

所得结果表示至一位小数。

（6）精密度　在重复性条件下获得的两次独立测定结果的绝对差值不得超过算术平均值的5%。

7. β-苯乙醇的测定

黄酒中β-苯乙醇的来源主要通过两个途径：一是经Ehrlich途径将L-苯丙氨酸转化为β-苯乙醇；另一种途径为糖代谢，酵母菌通过糖酵解和磷酸戊糖途径从头合成β-苯乙醇。β-苯乙醇是稻米黄酒的特性组分，用于区分非稻米黄酒。

（1）原理　试样被气化后，随同载气进入色谱柱。利用被测各组分在气、液两相中具有不同的分配系数，在柱内形成迁移速度的差异而得到分离。分离后的组分先后流出色谱柱，进入氢火焰检测器中被检测，依据色谱图各组分的保留值与标样作对照定性；利用峰面积，按内标法定量。

（2）试剂

①乙醇溶液（15%vol）：吸取15mL乙醇（色谱纯），加水稀释至100mL，

摇匀。

②β-苯乙醇标准溶液（2%vol）：吸取β-苯乙醇（色谱纯）2mL，用乙醇溶液（15%vol）定容至100mL。

③2-乙基正丁酸内标溶液（2% vol）：吸取2-乙基正丁酸（色谱纯）2mL，用乙醇溶液（15%vol）定容至100mL。

（3）仪器

①气相色谱仪：配有氢火焰离子化检测器（FID）。

②微量注射器：2μL。

③毛细管色谱柱：PEG20M，柱长25~30m，内径0.32mm，或同等分析效果的其他色谱柱。

（4）色谱条件

载气：高纯氮。

气化室温度：230℃。

检测器温度：250℃。

柱温（PEG20M毛细管色谱柱）：在50℃恒温2min后，以5℃/min的升温速度至200℃，继续恒温10min。

载气、氢气、空气的流速：随仪器而异，应通过实验选择最佳操作流速，使β-苯乙醇、内标峰与酒样中其他组分峰获得完全分离。

（5）标样f值的测定　吸取β-苯乙醇标准溶液1mL，移入100mL容量瓶中，加入的内标溶液（2%vol）1mL，用乙醇溶液（15%vol）定容。此溶液中β-苯乙醇和内标的浓度均为0.02%vol。

开启仪器，待色谱仪基线稳定后，用微量注射器进样（进样量随仪器的灵敏度而定）。记录β-苯乙醇峰和内标的保留时间及其峰面积。

β-苯乙醇的相对校正因子f值按下式计算。

$$f = \frac{A_1}{A_2} \times \frac{d_2}{d_1}$$

式中　f——β-苯乙醇的相对校正因子

A_1——测定标样f值时，内标的峰面积

A_2——测定标样f值时，β-苯乙醇的峰面积

d_2——β-苯乙醇的相对密度

d_1——内标物的相对密度

（6）试样的测定　取试样约8mL于10mL容量瓶中，加入内标溶液（2%vol）0.1mL，用试样定容。混匀后，在与测定f值相同的条件下进样。依据保留时间确定β-苯乙醇和内标色谱峰的位置，并测定其面积，计算出试样

中β-苯乙醇的含量。

（7）结果计算　试样中β-苯乙醇的含量按下式计算。

$$X = f \times \frac{A_3}{A_4} \times c$$

式中　X——试样中β-苯乙醇的含量，mg/L

A_3——试样中β-苯乙醇的峰面积

A_4——添加于试样中内标的峰面积

c——试样中添加内标的浓度，mg/L

所得结果表示至一位小数。

（8）精密度　在重复性条件下获得的两次独立测定结果的绝对差值不得超过算术平均值的5%。

8. 挥发酯的测定

挥发酯只对执行GB/T 17946《地理标志产品 绍兴酒（绍兴黄酒）》标准的半干型绍兴加饭（花雕）酒有要求。

（1）原理　黄酒通过蒸馏，酒中的挥发酯收集在溜出液中。先用碱中和溜出液中的挥发酸，再加入一定的碱使酯皂化，过量的碱再用酸反滴定，其反应式为：

$$R-\overset{\overset{O}{\|}}{C}-OR + NaOH \longrightarrow R-\overset{\overset{O}{\|}}{C}-ONa + ROH$$

$$2NaOH + H_2SO_4 \longrightarrow Na_2SO_4 + 2H_2O$$

（2）试剂

①1%酚酞指示剂：按GB/T 603规定进行。

②0.1mol/L硫酸标准溶液：按GB/T 601规定进行。

③0.1mol/L氢氧化钠标准溶液：按GB/T 601规定进行。

（3）仪器　250mL全玻璃回流装置。

（4）检测　吸取测定酒精度的溜出液50.0mL于250mL锥形瓶中，加入酚酞指示剂2滴，以0.1mol/L氢氧化钠标准溶液滴至微红色，准确加入0.1mol/L氢氧化钠标准溶液25.0mL，摇匀，装上冷凝管，于沸水中回流半小时，取下加塞后，马上用流水冷却至室温。然后再准确加入0.1mol/L硫酸标准溶液25.0mL，摇匀，用0.1mol/L氢氧化钠标准溶液滴至微红色，半分钟内不消失为止，记录消耗氢氧化钠标准溶液的体积。

（5）结果计算　挥发酯含量按下式计算。

$$A = \frac{[(25.0 + V) \times c_1 - 25.0 \times c_2] \times 0.088}{50.0} \times 1000$$

式中 A——挥发酯含量，g/L

c_1——氢氧化钠标准溶液浓度，mol/L

c_2——硫酸标准溶液浓度，mol/L

V——滴定剩余硫酸所耗用的氢氧化钠标准溶液的体积，mL

0.088——乙酸乙酯的摩尔质量

（6）结果的允差 同一样品两次测定值之差，不得超过0.01g/L。

9. 苯甲酸的测定（高效液相色谱法）

（1）原理 样品经蛋白质沉淀剂沉淀蛋白，采用液相色谱分离、紫外检测器检测，外标法定量。

（2）试剂和材料

①亚铁氰化钾溶液（92g/L）：称取106g亚铁氰化钾，加入适量水溶解，用水定容至1000mL。

②乙酸锌溶液（183g/L）：称取220g乙酸锌溶于少量水中，加入30mL冰乙酸，用水定容至1000mL。

③甲酸（色谱纯）-乙酸铵（色谱纯）溶液（2mmol/L甲酸+20mmol/L乙酸铵）：称取1.54g乙酸铵，加入适量水溶解，再加入75.2μL甲酸，用水定容至1000mL，经0.22μm水相微孔滤膜过滤后备用。

④苯甲酸标准储备溶液（1000mg/L）：准确称取苯甲酸钠标准品（纯度≥99.0%）；0.118g（精确到0.0001g），用甲醇（色谱纯）溶解并定容至100mL。于4℃贮存，保存期为6个月。

⑤苯甲酸标准中间溶液（200mg/L）：准确吸取苯甲酸标准储备溶液10.0mL于50mL容量瓶中，用甲醇（色谱纯）定容。于4℃贮存，保存期为3个月。

⑥苯甲酸标准系列工作溶液：分别准确吸取苯甲酸标准中间溶液0mL、0.05mL、0.25mL、0.50mL、1.00mL、2.50mL、5.00mL和10.0mL，用甲醇（色谱纯）定容至10mL，配制成质量浓度分别为0mg/L、1.00mg/L、5.00mg/L、10.0mg/L、20.0mg/L、50.0mg/L、100mg/L和200mg/L的标准系列工作溶液。临用现配。

⑦水相微孔滤膜：0.22μm。

⑧塑料离心管：50mL。

（3）仪器和设备

①高效液相色谱仪：配紫外检测器。

②分析天平：感量为0.001g和0.0001g。

③涡旋振荡器。

④离心机：转速>8000r/min。

⑤恒温水浴锅。

⑥超声波发生器。

（4）试样提取　准确称取约2g（精确到0.001g）试样于50mL具塞离心管中，加水约25mL，涡旋混匀，于50℃水浴超声20min，冷却至室温后加亚铁氰化钾溶液2mL和乙酸锌溶液2mL，混匀，于8000r/min离心5min，将水相转移至50mL容量瓶中，于残渣中加水20mL，涡旋混匀后超声5min，于8000r/min离心5min，将水相转移到同一50mL容量瓶，并用水定容至刻度，混匀。取适量上清液过0.22μm滤膜，待液相色谱测定。

（5）仪器参考条件

①色谱柱：C_{18}柱（250mm×4.6mm，5μm）或等效色谱柱。

②流动相：甲醇+乙酸铵溶液=5+95。

③流速：1mL/min。

④检测波长：230nm。

⑤进样量：10μL。

（6）标准曲线的制作　将标准系列工作溶液分别注入液相色谱仪中，测定相应的峰面积，以标准系列工作溶液的质量浓度为横坐标，以峰面积为纵坐标，绘制标准曲线。

（7）试样溶液的测定　将试样溶液注入液相色谱仪中，得到峰面积，根据标准曲线得到待测液中苯甲酸的质量浓度。

（8）分析结果的表述　试样中苯甲酸的含量按下式计算。

$$X = \frac{\rho \times V}{m \times 1000}$$

式中　X——试样中待测组分含量，g/kg

ρ——由标准曲线得出的试样液中待测物的质量浓度，mg/L

V——试样定容体积，mL

m——试样质量，g

1000——由mg/kg转换为g/kg的换算因子

结果保留3位有效数字。

（9）精密度　在重复性条件下获得的两次独立测定结果的绝对差值不得超过算术平均值的5%。

10. 黄酒色率的测定

黄酒色率是反映黄酒产品色泽深浅的指标，一般以在特定波长下样品的吸光率来表示，大多数的黄酒企业都将其作为一项重要的内控指标，用以控制相同产品不同批次间色泽的差异。但对于黄酒色率的检测，目前还未形成统一的、正式的检测方法，主要是由于用分光光度计检测时不同企业选择了不同的检测波长。以浙江古越龙山绍兴酒股份有限公司为主的企业选用了610nm的检测波长，因国内大多数黄酒产品中均添加了焦糖色，色泽较深，因此参考了焦糖色的检测波长，可直接进样检测，比较方便。以浙江会稽山绍兴酒股份有限公司为主的企业选用430nm的检测波长，主要是参考了日本清酒的检测方法，但日本清酒经脱色后色泽很浅，可直接进样测定，而黄酒必须先稀释后再检测，既增加了操作步骤，又会在稀释过程中引入误差。

下面以610nm作为检测波长介绍一下黄酒色率的检测方法。

（1）仪器和设备

①分光光度计。

②离心机。

（2）分析步骤　取10mL酒样于10mL离心管中，于2400r/min离心15~20min（或用滤纸过滤），取此试样置于1cm比色皿中，以水做空白对照，用分光光度计在610nm处测定其吸光度（吸光度建议控制在0.8以下，否则应适当稀释后再重新测定），记录分光光度计的读数即为黄酒色率（稀释的样品需乘以稀释倍数），结果保留2位小数。

（3）精密度　在重复性条件下获得的两次独立测定结果的绝对差值不得超过算术平均值的5%。

11. 氯化钠的测定

目前国内市场中的料酒大多以黄酒为酒基，再添加食盐、香辛料等勾调而成。

（1）原理　用硝酸银标准滴定溶液滴定试样中的氯化钠，生成氯化银沉淀，待全部氯化银沉淀后，多滴加的硝酸银与铬酸钾指示剂生成铬酸银使溶液呈橘红色即为终点。由硝酸银标准滴定溶液消耗量计算氯化钠的含量。

（2）仪器　微量滴定管。

（3）试剂

①0.1mol/L硝酸银标准滴定溶液：按GB/T 601规定的方法配制和标定。

②铬酸钾溶液（50g/L）：称取5g铬酸钾用少量水溶解后定容至100mL。

（4）分析步骤　吸取10.0mL的酒样（酒样色泽较深可用适量活性炭先脱色）于150mL锥形瓶中，加50mL蒸馏水及1mL铬酸钾溶液，用硝酸银标准滴定溶液（0.1mol/L）进行滴定至初显橘红色。记下消耗硝酸银标准滴定溶液的毫升数。

量取50mL水同时做空白试验。

（5）结果计算　试样中食盐含量按下式计算。

$$X = \frac{(V_1 - V_0) \times c \times 0.0585}{V} \times 1000$$

式中 X——试样中食盐（以氯化钠计）的含量，g/L

V_1——测定试样时，消耗硝酸银标准滴定溶液的体积，mL

V_0——空白试验时，消耗硝酸银标准滴定溶液的体积，mL

c——硝酸银标准滴定溶液的浓度，mol/L

0.0585——1.00mL 硝酸银标准滴定溶液的浓度（1.000mol/L）相当于氯化钠的质量，g

V——吸取试样的体积，mL

计算结果保留两位有效数字。

（6）精密度　在重复性条件下获得的两次独立测定结果的绝对差值不得超过算术平均值的5%。

二、菌落总数的测定

1. 设备和材料

除微生物实验室常规灭菌及培养设备外，其他设备和材料如下。

（1）恒温培养箱　(36±1)℃。

（2）冰箱　2~5℃。

（3）恒温水浴箱　(46±1)℃。

（4）天平　感量为0.1g。

（5）振荡器。

（6）无菌吸管　1mL（具0.01mL刻度）、10mL（具0.1mL刻度）或微量移液器及吸头。

（7）无菌锥形瓶　容量250mL、500mL。

（8）无菌培养皿　直径90mm。

（9）精密pH试纸。

（10）放大镜或/和菌落计数器。

2. 培养基和试剂

（1）平板计数琼脂培养基

①成分：胰蛋白胨：5.0g；酵母浸膏：2.5g；葡萄糖：2.0g；琼脂：15.0g；蒸馏水：1000mL；pH7.0±0.2。

②制备方法：将上述成分加入蒸馏水中，煮沸溶解，调节pH。分装试管或锥形瓶，121℃高压灭菌30min。

（2）磷酸盐缓冲液

①成分：磷酸二氢钾：34.0g；蒸馏水：500mL；pH 7.2。

②制备方法

贮存液：称取 34.0g 磷酸二氢钾于 500mL 蒸馏水中，用大约 175mL 的 1mol/L 氢氧化钠溶液调节 pH，用蒸馏水稀释至 1000mL 后贮存于冰箱。

稀释液：取贮存液 1.25mL，用蒸馏水稀释至 1000mL，分装于适宜容器中，121℃高压灭菌 30min。

（3）无菌生理盐水

①成分：氯化钠：8.5g；蒸馏水：1000mL。

②制备方法：称取 8.5g 氯化钠溶于 1000mL 蒸馏水中，121℃ 高压灭菌 30min。

3. 操作步骤

（1）样品的稀释

①以无菌吸管吸取 25mL 样品置盛有 225mL 磷酸盐缓冲液或生理盐水的无菌锥形瓶（瓶内预置适当数量的无菌玻璃珠）中，充分混匀，制成 1∶10 的样品匀液。

②用 1mL 无菌吸管或微量移液器吸取 1∶10 样品匀液 1mL，沿管壁缓慢注于盛有 9mL 稀释液的无菌试管中（注意吸管或吸头尖端不要触及稀释液面），振摇试管或换用 1 支无菌吸管反复吹打使其混合均匀，制成 1∶100 的样品匀液。

③按②操作程序，制备 10 倍系列稀释样品匀液。每递增稀释一次，换用 1 次 1mL 无菌吸管或吸头。

④根据对样品污染状况的估计，选择 2~3 个适宜稀释度的样品匀液（液体样品可包括原液），在进行 10 倍递增稀释时，吸取 1mL 样品匀液于无菌平皿内，每个稀释度做两个平皿。同时，分别吸取 1mL 空白稀释液加入两个无菌平皿内作空白对照。

⑤及时将 15~20mL 冷却至 46℃ 的平板计数琼脂培养基［可放置于 (46 ±1)℃恒温水浴箱中保温］倾注平皿，并转动平皿使其混合均匀。

（2）培养

①待琼脂凝固后，将平板翻转，(36 ±1)℃培养（48±2）h。

②如果样品中可能含有在琼脂培养基表面弥漫生长的菌落时，可在凝固后的琼脂表面覆盖一薄层琼脂培养基（约 4mL），凝固后翻转平板，按①条件进行培养。

（3）菌落计数　可用肉眼观察，必要时用放大镜或菌落计数器，记录稀释倍数和相应的菌落数量。菌落计数以菌落形成单位（Colony-formingunits，CFU）表示。

①选取菌落数在 30~300CFU、无蔓延菌落生长的平板计数菌落总数。低

于30CFU的平板记录具体菌落数，大于300CFU的可记录为“多不可计”。每个稀释度的菌落数应采用两个平板的平均数。

②其中一个平板有较大片状菌落生长时，则不宜采用，而应以无片状菌落生长的平板作为该稀释度的菌落数；若片状菌落不到平板的一半，而其余一半中菌落分布又很均匀，即可计算半个平板后乘以2，代表一个平板菌落数。

③当平板上出现菌落间无明显界线的链状生长时，则将每条单链作为一个菌落计数。

4. 结果与报告

（1）若只有一个稀释度平板上的菌落数在适宜计数范围内，计算两个平板菌落数的平均值，再将平均值乘以相应稀释倍数，作为每1g（mL）样品中菌落总数结果。

（2）若有两个连续稀释度的平板菌落数在适宜计数范围内时，按下式计算。

$$N = \frac{\sum C}{(n_1 + 0.1n_2)\ d}$$

式中　N——样品中菌落数

ΣC——平板（含适宜范围菌落数的平板）菌落数之和

n_1——第一稀释度（低稀释倍数）平板个数

n_2——第二稀释度（高稀释倍数）平板个数

d——稀释因子（第一稀释度）

（3）示例　示例见表7-3，计算见下式计算公式。

表7-3　示例

稀释度	1∶100（第一稀释度）	1∶1000（第二稀释度）
菌落数（CFU）	232，244	33，35

$$N = \frac{\sum C}{(n_1 + 0.1n_2)\ d} = \frac{232 + 244 + 33 + 35}{[2 + (0.1 \times 2)] \times 10^{-2}} = 24727$$

上述数据按“四舍五入”修约后，表示为25000或2.5×10^4。

（4）若所有稀释度的平板上菌落数均大于300CFU，则对稀释度最高的平板进行计数，其他平板可记录为“多不可计”，结果按平均菌落数乘以最高稀释倍数计算。

（5）若所有稀释度的平板菌落数均小于30CFU，则应按稀释度最低的平均菌落数乘以稀释倍数计算。

（6）若所有稀释度（包括液体样品原液）平板均无菌落生长，则以小于1乘以最低稀释倍数计算。

（7）若所有稀释度的平板菌落数均不在30~300CFU，其中一部分小于30CFU或大于300CFU时，则以最接近30CFU或300CFU的平均菌落数乘以稀释倍数计算。

5. 菌落总数的报告

（1）菌落数小于100CFU时，按“四舍五入”原则修约，以整数报告。

（2）菌落数大于或等于100CFU时，第3位数字采用“四舍五入”原则修约后，取前2位数字，后面用0代替位数；也可用10的指数形式来表示，按“四舍五入”原则修约后，采用两位有效数字。

（3）若所有平板上为蔓延菌落而无法计数，则报告菌落蔓延。

（4）若空白对照上有菌落生长，则此次检测结果无效。

（5）体积取样以CFU/mL为单位报告。

第四节　黄酒微量成分的分析检测

由于黄酒酿造采用多菌种浓醪发酵的工艺，因此黄酒的成分比目前世界上任何一种发酵酒都要复杂，其中的微量成分既包括了挥发性、半挥发性、非挥发性的风味物质，又有许多微量的功能性成分（如氨基酸、低聚肽、多糖等）、丰富的微量无机元素和部分微量有害物质（如氨基甲酸乙酯、生物胺等）。由此可见黄酒微量成分的分析检测所包含的内容相当广泛。

一、黄酒风味物质的测定

1. 黄酒中游离氨基酸的测定（高效液相色谱法）

（1）原理　采用异硫氰酸苯酯衍生剂与黄酒中氨基酸进行衍生反应，氨基酸衍生产物在特定紫外波长有强吸收，经色谱柱分离后，紫外检测器检测，外标法定量分析。

（2）试剂

①色谱纯：乙腈。

②分析纯：异硫氰酸苯酯（≥99%）、三乙胺、无水乙酸钠、正己烷、冰乙酸（99.0%）、浓盐酸。

③异硫氰酸苯酯的乙腈溶液：移取0.12mL异硫氰酸苯酯至10mL容量瓶中，用乙腈定容至刻度。

④三乙胺的乙腈溶液：移取1.40mL三乙胺至10mL容量瓶中，用乙腈定

容至刻度，混匀。

⑤20%（体积比）乙酸溶液：取 2mL 冰乙酸至 10mL 容量瓶，用水定容至刻度，混匀。

⑥0. 1mol/L 盐酸溶液：取 0. 90mL 浓盐酸至 100mL 容量瓶，用水定容至刻度，混匀。

⑦氨基酸标准物质（具体名称见表 7-4）：纯度≥98%。

⑧标准储备液：准确称取一定质量的各氨基酸标准品，用 0. 1moL/L 盐酸溶解后，混匀，使其浓度为 0. 5mg/mL，储存在 4℃冰箱中，有效期 3 个月。

⑨标准工作液：准确量取标准储备液，用水稀释，依次配制成 10μg/mL，20μg/mL，40μg/mL，60μg/mL，80μg/mL 的标准溶液。

表 7-4　18 种氨基酸的分子式和相对分子质量

名称	英文名称	分子式	相对分子质量
天冬氨酸	Aspartic acid	$C_4H_7O_4N$	133. 10
谷氨酸	Glutamic acid	$C_5H_9O_4N$	147. 13
丝氨酸	Serine	$C_3H_7O_3N$	105. 09
甘氨酸	Glycine	$C_2H_5O_2N$	75. 07
组氨酸	Histidine	$C_6H_9O_2N_3$	155. 16
精氨酸	Arginine	$C_6H_{14}O_2N_4$	174. 20
苏氨酸	Threonine	$C_4H_9O_3N$	119. 12
4-氨基丁酸	4-Aminobutyric acid	$C_4H_9O_2$	103. 12
丙氨酸	Alanine	$C_3H_7O_2N$	89. 09
脯氨酸	Proline	$C_5H_9O_2N$	115. 13
酪氨酸	Tyrosine	$C_9H_{11}O_3N$	181. 19
缬氨酸	Valine	$C_5H_{11}O_2N$	117. 15
蛋氨酸	Methionine	$C_5H_{11}O_2NS$	149. 21
异亮氨酸	Isoleucine	$C_6H_{13}O_2N$	131. 17
亮氨酸	Leucine	$C_6H_{13}O_2N$	131. 17
苯丙氨酸	Phenylalanine	$C_9H_{11}O_2N$	165. 19
色氨酸	Tryptophan	$C_{11}H_{12}O_2N_2$	204. 09
赖氨酸	Lysine	$C_6H_{14}O_2N_2$	146. 19

（3）仪器和材料

①高效液相色谱仪：配有紫外检测器或二极管阵列检测器。

②分析天平（精度 0. 1mg）。

③涡旋混合器。

④具塞试管。

⑤微孔有机滤膜：孔径 0.45μm（有机系和水系）。

（4）分析步骤

①样品衍生：准确吸取黄酒样品 1.0mL，置于 10mL 容量瓶中，用水定容至刻度，混匀，取 500μL 稀释后的酒样，置于具塞试管中，加入异硫氰酸苯酯的乙腈溶液 250μL、三乙胺的乙腈溶液 250μL，混匀，室温下放置 1h 后，加入 50μL 乙酸溶液，混匀。

②萃取净化：向上述衍生后的溶液中加入 1.0mL 正己烷，涡旋混合器振荡 1min，静置分层后弃去上层正己烷溶液，采用针头注射器小心吸取下层溶液，经 0.45μm 有机滤膜过滤，用于液相色谱测定。

③标准工作液衍生：分别移取 500μL 系列标准工作液。置于具塞试管中，加入异硫氰酸苯酯的乙腈溶液 250μL、三乙胺的乙腈溶液 250μL，混匀，室温下放置 1h 后，加入 50μL 乙酸溶液，按②进行萃取净化。

④色谱条件：色谱柱：C_{18} 色谱柱（250mm×4.6mm，5μm）或等效色谱柱；流速：1.0mL/min；进样体积：10μL；柱温：40℃；检测波长：254nm；流动相：A：称取 1.64g 无水乙酸钠，加适量水溶解，加入 0.5mL 三乙胺，用水定容至 1000mL，用 20% 乙酸溶液调 pH 至 6.20，0.45μm 水系滤膜过滤；B：乙腈+水=8+2（体积比）。洗脱程序见表 7-5。

表 7-5 梯度洗脱程序

时间/min	A/%	B/%
0	92	8
2	92	8
10	90	10
12	81	19
19	74	26
21	65	35
31	54	46
33	0	100
36	0	100
38	92	8
45	92	8

⑤定性：根据氨基酸标准样品的保留时间，与待测样品中组分的保留时间进行定性，定性色谱图参考图 7-5。

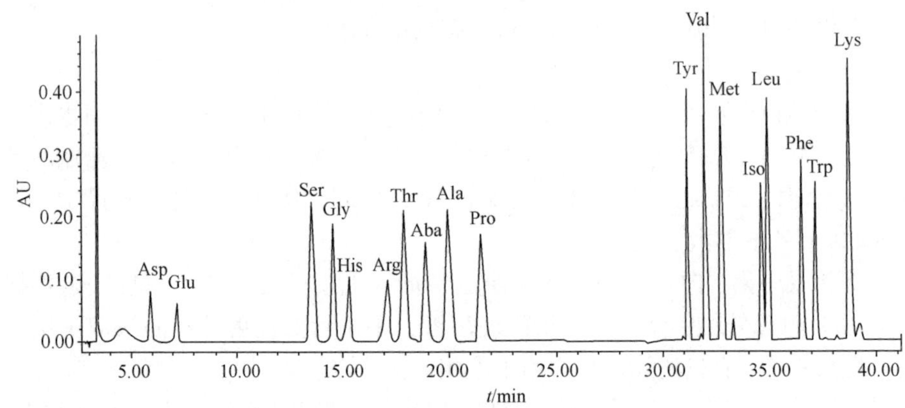

图 7-5　18 种氨基酸标准样品的色谱图

⑥外标法定量：以氨基酸标准工作液浓度为横坐标，以峰面积为纵坐标，绘制标准工作曲线，将经过衍生和萃取处理后的样品注入液相色谱仪，测定样品中各氨基酸色谱峰面积，由标准工作曲线计算样品中的各氨基酸浓度。

⑦结果计算：样品中各组分的含量按下式计算。

$$X_i = c_i \times F \times \frac{1000}{1000}$$

式中　X_i——样品中各组分的含量，mg/L

C_i——从标准曲线求得样品中组分的含量，mg/L

F——样品稀释倍数

平行测定结果用算术平均值表示，保留至小数点后 1 位。在重复性条件下，获得的两次独立测定结果的相对偏差不大于 10%。

2. 黄酒中挥发性酯类的测定（静态顶空-气相色谱法）

（1）原理　在密闭容器中，易挥发的酯类组分在一定温度下气液两相间达到动态平衡，此时酯类组分在气相中的浓度和它在液相中的浓度成正比，吸取上部气体进样，经色谱柱分离后，用氢火焰离子化检测器检测，内标法定量。

（2）试剂和材料　除另有说明外，所有试剂均为分析纯，水为 GB/T 6682 规定的一级水。

①乙醇：色谱纯。

②氯化钠。

③甲酸乙酯、乙酸乙酯、乙酸丁酯、己酸异戊酯、己酸乙酯、叔戊醇标准物质：纯度不小于 99%。

④乙醇溶液（60%，体积分数）：量取60mL乙醇（色谱纯），用水定容至100mL，混匀。

⑤乙醇溶液（15%，体积分数）：量取15mL乙醇（色谱纯），用水定容至100mL，混匀。

⑥叔戊醇内标贮备液（2.0mg/mL）：准确称取0.200g叔戊醇至100mL容量瓶中，用15%乙醇定容至100mL，混匀，0~4℃冰箱密封保存，1个月内使用。

⑦酯混合标准贮备液：分别称取甲酸乙酯1.000g、乙酸乙酯5.000g、乙酸丁酯0.100g、乙酸异戊酯0.100g、己酸乙酯0.100g于100mL容量瓶中，用15%乙醇定容至100mL，混匀，0~4℃冰箱密封保存，1个月内使用。

（3）仪器和设备

①气相色谱仪，配氢火焰离子化检测器（FID）及顶空装置。

②分析天平：感量为0.1mg。

③顶空进样瓶：体积为20mL。

④顶空进样针。

⑤移液管：1.0mL和5.0mL。

（4）分析步骤

①色谱参考条件：色谱柱：聚乙二醇毛细管柱（50m×0.25mm，0.25μm）或等效色谱柱；色谱柱温度：初温35℃，保持1min，以3.5℃/min升到120℃，以15℃/min升到200℃，保持2min；检测器温度：250℃；进样口温度：200℃；载气流量：1.0mL/min；进样量：1.0mL；不分流。

② 顶空参考条件： 平衡温度： 50℃； 平衡时间： 30min；振荡频率：500r/min。

③校正因子（*f*）的测定：准确吸取酯混合标准贮备液0.10mL、0.20mL、0.30mL、0.40mL于4个100mL容量瓶中，用同一黄酒样品定容至刻度，混匀。分别吸取上述制备的加标样品及未加标的黄酒样品各5.0mL，置于5个20mL顶空进样瓶中，加入2.0g氯化钠和0.10mL叔戊醇内标储备液，压紧瓶盖后混匀，按照色谱条件及顶空条件测定，记录各组分的峰面积（或峰高），按照下式计算各组分的相对校正因子。

$$A'_3 = \frac{A_1}{A_2} \times A_3$$

式中 A'_3——加标样品中的组分校正后的峰面积（或峰高）

A_1——未加标样品中内标峰面积（或峰高）

A_2——加标样品内标峰面积（或峰高）

A_3 ——加标样品中组分峰面积(或峰高)

$$f = \frac{A_1}{A'_3 - A_4} \times \frac{C_2}{C_1}$$

式中 f——各组分的相对校正因子

A_1 ——未加标样品中内标峰面积(或峰高)

A'_3 ——加标样品中的组分校正后的峰面积(或峰高)

A_4 ——未加标样品中各组分峰面积(或峰高)

C_2 ——样品中加入的各组分标准溶液浓度,mg/L

C_1 ——样品中加入的叔戊醇浓度,mg/L

(5)样品前处理 按色谱条件及顶空条件进行样品测定,根据各酯类物质的保留时间,于待测样品中取 5mL 样品于 20mL 顶空进样瓶中,加入 2.0g 氯化钠,100μL 0.25%叔戊醇,压紧瓶盖后,混匀。色谱图见图 7-6。

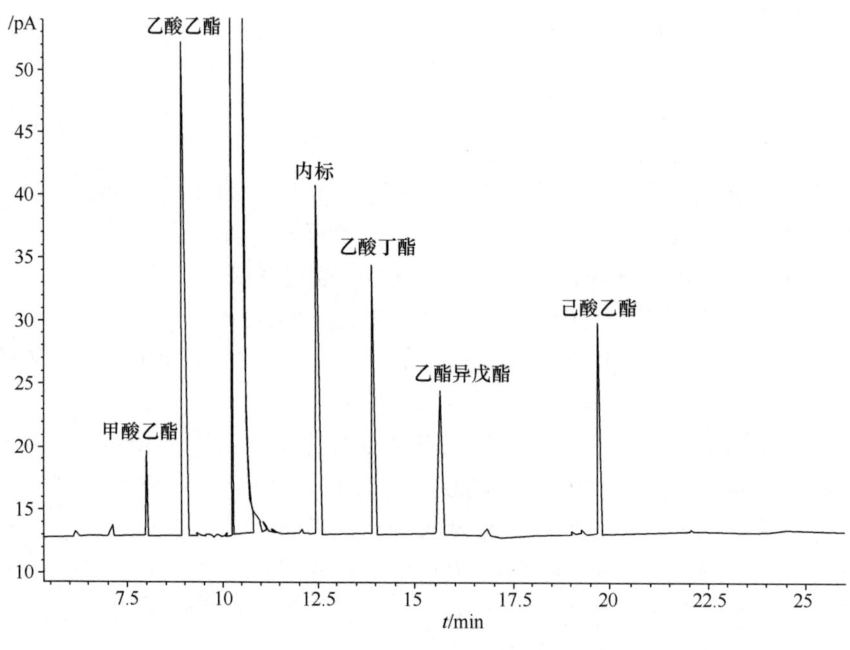

图 7-6 5 种酯标准品的色谱图

(6)结果计算 样品中各组分的含量按下式计算。

$$X = C_1 \times \frac{A_5}{A_6} \times f$$

式中 X ——样品中各组分的含量,mg/L

A_5——样品中各组分的峰面积（或峰高）

A_6——样品中叔戊醇内标的峰面积（或峰高）

f——各组分校正因子的算术平均值

C_1——样品中加入的叔戊醇浓度，mg/L

以重复性条件下获得的两次独立测定结果的算术平均值表示，结果保留两位有效数字。

（7）精密度　在重复性测定条件下获得的两次独立测定结果的绝对差值不超过其平均值的10%。

3. 黄酒中挥发性醇类的测定（静态顶空-气相色谱法）

（1）原理　在密闭容器中，易挥发的醇类组分在一定温度下气液两相间达到动态平衡，此时醇类组分在气相中的浓度和它在液相中的浓度成正比，吸取上部气体进样，经色谱柱分离后，用氢火焰离子化检测器检测，内标法定量。

（2）试剂和材料　除另有说明外，所有试剂均为分析纯，水为GB/T 6682规定的一级水。

①乙醇：色谱纯。

②氯化钠。

③正丙醇、异丁醇、正丁醇、2-甲基丁醇、异戊醇、正己醇、叔戊醇标准物质：纯度不小于99%。

④乙醇溶液（60%，体积分数）：量取60mL乙醇（色谱纯），用水定容至100mL，混匀。

⑤乙醇溶液（15%，体积分数）：量取15mL乙醇（色谱纯），用水定容至100mL，混匀。

⑥叔戊醇内标储备液（2.0mg/mL）：准确称取0.200g叔戊醇至100mL容量瓶中，用15%乙醇定容至100mL，混匀，0~4℃冰箱密封保存，1个月内使用。

⑦醇混合标准储备液：分别称取正丙醇2.500g、异丁醇2.500g、正丁醇0.100g、2-甲基丁醇2.500g、异戊醇5.000g、正己醇0.100g于100mL容量瓶中，用15%乙醇定容至100mL，混匀，0~4℃冰箱密封保存，1个月内使用。

（3）仪器和设备

①气相色谱仪，配氢火焰离子化检测器（FID）及顶空装置。

②分析天平：感量为0.1mg。

③顶空进样瓶：体积为20mL。

④顶空进样针。

⑤移液管：1.0mL和5.0mL。

（4）分析步骤

①色谱参考条件：色谱柱：聚乙二醇毛细管柱（50m×0.25mm，0.25μm）或等效色谱柱；色谱柱温度：初温 35℃，保持 1min，以 3.5℃/min 升到 120℃，以 15℃/min 升到 200℃，保持 2min；检测器温度：250℃；进样口温度：200℃；载气流量：1.0mL/min；进样量：1.0mL；不分流。6 种醇标准品色谱图见图 7-7。

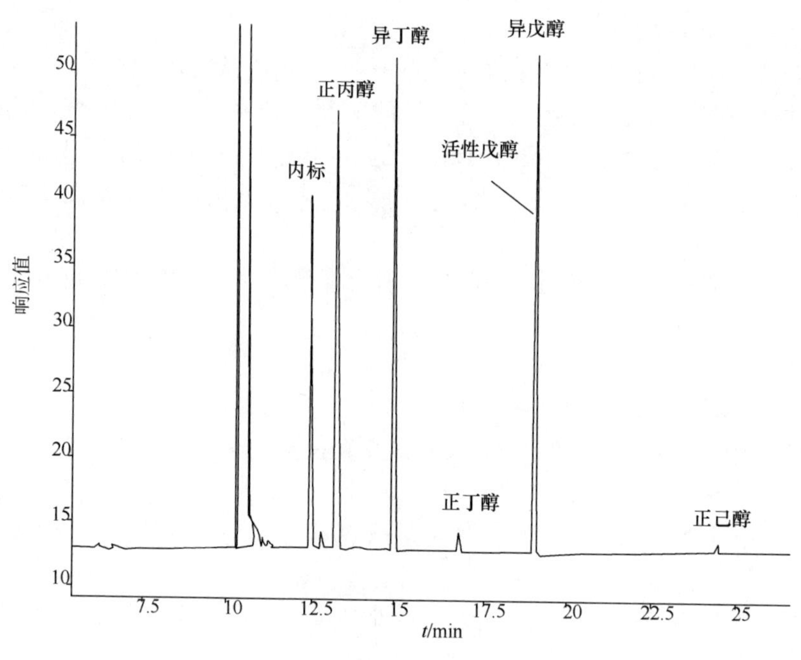

图 7-7　6 种醇标准品色谱图

②　顶空参考条件：　平衡温度：50℃；　平衡时间：　30min；振荡频率：500r/min。

③校正因子 f 的测定：准确吸取醇混合标准储备液 0.10mL、0.20mL、0.30mL、0.40mL 于 4 个 100mL 容量瓶中，用同一黄酒样品定容至刻度，混匀。分别吸取上述制备的加标样品及未加标的黄酒样品各 5.0mL，置于 5 个 20mL 顶空进样瓶中，加入 2.0g 氯化钠和 0.10mL 叔戊醇内标储备液，压紧瓶盖后混匀，按照色谱条件及顶空条件测定，记录各组分的峰面积（或峰高），按照下式计算各组分的相对校正因子。

$$A'_3 = \frac{A_1}{A_2} \times A_3$$

式中 A'_3——加标样品中的组分校正后的峰面积（或峰高）

A_1 ——未加标样品中内标峰面积（或峰高）

A_2—— 加标样品内标峰面积（或峰高）

A_3—— 加标样品中组分峰面积（或峰高）

$$f = \frac{A_1}{A'_3 - A_4} \times \frac{C_2}{C_1}$$

式中 f——各组分的相对校正因子

A_1 ——未加标样品中内标峰面积（或峰高）

A'_3 ——加标样品中的组分校正后的峰面积（或峰高）

A_4 ——未加标样品中各组分峰面积（或峰高）

C_2 ——样品中加入的各组分标准溶液浓度，mg/L

C_1 ——样品中加入的叔戊醇浓度，mg/L

（5）样品前处理　按色谱条件及顶空条件进行样品测定，根据各醇类物质的保留时间，于待测样品取 5mL 样品于 20mL 顶空进样瓶中，加入 2.0g 氯化钠，100μL 0.25%叔戊醇，压紧瓶盖后，混匀。

（6）结果计算　样品中各组分的含量按下式计算。

$$X = C_1 \times \frac{A_5}{A_6} \times f$$

式中 X ——样品中各组分的含量，mg/L

A_5 ——样品中各组分的峰面积（或峰高）

A_6 ——样品中叔戊醇内标的峰面积（或峰高）

f——各组分校正因子的算术平均值

C_1 ——样品中加入的叔戊醇浓度，mg/L

以重复性条件下获得的两次独立测定结果的算术平均值表示，结果保留两位有效数字。

（7）精密度　在重复性测定条件下获得的两次独立测定结果的绝对差值不超过其平均值的 10%。

二、黄酒微量有害成分的测定

1. 黄酒中氨基甲酸乙酯的测定

氨基甲酸乙酯是广泛存在于发酵食品中的一种有害物质，在黄酒中氨基甲酸乙酯主要是由尿素与乙醇反应生成，其含量在贮存过程中不断进行着动态变化。随着国家对饮料酒中氨基甲酸乙酯限量标准的制定，对黄酒中氨基甲酸乙酯的监控与检测将成为黄酒生产企业进行产品质量安全控制的重点之一。

（1）原理　试样加 D_5-氨基甲酸乙酯内标后，经过碱性硅藻土固相萃取柱净化、洗脱，洗脱液浓缩后，用气相色谱-质谱仪进行测定，内标法定量。

（2）试剂

①色谱纯：正己烷、乙酸乙酯、乙醚、甲醇。

②分析纯：无水硫酸钠（450℃烘烤 4h）、氯化钠。

③标准品：氨基甲酸乙酯（纯度>99%，CAS：51-79-6）

D_5-氨基甲酸乙酯（纯度>99%，CAS：73962-07-9）

④碱性硅藻土固相萃取柱：填料 4000mg，柱容量 12mL。

⑤5%乙酸乙酯-乙醚溶液

（3）标准溶液配制

①D_5-氨基甲酸乙酯储备液（1.00mg/mL）：准确称取 0.01g（精确到 0.0001g）D_5-氨基甲酸乙酯标准品，用甲醇溶解、定容至 10mL，4℃以下保存。

②D_5-氨基甲酸乙酯使用液（2.00μg/mL）：准确吸取 D_5-氨基甲酸乙酯储备液（1.00mg/mL）0.10mL，用甲醇定容至 50mL，4℃以下保存。

③氨基甲酸乙酯储备液（1.00mg/mL）：准确称取 0.05g（精确到 0.0001g）氨基甲酸乙酯标准品，用甲醇溶解、定容至 50mL，4℃以下保存，保存期 3 个月。

④氨基甲酸乙酯中间液（10.0μg/mL）：准确吸取氨基甲酸乙酯储备液（1.00mg/mL）1.00mL，用甲醇定容至 100mL，4℃以下保存，保存期 1 个月。

⑤氨基甲酸乙酯中间液（0.50μg/mL）：准确吸取氨基甲酸乙酯中间液（10.0μg/mL）5.00mL，用甲醇定容至 100mL，4℃以下保存，现配现用。

⑥标准曲线工作溶液：分别准确吸取一定量的氨基甲酸乙酯中间液，加 100.0μL D_5-氨基甲酸乙酯使用液（2.00μg/mL），用甲醇定容至 1.0mL，得到 10.0、25.0、50.0、100.0、200.0、400.0、1000.0ng/mL 的标准使用液（内含 200.0ng/mL D_5-氨基甲酸乙酯）。

（4）仪器设备　气相色谱-质谱仪（带 EI 源）、涡旋混匀器、氮吹仪、固相萃取仪（配真空泵）、超声波清洗机、马弗炉、天平（感量为 1.0mg 和 0.01g）。

（5）样品预处理　准确称取黄酒样品 2.00g，加 100μL D_5-氨基甲酸乙酯使用液（2.00μg/mL）、0.3g 氯化钠，超声溶解，混匀，加样到碱性硅藻土固相萃取柱，抽真空，试样慢慢渗入到萃取柱，静止约 10min，先用 10mL 正己烷淋洗除杂，然后用 10mL 5%乙酸乙酯-乙醚溶液以 1mL/min 流速洗脱并收集洗脱液于 10mL 具塞刻度试管中，洗脱液经无水硫酸钠脱水后，室温下用氮气缓缓吹至 0.5mL，用甲醇定容至 1.0mL 供 GC/MS 分析。

（6）气相色谱-质谱仪参考条件　毛细管色谱柱：DB-INNOWAX（30m×0.25mm，0.25μm）或相当色谱柱；进样口温度：220℃；柱温：初始温度50℃保持1min，然后以8℃/min升温至180℃，程序运行完后，240℃后运行5min；载气：高纯氦气，流速1mL/min；进样方式：不分流进行，进样量1~2μL。

接口温度：240℃；电离方式：EI源，能量70eV；离子源温度：230℃；四级杆温度：150℃；氨基甲酸乙酯选择监测离子（m/z）：44、62、74、89，定量离子62；D_5-氨基甲酸乙酯选择监测离子（m/z）：64、76，定量离子64。

（7）标准曲线的制作　将上述配制的不同浓度氨基甲酸乙酯标准使用液进行GC/MS测定，以氨基甲酸乙酯浓度为横坐标，以相应浓度的峰面积与内标物峰面积比值为纵坐标，绘制标准曲线。氨基甲酸乙酯及内标物D_5-氨基甲酸乙酯的总离子流图见图7-8。

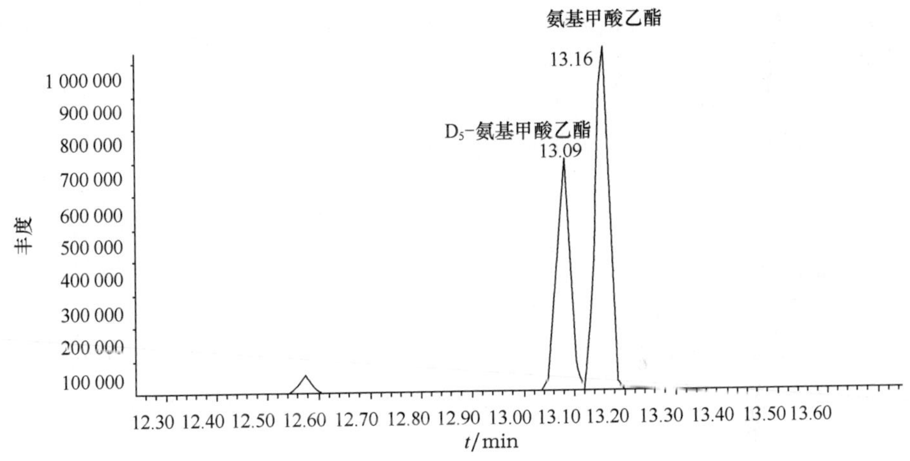

图7-8　氨基甲酸乙酯及D_5-氨基甲酸乙酯的总离子流图

（8）试样测定　将试样溶液同标准溶液进行测定，根据标准曲线得到待测液中氨基甲酸乙酯的浓度。试样中氨基甲酸乙酯含量低的采用10.0、25.0、50.0、100.0、200.0ng/mL的标准使用液作标准曲线；试样中氨基甲酸乙酯含量高的采用50.0、100.0、200.0、400.0、1000.0ng/mL的标准使用液作标准曲线。

（9）结果计算　试样中氨基甲酸乙酯含量按下式计算。

$$X = \frac{C \times V \times 1000}{m \times 1000}$$

式中　X——试样中氨基甲酸乙酯含量，μg/kg

C——测定液中氨基甲酸乙酯浓度，ng/mL

V——试样测定液的定容体积，mL

m——试样质量，g

1000——换算系数

计算结果以重复性条件下获得的两次独立测定结果的算术平均值表示，保留 3 位有效数字。

试样中氨基甲酸乙酯含量>20μg/kg 时，重复性条件下获得的两次独立测定结果相对偏差不大于 15%；含量<20μg/kg 时，重复性条件下获得的两次独立测定结果相对偏差不大于 20%。

2. 黄酒中尿素的测定（高效液相色谱法）

（1）原理　采用 9-羟基占吨衍生剂与黄酒中的尿素进行衍生反应，尿素衍生产物具有荧光特性，经色谱柱分离后，可通过荧光检测器测定，外标法定量分析。

（2）材料和试剂　除另有说明外，所有试剂均为分析纯，水为 GB/T 6682 规定的一级水。

①无水乙酸钠。

②浓盐酸。

③9-羟基占吨。

④无水乙醇。

⑤正丙醇。

⑥乙腈（色谱纯）。

⑦冰乙酸（≥99.0%）。

⑧乙酸溶液（1.0%，体积分数）：吸取 1.0mL 冰乙酸至 100mL 容量瓶中，用水定容至刻度，混匀。

⑨乙酸钠溶液（0.02mol/L）：称取 1.64g 无水乙酸钠溶解于 1000mL 水中，用乙酸溶液（1.0%，体积分数）将乙酸钠溶液调至 pH7.2。

⑩盐酸溶液（1.5mol/L）：移取 6.2mL 的浓盐酸于 50mL 容量瓶中，用水定容至刻度，混匀。

⑪9-羟基占吨溶液（0.02mol/L）：称取 0.198g9-羟基占吨，用正丙醇溶解并定容至 50mL，混匀，于 0~4℃冰箱避光保存，1 个月内使用。

⑫尿素标品：纯度≥99%。

⑬尿素标准储备液（1.0mg/mL）：准确称取 0.100g 尿素标准品，用无水乙醇溶解并定容至 100mL，混匀，于 0~4℃冰箱避光保存，1 个月内使用。

⑭标准工作液：准确吸取尿素标准储备液于容量瓶中，用无水乙醇依次配制成浓度为 2.00、4.00、8.00、20.00mg/L 的尿素标准工作液，现配现用。

（3）仪器和材料

①高效液相色谱仪：配有荧光检测器。

②pH 计。

③分析天平：感量 0.1mg。

④涡旋混合器。

⑤带塞试管。

⑥微孔过滤膜：孔径 0.45μm（有机系）。

⑦移液管：1.0mL 和 2.0mL。

（4）分析步骤

①样品衍生：准确吸取样品 2.0mL 于 10mL 容量瓶中，用无水乙醇定容至刻度，混匀；准确吸取 0.4mL 稀释后的样品，置于带塞试管中，加入 0.1mL 盐酸溶液（1.5mol/L）、0.6mL 9-羟基占吨溶液（0.02mol/L）混匀，室温避光衍生 30min，经 0.45μm 有机系滤膜过滤，滤液用于液相色谱测定。

②参考色谱条件：色谱柱：C_{18} 色谱柱（250mm×4.6mm，5μm）或等效色谱柱；柱温 35℃；检测波长：$\lambda_{ex}=213nm$，$\lambda_{em}=308nm$；流速：1.0mL/min；进样体积：10μL；梯度洗脱，详见表 7-6。

表 7-6 梯度洗脱程序表

时间/min	0.02mol/L 乙酸钠/%	乙腈/%
0.00	80	20
12.00	50	50
15.60	0	100
22.00	0	100
23.00	80	20
30.00	80	20

③定性测定：根据尿素标品衍生物的保留时间，与待测样品中组分的保留时间进行定性，定性色谱图见图 7-9。

④外标法定量：分别吸取 0.40mL 各浓度尿素标准工作液和 0.40mL 黄酒样品，衍生，以尿素标准工作液系列浓度为横坐标，峰面积响应值为纵坐标绘制标准曲线。得到黄酒样品中尿素色谱峰面积后，由标准曲线计算黄酒样品中的尿素浓度。

⑤空白试验：除不称取试样外，均按上述步骤同时完成空白试验。

（5）结果计算 样品中尿素的含量按下式计算：

$$X=(c-c_0)\times f$$

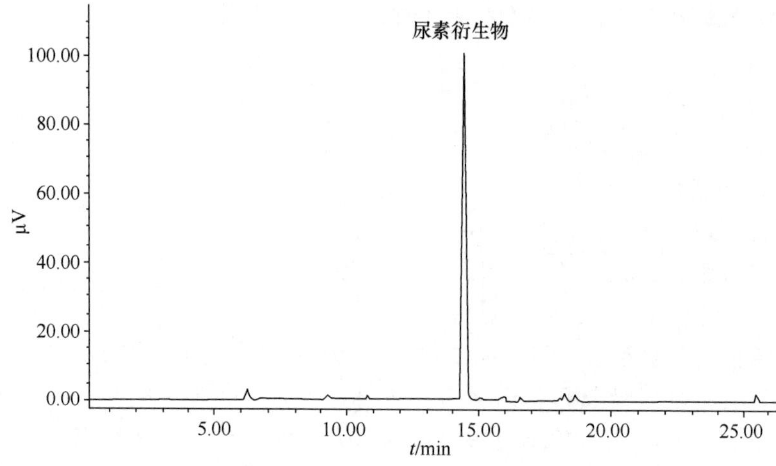

图 7-9　尿素标准品衍生物色谱图

式中　X——样品中各组分的含量，mg/L

c——从标准曲线查得黄酒样品中尿素的含量，mg/L

c_0——从标准曲线查得试剂空白中尿素的含量，mg/L

f——样品稀释倍数

测定结果表示至小数点后 2 位。

（6）精密度　在重复性测定条件下获得的两次独立测定结果的绝对差值不超过其算术平均值的 10%。

3. 黄酒中生物胺的测定（液相色谱法）

（1）原理　试样用丹磺酰氯衍生，C_{18} 色谱柱分离，高效液相色谱-紫外检测器检测，内标法定量。

（2）试剂和材料

①丙酮、乙腈、乙酸、乙酸铵（色谱纯）。

②乙醚：重蒸。

③盐酸、氯化钠、谷氨酸钠、碳酸氢钠（分析纯）。

④生物胺标准品

a. 组胺盐酸盐（Histaminedihydrochloride，$C_5H_9N_3 \cdot 2HCl$，CAS 号：56-92-8）标准品（纯度>99%）。

b. β-苯乙胺盐酸盐（β-phenylethylaminehydrochloride，$C_8H_{11}N \cdot HCl$，CAS 号：64-04-0）标准品（纯度>98%）。

c. 酪胺盐酸盐（Tyraminehydrochloride，$C_8H_{11}NO \cdot HCl$，CAS 号：60-19-5）标准品（纯度>98%）。

d. 腐胺盐酸盐（Putreseinedihydrochloride，$C_4H_{12}N_2 \cdot 2HCl$，CAS 号：333-93-7）标准品（纯度>98%）。

e. 尸胺盐酸盐（Cadaverinedihydrochloride，$C_5H_{14}N_2 \cdot 2HCl$，CAS 号：1476-39-7）标准品（纯度>98%）。

f. 色胺盐酸盐（Tryptaminehydrochloride，$C_{10}H_{12}N_2 \cdot HCl$，CAS 号：61-54-1）标准品（纯度>99%）。

g. 精胺盐酸盐（Sperminetetrahydrochloride，$C_{10}H_{26}N_4 \cdot 4HCl$，CAS 号：306-67-2）标准品（纯度>97%）。

h. 亚精胺盐酸盐（Spermidinetrihydrochloride，$C_7H_{19}N_3 \cdot 3HCl$，CAS 号：334-50-9）标准品（纯度>97%）。

i. 章鱼胺盐酸盐（Octopaminehydrochloride，$C_8H_{11}NO_2 \cdot HCl$，CAS 号：770-05-9）标准品（纯度>97%）。

⑤1，7-二氨基庚烷（1，7-Diaminoheptane，$C_7H_{18}N_2$，CAS 号：646-19-5）内标标准品（纯度>98%）。

⑥丹磺酰氯（Dansylchloride，$C_{12}H_{12}ClNO_2S$，CAS 号：605-65-2，纯度>99%）。

（3）试剂配制

①1mol/L 盐酸溶液：准确量取 8.6mL 盐酸于 100mL 容量瓶中，用水定容至刻度。

②0.1mol/L 盐酸溶液：准确量取 1mol/L 盐酸溶液 10mL 于 100mL 容量瓶中，用水定容至刻度。

③1mol/L 氢氧化钠溶液：称取 4g 氢氧化钠，加入 100mL 水完全溶解。

④饱和碳酸氢钠溶液：称取 15g 碳酸氢钠，加入 100mL 水溶解，取上清液即为饱和溶液。

⑤谷氨酸钠溶液（50mg/mL）：准确称取 5.0g 谷氨酸钠用饱和碳酸氢钠溶液溶解并定容至 100mL。

⑥含 1%乙酸的 0.01mol/L 乙酸铵溶液：称取 0.77g 乙酸铵溶解于水中，转移至 1000mL 容量瓶中，加入 10mL 甲酸，用水定容至刻度。

⑦流动相 A：量取 100mL 含 1%乙酸的 0.01mol/L 乙酸铵溶液和 900mL 乙腈混合。

⑧流动相 B：量取 900mL 含 1%乙酸的 0.01mol/L 乙酸铵溶液和 100mL 乙腈混合。

⑨生物胺标准储备液的配制：准确称取各种生物胺标准品适量，分别置于 10mL 小烧杯中，用 0.1mol/L 盐酸溶液溶解后转移至 10mL 容量瓶中，定容至刻度，混匀，配制成浓度为 1000mg/L（以各种生物胺单体计）的标准储备溶

液，置-20℃冰箱储存，保存期为6个月。

⑩生物胺标准储备混合使用液的配制：分别吸取1.0mL各生物胺单组分标准储备溶液，置于同一个10mL容量瓶中，用0.1mol/L盐酸稀释至刻度，混匀，配制成生物胺标准混合使用液（100mg/L），保存期为3个月。

⑪生物胺标准系列溶液配制：分别吸取0.10mL、0.25mL、0.50mL、1.0mL、1.50mL、2.50mL、5.0mL生物胺标准混合使用液（100mg/L），置于10mL容量瓶中，用0.1mol/L盐酸溶液稀释至刻度，混匀，使浓度分别为1.0mg/L、2.5mg/L、5.0mg/L、10.0mg/L、15.0mg/L、25.0mg/L、50.0mg/L，临用现配。

⑫内标标准储备溶液的配制：准确称取内标标准品适量，置于10mL容量瓶中，用0.1mol/L盐酸溶液溶解后稀释至刻度，混匀，配制成浓度为10mg/mL的内标标准储备溶液，置-20℃冰箱储存，保存期为6个月。

⑬内标标准中间使用液的配制：吸取1.0mL内标标准储备溶液于10mL容量瓶中，用0.1mol/L盐酸稀释至刻度，混匀，作为内标使用液（1.0mg/mL），存期为3个月。

⑭内标标准使用液的配制：吸取1.0mL内标标准中间使用液于10mL容量瓶中，用0.1mol/L盐酸稀释至刻度，混匀，作为内标使用液（100mg/L），临用现配。

⑮丹磺酰氯衍生剂溶液的配制：准确称取丹磺酰氯适量，以丙酮为溶剂配制浓度为10mg/mL的衍生剂使用液，置4℃冰箱避光贮存。

（4）仪器和设备

①高效液相色谱仪，配有紫外检测器或二极管阵列检测器。

②涡旋振荡器。

③水浴装置。

④氮气浓缩装置。

⑤天平：感量分别为0.01g和0.0001g。

⑥酸度计：±0.1pH。

⑦超纯水器。

⑧0.22μm针头微孔滤膜过滤器。

（5）试样制备

①试样衍生：准确量取1.0mL样品于15mL塑料离心管中，依次加入250μL内标溶液（100mg/L）、1mL饱和碳酸氢钠溶液、100μL氢氧化钠溶液（1mol/L）、1mL衍生试剂，涡旋混匀1min后置于60℃恒温水浴锅中衍生15min，取出，分别加入100μL谷氨酸钠溶液，振荡混匀，60℃恒温反应15min，取出冷却至室温，于每个离心管中加入1mL超纯水，涡旋混合1min，

40℃水浴下氮吹除去丙酮（约1mL），加入0.5g氯化钠涡旋振荡至完全溶解，再加入5mL乙醚，涡旋振荡2min，静置分层后，转移上层有机相（乙醚层）于15mL离心管中，水相（下层）再萃取一次，合并两次乙醚萃取液，40℃水浴下氮气吹干。加入1mL乙腈振荡混匀，使残留物溶解，0.22μm滤膜针头滤器过滤，待测定。

②标准的衍生：分别移取1mL生物胺标准系列溶液，置于10mL具塞试管中，依次加入250μL内标使用液（100mg/L），以下操作同试样的衍生步骤。

（6）液相色谱参考条件　色谱柱为C_{18}柱（250mm×4.6mm，5μm）；紫外检测波长254nm；进样量20μL；柱温35℃；流动相A为90%乙腈/10%（含0.1%乙酸的0.01mol/L乙酸铵溶液），流动相B为10%乙腈/90%（含0.1%乙酸的0.01mol/L乙酸铵溶液）；流速0.8mL/min。梯度洗脱程序见表7-7。

表7-7　HPLC梯度洗脱程序表

组成	时间/min					
	0	22	25	32	32.01	37
流动相A/%	60	85	100	100	60	60
流动相B/%	40	15	0	0	40	40

（7）标准曲线的制作　将20μL系列混合标准工作液的衍生液分别注入高效液相色谱仪，测得目标化合物的峰面积，以系列混合标准工作液的浓度为横坐标，以目标化合物的峰面积与内标的峰面积的比值为纵坐标，绘制标准曲线。标准溶液的色谱图见图7-10。

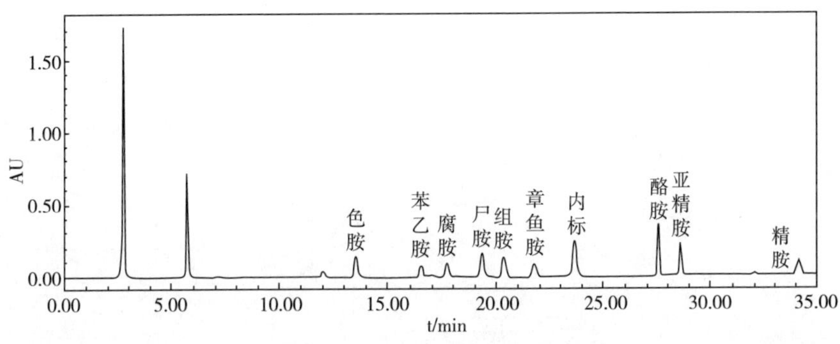

图7-10　9种生物胺标准品色谱图

（8）试样的测定　将试样的衍生溶液注入高效液相色谱仪中，测得峰面积，以保留时间定性。根据标准曲线得到待测液中各目标化合物的浓度。

（9）结果计算　试样中生物胺含量按下式计算。

$$X = \frac{c \times V \times f}{m}$$

式中　X——试样中被测组分的含量，mg/L

c——试样溶液中被测组分的浓度，mg/L

V——试样溶液的体积，mL

f——试样稀释倍数

m——试样的质量，g

计算结果保留三位有效数字。

（10）精密度　在重复性测定条件下获得的两次独立测定结果的绝对差值不超过其算术平均值的10%。

（11）其他

①检出限：β-苯乙胺2mg/L、腐胺2mg/L、尸胺2mg/L、组胺2mg/L、酪胺2mg/L、章鱼胺5mg/L、色胺5mg/L、亚精胺5mg/L、精胺5mg/L。

②定量限：β-苯乙胺5mg/L、腐胺5mg/L、尸胺5mg/L、组胺5mg/L、酪胺5mg/L、章鱼胺10mg/L、色胺10mg/L、亚精胺10mg/L、精胺10mg/L。

随着国内外黄酒消费者对黄酒产品质量要求不断提高，国家相关法律法规对食品安全要求越来越严，以及现代分析检测技术快速发展，与黄酒相关的检测技术也需要不断地进步，因此今后一些新的、快速的、高精度的检测方法会被不断开发、更新，这就要求分析检测人员在平时的工作中要不断学习新的检测知识，以适应快速发展的黄酒检测技术。

附　录

附录一　GB/T 13662—2018. 黄酒［S］.（摘要）

一、感官要求

（一）传统型黄酒

传统型黄酒感官要求见表1。

表1　传统型黄酒感官要求

项目	类型	优级	一级	二级
外观	干黄酒、半干黄酒、半甜黄酒、甜黄酒	橙黄色至深褐色，清亮透明，有光泽，允许瓶（坛）底有微量聚集物		橙黄色至深褐色、清亮透明，允许瓶（坛）底有少量聚集物
香气	干黄酒、半干黄酒、半甜黄酒、甜黄酒	具有黄酒特有的浓郁醇香，无异香	黄酒特有的醇香较浓郁，无异香	具有黄酒特有的醇香，无异香
口味	干黄酒	醇和、爽口、无异味	醇和、较爽口、无异味	尚醇和、爽口、无异味
	半干黄酒	醇厚、柔和鲜爽、无异味	醇厚、较柔和鲜爽、无异味	尚醇厚鲜爽、无异味
	半甜黄酒	醇厚、鲜甜爽口、无异味	醇厚、较鲜甜爽口、无异味	醇厚、尚鲜甜爽口、无异味
	甜黄酒	鲜甜、醇厚、无异味	鲜甜、较醇厚、无异味	鲜甜、尚醇厚、无异味
风格	干黄酒、半干黄酒、半甜黄酒、甜黄酒	酒体协调，具有黄酒品种的典型风格	酒体较协调，具有黄酒品种的典型风格	酒体尚协调，具有黄酒品种的典型风格

（二）清爽型黄酒

清爽型黄酒感官要求见表2。

表2 清爽型黄酒感官要求

项目	类型	一级	二级
外观	干黄酒 半干黄酒 半甜黄酒	淡黄色至黄褐色,清亮透明,有光泽,允许瓶(坛)底有微量聚集物	
香气	干黄酒 半干黄酒 半甜黄酒	具有本类黄酒特有的清雅醇香,无异香	
口味	干黄酒 半干黄酒 半甜黄酒	柔净醇和、清爽、无异味 柔和、鲜爽、无异味 柔和、鲜甜、清爽、无异味	柔净醇和、较清爽、无异味 柔和、较鲜爽、无异味 柔和、鲜甜、较清爽、无异味
风格	干黄酒 半干黄酒 半甜黄酒	酒体协调,具有本类黄酒的典型风格	酒体较协调,具有本类黄酒的典型风格

(三)特型黄酒

特型黄酒感官的基本要求应符合表1和表2的要求。

二、理化指标

(一)传统型黄酒

传统型黄酒理化指标应符合表3的要求。

表3 传统型黄酒理化指标

类型	项目		指标				
			稻米黄酒			非稻米黄酒	
			优级	一级	二级	优级	一级
干黄酒	总糖(以葡萄糖计)/(g/L)	≤	15.0				
	非糖固形物/(g/L)	≥	14.0	11.5	9.5	14.0	11.5
	酒精度(20℃)/%vol	≥	8.0[a]			8.0[b]	
	总酸(以乳酸计)/(g/L)		3.0~7.0			3.0~10.0	
	氨基酸态氮/(g/L)	≥	0.35	0.25	0.20	0.16	
	pH		3.5~4.6				
	氧化钙/(g/L)	≤	1.0				
	苯甲酸[c]/(g/kg)	≤	0.05				
半干黄酒	总糖(以葡萄糖计)/(g/L)		15.1~40.0				
	非糖固形物/(g/L)	≥	18.5	16.0	13.0	15.5	13.0
	酒精度(20℃)/%vol	≥	8.0[a]			8.0[b]	
	总酸(以乳酸计)/(g/L)		3.0~7.5			3.0~10.0	
	氨基酸态氮/(g/L)	≥	0.40	0.35	0.30	0.16	
	pH		3.5~4.6				
	氧化钙/(g/L)	≤	1.0				
	苯甲酸[c]/(g/kg)	≤	0.05				

续表3

类型	项目		指标				
			稻米黄酒			非稻米黄酒	
			优级	一级	二级	优级	一级
半甜黄酒	总糖(以葡萄糖计)/(g/L)		40.1~100.0				
	非糖固形物/(g/L)	≥	18.5	16.0	13.0	16.0	13.0
	酒精度(20℃)/%vol	≥	8.0[a]			8.0[b]	
	总酸(以乳酸计)/(g/L)		4.0~8.0			4.0~10.0	
	氨基酸态氮/(g/L)	≥	0.35	0.30	0.20	0.16	
	pH		3.5~4.6				
	氧化钙/(g/L)	≤	1.0				
	苯甲酸[c]/(g/kg)	≤	0.05				
甜黄酒	总糖(以葡萄糖计)/(g/L)	>	100.0				
	非糖固形物/(g/L)	≥	16.5	14.0	13.0	14.0	11.5
	酒精度(20℃)/%vol	≥	8.0[a]			8.0[b]	
	总酸(以乳酸计)/(g/L)		4.0~8.0			4.0~10.0	
	氨基酸态氮/(g/L)	≥	0.30	0.25	0.20	0.16	
	pH		3.5~4.8				
	氧化钙/(g/L)	≤	1.0				
	苯甲酸[c]/(g/kg)	≤	0.05				

注："a"稻米黄酒，酒精度低于14%vol时，非糖固形物、氨基酸态氮的值，按14%vol折算，酒精度标签标示值与实测值之差为（±1.0）%vol；"b"非稻米黄酒，酒精度低于11%vol时，非糖固形物、氨基酸态氮的值按11%vol折算，酒精度标签标示值与实测值之差为（±1.0）%vol；"c"指黄酒发酵及贮存过程中自然产生的苯甲酸。

(二)清爽型黄酒

清爽型黄酒理化指标应符合表4和表5的要求。

表4　清爽型黄酒理化指标(干黄酒)

类型	项目		指标		
			稻米黄酒		非稻米黄酒
			一级	二级	
干黄酒	总糖(以葡萄糖计)/(g/L)	≤	15.0		
	非糖固形物/(g/L)	≥	5.0		
	酒精度(20℃)/%vol	≥	6.0[a]		6.0[b]
	pH		3.5~4.6		
	总酸(以乳酸计)/(g/L)		2.5~7.0		2.5~10.0
	氨基酸态氮/(g/L)	≥	0.20	0.16	0.16
	氧化钙/(g/L)	≤	0.5		
	苯甲酸[c]/(g/kg)	≤	0.05		

注："a"稻米黄酒，酒精度低于14%vol时，非糖固形物、氨基酸态氮的值按14%vol折算，酒精度标签标示值与实测值之差为（±1.0）%vol；"b"非稻米黄酒，酒精度低于11%vol时，非糖固形物、氨基酸态氮的值按11%vol折算，酒精度标签标示值与实测值之差为（±1.0）%vol；"c"指黄酒发酵及贮存过程中自然产生的苯甲酸。

表 5　清爽型黄酒理化指标（半干黄酒，半甜黄酒）

类型	项目		指标			
			稻米黄酒		非稻米黄酒	
			一级	二级	一级	二级
半干黄酒	总糖（以葡萄糖计）/(g/L)	≤	15.1~40.0			
	非糖固形物/(g/L)	≥	10.5	8.5	10.5	8.5
	酒精度（20℃）/%vol	≥	6.0[a]		6.0[b]	
	pH		3.5~4.6			
	总酸（以乳酸计）/(g/L)		2.5~7.0		2.5~10.0	
	氨基酸态氮/(g/L)	≥	0.30	0.20	0.16	
	氧化钙/(g/L)	≤	0.5			
	苯甲酸[c]/(g/kg)	≤	0.05			
半甜黄酒	总糖（以葡萄糖计）/(g/L)	≤	40.1~100.0			
	非糖固形物/(g/L)	≥	7.0	5.5	7.0	5.5
	酒精度（20℃）/%vol	≥	6.0[a]		6.0[b]	
	pH		3.5~4.6			
	总酸（以乳酸计）/(g/L)		3.8~8.0		3.8~10.0	
	氨基酸态氮/(g/L)	≥	0.25	0.20	0.16	
	氧化钙/(g/L)	≤	0.5			
	苯甲酸[c]/(g/kg)	≤	0.05			

注："a" 稻米黄酒，酒精度低于 14%vol 时，非糖固形物、氨基酸态氮的值按 14%vol 折算，酒精度标签标示值与实测值之差为（±1.0）%vol；"b" 非稻米黄酒，酒精度低于 11%vol 时，非糖固形物、氨基酸态氮的值按 11%vol 折算，酒精度标签标示值与实测值之差为（±1.0）%vol；"c" 指黄酒发酵及贮存过程中自然产生的苯甲酸。

（三）特型黄酒

按照相应的产品标准执行，产品标准中各项指标的设定，不应低于本标准相应产品类型的最低级别要求。

附录二　GB/T 17946—2008.地理标志产品 绍兴酒（绍兴黄酒）[S].（摘要）

一、感官要求

绍兴酒感官要求见表 1。

表1　绍兴酒感官要求

项目	类型	优等品	一等品	合格品
色泽	绍兴加饭(花雕)酒,绍兴元红酒,绍兴善酿酒,绍兴香雪酒	橙黄色、清亮透明,有光泽。允许瓶(坛)底有微量聚集物	橙黄色、清亮透明,光泽较好。允许瓶(坛)底有微量聚集物	橙黄色、清亮透明,光泽尚好。允许瓶(坛)底有少量聚集物
香气	绍兴加饭(花雕)酒,绍兴元红酒,绍兴善酿酒,绍兴香雪酒	具有绍兴酒特有的香气,醇香浓郁,无异香、异气。三年以上的陈酒应具有与酒龄相符的陈酒香和酯香	具有绍兴酒特有的香气,醇香较浓郁。无异香、异气	具有绍兴酒特有的香气,醇香尚浓郁。无异香、异气
口味	绍兴加饭(花雕)酒	具有绍兴加饭(花雕)酒特有的口味,醇厚、柔和、鲜爽、无异味	具有绍兴加饭(花雕)酒特有的口味,醇厚、较柔和、较鲜爽、无异味	具有绍兴加饭(花雕)酒特有的口味,醇厚、尚柔和、尚鲜爽、无异味
	绍兴元红酒	具有绍兴元红酒特有的口味,醇和、爽口、无异味	具有绍兴元红酒特有的口味,醇和、较爽口、无异味	具有绍兴元红酒特有的口味,醇和、尚爽口、无异味
	绍兴善酿酒	具有绍兴善酿酒特有的口味,醇厚、鲜甜爽口、无异味	具有绍兴善酿酒特有的口味,醇厚、较鲜甜爽口、无异味	具有绍兴善酿酒特有的口味,醇厚、尚鲜甜爽口、无异味
	绍兴香雪酒	具有绍兴香雪酒特有的口味,鲜甜、醇厚、无异味	具有绍兴香雪酒特有的口味,鲜甜、较醇厚、无异味	具有绍兴香雪酒特有的口味,鲜甜、尚醇厚、无异味
风格	绍兴加饭(花雕)酒,绍兴元红酒,绍兴善酿酒,绍兴香雪酒	酒体组分协调,具有绍兴酒的独特风格	酒体组分较协调,具有绍兴酒的独特风格	酒体组分尚协调,具有绍兴酒的独特风格

二、理化指标

绍兴酒理化指标见表2。

表2　绍兴酒理化指标

类型	项目			指标 优等品	指标 一等品	指标 合格品
绍兴元红酒	总糖（以葡萄糖计）/（g/L）		≤		15.0	
	固形物（除糖）/（g/L）		≥	20.0	17.0	13.5
	酒精度/%vol		≥		13.0	
	总酸（以乳酸计）/（g/L）				4.0~7.0	
	氨基酸态氮/（g/L）		≥		0.5	
	pH（25℃）				3.8~4.5	
	氧化钙/（g/L）		≤		1.0	
绍兴加饭（花雕）酒	总糖（以葡萄糖计）/（g/L）				15.1~40.0	
	固形物（除糖）/（g/L）		≥	30.0	25.0	22.0
	酒精度/%vol	酒龄3年以下（不含3年）	≥		15.5	
		酒龄3~5年（不含5年）	≥		15.0	
		酒龄5年以上	≥		14.0	
	总酸（以乳酸计）/（g/L）				4.5~7.5	
	氨基酸态氮/（g/L）		≥		0.60	
	pH（25℃）				3.8~4.6	
	氧化钙/（g/L）		≤		1.0	
	挥发酯（以乙酸乙酯计）/（g/L）	酒龄3年以下（不含3年）	≥		0.15	
		酒龄3~5年（不含5年）	≥		0.18	
		酒龄5~10年（不含10年）	≥		0.20	
		酒龄10年以上	≥		0.25	
绍兴善酿酒	总糖（以葡萄糖计）/（g/L）				40.1~100.0	
	固形物（除糖）/（g/L）		≥	30.0	25.0	22.0
	酒精度/%vol		≥		12.0	
	总酸（以乳酸计）/（g/L）				5.0~8.0	
	氨基酸态氮/（g/L）		≥		0.50	
	pH（25℃）				3.5~4.5	
	氧化钙/（g/L）		≤		1.0	
绍兴香雪酒	总糖（以葡萄糖计）/（g/L）		>		100.0	
	固形物（除糖）/（g/L）		≥	26.0	23.0	20.0
	酒精度/%vol		≥		15.0	
	总酸（以乳酸计）/（g/L）				4.0~8.0	
	氨基酸态氮/（g/L）		≥		0.40	
	pH（25℃）				3.5~4.5	
	氧化钙/（g/L）		≤		1.0	

注：酒精度低于14%vol时，非糖固形物、氨基酸态氮的值按14%vol折算。

参 考 文 献

[1] 朱宝镛，章克昌. 中国酒经［M］. 上海：上海文化出版社，2000.

[2] 汪前进. 传世藏书·子库·科技［M］. 海口：海南国际新闻出版中心出版，1996.

[3] 陈双. 中国黄酒挥发性组分及香气特征研究［D］. 无锡：江南大学博士论文，2013.

[4] 谢广发. 绍兴黄酒功能性组分的检测与研究［D］. 中国优秀博硕士学位论文全文数据库，2005.

[5] Han Fuliang，Xu Yan . Identification of low molecular weight peptides in Chinese rice wine by UPLC—ESI—MS/MS［J］. Journal of the Institure of Brewing，2011，117（2）：238—250.

[6] 沈赤，毛健，陈永泉，等. 黄酒多糖对 S180 荷瘤小鼠肿瘤抑制及免疫增强作用［J］. 食品工业科技，2014，35（24）：346-350.

[7] 谢广发，朱成钢，胡志明，等. 黄酒的体外抗氧化性及其机理研究［J］. 食品与发酵工业，2005，31（10）：5-8.

[8] 周家淇. 黄酒生产工艺学（第二版）［M］. 北京：中国轻工业出版社，1996.

[9] 顾国贤. 酿造酒工艺学［M］. 北京：中国轻工业出版社，1996. .

[10] 大连轻工业学院，等. 酿造酒工艺学［M］. 北京：中国轻工业出版社，1982.

[11] 陈建尧，曹钰，谢广发，等. 黄酒机械成型麦曲制曲过程中真菌动态变化的研究［J］. 食品与发酵工业，2008，34（8）：42-47.

[12] 陆健，曹钰，方华，等. 绍兴黄酒麦曲中真菌的初步研究［C］. 北京：2006 年国际酒文化学术研讨会论文集，2006：86-92.

[13] Xie Guangfa，Li Wangjun，Lu Jian，et al. Isolation and identification of representative fungi from Shaoxingrice wine wheat Qu usingpolyphasic approach of culture—based and molecular—based methods［J］. Journal of the Institure of Brewing，2007，113（3）：272- 279.

[14] Mo Xinliang，Fan Wenlai，Xu Yan . Changes in volatile compounds of Chinese rice wine wheat Qu duringfermentation and storage［J］. Journal of the Iinstiture of Brewing，2009，115（4）：300-307.

[15] 张兴亚. 黄酒中高级醇含量控制的工艺研究［D］. 杭州：浙江工商大学硕士论文，2012.

[16] 胡健，池国红，何喜红. 黄酒发酵过程中主要香气成分的变化［J］. 酿酒科技，2007（12）：60-61，64.

[17] 张敬，赵树欣，薛洁，等. 发酵型饮料酒中生物胺含量的调查与分析［J］. 食品与发酵工业，2012，38（6）：165-169.

[18] 张凤杰，薛洁，王异静，等. 黄酒中生物胺的形成及其影响因素［J］. 食品与发酵工业，2013，39（2）：62-67.

[19] 付捷，王瑛，罗钢. 一种新型酒厂制曲压块机［J］. 包装与食品机械，2006，24

（4）：46-47.
[20] 吴春. 古越龙山黄酒的特征风味物质及其成因的初步研究［D］. 江南大学硕士论文，2008.
[21] 陈磊，黄雪松. 高效液相色谱法同时检测黄酒中的5-羟甲基糠醛和9种多酚［J］. 分析化学，2010，28（1）：133-137.
[22] 张建华，陶绍木，毛忠贵，等. 高温流化α一化工艺对酿造黄酒风味的影响［J］. 食品与发酵工业，2008，34（5）：92-96.
[23] 陆燕，徐岩，徐文琦，等. 膨化技术及其在酿酒工业中的应用［J］. 酿酒，2002（5）：75-77.
[24] 许荣年，鲍忠定，潘兴祥，等. 黄酒的陈化［J］. 酿酒，2003（3）：50-52.
[25] 鲍忠定，孙培龙，许荣年. 吹扫捕集与气相色谱-质谱联用测定不同酒龄绍兴酒中挥发性醇酯类化合物［J］. 酿酒科技，2008（9）：104-107.
[26] 罗涛. 清爽型黄酒香气特征及麦曲对其香气的影响［D］. 中国优秀硕士学位论文全文数据库，2008.
[27] 谢广发，周建弟，胡志明，等. 瓶装黄酒酒脚成分的测定［J］. 酿酒科技，2002（6）：80.
[28] 孙军勇，樊世英，谢广发，等. 绍兴黄酒混浊蛋白的分离鉴定及其氨基酸组成、二级结构分析［J］. 食品与发酵工业，2016，42（2）：1-6.
[29] 谢广发，樊世英，傅建伟，等. 黄酒混浊蛋白组成成分及来源分析［J］. 食品科学，2019-10-12.
[30] 谢广发，沈斌，胡志明，等. 黄酒中的另一种沉淀——草酸钙沉淀［J］. 酿酒，2011（3）：26-28.
[31] 蔡小云，林峰，邹慧君，等. 一种快速判断黄酒酒体非生物稳定性的新技术［J］. 中国酿造，2008（5）：102-105.
[32] 谢广发，周建弟，孟中法，等. 错流膜过滤提高黄酒非生物稳定性的研究［J］. 酿酒科技，2003（4）：80-81.
[33] 赵光鳌，金岭南. 黄酒生产分析检验［M］. 北京：中国轻工业出版社，1987.
[34] GB/T 13662—2018. 黄酒［S］.
[35] GB/T 17946—2008. 地理标志产品　绍兴酒（绍兴黄酒）［S］.
[36] GB/T 5492—2008. 粮油检验　粮食、油料的色泽、气味、口味鉴定［S］.
[37] GB/T 5494—2008. 粮油检验　粮食、油料的杂质、不完善粒检验［S］.
[38] GB/T 5498—2013. 粮油检验　容重测定［S］.
[39] GB/T 5493—2008. 粮油检验　类型及互混检验［S］.
[40] GB/T 5503—2009. 粮油检验　碎米检验法［S］.
[41] GB/T 5009.9—2016. 食品中淀粉的测定［S］.
[42] GB 5009.5—2016. 食品安全国家标准　食品中蛋白质的测定［S］.
[43] GB/T 5512—2008. 粮油检验　粮食中粗脂肪含量测定［S］.
[44] GB 4789.2—2016. 食品安全国家标准　食品微生物学检验　菌落总数测定［S］.

[45] QB/T 4356—2012. 黄酒中游离氨基酸的测定　高效液相色谱法 [S].
[46] QB/T 1709—2012. 黄酒中挥发性酯类的测定　静态顶空气相色谱法 [S].
[47] QB/T 1708—2012. 黄酒中挥发性醇类的测定　静态顶空气相色谱法 [S].
[48] GB 5009. 223—2014. 食品安全国家标准　食品中氨基甲酸乙酯的测定 [S].
[49] QB/T 1710—2012. 发酵酒中尿素的测定　高效液相色谱法 [S].
[50] GB 5009. 208—2016. 食品中生物胺含量的测定 [S].
[51] 魏桃英，寿泉洪，张水娟. 黄酒分析与检测技术 [M]. 北京：中国轻工业出版社，2014.
[52] GB/T 601—2016. 化学试剂 标准滴定溶液的制备 [S].
[53] GB 5009. 28—2016. 食品安全国家标准 食品中苯甲酸、山梨酸和糖精钠的测定 [S].
[54] GB/T 603—2002. 化学试剂 试验方法中所用制剂及制品的制备 [S].
[55] GB/T 6682—2008. 分析实验室用水规格和试验方法 [S].
[56] 张永清等. 化学分析工（初级）[M]. 北京：中国劳动社会保障出版社，2005.
[57] SB/T 10416—2007. 调味料酒 [S].

后　记

近年来，大量新技术、新工艺、新装备在黄酒行业得到应用，黄酒的基础研究也取得了很大进步，然而与时俱进反映行业最新技术面貌的书籍却难觅踪影。

本书从第一版起陆续增加了许多以往黄酒书籍中没有的新内容，包括：黄酒行业的技术进步和产品创新介绍、箱曲和爆麦曲制曲工艺、速酿酒母和高温糖化酒母实例、种曲机种曲培养方法、香雪酒和善酿酒机械化生产工艺、清爽型黄酒生产工艺、液化法黄酒酿造技术、黄酒增酸发酵技术、大罐贮酒技术、热灌装技术等新技术新工艺；麦曲压块机、种曲培养机、圆盘制曲机、炒麦机、自动出米浸米罐、自动出糟压榨机、陶坛清洗灌装机等设备的结构与工作原理；黄酒功能因子（酚类、功能性低聚糖、γ-氨基丁酸、生物活性肽、萜烯类、四甲基吡嗪、多糖等）、氨基甲酸乙酯和生物胺形成机制、高级醇含量影响因素、麦曲和黄酒风味物质、麦曲和发酵醪微生物群落组成、黄酒沉淀蛋白和草酸钙沉淀等基础研究成果；以各工序现场照片或设备制作的黄酒酿造工艺流程图、酒药生产现场操作照片、85 号和 XZ-11 黄酒酵母电镜照片、前酵罐结构示意图、草酸钙沉淀显微照片、污染微生物显微照片等图片。

黄酒传统技艺的精华需要继承与弘扬，黄酒界前辈付出艰辛的劳动，通过总结整理，留下珍贵的黄酒技术书籍。先前的书籍中难免出现一些错误，然而很少有人去考证，以致在后来的书籍中以讹传讹。

本书还对以往黄酒书籍中的个别错误进行了考证。在所有黄酒书籍中，厦门白曲配方中原料与水的比例：粒曲为米糠 100kg、米粉 10~15kg、水 68~75kg；散曲为米糠 100kg、米粉 5~10kg、水 23~25kg。笔者认为散曲的加水比例过低，难以满足微生物生长需要。经考证，将原料（米糠和米粉）加水比更正为粒曲 60%~65%、散曲 35%~40%；关于丹阳封缸酒生产，有的书籍中认为不搭窝，而配方中所用白酒为糟烧，但该酒并无糟烧的特殊风味。经考证，更正为小曲米白酒，并增加了生产搭窝照片；关于福建红曲制曲工艺，在周家骐《黄酒生产工艺》中叙述了一种制造曲种方法，在配方和操作中并未提到加醋，而接种时却将该曲种称为醋糟，同样的问题也出现在其他黄酒书籍中。经反复查找资料，本书中得以补正。

黄酒酿造技术的传承与发展需要黄酒书籍辅佐相伴，希望本书的出版能起到抛砖引玉的作用。